Estatística Para leigos

Seja para estudar para a prova, seja apenas para compreender os dados do cotidiano ao nosso redor, saber como e quando usar as técnicas de análise de dados e as fórmulas estatísticas será útil. Conseguir fazer as conexões entre as técnicas estatísticas e as fórmulas talvez seja ainda mais importante. Isso desenvolve nossa confiança para resolver os problemas estatísticos e solidifica nossas estratégias para realizar projetos estatísticos.

ENTENDENDO AS FÓRMULAS PARA AS ESTATÍSTICAS COMUNS

Após a coleta dos dados, o primeiro passo da análise é fazer algumas análises descritivas para termos uma noção geral sobre os dados. Por exemplo:

- **Onde está o centro dos dados?**
- **Qual é a dispersão dos dados?**
- **Qual é o nível de correlação entre os dados e duas variáveis?**

As estatísticas descritivas mais comuns estão na tabela a seguir, junto com suas fórmulas e uma breve descrição sobre o que cada uma mede.

Estatística	Fórmula	Usada para
Média amostral	$\bar{x} = \frac{\sum x_i}{n}$	Medida do centro; é afetada por valores atípicos
Mediana	*n* ímpar: valor do meio dos dados organizados *n* par: média de dois valores do meio	Medida do centro; não é afetada por valores atípicos
Desvio-padrão amostral	$s = \sqrt{\sum \frac{(x-\bar{x})^2}{n-1}}$	Medida de variação; medida "média" a partir da média
Coeficiente de correlação	$r = \frac{1}{n-1}\left(\frac{\sum_x \sum_y (x-\bar{x})(y-\bar{y})}{s_x s_y}\right)$	Força e direção da relação linear entre *X* e *Y*

DESCOBRINDO O TAMANHO AMOST ESTATISTICAMENTE

Ao projetar um estudo, o tamanho amostral é uma consideração importan for, mais dados você terá e, assim, mais precisos serão seus resultados (co

qualidade). Se você souber o nível de precisão pretendido (ou seja, sua margem de erro desejada), poderá calcular o tamanho amostral necessário para alcançá-lo.

Para descobrir o tamanho amostral necessário para estimar a média de uma população (μ), use a seguinte fórmula:

$$n \geq \left(\frac{z^* \sigma}{MDE} \right)^2$$

Nessa fórmula, MDE representa a margem de erro desejada (que deve ser estabelecida com antecedência), e $\boldsymbol{\sigma}$ representa o desvio-padrão populacional. Caso $\boldsymbol{\sigma}$ seja desconhecido, você pode estimá-lo com o desvio-padrão amostral, s, a partir de um estudo-piloto; z^* é o valor crítico para o intervalo de confiança que você precisa.

EXAMINANDO OS INTERVALOS DE CONFIANÇA ESTATÍSTICOS

Em Estatística, um ***intervalo de confiança*** é um palpite calculado sobre alguma característica da população. Um intervalo de confiança contém uma estimativa inicial mais ou menos com uma margem de erro (a quantidade pela qual você espera que seus resultados variem, caso uma amostra diferente seja usada). A tabela a seguir mostra as fórmulas para os componentes dos intervalos de confiança mais comuns e as indicações para quando usá-los.

IC para	Estatística Amostral	Margem de Erro	Usar Quando
Média populacional *(μ)*	$\bar{x}$	$\pm z^* \frac{\sigma}{\sqrt{n}}$	*X* é normal, ou $n \geq 30$; σ conhecido
Média populacional *(μ)*	$\bar{x}$	$\bar{x} \pm t^*_{n-1} \frac{s}{\sqrt{n}}$	*n* < *30*, e/ou σ desconhecido
Proporção populacional (*p*)	$\hat{p}$	$\pm z^* \sqrt{\frac{\hat{p}(1-\hat{p})}{n}}$	$n\hat{p},\ n(1-\hat{p}) \geq 10$
Diferença de duas médias populacionais *(μ_1 - μ_2)*	$\bar{x}_1 - \bar{x}_2$	$\sqrt{\frac{\sigma_1^2}{n_1} + \frac{\sigma_2^2}{n_2}}$	As duas são distribuições normais $n_1, n_2 \geq 30$; σ_1, σ_2 conhecidos
Diferença de duas médias populacionais μ_1 - μ_2	$\bar{x}_1 - \bar{x}_2$	$\bar{x}_1 - \bar{x}_2 \pm z^* \sqrt{\frac{\sigma_1^2}{n_1} + \frac{\sigma_2^2}{n_2}}$	$n_1, n_2 < 30$; e/ou $\sigma_1 = \sigma_2$ desconhecidos
Diferença de duas proporções ($p_1 - p_2$)	$\hat{p}_1 - \hat{p}_2$	$\pm z^* \sqrt{\frac{\hat{p}_1(1-\hat{p}_1)}{n_1} + \frac{\hat{p}_2(1-\hat{p}_2)}{n_2}}$	$n\hat{p},\ n(1-\hat{p}) \geq 10$ para cada grupo

Estatística

Para leigos

Estatística Para leigos

Tradução da 2ª Edição

Deborah J. Rumsey
Professora de Estatística, Universidade do Estado de Ohio

ALTA BOOKS
EDITORA
Rio de Janeiro, 2019

Estatística Para Leigos® – Tradução da 2ª Edição
Copyright © 2019 da Starlin Alta Editora e Consultoria Eireli. ISBN: 978-85-508-0486-6

Impresso no Brasil — 2019 — Edição revisada conforme o Acordo Ortográfico da Língua Portuguesa de 2009.

Publique seu livro com a Alta Books. Para mais informações envie um e-mail para autoria@altabooks.com.br

Obra disponível para venda corporativa e/ou personalizada. Para mais informações, fale com projetos@altabooks.com.br

Produção Editorial
Editora Alta Books

Gerência Editorial
Anderson Vieira

Produtor Editorial
Thiê Alves

Produtor Editorial (Design)
Aurélio Corrêa

Editor de Aquisição
José Rugeri
j.rugeri@altabooks.com.br

Ouvidoria
ouvidoria@altabooks.com.br

Vendas Atacado e Varejo
Daniele Fonseca
Viviane Paiva
comercial@altabooks.com.br

Equipe Editorial
Adriano Barros
Aline Vieira
Bianca Teodoro
Ian Verçosa
Illysabelle Trajano
Juliana de Oliveira
Kelry Oliveira
Paulo Gomes
Thales Silva
Viviane Rodrigues

Tradução
Larissa Franzin

Copi c/ Trad
Alberto Gassul

Revisão Gramatical
Elton Nunes
Eveline Machado
Hellen Suzuki

Revisão Técnica
Beethoven Leite
Weuler Gonçalves

Diagramação
Luisa Maria Gomes

Dados Internacionais de Catalogação na Publicação (CIP) de acordo com ISBD

R938e Rumsey, Deborah J.

Estatística para leigos / Deborah J. Rumsey ; traduzido por Larissa Franzin. - Rio de Janeiro : Alta Books, 2019.
416 p. ; il. ; 17cm x 24cm. - (Para Leigos)

Tradução de: Statistics For Dummies 2ED
Inclui índice e anexo.
ISBN: 978-85-508-0486-6

1. Estatística. I. Franzin, Larissa. II. Título.

2018-1797 CDD 310
CDU 519.2

Elaborado por Odilio Hilario Moreira Junior - CRB-8/9949

Rua Viúva Cláudio, 291 — Bairro Industrial do Jacaré
CEP: 20.970-031 — Rio de Janeiro (RJ)
Tels.: (21) 3278-8069 / 3278-8419
www.altabooks.com.br — altabooks@altabooks.com.br
www.facebook.com/altabooks — www.instagram.com/altabooks

Sobre a Autora

Deborah J. Rumsey é especialista em Educação Estatística e professora auxiliar no Departamento de Estatística na Universidade do Estado de Ohio. A Dra. Rumsey é membro da Associação Americana de Estatística. Ela ganhou o Prêmio Presidencial para Professores da Universidade do Estado de Kansas e foi indicada para o Quadro da Inspiração na escola de ensino médio onde havia estudado quando adolescente, em Burlington, Wisconsin. Ela também é autora dos livros *Estatística II Para Leigos* **(Editora Alta Books)**, *Statistics Workbook For Dummies*, *Probability For Dummies* e *Statistics Essentials For Dummies* (sem publicação no Brasil). Ela publicou vários artigos e conduziu muitas apresentações e workshops profissionais com o tema Educação Estatística. É a organizadora oficial da bienal da Conferência de Ensino de Estatística dos Estados Unidos (USCOTS). Suas paixões incluem estar com sua família, acampar e observar pássaros, andar em seu trator Kubota e torcer para o time de futebol americano Buckeye do Estado de Ohio no próximo campeonato nacional.

Dedicatória

A meu marido, Eric: meu sol nasce e se põe com você. A meu filho Clint: amo você daqui até a Lua, ida e volta.

Agradecimentos da Autora

Meu sincero agradecimento a Lindsay Lefevere e Kathy Cox pela oportunidade de escrever livros da série *Para Leigos*; a meus editores de projetos Georgette Beatty, Corbin Collins e Tere Drenth pelo apoio e visão inabaláveis; a Marjorie Bond da Faculdade de Monmouth, por concordar em ser minha editora técnica (de novo!); a Paul Stephenson, que também fez edições técnicas; e a Caitie Copple e Janet Dunn pela ótima edição de copidesque.

Agradecimentos especiais a Elizabeth Stasny, Joan Garfield, Kythrie Silva, Kit Kilen, Peg Steigerwald, Mike O'Leary, Tony Barkauskas, Ken Berk e Jim Higgins pela inspiração e apoio ao longo do caminho; e a toda minha família por seu amor e encorajamento incondicionais.

Sumário Resumido

Sumário

Introdução

Você é atingido por uma quantidade incrível de informação estatística todos os dias. Você sabe a que me refiro: gráficos, tabelas, mapas e manchetes que falam sobre os resultados da última pesquisa de opinião, experimento ou outro estudo científico. O propósito deste livro é desenvolver e aprimorar suas habilidades de selecionar, analisar e avaliar todas essas informações, e fazer isso de forma clara, divertida e indolor. Você também vai desenvolver a habilidade de resolver e tomar decisões importantes a respeito de resultados estatísticos (por exemplo, os resultados dos últimos exames médicos), enquanto ficará mais atento sobre as formas com as quais as pessoas podem enganá-lo com a estatística. E verá como fazer isso exatamente quando for sua vez de desenvolver o estudo, coletar dados, calcular os resultados e tirar suas conclusões.

Este livro também tem o objetivo de ajudar a todos que fazem aulas de introdução à Estatística e precisam de uma ajuda extra. Você terá um conhecimento satisfatório dos grandes conceitos da Estatística e terá um caminhão de ferramentas e truques da área que o ajudarão a estar à frente dos outros quando fizer as provas.

Este livro está recheado de exemplos reais, retirados de fontes reais que são relevantes para seu dia a dia — desde últimas descobertas médicas, casos criminais e tendências da população até os relatórios mais recentes do Governo dos EUA. Eu até apresento uma pesquisa sobre os piores carros do milênio! Ao ler este livro, você entenderá como coletar, apresentar e analisar os dados de modo correto e eficaz, estando pronto para examinar e tomar decisões de forma crítica sobre as últimas pesquisas de opinião, estudos, experimentos e relatórios que nos bombardeiam diariamente. Descobrirá até mesmo como usar os grilos para medir a temperatura!

Você também se divertirá tirando um pouco de sarro dos estatísticos (que, às vezes, se levam muito a sério). Afinal de contas, com o conhecimento e habilidades certas, você não precisa ser um estatístico para entender Estatística básica.

Sobre Este Livro

Este livro diferencia-se dos tradicionais livros, materiais de referência e manuais de Estatística, pois possui:

- Explicações intuitivas e práticas sobre conceitos estatísticos, ideias, técnicas, fórmulas e cálculos que são encontrados nas aulas de introdução à Estatística.
- Passo a passo conciso e claro de procedimentos que explicam intuitivamente como lidar com problemas estatísticos.

» Exemplos interessantes reais relacionados ao cotidiano pessoal e profissional.
» Respostas honestas e sinceras a perguntas como: "O que isso realmente significa?" e "Quando e como vou usar isso?".

Convenções Usadas Neste Livro

Há quatro convenções às quais você deve estar atento enquanto estiver lendo este livro:

» **Definição do tamanho amostral (*n*):** Quando me refiro ao tamanho de uma amostra, me refiro ao número final de indivíduos que participaram e forneceram informações para o estudo. Em outras palavras, *n* representa o tamanho do conjunto final de dados.
» **Ambiguidade do termo *estatística:*** Em algumas situações, eu me refiro à estatística como o assunto de um estudo ou como um campo de pesquisa. Por exemplo, "A Estatística é um assunto realmente interessante". Em outras situações, me refiro à *estatística* como um número ou valor. Por exemplo, "As estatísticas mais comuns são a média e o desvio-padrão".
» **Uso da palavra *dado(s):*** Talvez você desconheça o acirrado debate entre os estatísticos sobre se essa palavra deve estar no singular (o dado é...) ou no plural (os dados são...). O debate foi tão forte que um grupo de estatísticos criou dois tipos de camisetas, uma com dizeres no plural e outra no singular. Correndo o risco de ofender alguns dos meus colegas, optei pelo plural neste livro.
» **Uso do termo *desvio-padrão:*** Quando uso o termo desvio-padrão, me refiro a *s,* a amostra de desvio-padrão. (Quando me referir ao desvio-padrão de população, avisarei.)

Aqui estão algumas outras convenções básicas que o ajudarão a navegar este livro:

» Uso *itálico* para você saber quando um novo termo estatístico entra em cena.
» Se você vir um termo ou frase em **negrito** em uma lista com marcadores, será uma palavra-chave ou frase-chave.
» Os endereços da internet aparecem `com esta fonte`.

Só de Passagem

Prefiro pensar que você não vai pular nenhuma parte deste livro, mas também sei que é uma pessoa ocupada. Então, para poupar tempo, sinta-se livre para pular qualquer parte marcada com o ícone Papo de Especialista, assim como o texto nas **seções complementares** (aquelas caixas cinzas que aparecem ao longo do livro). Esses itens destacam informações que são interessantes, porém não são cruciais para seu conhecimento básico de Estatística.

Penso que...

Não considerei que você tenha tido qualquer outro tipo de contato com a Estatística a não ser pelo fato de que, como todos nós, tem sido bombardeado todos os dias com a estatística em forma de números, porcentagens, tabelas, gráficos, resultados "estatisticamente significativos", estudos "científicos", pesquisas de opinião, enquetes, experimentos e outros.

O que eu realmente levei em consideração é que você conhece as operações matemáticas básicas e entende algumas das noções básicas utilizadas em álgebra, tais como as variáveis x e y, sinais de somatória, extração da raiz quadrada, potenciação e outras. Caso você necessite afiar seus conhecimentos em álgebra, confira o livro *Álgebra Para Leigos*, de Mary Jane Sterling (Editora Alta Books).

Não vou iludi-lo: você encontrará fórmulas neste livro, pois a estatística realmente exige alguns cálculos numéricos. Mas não deixe isso abatê-lo. Vou mostrar pacientemente cada passo de qualquer cálculo necessário. Também forneço exemplos ao longo do livro para que você se familiarize com os cálculos e possa fazê-los sozinho.

Como Este Livro Está Organizado

Este livro divide-se em cinco partes principais que exploram as áreas principais da introdução à Estatística, juntamente com a parte final, que oferece uma rápida referência para você usar. Cada parte contém capítulos que se subdividem, de modo a tornar cada objetivo mais compreensível.

Parte 1: Estatísticas Vitais sobre a Estatística

Esta parte o ajudará a se conscientizar da quantidade e da qualidade da estatística que você encontra todos os dias, em seu trabalho e em sua vida pessoal.

Você também descobrirá que grande parte dessas informações está incorreta, tanto por acidente quanto de propósito. Você dará o primeiro passo para se tornar estatisticamente consciente ao reconhecer algumas ferramentas do ofício, desenvolver uma visão geral da estatística como um processo para conseguir e interpretar informações, e familiarizar-se com alguns jargões técnicos.

Parte 2: Fundamentos de Cálculos Numéricos

Esta parte o ajudará a se tornar mais familiar e confortável com os mostradores de dados (ou seja, gráficos, tabelas e outros) para tipos diferentes de dados. Você também descobrirá como resumir os dados utilizando algumas das funções estatísticas mais comuns, bem como algumas funções que talvez não conheça ainda.

Parte 3: Distribuições e Teorema Central do Limite

Nesta parte, você verá todos os detalhes das três distribuições mais comuns da Estatística: distribuição binomial, normal (e padrão normal, também conhecida como distribuição *Z*) e distribuição *t*. Você descobrirá as características de cada distribuição e como encontrar e interpretar as probabilidades, porcentagens, médias e desvios-padrão. Também encontrará medidas de posição relativa (como percentis).

Por fim, descobrirá como os estatísticos mensuram a variabilidade entre as amostras e por que uma medida de precisão em seus resultados de amostras é tão importante. E você terá informações detalhadas sobre o que alguns estatísticos descrevem como a "Joia da Coroa de Toda a Estatística: o Teorema Central do Limite" (TCL). Não uso esse nível de linguajar tão floreado para descrever o TCL; apenas digo aos meus alunos que é um RPP ("Resultado Poderosamente Profundo"; termo cunhado por meu orientador de doutorado). Agora, como meus alunos descrevem seus sentimentos sobre o TCL, vou deixar para sua imaginação.

Parte 4: Estimando e Testando Hipóteses com Confiança

Esta parte se concentra em dois métodos para pegar os resultados de uma amostra e generalizá-los para chegar a conclusões sobre uma população inteira. (Os estatísticos denominam esse processo de *inferência estatística*.) Esses dois métodos são os intervalos de confiança e os testes de hipóteses.

Nesta parte, você usa os intervalos de confiança para propor boas estimativas para uma ou duas médias ou proporções de população, ou para a diferença entre elas (por exemplo, o número médio de horas que os adolescentes passam assistindo à TV por semana ou a porcentagem de homens versus mulheres nos Estados Unidos que tomam remédio para artrite diariamente). Você chegará ao âmago da questão de como os intervalos de confiança são formados, interpretados e avaliados para atingir exatidão e credibilidade. Você vai explorar os fatores que influenciam a largura de um intervalo de confiança (tal como um tamanho da amostra) e desenvolver fórmulas, cálculos passo a passo e exemplos para os intervalos de confiança mais usados.

Os testes de hipóteses nesta parte mostrarão como usar seus dados para testar algo que alguém alegou sobre uma ou duas médias ou proporções de população, ou a diferença entre elas. (Por exemplo, uma empresa alega que seus produtos são entregues em dois dias, em média — será verdade?) Você descobrirá como os pesquisadores (deveriam) lidam com a formulação e o teste de hipóteses, e como você pode avaliar seus resultados para obter exatidão e credibilidade. Também terá orientações detalhadas com um passo a passo para conduzir e interpretar os resultados dos testes de hipóteses mais usados.

Parte 5: Estudos Estatísticos e a Busca por uma Relação Significativa

Esta parte fornecerá uma visão geral a respeito de pesquisas de opinião, experimentos e estudos observacionais. Você descobrirá o que esses estudos fazem, como são conduzidos, quais são suas limitações e como avaliá-los para, assim, poder determinar se os resultados são dignos de confiança.

Você também terá todos os detalhes sobre como examinar pares de variáveis numéricas e variáveis categóricas para buscar relações; este é o objeto de muitos estudos. Para os pares de variáveis categóricas, você criará tabelas de distribuição de frequência e encontrará probabilidades e distribuições marginais, condicionais e conjuntas. Examinará a independência e se uma relação dependente for encontrada, descreverá a natureza da relação usando as probabilidades. Para as variáveis numéricas, você criará gráficos de dispersão, encontrará e interpretará a correlação, fará análises de regressão, estudará o ajuste da linha de regressão e o impacto os valores atípicos, descreverá a relação usando o coeficiente angular e usará a linha para fazer previsões. Tudo em um dia só!

Parte 6: A Parte dos Dez

Esta parte, muito breve e prática, compartilhará dez maneiras de se tornar em um investigador habilidoso e erradicar estudos e resultados suspeitos, assim como dez maneiras infalíveis para melhorar muito suas notas nas provas de Estatística.

Alguns cálculos estatísticos envolvem o uso de tabelas estatísticas, e eu forneço um acesso rápido e fácil a todas as tabelas necessárias para este livro no apêndice. São elas: tabela *Z* (para o padrão normal, também denominado de distribuição *Z*), tabela *t* (para a distribuição *t*) e tabela binomial (para — adivinhou — a distribuição binomial). As instruções e exemplos para usar essas tabelas são dados nas seções correspondentes neste livro.

Ícones Usados Neste Livro

Alguns ícones serão usados neste livro para chamar sua atenção para certos aspectos que ocorrem com frequência. A seguir, veja o que cada um deles significa:

DICA

Este ícone refere-se a dicas, ideias ou atalhos úteis que você pode utilizar para economizar tempo. Ele também destaca modos alternativos de entender um determinado conceito.

LEMBRE-SE

Este ícone contém determinadas ideias que você deve recordar mesmo depois de ter lido o livro.

CUIDADO

Este ícone refere-se às maneiras específicas de como os pesquisadores e a mídia podem enganá-lo com o uso da Estatística e informa o que você pode fazer a respeito. Ele também aponta problemas em potencial e precauções nas quais você deve ficar de olho para se dar bem nas provas.

PAPO DE ESPECIALISTA

Você pode apostar neste ícone caso tenha especial interesse em entender os aspectos mais técnicos das questões estatísticas. Entretanto pode deixar de lê-lo caso não queira entrar em maiores detalhes.

Além Deste Livro

Você pode acessar a Folha de Cola Online no site da editora Alta Books (`www.altabooks.com.br`). Procure pelo título do livro. Faça o download da Folha de Cola completa, bem como de erratas e possíveis arquivos de apoio.

De Lá para Cá, Daqui para Lá

Este livro foi escrito de tal maneira que se pode começar a leitura de qualquer ponto e ainda continuar a entender o que se passa. Portanto, dê uma olhada no sumário ou no índice remissivo, procure a informação de seu interesse e vá para a página indicada. Porém, se você tiver algum assunto em mente e estiver ávido para mergulhar nele, aqui estão algumas orientações:

- » Para saber como descobrir ou interpretar gráficos, tabelas, médias ou medianas e assuntos relacionados, vá para a Parte 2.
- » Para encontrar informações sobre a distribuição normal, *Z*, *t* ou binomial e sobre o Teorema Central do Limite, veja a Parte 3.
- » Para focar intervalos de confiança e testes de hipóteses de todos os formatos e tamanhos, consulte a Parte 4.
- » Para se aprofundar em pesquisas, experimentos, regressão e tabelas de distribuição de frequência, veja a Parte 5.

Ou se não sabe ao certo por onde quer começar, considere iniciar a leitura pelo Capítulo 1 para ver o panorama geral e depois siga em frente pelo restante do livro. Tenha uma ótima leitura!

1

Estatísticas Vitais sobre Estatística

NESTA PARTE...

Quando você liga a TV ou abre o jornal, recebe um bombardeio de números, tabelas, gráficos e resultados estatísticos. Da pesquisa de opinião de hoje até a mais recente descoberta científica, os números não param de chegar. Todavia muitas dessas informações estatísticas que você acaba consumindo estão de fato erradas — por acidente ou até mesmo de propósito. Mas como descobrir no que acreditar? Sendo um bom detetive.

Esta parte ajudará a despertar o espírito estatístico investigativo que adormece em você, ao analisar como a estatística afeta seu dia a dia e seu trabalho, a real qualidade da informação que nos é apresentada e o que se pode fazer com relação a isso. Além do mais, esta parte o ajudará a entender alguns termos muito úteis do jargão estatístico.

NESTE CAPÍTULO

» Descubra tudo sobre o processo da estatística

» Tenha sucesso com a estatística no cotidiano, em sua carreira e na sala de aula

Capítulo 1

Estatística, em Resumo

O mundo atualmente está abarrotado de dados, a ponto de deixar todos (até mesmo eu!) sobrecarregados. Não o julgaria caso se dissesse cético a respeito das estatísticas na mídia; também acontece comigo, às vezes. A boa notícia é que enquanto uma grande quantidade de informação errada e incorreta aparece por aí, há muita coisa boa que também está sendo produzida; por exemplo, muitos estudos e técnicas envolvendo dados estão ajudando a melhorar nossa qualidade de vida. Sua função é conseguir separar o bom do ruim e ter confiança em sua habilidade para fazer isso. Com uma boa compreensão da Estatística e de seus processos, você ganhará poder e confiança com os números no seu cotidiano, em seu trabalho e na sala de aula. Este livro é exatamente sobre isso.

Neste capítulo, dou uma visão geral sobre o papel que a Estatística desempenha na sociedade de hoje, abarrotada de dados, e o que você pode fazer, não apenas para sobreviver, mas para prosperar. Você terá uma visão muito mais ampla da Estatística exercendo parceria no método científico, ou seja, desenvolvendo estudos efetivos, coletando bons dados, organizando e analisando as informações, interpretando os resultados e chegando a conclusões apropriadas. (E você achava que a Estatística só tinha cálculos numéricos!)

Prosperando em um Mundo Estatístico

É difícil dar conta da enxurrada de estatísticas que afetam muito ou pouco sua vida diária. Tudo começa ao acordar de manhã, conferir as notícias e ouvir o meteorologista dar as previsões para o clima com base em análises estatísticas do passado e nas condições do clima atual. Você fica absorto lendo as informações nutricionais na lateral da caixa de cereais enquanto toma seu café da manhã. No trabalho, usa números de gráficos e tabelas, insere dados em planilhas, faz diagnósticos, toma medidas, faz cálculos, estima gastos, toma decisões usando bases estatísticas e organiza o estoque baseado nos dados de vendas anteriores.

No almoço, vai ao restaurante nº 1 com base em uma pesquisa feita com 500 pessoas. Você consome a comida que foi precificada tendo como base os dados de marketing. Vai à consulta com o médico, na qual ele mede sua pressão arterial, temperatura, peso e faz exames de sangue; após toda essa informação ter sido coletada, você recebe um relatório com seus números e como está em comparação com as normas estatísticas.

Você volta para casa em seu carro, que foi testado por um computador que roda diagnósticos estatísticos. Ao chegar, liga as notícias e ouve a últimas estatísticas sobre crimes, vê o desempenho do mercado de ações, e descobre quantas pessoas visitaram o zoológico semana passada.

À noite, escova os dentes com o creme dental que combate cáries, conforme as comprovações estatísticas apontam, lê algumas páginas de um best-seller (com base nas estimativas estatísticas de vendas) e vai dormir, apenas para começar tudo outra vez no dia seguinte. Porém como pode ter tanta certeza de que todas as estatísticas que você encontra e das quais depende a cada dia estão corretas? No Capítulo 2, menciono com mais profundidade alguns exemplos de como a estatística está envolvida em nossa vida e no nosso ambiente de trabalho.

CUIDADO

Algumas estatísticas são vagas, inapropriadas ou totalmente erradas. Você precisa ficar mais atento às estatísticas com que se depara dia a dia e treinar sua mente para parar e dizer "espere um minuto!", conferir as informações, fazer perguntas e levantar bandeirinhas vermelhas quando algo não estiver certo. No Capítulo 3, você verá formas pelas quais pode ser enganado pelas más estatísticas e desenvolver habilidades para pensar criticamente e identificar problemas antes de acreditar automaticamente nos resultados.

Assim como em qualquer outra área, a estatística tem seu próprio jargão; apresento e explico os termos estatísticos mais usados no Capítulo 4. Conhecer a linguagem aumenta sua habilidade para entender e comunicar a estatística em um nível mais alto sem ser intimidado. Isso aumentará sua credibilidade quando usar termos precisos para descrever o que está errado com um resultado estatístico (e por quê). E suas apresentações que envolvem tabelas, gráficos e análises estatísticas serão muito mais informativas e eficientes. (Poxa, no mínimo, você precisará do jargão, porque eu o utilizo neste livro; mas não se preocupe, sempre faço uma revisão.)

Nas próximas seções, você verá como a estatística está envolvida em cada fase do método científico.

Desenvolvendo Estudos Apropriados

Todos fazem perguntas, das empresas de remédios aos biólogos; dos analistas de marketing ao governo dos EUA. E basicamente todos usarão a estatística para ajudar a responder às suas dúvidas. Em particular, muitos estudos médicos e psicológicos são feitos porque alguém quer saber a resposta a uma pergunta. Por exemplo:

- Esta vacina será eficaz para prevenir a gripe?
- O que os norte-americanos pensam sobre a situação econômica?
- Um aumento do uso de redes sociais na internet causa depressão nos adolescentes?

O primeiro passo após uma pergunta de pesquisa ter sido formulada é desenvolver um estudo eficiente para coletar os dados que ajudarão a responder a essa questão. Esse passo equivale a descobrir qual processo você usará para conseguir os dados de que precisa. Nesta seção, dou uma visão geral dos dois principais tipos de estudos — pesquisas e experimentos — e exploro por que é tão importante avaliar como um estudo foi desenvolvido antes de acreditar nos resultados.

Pesquisas

Um *estudo observacional* é feito através de dados que são coletados sobre os indivíduos de forma que não os afete. O estudo observacional mais comum é a pesquisa. As *pesquisas* são questionários apresentados aos indivíduos que foram selecionados a partir de uma população de interesse. Elas têm muitas formas diferentes: pesquisas em papel enviadas por correspondência, questionários na internet, pesquisas de intenção de voto realizadas por redes de TV, pesquisas por telefone e assim por diante.

CUIDADO

Se conduzida corretamente, as pesquisas podem ser ferramentas muito úteis para conseguir informações. No entanto, se não forem feitas corretamente, elas podem resultar em informações enganosas. Alguns problemas incluem a formulação incorreta de perguntas, que podem ser ambíguas, a falta de respostas das pessoas que foram selecionadas para participar ou a falha em incluir um grupo inteiro da população. Esses problemas em potencial significam que uma pesquisa tem que ser bem planejada antes de aplicada.

LEMBRE-SE

Muitos pesquisadores gastam tempo e dinheiro para fazer boas pesquisas e você sabe (pelos critérios analisados no Capítulo 16) que pode confiar neles. Contudo, quando você é bombardeado com tantos tipos diferentes de pesquisas encontradas na mídia, no ambiente de trabalho e em várias de suas aulas, é preciso conseguir examinar rapidamente e avaliar como uma pesquisa foi desenvolvida e conduzida, e estar apto a identificar problemas específicos de maneira bem informada. As ferramentas das quais você precisa para analisar as pesquisar são encontradas no Capítulo 16.

Experimentos

Um *experimento* impõe um ou mais tratamentos dos participantes de tal forma que comparações claras possam ser traçadas. Após a aplicação dos tratamentos, as respostas são registradas. Por exemplo, para estudar o efeito da dosagem de remédios para a pressão arterial, um grupo pode tomar 10mg do remédio e outro pode tomar 20mg. Em geral, um grupo de controle também estará envolvido, no qual os participantes recebem um tratamento falso (um comprimido de açúcar, por exemplo) ou um tratamento padrão, não experimental (como as drogas existentes que são dadas aos pacientes com AIDS).

LEMBRE-SE

Experimentos bons e confiáveis são desenvolvidos para minimizar parcialidades, coletar muitos dados bons e fazer comparações corretas (o grupo de tratamento versus o grupo de controle). Alguns problemas em potencial que ocorrem com os experimentos incluem os pesquisadores e/ou sujeitos que sabem qual tratamento receberam, fatores não controlados do estudo que afetam o resultado (como peso do sujeito ao estudar a dosagem do remédio) ou falta de um grupo de controle (não deixando uma base com a qual comparar os resultados).

Mas, quando desenvolvido corretamente, um experimento poderá ajudar um pesquisador a estabelecer uma relação de causa e feito se a diferença nas respostas entre o grupo de tratamento e o grupo de controle for estatisticamente significativa (diferente de ter acontecido aleatoriamente).

CUIDADO

Os experimentos têm a credibilidade de criar e testar remédios, determinar as melhores práticas para fazer e preparar alimentos, e avaliar se um novo tratamento pode curar uma doença ou, pelo menos, reduzir seu impacto. Nossa qualidade de vida certamente tem sido melhorada com o uso de experimentos bem desenvolvidos. No entanto nem todos são assim, e sua habilidade para determinar quais resultados são confiáveis e quais não são confiáveis torna-se crítica, especialmente quando os resultados são muito importantes para você. Todas as informações que você precisa saber sobre os experimentos, e como avaliá-los, podem ser encontradas no Capítulo 17.

Coletando Dados de Qualidade

Após um estudo ter sido desenvolvido, seja uma pesquisa, seja um experimento, os indivíduos que participarão precisam ser selecionados e o processo deve estar alinhado para coletar os dados. Essa fase do processo é crítica para produzir dados confiáveis ao final, e este é o destaque desta seção.

Selecionando uma boa amostra

LEMBRE-SE

Os estatísticos têm um ditado: "Lixo entra, lixo sai." Se você selecionar seus *sujeitos* (os indivíduos que participarão do estudo) de forma *parcial*, ou seja, favorecendo certos indivíduos ou grupos de indivíduos, então seus resultados também serão parciais. Simples assim.

Imagine que Bob queira saber as opiniões das pessoas em sua cidade sobre a possibilidade de ter um cassino. Ele vai ao shopping com sua prancheta e pede a opinião das pessoas que passam. Que mal há nisso? Bem, Bob vai apenas conseguir as opiniões a) das pessoas que fazem compras no shopping; b) daquele dia específico; c) daquela hora específica; d) de quem vai se dispor a responder.

Essas circunstâncias são muito restritivas; essas pessoas não representam uma amostra representativa da cidade. De maneira similar, Bob poderia colocar uma pesquisa na internet e pedir que as pessoas lhe respondessem. No entanto, apenas as pessoas que conhecem o site, têm acesso à internet e desejam responder fornecerão algum dado para ele e, normalmente, apenas as pessoas com opiniões fortes se darão ao trabalho. No fim, tudo que Bob terá é um punhado de dados parciais sobre indivíduos que não representam a cidade de forma alguma.

LEMBRE-SE

Para minimizar a parcialidade em uma pesquisa, a palavra-chave é *aleatório*. Você precisa selecionar sua amostra de indivíduos *aleatoriamente*, isso é, um tipo de processo como "sortear os nomes que estão em um chapéu". Os cientistas usam vários métodos para selecionar indivíduos de forma aleatória, e você verá como eles fazem isso no Capítulo 16.

Perceba que, ao desenvolver um experimento, coletar uma amostra aleatória de pessoas e pedir que participem não é algo é ético, porque os experimentos impõem um tratamento dos sujeitos. O que se deve fazer é enviar pedidos para que os voluntários venham até você. Depois, você deve garantir que os voluntários selecionados no grupo representem a população de interesse e que os dados sejam bem coletados sobre os indivíduos para que os resultados possam ser projetados em um grupo maior. Você verá como isso é feito no Capítulo 17.

Após ter lido os Capítulos 16 e 17, você saberá como se aprofundar e analisar outros métodos para selecionar amostras e até mesmo conseguir desenvolver um plano que possa usar para selecionar uma amostra. No fim, saberá quando dizer "Lixo entra, lixo sai".

Evitando parcialidade em seus dados

A *parcialidade* é o favoritismo sistemático de certos indivíduos ou certas respostas. É a nêmese dos estatísticos e eles fazem tudo que podem para minimizá-la. Quer um exemplo de parcialidade? Digamos que você esteja conduzindo uma pesquisa por telefone sobre a satisfação dos norte-americanos com seus trabalhos; se você ligar para a casa das pessoas durante o dia, entre 9h e 17h, deixará de fora as pessoas que trabalham de dia. Talvez aquelas que trabalham durante o dia estarão mais satisfeitas do que as que trabalham à noite.

Você precisa ter cuidado com a parcialidade ao coletar os dados para uma pesquisa. Por exemplo: algumas pesquisas são longas demais; e se alguém parar de responder às perguntas na metade da pesquisa? Ou se as pessoas derem informações falsas e disserem que ganham $100.000 por ano em vez de $45.000? E se derem respostas que não estão em sua lista de respostas possíveis? Vários problemas podem acontecer ao coletar os dados para uma pesquisa e você precisa conseguir detectá-los.

CUIDADO

Às vezes, os experimentos são ainda mais desafiadores em termos de parcialidade e coleta de dados. Suponha que você queira testar a pressão arterial; e se o instrumento que estiver usando quebrar durante o experimento? E se alguém desistir do experimento na metade? E se algo ocorrer durante o experimento, que distraia os sujeitos ou os pesquisadores? Ou se não conseguirem encontrar uma veia ao fazer o exame exatamente uma hora após o remédio ter sido tomado? Esses problemas são apenas alguns exemplos do que pode dar errado na coleta de dados para experimentos e você tem que estar pronto para verificá-los e identificá-los.

Após ter lido o Capítulo 16 (sobre as amostras e pesquisas) e o Capítulo 17 (sobre os experimentos), você estará apto a selecionar amostras e coletar dados de forma imparcial e com sensibilidade às pequenas coisas que realmente podem influenciar os resultados. E terá a habilidade de avaliar a credibilidade dos resultados estatísticos e ser ouvido, porque sabe sobre o que está falando.

Criando Sumários Eficazes

Após fazer a coleta de bons dados, o próximo passo é fazer um sumário deles para ter uma noção do panorama geral. Os estatísticos descrevem os dados de duas formas principais: com números (denominados *estatística descritiva*) e figuras (isso é, gráficos e tabelas).

Estatística descritiva

A *estatística descritiva* compõe-se de números que descrevem um conjunto de dados em termos de suas características importantes:

- Se os dados forem *categóricos* (em que os indivíduos são alocados em grupos, tais como sexo ou afiliação política), eles normalmente são resumidos através do número de indivíduos em cada grupo (denominados *frequência*) ou da porcentagem de indivíduos em cada grupo (denominados *frequência relativa*).
- Os *dados numéricos* representam medidas ou contas aos quais os números reais têm significado (tais como altura e peso). Com os dados numéricos, mais características podem ser resumidas além do número ou da porcentagem em cada grupo. Algumas dessas características incluem:
  - Medidas de centro (em outras palavras, onde é o "meio" dos dados?)
  - Medidas de propagação (qual é o nível de diversidade ou concentração que os dados possuem ao redor do centro?)
  - Caso seja apropriado, os números que mensuram a relação entre duas variáveis (tais como altura e peso)

Algumas estatísticas descritivas são mais apropriadas do que outras em certas situações; por exemplo, a média nem sempre é a melhor medida do centro de um conjunto de dados; a mediana é geralmente uma opção melhor. E o desvio-padrão não é a única medida de variabilidade disponível; a amplitude interquartil possui qualidades excelentes também. É preciso discernir, interpretar e avaliar os tipos de estatísticas descritivas que são apresentados a você todos os dias e saber quando uma estatística mais apropriada pode ser usada.

As estatísticas descritivas que você encontra com mais frequência são calculadas, interpretadas, comparadas e avaliadas no Capítulo 5. Essas estatísticas mais usadas incluem as frequências e as frequências relativas (contas e porcentagens) para os dados categóricos, e a média, mediana, desvio-padrão, porcentagens e suas combinações para os dados numéricos.

Tabelas e gráficos

Os dados são resumidos de forma visual com tabelas e/ou gráficos. São demonstrações organizadas que oferecem um panorama geral dos dados em apenas um olhar e/ou dão um zoom em um resultado em particular que foi encontrado. Neste mundo de informações rápidas e repetições, os gráficos e as tabelas são muito comuns. A maioria deles apresenta as ideias de forma clara, eficaz e adequada; porém eles podem dar espaço a muita licença poética e, como resultado, podem expor você a um alto número de gráficos e tabelas enganosos e incorretos.

LEMBRE-SE

Nos Capítulos 6 e 7, trato dos principais tipos de gráficos e tabelas usados para resumir os dados categóricos e numéricos (veja a seção anterior para ter mais detalhes sobre esses tipos de dados). Você verá como construí-los, quais são seus propósitos e como interpretar os resultados. Também mostro várias formas de como os gráficos e as tabelas podem ser feitos para enganar e como é possível identificar os problemas rapidamente. É uma questão de poder dizer "Espere aí! Isso não está certo!" e saber por que não. Aqui estão alguns destaques:

» Alguns gráficos básicos usados para dados categóricos incluem os gráficos de pizza e barras, que decompõem as variáveis, como sexo, ou quais aplicativos os adolescentes usam em seus smartphones. Um gráfico de barras, por exemplo, pode exibir opiniões sobre um assunto usando cinco barras com legenda partindo de "Discordo Totalmente" até "Concordo Totalmente". O Capítulo 6 apresenta todas as informações importantes sobre como fazer, interpretar e, essencialmente, avaliar esses gráficos com imparcialidade. Talvez você fique surpreso em ver quanto erro existe em um simples gráfico de barras.

» Para os dados numéricos, como altura, peso, tempo ou quantidades, faz-se necessário outro tipo de gráfico. Os gráficos chamados de histogramas e diagramas de caixa são usados para resumir dados numéricos e podem ser muito informativos, oferecendo informações fáceis de ser compreendidas sobre um conjunto de dados. Mas, claro, eles também podem enganar, por acaso ou mesmo de propósito (veja essa novidade no Capítulo 7).

CUIDADO

Você encontra tabelas e gráficos todos os dias; pode abrir um jornal e, sem muito esforço, provavelmente encontrará vários gráficos. Ter uma lupa de estatístico para ajudá-lo a interpretar as informações é algo crítico para que possa identificar os gráficos enganosos antes de chegar a conclusões erradas e, possivelmente, tomar atitudes. Todas as ferramentas das quais você precisa estão disponíveis no Capítulo 6 (para os dados categóricos) e no Capítulo 7 (para os dados numéricos).

Determinando as Distribuições

Uma *variável* é uma característica que está sendo contada, medida ou categorizada. Os exemplos incluem sexo, idade, altura, peso ou número de animais de estimação que você possui. Uma *distribuição* é uma lista dos valores possíveis de uma variável (ou intervalos de valores) e com que frequência (ou com que intensidade) eles ocorrem. Por exemplo, a distribuição do sexo no nascimento nos EUA foi estimada em 52,4% de meninos e 47,6% de meninas.

LEMBRE-SE

Tipos diferentes de distribuições existem para variáveis diferentes. As três distribuições a seguir são as mais frequentes em um curso de introdução à Estatística, e elas têm muitas aplicações no mundo real:

- » Se uma variável está contando o número de sucessos em certo número de tentativas (como o número de pessoas que ficaram bem após tomarem certo remédio), ela tem uma distribuição *binomial*.
- » Se a variável considera os valores que ocorrem de acordo com uma "curva em forma de sino", como os resultados de testes de vestibular, então essa variável tem uma distribuição *normal*.
- » Se a variável for baseada em médias de amostras e você tiver dados limitados, como em um teste com apenas dez sujeitos para ver se um programa de perda de peso funciona, a distribuição *t* poderá ser a melhor.

Quando o assunto é distribuição, você precisa saber decidir qual distribuição uma variável em particular tem, como encontrar as possibilidades para ela e descobrir qual seria a média de longo prazo e o desvio-padrão. Para ficar craque nesses assuntos, fiz três capítulos para você, cada um dedicado a uma distribuição: o Capítulo 8 se concentra na binomial, o Capítulo 9 trata da normal e o Capítulo 10 foca a distribuição *t*.

DICA

Para as pessoas que fazem aulas de introdução à Estatística (ou qualquer outro curso de Estatística): vocês sabem que um dos assuntos mais difíceis de compreender é a distribuição das amostras e o Teorema Central do Limite (esses dois assuntos andam de mãos dadas). O Capítulo 11 mostra esses assuntos com um passo a passo para que você compreenda o que é uma distribuição de amostras, para que ela é usada, e de que maneira fornece o fundamento para as análises de dados, como os testes de hipóteses e os intervalos de confiança (veja a próxima seção para obter mais informações sobre a análise de dados). Quando entender o Teorema Central do Limite, isso de fato o ajudará a resolver problemas complexos mais facilmente, e todas as chaves para essas informações estão esperando-o no Capítulo 11.

Realizando Análises Adequadas

Após os dados terem sido coletados e descritos através de números e figuras, chega a hora divertida: navegar pela caixa preta chamada *análise estatística*. Se o estudo foi desenvolvido adequadamente, as perguntas originais podem ser respondidas usando a análise adequada; a palavra de ordem aqui sendo *adequada*.

LEMBRE-SE

Há muitos tipos de análises e escolher a análise certa para a situação certa é algo critico, assim como interpretar os resultados adequadamente, estar ciente das limitações e conseguir avaliar as escolhas de análises de outras pessoas e as conclusões a que elas chegam.

Neste livro, você obtém todas as informações e ferramentas necessárias para analisar os dados usando os métodos mais comuns na introdução à Estatística: intervalos de confiança, testes de hipóteses, correlação e regressão, e a análise das tabelas bidirecionais. Esta seção oferece uma visão geral básica sobre esses métodos.

Margem de erro e intervalos de confiança

Com frequência, você vê estatísticas que tentam estimar números que se referem a uma população inteira; de fato, vê isso quase todos os dias na forma de resultados de pesquisa. A mídia informa qual é o preço médio da gasolina nos EUA, como os norte-americanos se sentem sobre o trabalho que o presidente está desenvolvendo ou quantas horas as pessoas passam na internet por semana.

Porém ninguém pode lhe dar um único resultado e alegar que é uma estimativa precisa da população inteira, exceto os dados coletados com cada membro da população. Por exemplo, você pode ouvir que 60% dos norte-americanos apoiam a forma como o presidente lida com o sistema de saúde, mas você sabe que ninguém lhe perguntou isso, então, como eles podem ter perguntado a todos? E uma vez que não perguntaram a todos, você sabe que uma resposta com um único número não lidará com todo o assunto.

O que acontece, na realidade, é que os dados são coletados em uma amostra da população (por exemplo, a Organização Gallup — ou o Ibope, no Brasil — escolhe 2.500 pessoas aleatoriamente), os resultados dessa amostra são analisados e as conclusões são referidas à população inteira (por exemplo, todos os norte-americanos) com base nos resultados dela.

LEMBRE-SE

O mais importante é que os resultados da amostra variam entre as amostras, e essa quantidade de variação precisa ser apresentada (o que geralmente não acontece). A estatística usada para medir e apresentar o nível de precisão nos resultados da amostra de alguém é chamada *margem de erro*. Nesse contexto, a palavra *erro* não significa um engano que foi cometido; significa apenas que, uma vez que você não coletou amostras da população inteira, existirá uma disparidade entre os seus resultados e o valor real que você está tentando estimar para a população.

Por exemplo, alguém descobre que 60% das 1.200 pessoas pesquisadas apoiam a forma como o presidente lida com o sistema de saúde e relata os resultados com uma margem de erro de 2% para mais ou para menos. Esse resultado final, no qual você apresenta suas descobertas como uma margem de valores possíveis entre 58% e 62%, é chamado de *intervalo de confiança*.

CUIDADO

Todos estão expostos a resultados que incluem uma margem de erro e intervalos de confiança e, com a explosão dos dados nos dias atuais, muitas pessoas também os usam no ambiente de trabalho. Saiba quais fatores afetam a margem de erro (como o tamanho da amostra), quais são os fatores para um bom intervalo de confiança e como identificá-los. Você também deve descobrir seus próprios intervalos de confiança, quando for necessário.

No Capítulo 12, você descobrirá tudo que precisa saber sobre a margem de erro: todos seus componentes, o que ela mede e o que não mede, e como calculá-la para várias situações. O Capítulo 13 mostra o passo a passo das fórmulas, cálculos e interpretações de intervalos de confiança para a média de uma população, da proporção de uma população e da diferença entre as duas médias e as proporções.

Testes de hipóteses

Um dos elementos básicos dos estudos de pesquisa é denominado teste de hipóteses. Um *teste de hipóteses* é uma técnica para usar os dados de modo a validar ou invalidar uma alegação sobre uma população. Por exemplo, um político pode alegar que 80% da população em seu estado concorda com ele; é realmente verdade? Ou uma empresa pode alegar que entrega pizzas em 30 minutos ou menos; é realmente verdade? Os pesquisadores médicos usam os testes de hipóteses para testar se determinado remédio é eficiente ou não, comparar um novo remédio com um existente em termos de efeitos colaterais ou ver qual programa de perda de peso é mais eficiente com um determinado grupo de pessoas.

LEMBRE-SE

Os elementos sobre uma população que são testados com mais frequência são:

- A média da população. (A média de tempo de entrega de 30 minutos é realmente verdadeira?)
- A proporção da população. (É verdade que 80% dos eleitores apoiam seu candidato ou é menos do que isso?)

» A diferença em duas médias de população ou proporções. (É verdade que a perda média de peso neste novo programa é de cinco quilos na mais do que a maioria dos programas populares? Ou é verdade que este remédio diminui a pressão arterial 10% a mais do que o remédio atual?)

CUIDADO

Os testes de hipóteses são usados em muitas áreas que afetam seu cotidiano, como os estudos médicos, propagandas, pesquisas de intenção de votos e, de fato, em qualquer lugar onde as comparações são feitas com base em médias e proporções. E no ambiente de trabalho, os testes de hipóteses são muito usados em áreas como marketing, em que você precisa determinar se um certo tipo de propaganda é eficiente ou se um certo grupo de indivíduos compra mais ou menos seu produto agora, em comparação com o último ano.

Geralmente, você apenas ouve as conclusões dos testes de hipóteses (por exemplo, este remédio é muito mais eficiente e tem menos efeitos colaterais do que o remédio que você está usando agora), mas não vê os métodos usados para chegar a essa conclusão. O Capítulo 14 analisa todos os detalhes e fundamentos dos testes de hipóteses, de modo que você possa conduzi-los e avaliá-los com confiança. O Capítulo 15 vai direto ao ponto e oferece instruções passo a passo para estabelecer e conduzir testes de hipóteses para diversas situações específicas (uma média de população, proporção de população, diferença entre duas médias de população e assim por diante).

Após ter lido os Capítulos 14 e 15, você estará muito mais empoderado quando precisar saber de coisas, como para qual grupo deve fazer o marketing de um produto, qual marca de pneus vai durar mais tempo, se determinado programa de perda de peso é eficiente e questões maiores, como qual procedimento cirúrgico você deve escolher.

Correlação, regressão e tabelas bidirecionais

Um dos objetivos mais comuns de uma pesquisa é encontrar ligações entre as variáveis. Por exemplo:

» Qual estilo de vida aumenta ou diminui o risco de câncer?

» Quais efeitos colaterais estão associados a este novo medicamento?

» Consigo reduzir meu colesterol tomando este novo suplemento herbáceo?

» Passar muito tempo na internet faz com que uma pessoa ganhe peso?

Encontrar ligações entre as variáveis é o que ajuda o mundo médico a desenvolver medicamentos e tratamentos melhores, oferece informações aos publicitários sobre quem tem mais chances de comprar seus produtos e dá informações aos políticos para que elaborem argumentos a favor e contra determinadas políticas.

CUIDADO

Na megaempreitada de procurar relações entre as variáveis, você descobrirá um número incrível de resultados estatísticos; mas será que você consegue dizer o que está certo ou não? Muitas decisões importantes são tomadas com base nesses estudos e é bom saber quais padrões precisam ser atingidos de modo a tornar os resultados confiáveis, especialmente quando uma relação de causa e efeito está sendo relatada.

O Capítulo 18 trabalha com todos os detalhes e nuances de representar os dados a partir de duas variáveis numéricas (como o nível de dosagem e a pressão arterial), encontrar e interpretar a *correlação* (a força e a direção da relação linear entre x e y), descobrir a equação de uma linha que se ajuste melhor aos dados (e quando é apropriado fazer isso) e como usar esses resultados para fazer previsões para uma variável com base em outra (chamada de *regressão*). Você também ganhará ferramentas para investigar quando uma linha se ajusta bem ou não aos dados e a quais conclusões você pode chegar (e quando não deve) nas situações em que uma linha se ajusta.

Eu trato dos métodos usados para procurar e descrever as ligações entre duas variáveis categóricas (como o número de doses tomadas por dia e a presença ou ausência de náusea) em detalhes no Capítulo 19. Também forneço informações sobre coletar e organizar dados em *tabelas bidirecionais* (nas quais os valores possíveis de uma variável formam as linhas e os valores possíveis da outra variável formam as colunas), interpretar os resultados, analisar os dados das tabelas bidirecionais para buscar relações e verificar a independência. E como faço ao longo de todo o livro, ofereço estratégias para examinar os resultados desses tipos de análise de forma crítica para obter confiança.

Chegando a Conclusões Confiáveis

CUIDADO

Para realizar análises estatísticas, os pesquisadores usam softwares estatísticos que dependem de fórmulas. Porém as fórmulas não sabem se estão sendo usadas adequadamente e não alertam você quando os resultados estão incorretos. No fim do dia, os computadores não podem informar o que os resultados significam; você tem que descobrir isso. Neste livro, é possível ver a quais tipos de conclusões você pode ou não chegar após a análise ter sido feita. As seções a seguir oferecem uma introdução para chegar a conclusões adequadas.

Perdendo-se com resultados exagerados

Um dos erros mais comuns com as conclusões é exagerar os resultados ou generalizá-los para um grupo maior do que foi, de fato, representado pelo estudo. Por exemplo, um professor quer saber de quais comerciais do Super

Bowl os telespectadores gostaram mais. Ele reúne 100 alunos de sua classe no domingo do Super Bowl e pede que eles avaliem cada comercial apresentado. Uma lista com os cinco melhores é formada e o professor conclui que todos os telespectadores do Super Bowl gostaram mais desses cinco comerciais. Porém ele apenas sabe de quais comerciais *seus alunos* gostaram mais; ele não estudou nenhum outro grupo, então não pode chegar a conclusões sobre todos os telespectadores.

Questionando as alegações de causa e efeito

Uma situação em que as conclusões passam dos limites é quando os pesquisadores descobrem que duas variáveis estão relacionadas (através de uma análise como a regressão; veja a seção anterior "Correlação, regressão e tabelas bidirecionais" para obter mais informações) e, depois, automaticamente concluem que essas duas variáveis têm uma relação de causa e efeito.

Por exemplo, suponha que um pesquisador conduziu uma pesquisa sobre saúde e descobriu que as pessoas que tomaram vitamina C todos os dias relataram ter menos resfriados do que as que não tomaram. Ao chegar a esses resultados, ele escreveu um artigo e deu uma coletiva de imprensa dizendo que a vitamina C previne os resfriados, usando esses dados como evidência.

Embora possa ser verdade que a vitamina C previne resfriados, o estudo desse pesquisador não pode alegar isso. Seu estudo foi observacional, o que significa que ele não controlou nenhum outro fator que poderia estar relacionado à vitamina C e aos resfriados. Por exemplo, as pessoas que tomam vitamina C todos os dias podem ser mais conscientes sobre sua saúde de forma geral, lavando as mãos com mais frequência, exercitando-se mais e comendo melhor; todos esses comportamentos podem ajudar a reduzir o número de resfriados.

LEMBRE-SE

Enquanto não fizer um experimento controlado, você não pode chegar a uma conclusão de causa e efeito sobre as relações descobertas. (Eu analiso os experimentos com mais detalhes anteriormente neste capítulo.)

Seja um Investigador, Não um Cético

A Estatística envolve muito mais do que números. Para realmente "entendê-la", você precisa saber como chegar a conclusões adequadas a partir dos dados estudados e ser sagaz o suficiente para não acreditar em tudo o que ouve e lê até que descubra como essa informação surgiu, o que foi feito com ela e como as conclusões foram estabelecidas. Isso é algo que analiso em todo este livro, mas dou um enfoque especial a isso no Capítulo 20, que apresenta dez formas para ser um investigador estatístico sagaz ao reconhecer os erros comuns que são cometidos pelos pesquisadores e pela mídia.

Para os alunos que estão por aí, o Capítulo 21 traz uma boa prática estatística para as provas e oferece dicas para aumentar sua nota. Uma boa parte dos meus conselhos está baseada na compreensão do panorama geral, assim como nos detalhes para abordar os problemas estatísticos e se tornar um vencedor.

É muito fácil ficar cético com as estatísticas, especialmente após descobrir o que acontece nos bastidores; não deixe que isso aconteça com você. É possível descobrir muitas informações boas por aí que podem afetar sua vida de uma maneira positiva. Use seu ceticismo de forma positiva ao estabelecer dois objetivos pessoais:

» Torne-se um consumidor bem informado a respeito das informações estatísticas vistas todos os dias.

» Tenha segurança em seu emprego ao ser o "especialista" em Estatística, que sabe quando e como ajudar os outros, e quando buscar um estatístico.

Através da leitura e do uso das informações encontradas neste livro, você ficará confiante para saber que pode tomar boas decisões a respeito dos resultados estatísticos. Você conduzirá seus próprios estudos estatísticos de forma confiável e estará pronto para enfrentar seu próximo projeto no escritório, avaliar criticamente aquela propaganda política chata ou tirar dez em seu próximo exame!

NESTE CAPÍTULO

» **Questione a estatística que você vê no cotidiano**

» **Encontre a estatística básica no trabalho**

Capítulo **2**

A Estatística da Vida Diária

Atualmente, a sociedade está completamente tomada por números. Eles aparecem em todos os lugares para onde você olha, de outdoors mostrando as últimas estatísticas sobre alguma companhia aérea até programas de esporte que discutem as chances de um time de futebol chegar à final do campeonato. O noticiário da noite traz várias histórias com reportagens sobre o índice de criminalidade, a expectativa de vida de uma pessoa que não come alimentos saudáveis e o índice de aprovação do presidente. Em um dia comum, você pode se deparar com cinco, dez, ou até mesmo vinte diferentes estatísticas (muito mais em um dia de eleição). Se você ler todo o jornal de domingo, vai se deparar com centenas de estatísticas em reportagens, propagandas e artigos sobre todo tipo de assunto: desde sopa (quanto, em média, uma pessoa consome por ano?) até castanhas (as amêndoas são conhecidas por terem efeitos positivos na saúde; e os outros tipos?).

O objetivo deste capítulo é mostrar a frequência com que a estatística aparece em sua vida pessoal e profissional, e como ela é apresentada ao público em geral. Depois de ler o capítulo, você começará a perceber a frequência com que a mídia nos bombardeia com números e o quanto é importante estar apto a decifrá-los. Portanto, você goste ou não, a estatística faz parte de sua vida. Então, se você não pode com ela, junte-se a ela. E se não quer se juntar a ela, pelo menos, tente entendê-la.

Estatística e a Mídia: Mais Perguntas do que Respostas?

Abra o jornal e comece a procurar exemplos de artigos e notícias que envolvam números. Não levará muito tempo até que haja uma pilha de números. Os leitores são inundados com resultados de estudos, anúncios de avanços tecnológicos, relatórios estatísticos, previsões, projeções, tabelas, gráficos e resumos. A maneira como a estatística aparece na mídia é espantosa. Você pode nem se dar conta de quantas vezes foi bombardeado com números na atual era da informação.

Esta seção analisa alguns exemplos de um jornal de domingo que li outro dia. Quando perceber a frequência com que a estatística é usada nas notícias sem apresentar todas as informações das quais você precisa, poderá até ficar nervoso, perguntando-se no que pode ou não confiar. Relaxe! É por isso que este livro está aqui: para ajudá-lo a separar o joio do trigo (os capítulos da Parte 2 são um ótimo ponto de partida).

Briga no campo

O primeiro artigo com o qual me deparei e que lidava com números apresentava a seguinte manchete: "Lavoura de milho é investigada pelo Departamento de Saúde" e o subtítulo era "Trabalhadores doentes dizem que aromatizantes químicos causaram problemas pulmonares". O artigo descrevia como o Centro de Controle de Doenças (CDC) mostrava-se preocupado com a possível relação entre a exposição aos aromatizantes químicos utilizados no milho para pipoca de micro-ondas e alguns casos de doença pulmonar obstrutiva. Oito trabalhadores de uma única lavoura de milho apresentaram a doença e quatro deles estavam aguardando um transplante.

De acordo com o artigo, casos semelhantes também foram relatados em outras indústrias de milho. Agora, você deve estar se perguntando: "E as pessoas que comeram a pipoca de micro-ondas?" Segundo o artigo, o CDC disse que "as pessoas que comeram pipoca de micro-ondas não têm motivos para se preocupar". (Fique atento.) Eles ainda disseram que o próximo passo seria fazer uma avaliação mais detalhada desses funcionários, incluindo pesquisas para determinar as condições de saúde e a possível exposição aos produtos químicos mencionados para verificar a capacidade pulmonar e coletar amostras do ar. A questão aqui é: quantos casos dessa doença pulmonar realmente constituem um padrão, em comparação com uma mera casualidade ou uma anomalia estatística? (Mais sobre o assunto no Capítulo 14.)

Vírus na rede

O segundo artigo que encontrei mostrava o mais recente ataque na rede: um vírus, do tipo autorreplicante, que entrou na internet, deixando a navegação na rede e a troca de e-mails no mundo todo mais lentas. Quantos computadores foram afetados? Os estudiosos mencionados no artigo disseram que 39.000 computadores haviam sido infectados, afetando centenas de milhares de outros sistemas.

Perguntas: Como os especialistas chegaram a esse número? Será que eles verificaram todos os computadores para ver se eles realmente estavam infectados? O fato de esse artigo ter sido escrito em menos de 24 horas depois da ocorrência do ataque sugere que esse número é apenas uma suposição. Então, por que dizer 39.000 e não 40.000; para não parecer que é uma suposição? Para saber mais sobre como estimar com mais certeza (e avaliar a estimativa feita por outros), veja o Capítulo 13.

Acidentes de percurso

Logo em seguida, no jornal, apareceu um alerta sobre o elevado número de acidentes com motos. Alguns estudiosos disseram que a *taxa de mortalidade*, ou seja, o número de mortes a cada 100.000 veículos registrados, para os motociclistas tem aumentado constantemente, segundo os registros do National Highway Traffic Safety Administration (NHTSA), órgão gestor do tráfego nos Estados Unidos. Nesse artigo, discutiram-se muitas possíveis causas para o aumento das taxas de mortalidade em acidentes envolvendo motociclistas, incluindo idade, sexo, tamanho do motor, se o condutor estava habilitado, uso de álcool e leis para o uso de capacete (ou a falta delas). O estudo é bastante abrangente, mostrando várias tabelas e gráficos com os seguintes títulos:

- Motociclistas mortos e machucados, e as taxas de mortes e danos físicos por ano, números de veículos registrados e milhões de quilômetros percorridos pelos veículos.
- Mortes de condutores de motocicletas por estado, uso de capacete e taxa de álcool no sangue.
- Taxas de mortalidade por tipo de veículo (motocicletas, carros de passeio, caminhões leves) a cada 10.000 veículos registrados e a cada 100 milhões de quilômetros percorridos.
- Mortes de motociclistas por grupo de idade.
- Mortes de motociclistas por tamanho do motor (cilindradas).

» Registros anteriores de condutores envolvidos em acidentes com morte por tipo de veículo (incluindo acidentes anteriores, condenações pelo Departamento de Trânsito, multas por excesso de velocidade, suspensões e cassação de habilitação).

» Porcentagem de condutores de motocicletas embriagados que morreram em acidentes, de acordo com a hora do dia, tipo de veículo (quantidade de passageiros) e total de acidentes.

Este artigo é bem informativo e oferece muitas informações detalhadas a respeito das mortes e danos de motociclistas nos EUA. No entanto, o exagero de tantas tabelas, gráficos, taxas, números e conclusões pode ser confuso, e faz com que você não veja o panorama geral. Com um pouco de prática e ajuda da Parte 2, você conseguirá organizar os gráficos, as tabelas e as estatísticas que sempre aparecem. Por exemplo, algumas questões estatísticas importantes aparecem quando você observa as taxas em relação aos números (tais como as taxas de mortalidade versus o número de mortes). Conforme explico no Capítulo 3, os números poderão passar informações erradas se forem usados quando as taxas seriam mais apropriadas.

Saúde em crise

Continuando minha leitura, encontrei uma reportagem a respeito de um estudo sobre seguro contra imperícia: os casos de imperícia afetam as pessoas em termos de taxas que os médicos cobram e a habilidade em conseguir o tratamento que precisam. O artigo indicava que um entre cinco médicos na Geórgia havia parado de realizar procedimentos de risco (como partos) graças ao contínuo aumento das taxas de seguro contra imperícia no estado. A situação foi descrita como uma "epidemia nacional" e uma "crise da saúde" por todo o país. O artigo incluiu poucos detalhes sobre o estudo, mas declarou que de 2.200 médicos entrevistados na Geórgia, 2.800 — que eles disseram representar cerca de 18% da amostra — parariam de realizar procedimentos de alto risco.

Mas espere um pouco! Isso está certo? De 2.200 médicos, 2.800 não realizarão procedimentos e esse número representa apenas 18%? É impossível! Não dá para ter o numerador de uma fração maior que o denominador e ainda obter um resultado abaixo de 100%, certo? Esse é um dos muitos exemplos de erros em Estatística que são anunciados pela mídia. Então, qual é a porcentagem real? Não é possível dizer a partir do artigo. O Capítulo 5 definirá precisamente as particularidades para calcular as estatísticas, para que você possa saber o que procurar e perceber imediatamente quando alguma coisa está errada.

Invasão de terras

No mesmo jornal de domingo, havia um artigo sobre a dimensão do desenvolvimento urbano e da especulação imobiliária por todo o país. Dado o número de casas a construir em nosso pedaço de chão, essa é uma importante questão a ser debatida. As estatísticas mostravam o número de hectares de áreas rurais que estão sendo transformadas em áreas urbanas a cada ano. A fim de ilustrar com mais detalhes a quantidade de terra que está se perdendo, o tamanho da área foi comparado às quantidades de campos de futebol americano. Nesse exemplo, em particular, estudiosos disseram que a região central de Ohio está perdendo cerca de 61 mil hectares por ano ou 606 quilômetros quadrados, o equivalente a 115.385 campos de futebol americano (incluindo as zonas finais). Como se chegou a esses números? Será que eles são precisos? Comparar o tamanho da área de terra perdida a campos de futebol realmente ajuda na visualização da área? Eu analiso a exatidão dos dados coletados com mais detalhes no Capítulo 16.

Avaliação do desempenho escolar

O tópico seguinte do artigo era sobre a avaliação do desempenho escolar, em especial se as atividades extracurriculares estavam realmente ajudando na melhora do desempenho dos alunos. O artigo declarava que 81,3% dos alunos que frequentaram atividades extras passaram nos exames de proficiência em redação, enquanto somente 71,7% dos que não participaram das atividades passaram no mesmo teste. No entanto, é realmente uma diferença que justifique o gasto de $386.000 dólares por ano? E o que está sendo feito durante essas atividades extras para melhorar o desempenho escolar? Será que os alunos estão apenas se preparando para o teste de proficiência ou realmente estão aprendendo mais sobre redação em geral? E aqui vai a grande pergunta: esses que participaram das atividades extras foram mais motivados a melhorar suas notas do que os outros alunos? O artigo não diz.

Estudos como esses sempre aparecem, e a única maneira de saber no que se pode confiar é entender quais perguntas devem ser feitas e estar apto a avaliar a qualidade do estudo apresentado. Tudo isso faz parte da Estatística! A boa notícia é que, com algumas perguntas esclarecedoras, é possível avaliar rapidamente um estudo estatístico e seus resultados. O Capítulo 17 o ajudará a fazer isso.

Estudando os esportes

O caderno de esportes é, provavelmente, o mais cheio de números de todo o jornal. Além dos pontos do último jogo, as porcentagens de vitória/derrota de cada time e a posição relativa de cada time, a estatística especializada no mundo dos esportes é tão pesada que é necessário ter um bom preparo físico para encará-la. Por exemplo, as estatísticas para o basquete são divididas por equipe, por tempo e até mesmo por jogador. Para cada jogador, você tem os minutos jogados, pontos marcados, arremessos livres, rebotes, assistências, faltas individuais, inversões de posse de bola, bloqueios, roubos de bola e pontos totais.

ESTUDANDO LEVANTAMENTOS DE TODOS OS TAMANHOS E FEITIOS

Enquetes e pesquisas de opinião são, provavelmente, os maiores veículos utilizados pela mídia hoje para chamar sua atenção. Parece que todos querem fazer uma enquete, incluindo gerentes de mercados, companhias de seguro, canais de TV, comunidades e, até mesmo, estudantes do ensino médio. Aqui estão apenas alguns exemplos de resultados de pesquisas que fazem parte do nosso cotidiano:

Com o envelhecimento da mão de obra americana, as empresas estão se preparando para futuras lideranças. (Como se sabe que a mão de obra está envelhecendo e, se realmente está, o quanto está envelhecendo?) Uma pesquisa recente mostrou que quase 67% dos gerentes de recursos humanos entrevistados disseram que o planejamento para a sucessão se tornou mais importante nos últimos cinco anos do que era no passado. A pesquisa também mostrou que 88% dos 210 entrevistados disseram que, geralmente, preenchem os cargos seniores com candidatos internos. Mas quantos gerentes não responderam, e 210 entrevistados realmente representam gente o suficiente para render uma notícia de primeira página no caderno de negócios? Acredite ou não, quando você começa a procurar, encontra nas notícias numerosos exemplos de pesquisas feitas com muito menos participantes do que 210. (Mas, para ser justo, 210 pode ser, de fato, um bom número em algumas situações. Questões sobre qual tamanho de amostra e qual porcentagem de entrevistados são grandes o suficiente são detalhadas por completo no Capítulo 16.)

Algumas pesquisas baseiam-se em interesses e tendências atuais. Por exemplo, uma pesquisa recente da Harris-Interactive descobriu que quase a metade (47%) dos adolescentes norte-americanos disseram que suas vidas sociais acabariam ou seriam pioradas sem seus celulares, e 57% chegam a dizer que seus celulares são vitais para sua vida social. O estudo também descobriu que 42% dos adolescentes dizem que conseguem digitar com os olhos vendados (como podemos realmente testar isso?). No entanto, saiba que o estudo não disse qual porcentagem de adolescentes de fato possui celulares ou quais características demográficas esses adolescentes têm quando comparados com aqueles que *não* têm celulares. E lembre-se de que os dados coletados a respeito de temas como esse não são sempre precisos, porque os indivíduos pesquisados podem ter a tendência de dar respostas parciais (quem não gostaria de dizer que consegue digitar com os olhos vendados?). Para ter mais informações sobre como interpretar e avaliar os resultados de pesquisas, veja o Capítulo 16.

Quem precisa saber tudo isso, além das mães dos jogadores? Aparentemente, muitos fãs precisam. Parece que os fãs não se cansam das estatísticas, e que os jogadores não aguentam ouvi-las. Elas são a substância de debates apaziguadores e o combustível para aqueles que pensam que sabem de tudo ao redor do mundo.

Os esportes fantasy também causaram um grande impacto na máquina de fazer dinheiro dos esportes. Os esportes fantasy são jogos em que os participantes atuam como donos para formarem seus próprios times com jogadores existentes em uma liga profissional. Os donos dos times fantasy competem entre si. A competição se baseia em quê? Na performance estatística dos jogadores e dos times envolvidos, conforme mensuradas por regras estabelecidas por um "organizador da liga" e um sistema de pontos estabelecido. De acordo com a Associação de Esportes Fantasy, o número de pessoas com mais de 12 anos de idade que estão envolvidas nos esportes fantasy é maior que 30 milhões e a quantia de dinheiro gasta é entre $3 e $4 bilhões por ano. (E mesmo aqui podemos perguntar como os números foram calculados; e as perguntas não têm fim, não é?)

Bancando o detetive

No caderno de negócios do jornal, você encontra estatísticas sobre a bolsa de valores. Em uma semana, a bolsa caiu 455 pontos; caiu pouco ou muito? Precisamos calcular uma porcentagem para realmente entender isso.

Ainda no mesmo caderno, você encontra reportagens sobre os certificados de depósitos bancários (CDBs) mais vendidos em todo o país (a propósito, como eles sabem que são os mais vendidos?). Você também encontra reportagens sobre as taxas de juros para empréstimos: parcelas fixas em 30 anos, parcelas fixas em 15 anos, parcelas ajustáveis em 1 ano, empréstimos para carros novos, carros usados, casa própria e empréstimos feitos pelas avós (bom, na verdade não, mas se sua avó soubesse ler essas estatísticas, ela poderia considerar a possibilidade de aumentar a taxa de juros insignificante que cobra de você!).

Por fim, você também encontra diversos anúncios dos tão amados cartões de crédito, anúncios mostrando as taxas de juros, a anuidade e o prazo para o pagamento de suas contas. Mas como comparar todas as informações sobre investimentos, empréstimos e cartões de crédito a fim de tomar a melhor decisão? Quais estatísticas são as mais importantes? A verdadeira pergunta é: os números mostrados no jornal contam tudo ou será necessária mais investigação para chegar à verdade? Os Capítulos 16 e 17 o ajudarão a começar a desmembrar esses números e tomar as decisões corretas a partir deles.

Visitando o caderno de turismo

Nem no caderno de turismo você consegue escapar da enxurrada de números. Nessa seção, por exemplo, descobri que a pergunta mais frequente feita à Associação de Segurança de Transportes (que recebe em média 2.000 telefonemas, 2.500 e-mails e 200 cartas por semana; você gostaria de ser a pessoa que fez essa conta?) foi: "Posso levar isso no avião?"; sendo que *isso* se referia a qualquer coisa, desde um animal até um balde de pipoca tamanho gigante (eu não recomendaria o balde de pipoca, pois você tem que guardá-lo na horizontal no compartimento de bagagem acima dos assentos; como as bagagens balançam durante o voo, o balde provavelmente se abrirá e quando for pegá-lo, você e seus companheiros de poltrona levarão um banho de pipoca. Sim, eu já vi isso acontecer uma vez).

O número de respostas registradas nesse caso nos leva a uma interessante questão estatística: quantas pessoas por dia são necessárias para atender a essas chamadas, e-mails e cartas diárias? O primeiro passo é estimar o número de chamadas e, se você errar, perderá muito dinheiro (caso tenha superestimado) ou ganhará muitas reclamações (caso tenha subestimado). Esses tipos de desafios estatísticos são abordados no Capítulo 13.

Pesquisando estatísticas sexuais

Nesta era de abundância de informações, é muito fácil descobrir qual é o último badalo, incluindo a pesquisa mais recente sobre a vida sexual das pessoas. Um artigo no jornal que li relatou que os casados têm 6,9 mais encontros sexuais por ano do que aqueles que nunca se casaram. É bom saber disso, imagino, mas como alguém conseguiu esses números? O artigo que estou vendo não diz (talvez seja melhor não relatar algumas estatísticas?).

Pense: se alguém realiza uma pesquisa ligando para a casa das pessoas e pedindo alguns minutos da sua atenção para discutir sobre sua vida sexual, quem estaria disposto a responder à pesquisa? E o que responderiam à pergunta: "Quantas vezes por semana você tem relações sexuais?" Será que responderiam a verdade, diriam para a pessoa cuidar da própria vida ou exagerariam um pouco? Pesquisas de autorrelato realmente são uma fonte real de parcialidade e podem levar a estatísticas enganosas. Mas como você recomendaria alguém a descobrir mais sobre esse assunto tão pessoal? Às vezes, as pesquisas são mais difíceis do que parecem. (O Capítulo 16 analisa as parcialidades que aparecem ao coletar certos tipos de dados para pesquisas.)

Mudança do tempo

As notícias sobre o tempo também fornecem um monte de estatística, com suas previsões de temperaturas máximas e mínimas para o dia seguinte (por que dizem 16 °C e não 15 °C?) e relatos sobre o fator UV do dia, o índice de poluição e a qualidade e quantidade de água. (Como eles conseguem esses números, coletando amostras? Quantas amostras são coletadas e onde são coletadas?) Você pode descobrir como o clima está em qualquer lugar do mundo neste momento. Podemos conseguir uma previsão meteorológica para os próximos três dias, semana ou até mês ou ano! Os meteorologistas coletam e registram toneladas de dados sobre o clima diariamente. Esses números ajudam você não apenas a decidir se leva ou não seu guarda-chuva ao trabalho, mas também ajudam os pesquisadores do clima a fazerem previsões de alcances maiores e ainda das mudanças climáticas globais ao longo do tempo.

Mesmo com todas as informações e tecnologias disponíveis para os meteorologistas, qual é a exatidão dos relatórios climáticos atualmente? Considerando o número de vezes que você tomou chuva quando disseram que seria um dia ensolarado, parece que eles ainda têm muito trabalho a fazer com essas previsões. O que essa abundância de dados de fato mostra é que o número de variáveis que afetam o clima é bem impressionante, não apenas para você, mas para os meteorologistas também.

LEMBRE-SE

A probabilidade e os programas de computador realmente desempenham um importante papel para a previsão de eventos relacionados ao clima, como furacões, terremotos e erupções vulcânicas. Os cientistas ainda têm muito a fazer para que se possa prever um tornado antes mesmo que ele se forme ou dizer exatamente onde e quando um furacão atingirá algum lugar, mas esse com certeza é o objetivo deles, e eles continuam a ficar cada vez melhores. Para ter mais informações sobre computação e estatística, veja o Capítulo 18.

Pensando sobre filmes

Indo para o caderno de artes, vi vários anúncios de filmes. Cada anúncio contém uma citação de algum crítico de cinema, como: "Tudo de bom", "A maior aventura de todos os tempos", "Absolutamente hilário" ou "Um dos dez melhores filmes do ano!". Você presta atenção nos críticos? Como decide qual filme assistir? Especialistas dizem que embora a popularidade de um filme possa ser afetada pelos comentários dos críticos (bons ou ruins) na estreia, o boca a boca é mais importante para determinar o sucesso de um filme em longo prazo.

Estudos também mostram que quanto mais dramático for o filme, mais pipocas serão vendidas. Sim, o show business também fica atento a quantas vezes você mastiga dentro do cinema. Como eles coletam todas essas informações e como elas influenciam o tipo de filme que é feito? Isso também faz parte da estatística: projetar e conduzir estudos para ajudar a identificar um tipo de público, a fim de descobrir do que ele realmente gosta e utilizar a informação para a criação de um produto. Então, da próxima vez que alguém segurando uma prancheta perguntar se você tem um minuto, dê sua opinião.

Ouvindo os astros

Horóscopos: você os lê, mas acredita no que eles dizem? Deveria acreditar? As pessoas podem prever o que acontecerá com mais frequência do que por coincidência? Os estatísticos têm uma maneira de saber usando o que eles chamam de *teste de hipóteses* (veja o Capítulo 14). Até agora eles não encontraram alguém que possa ler mentes, mas as pessoas ainda continuam tentando!

Usando a Estatística no Trabalho

Vamos dar um tempo com o jornal de domingo e ver seu ambiente de trabalho. Se você trabalha para um escritório de contabilidade, é claro que os números fazem parte de sua vida diária. Mas e as enfermeiras, fotógrafos de estúdio, gerentes de lojas, jornalistas, funcionários de escritórios ou trabalhadores da construção civil? Os números fazem parte desses trabalhos? Pode apostar. Esta seção dará alguns exemplos de como a estatística está em *todos* os ambientes de trabalho.

DICA

Não é preciso ir muito longe para ver os caminhos que a estatística traça dentro e fora de sua vida pessoal e profissional. O segredo é ser capaz de determinar o que tudo isso significa, no que você pode acreditar e ser capaz de tomar decisões sensatas, baseando-se na verdade por trás desses números para que possa lidar e até mesmo se acostumar com a estatística da vida diária.

Entregando bebês, e informações

Sue trabalha como enfermeira no turno da noite na unidade de partos em um hospital universitário. Ela deve cuidar de várias pacientes em uma dada noite e fazer o máximo para acomodar a todos. Sua chefe lhe disse que todas as vezes que ela assumisse o turno, deveria se identificar para a paciente, escrever seu nome no quadro branco no quarto dela e perguntar se ela tem alguma dúvida. Por que ela faz isso? Alguns dias depois que cada mãe deixa o hospital e volta para casa, elas recebem um telefonema perguntando sobre a qualidade do serviço, o que ficou faltando, o que o hospital pode fazer para melhorar a qualidade do serviço e do atendimento, e o que os funcionários do hospital podem fazer para garantir que ele seja o escolhido em relação aos outros hospitais da cidade. Por exemplo, pesquisas mostram que as pacientes que sabem o nome das enfermeiras se sentem mais confortáveis, fazem mais perguntas e têm uma experiência mais positiva no hospital, comparadas com aquelas que não sabem os nomes de suas enfermeiras. Os aumentos no salário de Sue dependem de sua habilidade de atender às necessidades das novas mamães. Não há dúvidas de que o hospital também fez muita pesquisa para determinar os fatores envolvidos na qualidade do cuidado com os pacientes, muito além das interações entre enfermeiras e pacientes (veja o Capítulo 17 para obter informações mais detalhadas sobre os estudos médicos).

Posando para a foto

Carol recentemente começou a trabalhar como fotógrafa para o estúdio fotográfico de uma loja de departamentos; um de seus pontos fortes é trabalhar com bebês. Baseando-se no número de fotos compradas pelos clientes ao longo dos anos, essa loja percebeu que as pessoas compram mais fotos com poses do que as naturais. Como consequência, os gerentes da loja encorajam os fotógrafos a tirarem mais fotos com poses.

Uma mãe entra na loja com seu bebê e faz um pedido especial: "Você poderia, por favor, não fazer com que meu bebê faça poses? Gostaria que as fotos parecessem naturais." Caso Carol diga: "Desculpe-me, não posso fazer isso, minha comissão depende da minha habilidade de tirar fotos com poses", pode ter certeza de que essa mãe responderá à pesquisa sobre a qualidade do atendimento depois da sessão de fotos, e não apenas para retirar o cupom de desconto de $2,00 para a próxima foto (se é que ela voltará para a próxima foto). Em vez disso, Carol deveria mostrar à sua chefe as informações do Capítulo 16 sobre a coleta de dados sobre a satisfação dos clientes.

Acabando em pizza

Terry é gerente de uma pizzaria local que vende pizza por fatias. Ele é o responsável por determinar quantos funcionários são necessários em um dado horário, quantas pizzas devem ser feitas antecipadamente para atender à demanda e quanto queijo é necessário comprar e ralar, tudo com o gasto mínimo de recursos e ingredientes. É meia-noite de uma sexta-feira e o local está vazio. Terry está com cinco funcionários e tem cinco massas de pizza grandes que poderia assar, ficando com 40 fatias. Será que ele deveria mandar dois de seus funcionários para casa? Deveria colocar as massas no forno ou esperar?

Terry sabe o que provavelmente acontecerá, pois há semanas o dono da pizzaria tem rastreado o movimento de seu estabelecimento e sabe que toda sexta-feira à noite o movimento diminui entre 22h e meia-noite, mas, depois desse horário, aumenta, e os clientes não vão embora antes das 2h30 da manhã, horário em que a pizzaria fecha. Portanto, Terry fica com os funcionários, coloca as massas de pizza no forno começando com intervalos de 30 minutos a partir da meia-noite e acaba recompensado com uma noite lucrativa, clientes satisfeitos e um chefe feliz. Para ter mais informações sobre como fazer boas estimativas usando a estatística, veja o Capítulo 13.

Estatística no escritório

Vejamos o exemplo de D.J., uma assistente administrativa em uma empresa de informática. Como a estatística chega até seu ambiente de trabalho? Fácil. Todo escritório está repleto de pessoas que querem respostas às suas perguntas e elas querem alguém que "destrinche os números" para "dizer o que eles realmente significam", para "descobrir se alguém tem dados mais precisos sobre um assunto" ou simplesmente dizer "Esses números fazem algum sentido?". Essas pessoas precisam saber tudo: desde os números de clientes satisfeitos até as alterações no inventário durante o ano; da porcentagem do tempo que os funcionários gastaram lendo seus e-mails até o valor gasto com suprimentos nos últimos três anos. Todos os ambientes de trabalho estão repletos de estatística e o valor de mercado de D.J. como assistente administrativa poderia aumentar se ela se tornasse a pessoa de confiança do chefe. Todo escritório precisa de um residente de estatística, por que não você?

NESTE CAPÍTULO

» **Examinando a dimensão dos abusos da estatística**

» **Sentindo o impacto de um erro estatístico**

Capítulo **3**

Assumindo o Controle: Tantos Números e Tão Pouco Tempo

A simples quantidade de estatística na nossa vida diária pode nos deixar desnorteados e confusos. Este capítulo oferece uma ferramenta que o ajudará a lidar com as estatísticas: o ceticismo! Mas não um ceticismo radical como "Não posso mais acreditar em nada", e sim um ceticismo saudável, como "Hum, gostaria de saber de onde tiraram esses números" e "Preciso descobrir mais sobre esse estudo antes de acreditar nos resultados". Para desenvolver um ceticismo saudável, você precisa entender como a cadeia de informações estatísticas funciona.

As estatísticas acabam aparecendo na TV ou em seu jornal como resultado de um processo. Primeiro, os pesquisadores que estudam um assunto geram resultados; esse grupo é composto por entrevistadores, doutores, pesquisadores de marketing, pesquisadores do governo e outros cientistas. Eles são considerados as *fontes originais* da informação estatística.

Depois de conseguirem os resultados, esses pesquisadores querem contá-los às pessoas, então, geralmente, lançam um comunicado de imprensa ou um artigo científico. Aí entram os jornalistas, que são considerados as *fontes de mídia* da informação. Os jornalistas caçam os comunicados de impressa mais interessantes e vasculham as revistas científicas, basicamente em busca da próxima manchete. Quando eles terminam suas histórias, as estatísticas são enviadas ao público através de todos os formatos de mídia. Agora, a informação está pronta para ser recebida pelo terceiro grupo: os *consumidores* de informação (você). Você e outros consumidores de informação são as pessoas que terão que encarar a tarefa de ouvir e ler as informações, analisando-as e tomando decisões a partir delas.

Em qualquer parte do processo de fazer a pesquisa, comunicar os resultados ou consumir a informação, erros podem ocorrer, intencionais ou não. As ferramentas e estratégias que você encontra neste capítulo lhe dão as habilidades para ser um bom detetive.

Detectando Erros, Exageros e Mentirinhas Leves

As estatísticas podem errar por muitas razões diferentes. Primeiramente, pode haver um simples e honesto engano. Isso pode acontecer com qualquer um, não é mesmo? Outras vezes, esse erro pode ser um pouco mais do que um simples e honesto engano. No calor do momento, por causa dos fortes sentimentos a favor de uma causa e da falta de suporte dos números para esse ponto de vista, a estatística pode ser ajustada ou, na maioria das vezes, exagerada, tanto em termos de valores quanto na maneira como é apresentada e discutida.

Outro tipo de erro é o *erro por omissão*, ou seja, as informações que faltam teriam feito uma grande diferença ao compreender a história real por trás dos números. Essa omissão torna a questão da exatidão difícil de ser considerada porque faltam informações para prosseguir.

Você pode até encontrar situações em que os números haviam sido completamente inventados e não poderiam ser repetidos por ninguém, pois os resultados nunca existiram. Esta seção dá dicas para ajudar a identificar erros, exageros e mentiras, junto com alguns exemplos de cada tipo de erro que você, como consumidor de informação, pode encontrar.

Conferindo a Matemática

A primeira coisa a ser feita quando você se depara com uma estatística ou o resultado de um estudo estatístico é se perguntar: "Este número está correto?"

Não o aceite como correto logo de cara! Provavelmente você ficaria surpreso com a quantidade de ocorrência de erros aritméticos simples quando a estatística é coletada, resumida, relatada ou interpretada.

DICA

Para identificar erros de aritmética ou de omissão nas estatísticas:

- **Verifique se a soma está correta.** Ou seja, as porcentagens do gráfico de pizza realmente somam 100% (ou perto o suficiente para arredondar)? A soma do número de pessoas em cada categoria resulta no número de pessoas entrevistadas?
- **Verifique duas vezes até mesmo os cálculos mais básicos.**
- **Sempre procure um total, para que possa colocar os resultados em uma perspectiva adequada.** Ignore os resultados baseados em amostras de tamanho muito pequeno.
- **Examine se as projeções fazem sentido.** Por exemplo, se dizem que três mortes por causa de certa condição acontecem por minuto, isso se soma a mais de 1,5 milhão desse tipo de morte por ano. Dependendo de qual condição está sendo relatada, esse número pode não fazer sentido.

Revelando estatísticas enganosas

De longe, o abuso mais comum da estatística vem em forma de um sutil, mas eficaz, exagero da verdade. Mesmo quando as somas batem, as próprias estatísticas podem ser enganosas caso exagerem os fatos. É mais difícil identificar as estatísticas enganosas do que os erros de Matemática, mas elas podem causar um grande impacto na sociedade e, infelizmente, ocorrem a todo momento.

Derrubando os debates estatísticos

As estatísticas que se referem à criminalidade são um grande exemplo de como a estatística é utilizada para mostrar os dois lados de uma história, em que apenas um é o verdadeiro. A criminalidade sempre é discutida em debates políticos, com um dos candidatos (geralmente o candidato à reeleição) argumentando que a criminalidade diminuiu durante seu mandato, enquanto o desafiante argumenta dizendo que a criminalidade aumentou (dando ao desafiante algo para criticar o candidato à reeleição). Como dois políticos podem argumentar o aumento e a diminuição da criminalidade ao mesmo tempo? Bom, dependendo da maneira como a criminalidade é medida, é possível obter os dois resultados.

A Tabela 3-1 mostra a população dos Estados Unidos entre 1998 e 2008, juntamente com o número de crimes registrados e as *taxas* de crimes (crimes a cada 100.000 pessoas), calculadas ao pegar o número de crimes dividido pelo tamanho da população e multiplicado por 100.000.

TABELA 3-1 **Número de Crimes, Tamanho Estimado da População e Taxas de Crimes nos EUA**

Ano	Nº. de Crimes	Tamanho da População	Taxa de Crimes a Cada 100.000 Pessoas
1998	12.475.634	270.296.000	4.615,5
1999	11.634.378	272.690.813	4.266,5
2000	11.608.072	281.421.906	4.124,8
2001	11.876.669	285.317.559	4.162,6
2002	11.878.954	287.973.924	4.125,0
2003	11.826.538	290,690.788	4.068,4
2004	11.679.474	293.656.842	3.977,3
2005	11.565.499	296.507.061	3.900,6
2006	11.401.511	299.398.484	3.808,1
2007	11.251.828	301.621.157	3.730,5
2008	11.149.927	304.059.784	3.667,0

Fonte: U.S. Crime Victimization Survey

Agora compare o número de crimes e as taxas de crimes de 2001 e 2002 na Tabela 3-1. Na coluna 2, você pode observar que o *número de crimes* aumentou em 2.285 de 2001 a 2002 (11.878.954 – 11.876.669). Isso representa um aumento de 0,019% (dividindo a diferença, 2.285, pelo número de crimes em 2001, 11.876.669). Perceba que o tamanho da população (coluna 3) também aumentou de 2001 para 2002 em 2.656.365 pessoas (287.973.924 – 285.317.559), ou 0,931% (dividindo essa diferença pelo tamanho da população em 2001). No entanto, na coluna 4, é possível observar que a taxa de crimes diminuiu de 2001 para 2002, de 4.162,6 (a cada 100.000 pessoas) em 2001 para 4.125,0 (a cada 100.000) em 2002. Como a taxa de crimes diminuiu? Embora o número de crimes e o número de pessoas tenham crescido, o número de crimes aumentou em uma taxa mais lenta do que o aumento do tamanho da população (0,019% comparado com 0,931%).

Sendo assim, como a tendência do crime deve ser relatada? O crime, na verdade, aumentou ou diminuiu de 2001 para 2002? Com base na taxa de crimes, que é um mecanismo mais preciso, você pode concluir que o crime diminuiu durante esse ano. Mas fique atento com o político que quer mostrar que o candidato à reeleição não fez seu trabalho; ele ficará tentado a olhar o número de crimes e alegar que o crime aumentou, criando uma controvérsia artificial e resultando em confusão (para não mencionar o ceticismo) para os eleitores. (Os anos de eleição não são divertidos?)

LEMBRE-SE

Para criar um cenário homogêneo ao mensurar a frequência com que um evento acontece, você deve converter cada número em uma porcentagem ao dividir pelo total para chegar ao que os estatísticos chamam de *taxa*. As taxas geralmente são melhores do que os dados numéricos porque permitem que você faça comparações justas quando os totais são diferentes.

Desenrolando as estatísticas sobre tornados

Qual estado tem mais tornados? Depende de como se analisa a questão. Se você apenas contar o número de tornados em determinado ano (o que tenho visto a mídia fazer com frequência), o vencedor será Texas. Contudo pense um pouco. Texas é o segundo maior estado (depois do Alasca). Sim, Texas fica naquela parte dos EUA chamada de "Corredor de Tornados" e, sim, há muitos tornados lá, mas o estado tem uma área enorme para a ocorrência deles.

Uma comparação mais justa, e é assim que os meteorologistas veem essa questão, é observar o número de tornados a cada 25.000 quilômetros quadrados. Usando essa estatística (dependendo de sua fonte), o estado da Flórida fica em primeiro, seguido por Oklahoma, Indiana, Iowa, Kansas, Delaware, Louisiana, Mississipi, Nebraska e, finalmente, Texas fica em décimo lugar. (Contudo estou seguro de que eles gostam de ter essa estatística com um ranking menor; mas não se o assunto for seus times de futebol americano.)

Outra estatística sobre tornados que foi mensurada e relatada inclui o estado com a maior porcentagem de tornados que causam vítimas como uma porcentagem de todos os tornados (Tennessee); e a extensão total percorrida pelo tornado a cada 25.000 quilômetros quadrados (Mississipi). Perceba que cada uma dessas estatísticas é apresentada corretamente como uma *taxa* (quantidade por unidade).

LEMBRE-SE

Antes de sair acreditando naquilo que os estatísticos indicam como "o maior XXXX" ou "o menor XXXX", dê uma olhada em como a variável é mensurada para verificar se é justa e se há outras estatísticas que deveriam ser examinadas para obter o panorama geral. Também verifique se as unidades são adequadas para fazer comparações.

Apontando o que a escala informa

Os gráficos são ótimas formas de mostrar de maneira clara e rápida o ponto a que você quer chegar a respeito de seus dados. Infelizmente, muitas vezes, os gráficos que acompanham a estatística do dia a dia não são confeccionados de maneira correta e/ou honesta. Um dos elementos mais importantes que deve ser observado é a escala em que o gráfico está. A *escala* de um gráfico é a quantidade utilizada para representar cada marca indicadora no eixo de um gráfico. As marcas indicadoras aumentam em 1, 10, 20, 100, 1.000 ou em quê? Isso pode fazer uma grande diferença em relação ao modo de ver um gráfico.

Por exemplo, a loteria do estado de Kansas frequentemente mostra os últimos resultados da Loteria Pick 3. Uma das estatísticas demonstradas é o número de vezes que cada número (de 0 a 9) é sorteado entre os três números vencedores.

A Tabela 3-2 mostra o número de vezes que cada número foi sorteado durante 1.613 jogos da Loteria Pick 3 (para um total de 4.839 números sorteados). Ela também informa a porcentagem de vezes que cada número foi sorteado. Dependendo de como você escolhe enxergar esses resultados, mais uma vez poderá fazer com que a estatística conte histórias muito diferentes.

TABELA 3-2 **Números Sorteados na Loteria Pick 3**

Número Sorteado	Nº de Vezes Sorteado, de 4.839	Porcentagem de Vezes Sorteado (Nº de Vezes Sorteado ÷ 4.839)
0	485	10,0%
1	468	9,7%
2	513	10,6%
3	491	10,1%
4	484	10,0%
5	480	9,9%
6	487	10,1%
7	482	10,0%
8	475	9,8%
9	474	9,8%

A maneira como as loterias geralmente mostram resultados como os da Tabela 3-2 é ilustrada na Figura 3-1a. Note que no gráfico de barras a seguir parece que o número 1 não foi sorteado tantas vezes (apenas 468) quanto o número 2 (513). A diferença do tamanho das duas barras parece ser muito maior, exagerando a diferença entre o número de vezes em que esses dois números foram sorteados. No entanto, se pusermos esses números em perspectiva, verificaremos que a diferença real está em 513 - 468 = 45 em um total de 4.839 números sorteados. Em se tratando de porcentagens, a diferença entre o número de vezes que o número 1 foi sorteado em relação ao número 2 é de 45 ÷ 4.839 = 0,009, ou seja, apenas nove décimos de um por cento.

O que faz com que esse gráfico exagere as diferenças? Duas questões entram em cena agora. Primeiro, note que o eixo vertical, que mostra o número de vezes (frequência) que cada número foi sorteado, aumenta de cinco em cinco. Assim, uma diferença de cinco em um total de 4.839 números sorteados aparece como se realmente significasse alguma coisa. Esse é um truque comum para exagerar os resultados, isso é, distorcer a escala para que as diferenças pareçam maiores do que realmente são. Em segundo lugar, o gráfico não começa a contar do zero, mas, sim, a partir de 465. Apenas a parte superior de cada barra é mostrada, o que também exagera o resultado. Em comparação, a Figura 3-1b apresenta o gráfico da *porcentagem* de vezes em que cada número foi sorteado. Normalmente, o formato de um gráfico não muda quando passa de somatórias para porcentagens; no entanto, esse gráfico usa uma escala mais realista do que aquela na Figura 3-1a (subindo a cada 2%) e começa no zero, duas coisas que fazem com que as diferenças se mostrem como realmente são — não tão diferentes assim. Sem graça, não é?

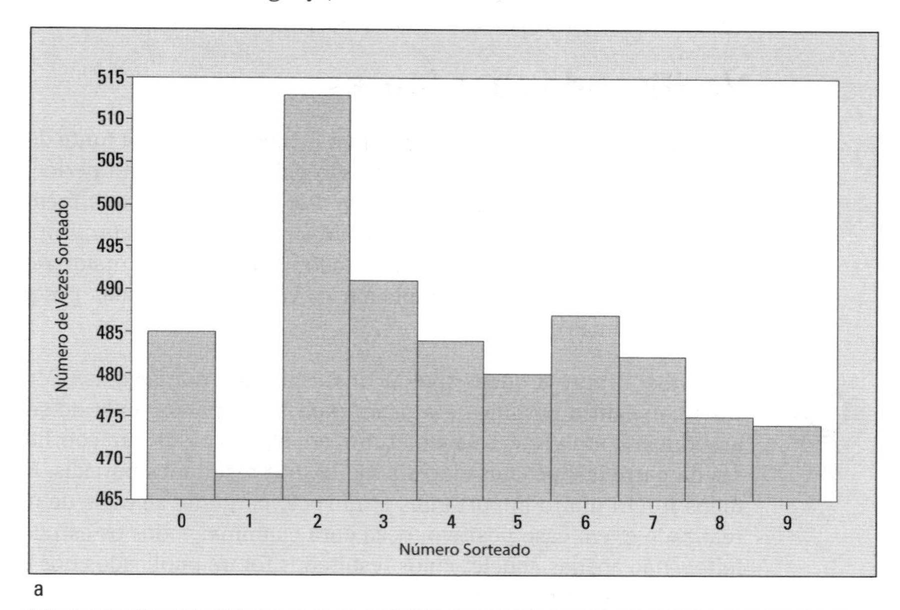

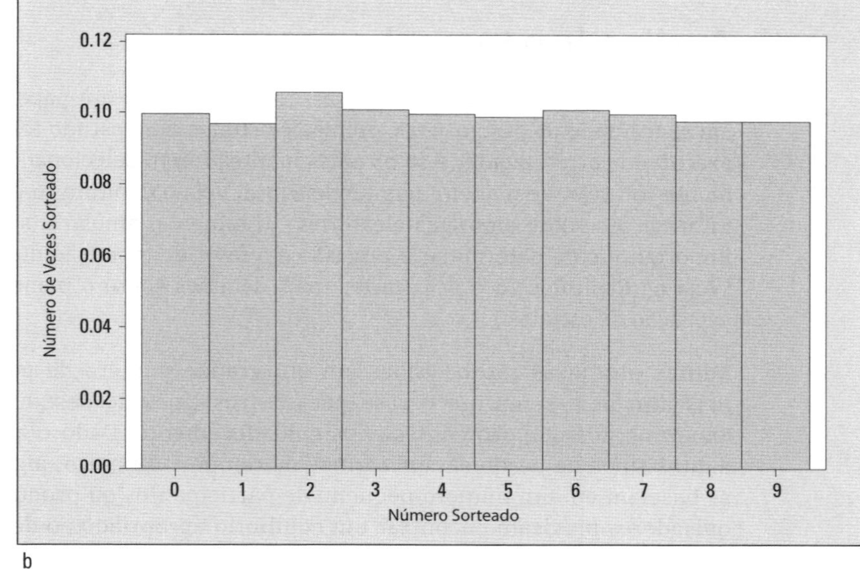

FIGURA 3-1: Gráfico de barras mostrando a) o número de vezes que cada número foi sorteado; e b) a porcentagem de vezes que cada número foi sorteado.

Talvez o pessoal da loteria pensasse isso. De fato, talvez eles usem a Figura 3-1a em vez da Figura 3-1b porque querem que você pense que há alguma "mágica" envolvida nos números, assim não pode culpá-los; é o trabalho deles.

CUIDADO

Observar a escala de um gráfico realmente pode ajudar a manter os resultados em uma perspectiva adequada. Aumentar a escala ou começar o eixo *y* no maior número possível faz com que as diferenças pareçam maiores; diminuir a escala ou começar o eixo *y* em um valor muito mais baixo do que o necessário faz com que as diferenças pareçam menores do que realmente são.

Verificando suas fontes

Ao examinar os resultados de qualquer estudo, verifique a fonte de informação. Os melhores resultados geralmente são publicados em um periódico científico reconhecido por especialistas da área. Por exemplo, na área médica, o *Journal of the American Medical Association* (JAMA), *New England Journal of Medicine*, *The Lancet* e *British Medical Journal* são todos periódicos de maior reputação, nos quais médicos respeitados publicam os resultados de suas pesquisas e leem sobre as últimas descobertas.

DICA

Verifique a fonte e quem apoiou financeiramente a pesquisa. Muitas empresas financiam a pesquisa e a usam para fazer propaganda de seus produtos. Embora isso em si não seja algo ruim, em alguns casos, um conflito de interesses da parte dos pesquisadores pode levar a resultados parciais. E se os resultados forem muito importantes para você, pergunte se mais de um estudo foi realizado e, em caso positivo, peça para examinar todos os estudos que foram feitos, não apenas aqueles cujos resultados foram publicados nos periódicos ou apareceram em propagandas.

Avaliando o tamanho amostral

O tamanho amostral não é tudo, mas, realmente, tem um papel importante em se tratando de pesquisas de opinião e estudos. Se o estudo for planejado e executado corretamente, e se os participantes forem selecionados aleatoriamente (ou seja, de maneira não tendenciosa; veja o Capítulo 16 para ter mais informações sobre amostras aleatórias), o tamanho amostral será um fator importante para determinar a precisão e o fator de repetição dos resultados. (Veja os Capítulos 16 e 17 para ter mais detalhes sobre o planejamento e a execução de estudos.)

Muitas pesquisas são baseadas em um grande número de participantes, mas isso nem sempre é o caso para outros tipos de pesquisa, como os experimentos que são controlados cuidadosamente. Dado o alto custo de alguns tipos de pesquisa, em termos de tempo e dinheiro, alguns estudos se baseiam em um número pequeno de participantes ou produtos. Os pesquisadores precisam encontrar um equilíbrio apropriado ao determinarem o tamanho amostral.

CUIDADO

Os resultados menos confiáveis são aqueles baseados em *relatos*, histórias que falam sobre um único incidente na tentativa de influenciar a opinião. Alguma vez você já disse a alguém para não comprar determinado produto porque teve uma experiência ruim com ele? Lembre-se de que um relato (ou história) é realmente uma amostra não aleatória cujo tamanho é apenas um.

Considerando causa e efeito

Na maioria das vezes, as manchetes simplificam ou distorcem a "verdadeira" informação, em especial quando as histórias envolvem estatísticas e os estudos que geraram essas estatísticas.

Um estudo conduzido há poucos anos avaliava 1.265 consultas gravadas em vídeo com 59 médicos de pronto-socorro e seis cirurgiões no Colorado e Oregon. Esse estudo demonstrou que os médicos não processados por erro médico haviam gasto em média 18 minutos com cada paciente, enquanto os médicos que *haviam* sido processados tinham gasto 16 minutos em cada consulta. O estudo foi noticiado pela mídia sob a manchete: "Atitude do médico com pacientes evita processos por imperícia médica." No entanto, o estudo parecia dizer que se você é um médico que foi processado, tudo o que precisa fazer é passar mais tempo com seus pacientes para se livrar do problema. (Desde quando a atitude do médico se tornou sinônimo de tempo gasto?)

Além disso, supostamente devemos acreditar que um médico que foi processado precisa apenas adicionar dois minutos a mais com cada paciente para evitar ser processado no futuro? Talvez o que o médico faz durante a consulta conte muito mais do que o tempo que ele, de fato, passa com cada paciente. Você abordará as questões das relações de causa e efeito entre as variáveis no Capítulo 18.

Descobrindo o que você queria

Você pode se perguntar como dois candidatos políticos conseguem discutir o mesmo tema e chegar a duas conclusões opostas, ambas baseadas em "pesquisas científicas". Mesmo as pequenas diferenças em uma pesquisa podem criar grandes diferenças nos resultados. (Veja o Capítulo 16 para ter a ideia completa sobre as pesquisas.)

Uma fonte comum de resultados tendenciosos de pesquisa é o questionário. Aqui estão três perguntas diferentes que buscam chegar na mesma questão, ou seja, a opinião pública a respeito do poder de veto disponível ao presidente:

- O poder de veto deveria estar disponível ao presidente para eliminar o desperdício (sim/não/sem opinião)?
- O poder de veto outorga muito poder individual ao presidente (sim/não/sem opinião)?
- Qual é sua opinião sobre o poder de veto do presidente? Escolha de 1 a 5, sendo 1 = discordo totalmente e 5 = apoio totalmente.

As duas primeiras perguntas são enganosas e levarão a resultados parciais em direções opostas. A terceira opção obterá resultados que são mais precisos em termos do que as pessoas realmente pensam. No entanto, nem todas as pesquisas são formuladas com o propósito de encontrar a verdade; muitas são formuladas para apoiarem determinado ponto de vista.

CUIDADO

As pesquisas mostram que até mesmo pequenas mudanças nas palavras afetam os resultados de uma pesquisa, levando a resultados que entram em conflito quando comparados com pesquisas diferentes. Se a partir da forma como a pergunta foi escrita você souber o que querem que responda, você estará diante de uma pergunta tendenciosa; e essas perguntas levam a resultados parciais. (Veja o Capítulo 16 para ter mais informações sobre como identificar problemas com pesquisas.)

Procurando mentiras nos lugares certos

De vez em quando, você escuta falar de alguém que falsificou dados ou "forjou números". Provavelmente, a mentira mais praticada envolvendo estatística e dados ocorre quando são jogados fora os dados que não atendem às hipóteses formuladas por alguém, não se enquadram nos padrões ou parecem ser valores atípicos. Nos casos de erros claros (por exemplo, a idade de uma pessoa foi grafada como sendo de 200 anos), faz sentido tentar arrumar o dado, removendo o dado incorreto ou tentando corrigir o erro. A eliminação de dados por qualquer outro motivo é eticamente condenável; ainda assim, acontece.

Com relação à falta de dados de experimentos, uma frase comumente utilizada é: "Entre aqueles que completaram o estudo..." Mas e os que não completaram o estudo, especialmente se tratando de um estudo médico? Será que eles se cansaram dos efeitos colaterais do remédio experimental e desistiram? Em caso positivo, a perda dessa pessoa criará resultados que serão parciais para resultados positivos.

LEMBRE-SE

Antes de sair acreditando no resultado de um estudo, verifique quantas pessoas foram selecionadas para participar, o número de pessoas que completaram o estudo e o que aconteceu com todos os participantes, não apenas com os que obtiveram um resultado positivo.

As pesquisas também não são imunes aos problemas por falta de dados. Por exemplo, é sabido entre os estatísticos que as opiniões das pessoas que respondem a uma pesquisa podem ser muito diferentes das opiniões daquelas que não respondem. Em geral, quanto mais baixa a porcentagem de pessoas que respondem a uma pesquisa (a taxa de resposta), menos credibilidade os resultados terão. Para saber mais sobre pesquisas e falta de dados, veja o Capítulo 16.

Sentindo o Impacto das Estatísticas Enganosas

Você toma decisões todos os dias baseado nas estatísticas e nos estudos estatísticos que ouviu ou viu, sem nem mesmo se dar conta disso. As estatísticas enganosas afetam muito ou pouco sua vida, dependendo do tipo de estatística que você encontra no caminho e do que escolhe fazer com a informação que recebe. Aqui estão alguns cenários simples do dia a dia nos quais as estatísticas aparecem:

» "Ah, espero que meu cachorro não tenha comido meus tapetes de novo. Ouvi dizer que dar Prozac aos cães os ajuda a lidar melhor com a ansiedade da separação do dono. Como será que descobriram isso? E o que vou dizer aos meus amigos?"

» "Eu pensava que o ideal era oito copos de água por dia, mas agora ouvi dizer que tomar muita água pode ser prejudicial para mim; no que deve acreditar?"

» "Um estudo diz que as pessoas passam duas horas por dia verificando e enviando e-mails pessoais. Como isso é possível? Não é à toa que meu chefe é um paranoico."

Você pode se deparar com outras situações envolvendo estatísticas que podem ter um impacto maior em sua vida, e é preciso perceber tudo isso. Aqui estão alguns exemplos:

» Um grupo que está fazendo lobby para a construção de um novo parque para skatistas lhe diz que 80% das pessoas pesquisadas concordam que os impostos devem ser aumentados para pagar pelo parque, então você deve concordar também. Você se sentiria pressionado a dizer sim?

» O programa de notícias do rádio diz que os celulares causam tumores cerebrais. Seu cônjuge usa o telefone o tempo todo. Será que você deveria entrar em pânico e jogar todos os celulares fora em sua casa?

» Você vê uma propaganda que diz que determinado remédio vai curar sua doença. Você corre para o médico e exige uma receita?

LEMBRE-SE

Embora nem todas as estatísticas sejam enganosas e nem todos estejam tentando enganá-lo, você precisa ficar atento. Ao separar as informações boas daquelas suspeitas ou ruins, você poderá ficar longe das estatísticas que dão errado. As ferramentas e estratégias deste capítulo foram desenvolvidas para ajudá-lo a parar e dizer "Espere aí!", para que possa analisar e pensar criticamente sobre as questões e tomar boas decisões.

NESTE CAPÍTULO

» **Entendendo a estatística como um processo e não apenas números**

» **Familiarizando-se com alguns termos do jargão estatístico**

Capítulo 4

Segredos do Ofício

No mundo de hoje, a palavra do momento é *dados*, como em: "Você tem dados suficientes para comprovar sua afirmação?", "Quais dados você tem sobre o assunto?", "Os dados corroboraram a hipótese original de que...", "Dados estatísticos mostram que..." e "Os dados dão suporte a...". No entanto, o campo da Estatística não se resume apenas a dados.

Estatística é todo o processo envolvido na coleta de evidências para responder às perguntas feitas pelo mundo, nos casos em que tais evidências venham em forma de dados numéricos.

Neste capítulo, você verá em primeira mão a estatística funcionando como um processo e onde os números entram em cena. Também ficará por dentro dos termos mais utilizados do jargão estatístico e entenderá como todas essas definições e conceitos se encaixam como partes desse processo. Assim, da próxima vez em que ouvir alguém dizendo "Esta pesquisa tem uma margem de erro de três pontos percentuais tanto para mais quanto para menos", terá uma ideia do que significa.

Estatísticas: Mais do que Apenas Números

Os estatísticos não "fazem estatística" apenas. Embora o resto do mundo os veja como devoradores de números, eles se veem como guardiões do método científico. É claro que os estatísticos trabalham com especialistas de outras áreas que atendem ao seu desejo por dados, pois não só de estatística vive o homem, mas devorar dados que alguém produziu é apenas uma pequena parte do trabalho de um estatístico. (Na realidade, se fosse só isso, largaríamos nosso trabalho diurno e passaríamos as noites como consultores de cassinos.) Na verdade, os estatísticos estão envolvidos em cada aspecto do *método científico*, ou seja, a formulação de boas perguntas, realização de estudos, coleta de bons dados, análise adequada dos dados e extração de conclusões apropriadas. Mas além de analisar os dados adequadamente, o que esses aspectos têm a ver com a Estatística? Você descobrirá neste capítulo.

Todas as pesquisas se iniciam a partir de uma pergunta:

» É possível beber muita água?
» Qual o custo de vida em São Francisco?
» Quem vencerá a próxima eleição presidencial?
» As plantas consideradas medicinais realmente auxiliam a manter uma boa saúde?
» Meu programa de TV favorito continuará a ser exibido no ano que vem?

Nenhuma das perguntas anteriores refere-se diretamente a números. Ainda assim, cada uma delas demanda que se faça uso de dados e processos estatísticos para se chegar à resposta.

Suponha que um pesquisador queira determinar quem ganhará a próxima eleição presidencial dos Estados Unidos. Para responder a essa pergunta com o máximo de precisão, o pesquisador terá que seguir vários passos:

1. **Determinar o grupo de pessoas a ser estudado.**

   Nesse caso, o pesquisador pretende estudar os eleitores registrados que planejam votar na próxima eleição.

2. **Coletar dados.**

   Esse passo constitui um desafio, pois você não pode, simplesmente, sair às ruas perguntando a todo cidadão norte-americano se ele planeja votar na próxima eleição e, se fosse possível, em quem votariam. Além disso, suponha que alguém lhe responda: "Sim, eu pretendo votar." Será que essa pessoa *realmente* vai votar no dia da eleição? E será que ela contará em quem realmente pretende votar? E se a pessoa mudar de ideia e votar em outro candidato?

3. **Organizar, resumir e analisar os dados.**

   Depois que o pesquisador saiu e conseguiu os dados necessários, organizá-los, resumi-los e analisá-los ajudará a responder à sua pergunta. É o que muitas pessoas reconhecem como sendo a estatística propriamente dita.

4. **Reunir todos os resumos de dados, gráficos, tabelas, e análises e chegar a uma conclusão a partir deles para tentar responder à pergunta inicial.**

   É claro que o pesquisador não será capaz de obter 100% de precisão para sua resposta, pois não foi possível entrevistar toda a população americana. Mas ele pode sim obter uma resposta que se *aproxime bastante* dos 100%. De fato, com uma amostra de 2.500 pessoas que tenham sido selecionadas aleatoriamente e de modo *não tendencioso* (para que cada membro da população tenha tido a mesma chance de ser selecionado), o pesquisador pode chegar a resultados precisos, dentro de uma margem de erro de 2,5% para mais ou para menos (isso é, se todos os passos do processo de pesquisa foram executados corretamente).

Ao tirar conclusões, o pesquisador tem que estar consciente de que todo estudo é limitado e que, por sempre haver uma chance de erro, os resultados podem estar errados. Um valor numérico pode ser relatado para informar aos outros a confiabilidade que o pesquisador deposita nos resultados e o grau de precisão que se espera deles. (Veja o Capítulo 12 para ter mais informações a respeito da margem de erro.)

Depois que a pesquisa é feita e a pergunta é respondida, normalmente os resultados levam a mais perguntas e pesquisa. Por exemplo, se os homens pareceram estar mais a favor de um candidato e as mulheres mais a favor de seu oponente, as próximas perguntas poderiam ser: "Quem vai mais às urnas no dia da eleição (homens ou mulheres) e quais fatores vão determinar se votarão ou não?"

A Estatística realmente se constitui em usar o método científico para responder às perguntas feitas sobre o mundo. Os métodos estatísticos estão envolvidos em todos os passos de um bom estudo, desde o planejamento da pesquisa, coleta de dados, organização e resumo da informação para fazer uma análise até a chegada a uma conclusão, discussão das limitações e, finalmente, planejamento de novos estudos para responder às novas perguntas que surgirem. A Estatística é mais do que apenas números, é um processo.

Entendendo Alguns Termos Básicos do Jargão Estatístico

Toda atividade tem suas ferramentas básicas e a Estatística não é diferente. Se você pensar em um processo estatístico como sendo uma série de estágios em que se parte de uma pergunta para uma resposta, deve imaginar que em cada estágio será encontrado um conjunto de ferramentas e termos (ou jargão estatístico). Agora, se você ficou arrepiado só de imaginar, não se preocupe. Ninguém está pedindo que se torne um expert em Estatística e se jogue em um treinamento intensivo, ninguém está pedindo para se tornar um nerd em Estatística e passar a usar o jargão o tempo todo. Você também não precisa carregar uma calculadora e canetas no bolso da camisa (porque os estatísticos não fazem isso; é apenas uma lenda urbana).

No entanto, como o mundo está cada vez mais consciente dos números, os termos estatísticos são jogados cada vez mais na mídia e no ambiente de trabalho, então, saber o que eles realmente significam pode ser muito útil. Além disso, se você está lendo esse livro porque quer conhecer mais sobre como calcular estatísticas básicas, o primeiro passo é entender mais alguns termos básicos do jargão estatístico. Portanto, nesta seção, você terá uma ideia do jargão estatístico; eu indicarei os capítulos mais apropriados para obter detalhes.

Dados

Os *dados* são as informações reais que você coleta ao longo de seu estudo. Por exemplo, perguntei a cinco amigos quantos animais de estimação eles tinham e os dados me deram o seguinte: 0, 2, 1, 4, 18. (O quinto amigo contou cada peixe em seu aquário como um animal de estimação diferente.) Nem todos os dados são números; também registrei o sexo de cada um dos amigos, obtendo os seguintes dados: masculino, masculino, feminino, masculino, feminino.

A maioria dos dados fica em dois tipos de grupos: dados numéricos ou dados categóricos (apresento as ideias principais sobre estas variáveis aqui; veja o Capítulo 5 para ter mais informações).

» **Dados numéricos:** São os dados que têm importância como medida, tais como altura, peso, QI ou pressão arterial de uma pessoa; ou são a soma de números, como o número de estoque que uma pessoa possui, o número de dentes que um cachorro tem ou o número de páginas que você consegue ler do seu livro favorito antes de pegar no sono. (Os estatísticos também se referem aos dados numéricos como *dados quantitativos*.)

Os dados numéricos podem ser subdivididos em dois tipos: discretos e contínuos.

- Os *dados discretos* representam as coisas que podem ser contadas; eles consideram valores possíveis que podem ser listados. A lista de valores possíveis pode ser fixa (também chamada de *finita*); ou pode ir de 0, 1, 2 até o infinito (tornando-se *infinitamente contável*). Por exemplo, o número de caras em 100 jogadas de uma moeda tem valores de 0 a 100 (caso finito), mas o número de jogadas necessárias para conseguir 100 caras tem um valor de 100 (no cenário mais rápido) até o infinito. É possível que os valores sejam listados como 100, 101, 102, 103... (representando o caso infinito contável).
- Os *dados contínuos* representam as medidas; seus valores possíveis não podem ser contados e podem apenas ser descritos usando intervalos na linha de números reais. Por exemplo, a quantidade exata de gasolina comprada no posto para carros com tanques de 40 litros representa um dado quase contínuo de 0,00 litro até 40,00 litros, representado pelo intervalo [0, 40], inclusive. (Certo, você *pode* contar todos esses valores, mas para quê? Em casos como esse, os estatísticos distorcem um pouquinho a definição de contínuo.) O tempo de vida de uma pilha C pode estar em qualquer posição de 0 ao infinito, tecnicamente, com todos os valores possíveis no meio. Com certeza, você não espera que uma bateria dure mais do que algumas centenas de horas, mas ninguém consegue dizer com precisão o quanto ela aguentará (lembra-se do Coelhinho da Energizer?).

» **Dados categóricos:** Os dados categóricos representam as características, tais como o sexo de uma pessoa, estado civil, cidade de nascimento ou os tipos de filmes que ela gosta. Os dados categóricos podem ser representados por valores numéricos (exemplo, "1" indica masculino e "2" indica feminino), mas tais números não têm significado especifico algum. Você não poderia somá-los, por exemplo. (Outros nomes para dados categóricos são *dados qualitativos* ou *dados sim/não*.)

CUIDADO

Os dados *ordinais* misturam dados numéricos e categóricos. Os dados são categorizados, mas os números inseridos nas categorias têm significado. Por exemplo, avaliar um restaurante em uma escala de 0 a 4 estrelas fornece o dado ordinal. Os dados ordinais são geralmente tratados como categóricos, nos quais os grupos são organizados quando gráficos e tabelas são criados. Não lido com eles separadamente neste livro.

Conjunto de dados

Um *conjunto de dados* é a coleção de todos os dados obtidos em uma amostra. Por exemplo, se você mediu o peso de cinco embalagens e os pesos foram 6, 7, 11,

34 e 2 quilos, esses cinco números (6, 7, 11, 34, 2) constituem seu conjunto de dados. Se você apenas registrar o tamanho geral da embalagem (por exemplo, pequeno, médio ou grande), seu conjunto de dados poderá ser: médio, médio, médio, grande, pequeno.

Variáveis

Uma *variável* é qualquer característica ou valor numérico que varia entre os indivíduos. Uma variável pode representar uma soma (por exemplo, o número de animais de estimação que você possui) ou uma medida (o tempo que você leva para acordar de manhã). A variável também pode ser categórica, quando cada indivíduo é alocado em um grupo (ou categoria) com base em certos critérios (por exemplo, afiliação política, raça ou estado civil). As informações reais registradas sobre os indivíduos com relação a uma variável são os dados.

População

Para praticamente qualquer pergunta que você queira investigar no mundo, é necessário centrar sua atenção em um determinado grupo de indivíduos (um grupo de pessoas, cidades, animais, tipos de rochas, pontuação em exames e assim por diante). Por exemplo:

- » O que a população americana acha da política externa do presidente?
- » Qual é a porcentagem de lavouras destruídas por veados em Wisconsin no ano passado?
- » Qual é o prognóstico para as pacientes com câncer de mama que estão tomando medicamentos experimentais?
- » Qual é a porcentagem de todas as caixas de cereais cujo conteúdo está de acordo com as especificações?

Em cada um desses exemplos, uma questão foi colocada. E em cada caso você pode identificar um grupo específico de indivíduos que está sendo estudado: a população americana, todas as lavouras em Wisconsin, todas as pacientes com câncer de mama e o conteúdo de todas as caixas de cerais, respectivamente. O grupo de indivíduos que você deseja estudar para responder à pergunta de sua pesquisa é chamado de *população*. Entretanto as populações podem ser algo difícil de definir. Em um bom estudo, os pesquisadores definem suas populações de maneira muito clara, enquanto em um estudo ruim, a população mal é definida.

A pergunta sobre se os bebês dormem melhor com música é um bom exemplo de como pode ser difícil determinar uma população. Como poderíamos definir um bebê, exatamente? Como menos de três meses de idade? Com menos de um ano? E você quer estudar apenas os bebês dos Estados Unidos ou os bebês do mundo todo? Os resultados podem ser diferentes para bebês de diferentes idades e para os bebês norte-americanos versus europeus versus africanos etc.

Muitas vezes, os pesquisadores querem estudar e tirar conclusões a partir de populações muito abrangentes, mas, no final, para economizar recursos financeiros, tempo, ou simplesmente porque não têm outra saída, acabam estudando uma população bem restrita. Isso pode ocasionar grandes problemas para se chegar a conclusões. Por exemplo, suponha que um professor universitário queira saber como os comerciais de TV levam os consumidores a comprarem determinados produtos. Esse estudo se fundamentará em um grupo de alunos dele, que participará a fim de garantir cinco pontos extras. Essa pode ser uma amostra adequada, mas os resultados do estudo desse professor não podem ser generalizados para quaisquer populações além de seus alunos, pois nenhuma outra população foi representada.

Amostra aleatória ou de outro tipo

Quando você quer saber se a sopa ficou boa, o que faz? Mexe a panela, retira um pouco com uma colher e prova. Depois chega a uma conclusão sobre todo o conteúdo da panela sem, na verdade, ter provado tudo. Se sua amostra for retirada de maneira justa (por exemplo, você não pegou só a parte boa), é possível ter uma ideia de como a sopa está sem ter que comer tudo. É assim, também, que se obtém amostras na Estatística. Alguns pesquisadores querem descobrir algo sobre uma população, mas não têm tempo nem dinheiro suficientes para estudar cada indivíduo. Então, eles selecionam um subgrupo de indivíduos da população, estudam esses indivíduos e utilizam a informação para chegar a conclusões sobre toda a população. Esse subgrupo da população se chama *amostra*.

Embora a ideia de selecionar uma amostra seja simples e fácil, não é bem assim. O modo como uma amostra é selecionada pode significar a diferença entre resultados corretos e justos e resultados que não valem nada. Como exemplo, suponha que você queira colher uma amostra da opinião de adolescentes sobre o tempo que eles passam na internet. Se você enviar a pesquisa por e-mail, seus resultados não representarão a opinião de *todos os adolescentes*, que é sua população pretendida. Os resultados representarão apenas aqueles que têm acesso à internet. Esse tipo de incompatibilidade estatística é comum? Pode apostar que sim.

Uma das maiores culpadas pela má representação estatística causada por amostras ruins são as enquetes feitas pela internet. É possível deparar-se com milhares de enquetes na internet em que, para participar, é preciso acessar um site e dar sua opinião. Mesmo que 50.000 pessoas nos Estados Unidos participem de uma enquete na internet, esse número não representa toda a população norte-americana, apenas representa as pessoas que têm acesso à internet, que estavam em determinado site e estavam bastante interessados em participar da enquete (o que, normalmente, significa que essas pessoas possuem opiniões muito fortes com relação ao tópico abordado). O resultado de todos esses problemas é a *parcialidade*, ou seja, um favoritismo sistemático de certos indivíduos sobre certos resultados do estudo.

LEMBRE-SE

Como selecionar uma amostra de forma que evite a parcialidade? A palavra-chave é *aleatoriedade*. Uma *amostra aleatória* é aquela selecionada a partir de oportunidades iguais, isso é, cada amostra possível do mesmo tamanho que a sua teve uma chance igual de ser selecionada a partir da população. O que *aleatório* quer realmente dizer é que não há grupos na população que sejam favorecidos ou excluídos do processo de seleção.

Amostras *não aleatórias* (em outras palavras, *ruins*) são as selecionadas de tal forma que algum tipo de favoritismo e/ou exclusão automática de uma parte da população foi envolvida. Um exemplo clássico de uma amostra não aleatória vem das pesquisas que a mídia faz, pedindo que você telefone para dar sua opinião sobre determinado assunto (pesquisas "call-in"). As pessoas que escolhem participar desse tipo de pesquisa não representam a população geral porque estavam assistindo ao programa e tiveram vontade suficiente para ligar. Tecnicamente, elas não representam nem sequer uma amostra no sentido estatístico da palavra, porque ninguém as selecionou previamente; elas escolheram participar, criando uma amostra *voluntária* ou *autosselecionada*. Os resultados terão uma inclinação de pessoas com opiniões fortes.

Para conseguir uma amostra aleatória autêntica, você precisa de um mecanismo de aleatoriedade para selecionar os indivíduos. Por exemplo, o Instituto Gallup começa com uma lista computadorizada de todas as centrais telefônicas nos Estados Unidos, junto com a estimativa do número de residências pertencentes a essas centrais. O computador utiliza um procedimento chamado *discagem digital aleatória* (DDA) para criar aleatoriamente números de telefones a partir dessas centrais, então, seleciona amostras de números de telefones. Portanto, o que realmente acontece é que o computador cria uma lista de *todos os possíveis* números de telefone de residências nos Estados Unidos, depois, seleciona um subgrupo de números nessa lista para os quais o Instituto Gallup telefona.

Outro exemplo de amostragem aleatória envolve o uso de geradores de números aleatórios. Nesse processo, os itens na amostra são escolhidos usando uma lista de números aleatórios gerada por computador. Os pesquisadores podem usar esse tipo de aleatoriedade para atribuir pacientes a um grupo de tratamento em oposição a um grupo de controle em um experimento. O processo é equivalente a sortear nomes em uma caixa ou sortear números em uma loteria.

Não importa o tamanho de uma amostra, se ela for baseada em métodos não aleatórios, os resultados não representarão a população da qual o pesquisador quer extrair conclusões. Não se engane com as grandes amostras; primeiro, verifique como elas foram selecionadas. Procure o termo *amostra aleatória*. Se você encontrá-lo, vá mais fundo, procure saber como a amostra realmente foi selecionada e utilize a definição mencionada para verificar se a amostra foi mesmo selecionada aleatoriamente. Uma amostra aleatória pequena é melhor que uma grande não aleatória.

Estatística

Estatística é um número que resume os dados coletados a partir de uma amostra. Muitos tipos diferentes de estatística são utilizados para resumir os dados. Por exemplo, os dados podem ser resumidos como porcentagens (60% das famílias estudadas nos Estados Unidos possuem mais de dois carros), como médias (o preço médio de uma casa nesta amostra é...), como uma mediana (o salário mediano para os 1.000 cientistas da computação desta amostra foi...) ou como um percentil (o peso de seu bebê está no 90° percentil, baseando-se nos dados coletados de mais de 10.000 bebês...).

O tipo da estatística calculada depende do tipo dos dados. Por exemplo, as porcentagens são usadas para resumir dados categóricos e as médias são usadas para resumir os dados numéricos. O preço de uma casa é uma variável numérica, então você pode calcular sua média ou desvio-padrão. Porém a cor de uma casa é uma variável categórica; encontrar o desvio-padrão ou média de uma cor não faz sentido. Nesse caso, as estatísticas importantes são as porcentagens de casas de cada cor.

Nem todas as estatísticas são corretas ou imparciais, claro. Não é porque alguém lhe mostra uma estatística que você precisa aceitá-la como sendo científica ou legítima! Você já deve ter ouvido alguém dizer: "Os números não mentem, mas os mentirosos inventam números."

Parâmetro

As estatísticas baseiam-se em dados de amostra, e não em dados populacionais. Quando se coletam dados de toda uma população, temos o chamado *censo*. Se você resume depois toda a informação do censo de uma variável em um único número, esse número é um *parâmetro*, não uma estatística. Na maioria das vezes, os pesquisadores tentam estimar os parâmetros usando a estatística. O U.S. Census Bureau é uma agência que relata o número total da população dos Estados Unidos, portanto eles fazem um censo. Mas devido a problemas logísticos relacionados a essa árdua tarefa (tais como entrar em contato com os moradores de rua), os números do censo, no final das contas, podem apenas ser chamados de *estimativas*, e eles acabam sendo ajustados para cima a fim de contabilizar as pessoas que o censo não alcançou.

Tendência

Tendência é uma palavra que você ouve a todo momento e, provavelmente, sabe que ela se refere a algo ruim. Mas o que realmente constitui uma tendência? *Tendência* é um favoritismo sistemático presente no processo de coleta de dados, causando resultados enganosos e assimétricos. A tendência pode ocorrer de muitas maneiras:

» **Da maneira como a amostra é selecionada:** Por exemplo, se alguém quiser uma estimativa de quanto os norte-americanos pretendem comprar no Natal este ano e pegar uma prancheta rumo ao shopping um dia depois do feriado de Ação de Graças para perguntar às pessoas sobre seus planos, haverá uma tendência nesse processo de amostragem. A amostra tende a privilegiar os compradores que estavam se gladiando no meio da multidão naquele shopping e dia em particular, conhecido como "Black Friday".

» **Da maneira como os dados são coletados:** As perguntas de pesquisas são a principal fonte de tendência. Devido ao fato de que os pesquisadores estão sempre procurando determinados resultados, as perguntas elaboradas por eles podem refletir com frequência o resultado esperado. Por exemplo, a questão da arrecadação de impostos para ajudar as escolas locais é algo que todo eleitor encara em algum momento. Uma enquete com a pergunta "Você não acha que a ajuda às escolas locais seria um grande investimento em nosso futuro?" tem um pouco de tendência. Por outro lado, a pergunta "Você não está cansado de pagar mais para educar os filhos dos outros além dos seus?" também apresenta uma tendência. A maneira como as perguntas são escritas pode ter um impacto enorme sobre os resultados.

Outros fatores que resultam em tendência nas pesquisas de opinião são a duração, extensão, nível de dificuldade das perguntas e a maneira como os indivíduos na amostra foram contatados (telefone, carta, de casa em casa e assim por diante). Veja o Capítulo 16 para ter mais informações sobre como criar e avaliar pesquisas de opinião e outras pesquisas.

DICA

Ao examinar o resultado das pesquisas que lhe interessam ou são importantes para você, descubra quais perguntas foram feitas e como exatamente elas foram formuladas antes de tirar suas conclusões sobre os resultados.

Média

A média é a estatística mais comum utilizada para medir o centro ou o meio de um conjunto de dados numéricos. A *média* é a soma de todos os números dividida pelo total de números. A média de uma população inteira é chamada de *média da população* e a média de uma amostra é chamada de *média da amostra*. (Veja o Capítulo 5 para ter mais informações sobre a média.)

A média pode não ser uma representação honesta dos dados, pois é facilmente influenciada por *valores atípicos* (valores muito grandes ou muito pequenos que não são típicos dentro do conjunto de dados).

Mediana

A mediana é outra maneira de medir o centro de um conjunto de dados numéricos. A mediana estatística é muito parecida com a parte central de uma rodovia. Em uma rodovia, a mediana determina o meio da pista, separando um número igual de faixas para os dois lados. Em um conjunto de dados numéricos, a *mediana* é o ponto em que existe um número igual de pontos de dados cujos valores ficam tanto acima quanto abaixo do valor da mediana. Assim, a mediana é, de fato, o meio do conjunto de dados. Veja o Capítulo 5 para saber mais sobre a mediana.

Da próxima vez em que você ouvir falar sobre uma média, observe se a mediana também foi mencionada. Caso não tenha sido, pergunte por ela! A média e a mediana são duas representações diferentes de um conjunto de dados e, geralmente, podem contar duas versões diferentes sobre os mesmos dados, especialmente quando o conjunto de dados contém valores atípicos (números muito grandes ou muito pequenos que não são típicos).

Desvio-padrão

Você já ouviu alguém dizer que foi encontrado um determinado resultado "com dois desvios-padrão acima da média"? Cada vez mais, as pessoas querem relatar o quanto seus resultados são importantes e o número de desvios-padrão acima ou abaixo da média é uma maneira de fazer isso. Mas o que é um desvio-padrão, afinal?

Desvio-padrão é o modo como os estatísticos medem a variabilidade (ou dispersão) entre os números em um conjunto de dados. Como o termo sugere, um desvio-padrão é um padrão (ou seja, algo típico) de desvio (ou distância) da média. Portanto, o desvio-padrão, em termos bem simples, é a distância média da média.

A fórmula para o desvio-padrão (indicado por s) está a seguir, em que n significa o número de valores no conjunto de dados, cada x representa um número no conjunto de dados e $\bar{x}$ é a média de todos os dados:

$$s = \sqrt{\sum \frac{(x - \bar{x})^2}{n-1}}$$

Para ter instruções mais detalhadas sobre o cálculo do desvio-padrão, veja o Capítulo 5.

O desvio-padrão também é utilizado para descrever onde a maioria dos dados deveria ficar, em um sentido relativo, comparado à média. Por exemplo, caso seus dados tenham a curva em forma de sino (também denominado de *distribuição normal*), cerca de 95% dos dados ficarão dentro de dois desvios-padrão da média. (Esse resultado é chamado de *regra empírica* ou regra *68-95-99,7%*. Veja o Capítulo 5 para ter mais informações sobre o assunto.)

O desvio-padrão é uma estatística importante, mas é omitido com frequência quando os resultados são relatados. Sem ele, você está recebendo apenas uma parte da história sobre os dados. Os estatísticos gostam de contar a história do homem que estava com um dos pés em um balde de água gelada e o outro em um balde de água fervendo. O homem dizia que, na média, ele estava se sentindo ótimo! Mas imagine a variabilidade da temperatura para cada um dos pés. Agora, colocando os pés no chão, o preço médio de uma casa, por exemplo, não lhe diz nada sobre a variedade de preços de casas com a qual você pode se deparar enquanto procura uma casa para comprar. A média dos salários poderá não representar de fato o que realmente está se passando em sua empresa se os salários forem extremamente discrepantes.

Não se satisfaça em saber apenas a média, pergunte também sobre o desvio-padrão. Sem ele, não há como saber a discrepância entre os valores. (Se você estiver falando sobre salário inicial, isso pode ser muito importante!)

Percentil

Provavelmente você já ouviu falar sobre percentil antes. Se já fez algum tipo de teste padronizado, sabe que quando sua pontuação é mostrada, ela é apresentada como uma medida da posição em que você se enquadrou, comparada com as outras pessoas que também fizeram o teste. Essa medida comparativa geralmente é apresentada em termos de percentil. O *percentil* apresentado para uma dada pontuação é a porcentagem dos valores no conjunto de dados que se encontram abaixo de certa pontuação. Por exemplo, se sua pontuação está no 90º percentil, isso significa que 90% das pessoas que fizeram a prova junto com você fizeram menos pontos que você (e 10% tiveram uma pontuação mais alta que a sua). A mediana está bem no meio do conjunto de dados, portanto, ela representa o 50º percentil. Para ter mais informações específicas sobre percentil, veja o Capítulo 5.

O percentil é utilizado de várias formas, sempre visando a comparação e a determinação da *posição relativa* (ou seja, como o valor de um dado individual é comparado com o resto do grupo). Por exemplo, o peso de bebês, que geralmente é demonstrado por meio de um percentil. O percentil também é utilizado por empresas, a fim de determinar sua posição quando comparadas com outras empresas em termos de vendas, lucro, satisfação do cliente etc.

Escore-padrão

O escore-padrão é uma maneira habilidosa de expressar os resultados em perspectiva sem ter que fornecer muitos detalhes, algo que a mídia adora. O *escore-padrão* representa o número de desvios-padrão acima ou abaixo da média (sem se importar em saber quais são os reais valores do desvio-padrão e da média).

Para exemplificar, suponha que Bob tenha feito 400 pontos em uma prova. Mas o que isso significa? Pode não significar muito, pois não é possível colocar essa pontuação em perspectiva. Mas se você soubesse que o escore-padrão de Bob no teste é de +2, saberia que a pontuação dele é de dois desvios-padrão acima da média. (Parabéns, Bob!) Agora, suponha que o escore-padrão de Emily seja de -2. Nesse caso, isso não é bom (para Emily), pois significa que sua pontuação é de dois desvios padrões *abaixo* da média.

O processo de pegar um número e convertê-lo em um escore-padrão é chamado de *padronização*. Para obter detalhes sobre como calcular e interpretar os escores-padrão quando tiver uma distribuição normal (em forma de sino), veja o Capítulo 9.

Distribuição e distribuição normal

A *distribuição* de um conjunto de dados (ou de uma população) é uma listagem ou uma função que mostra todos os valores possíveis (ou intervalos) dos dados e com que frequência eles ocorrem. Quando uma distribuição de dados categóricos é organizada, é possível observar o número ou a porcentagem de indivíduos em cada grupo. Quando a distribuição de dados numéricos é organizada, estes são geralmente organizados do menor para o maior, divididos em grupos com um tamanho razoável (se for o caso) e depois colocados em gráficos e tabelas para que o formato, o centro e a quantidade de variabilidade nos dados sejam examinados.

O mundo da Estatística inclui dezenas de distribuições diferentes para os dados categóricos e numéricos; as mais comuns possuem seus próprios nomes. Uma das distribuições mais conhecidas é chamada *distribuição normal*, também conhecida como *curva em forma de sino*. A distribuição normal é baseada em dados numéricos que são contínuos; seus valores possíveis residem na linha inteira de números reais. Seu formato principal, após os dados terem sido organizados em um gráfico, é de um sino simétrico. Em outras palavras, a maioria (68%) dos dados está centralizada ao redor da média (apontando onde é a parte central do sino) e ao se afastar em direção a qualquer lado da média, você encontrará cada vez menos valores (representando a descida inclinada em cada lado do sino).

A média (e, portanto, a mediana) fica diretamente no centro da distribuição normal devido à simetria, e o desvio-padrão é medido pela distância da média até o *ponto de inflexão* (onde a curvatura do sino muda de côncava para cima para côncava para baixo). A Figura 4-1 mostra um gráfico de uma distribuição normal com a média 0 e o desvio-padrão 1 (essa distribuição tem um nome especial: *distribuição normal padrão* ou *distribuição Z*). O formato da curva lembra o desenho de um sino.

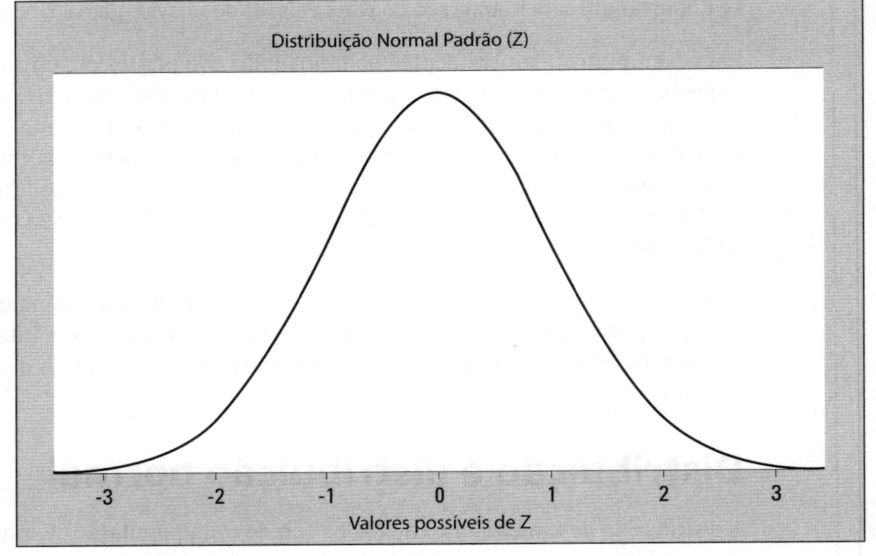

FIGURA 4-1: Uma distribuição normal padrão (Z) tem uma curva no formato de sino com a média 0 e o desvio-padrão 1.

Como cada população distinta de dados tem uma média e um desvio-padrão diferentes, existe um número infinito de diferentes distribuições normais, cada um com sua própria média e seu próprio desvio-padrão para caracterizá-lo. Veja o Capítulo 9 para saber muito mais sobre as distribuições normal e normal padrão.

Teorema Central do Limite

PAPO DE ESPECIALISTA

A distribuição normal também é utilizada para ajudar a medir a precisão de muitas estatísticas, incluindo a média, usando um importante resultado em Estatística, conhecido como *Teorema Central do Limite*. Esse teorema possibilita medir o quanto sua média amostral vai variar, sem ter que pegar outra média amostral para fazer a comparação (felizmente!). Ao levar essa variabilidade em consideração, agora você pode usar seus dados para responder a questões sobre a população, como "Qual é a renda média por família em todos os EUA?" ou "Este relatório informa que 75% de todos os cartões-presente não são usados; é mesmo verdade?". (Essas duas análises em particular se tornaram possíveis pelo Teorema Central do Limite e agora são denominadas de *intervalos de confiança* e *testes de hipóteses*, respectivamente; são descritas nos Capítulos 13 e 14, respectivamente.)

O Teorema Central do Limite (*TCL*, para abreviar) basicamente informa que, para os dados não normais, a média de sua amostra tem uma distribuição normal aproximada, não importando a aparência da distribuição dos dados originais (desde que o tamanho de sua amostra seja grande o suficiente). E isso não se aplica apenas à média da amostra; o TCL também é verdadeiro para outras estatísticas de amostra, tais como a proporção de amostra (veja os Capítulos 13 e 14). Como os estatísticos sabem muito a distribuição normal (veja a seção anterior), essas análises são muito mais fáceis. Veja o Capítulo 11 para saber mais sobre o Teorema Central do Limite, conhecido pelos estatísticos como a "joia da coroa de toda a Estatística". (Você se importaria de dizer a eles para aproveitarem mais a vida?)

Valores *Z*

CUIDADO

Se um conjunto de dados tem uma distribuição normal e você padroniza todos os dados para obter escores-padrão, esses escores são chamados de valores Z. Todos os valores Z possuem o que se convencionou chamar de distribuição normal padrão (ou distribuição Z). A *distribuição normal padrão* é uma distribuição normal especial com a média igual a 0 e o desvio-padrão igual a 1.

A distribuição normal padrão é útil para examinar os dados e determinar a estatística, como o percentil ou a porcentagem de dados entre dois valores. Assim, se os pesquisadores determinam que os dados têm uma distribuição normal, primeiramente vão padronizar os dados (convertendo cada ponto de dado em um escore Z), depois, utilizarão a distribuição normal padrão para investigar e analisar os dados mais detalhadamente. Veja o Capítulo 9 para obter mais informações sobre os valores z.

Experimentos

Um *experimento* é um estudo que impõe um tratamento (ou controle) aos sujeitos (participantes), controla seu ambiente (por exemplo, restringindo sua alimentação, dando-lhes certas doses de medicamentos ou placebos ou pedindo para que permaneçam acordados por determinado período) e registra as respostas. O objetivo da maioria dos experimentos é identificar uma relação de causa e efeito entre duas variáveis (como o consumo de álcool e problemas de visão ou o nível de dosagem de um remédio e a intensidade dos efeitos colaterais). Eis algumas perguntas às quais um experimento tenta responder:

- Tomar zinco ajuda a reduzir a duração de um resfriado? Alguns estudos afirmam que sim.
- A forma e a posição de seu travesseiro afeta a qualidade de seu sono? O Emory Spine Center em Atlanta diz que sim.
- Sapatos de salto alto afetam o conforto dos pés? Estudos realizados pela UCLA dizem que é melhor um sapato com salto de 2,5cm do que sapatos sem salto algum.

Nesta seção, você encontrará algumas definições adicionais de palavras que se ouve quando alguém fala sobre experimentos. O Capítulo 17 é inteiramente dedicado a esse assunto. Mas, agora, apenas se concentre nos termos básicos relacionados aos experimentos.

Grupo experimental versus grupo de controle

Muitos experimentos tentam determinar se um tipo de tratamento (ou fator importante) tem um efeito significativo sobre um resultado. Por exemplo, o zinco ajuda a reduzir a duração de um resfriado? Os indivíduos que são convidados a participar dos experimentos são normalmente divididos em dois grupos: o grupo experimental e o grupo de controle. (É possível ter mais de um grupo experimental.)

- » O *grupo experimental* é composto por indivíduos que receberão o tratamento cujo efeito está sendo estudado (nesse caso, comprimidos de zinco).
- » O *grupo de controle* é composto por indivíduos que não receberão o tratamento experimental que está sendo estudado. Em vez disso, receberão um placebo (um tratamento falso; por exemplo, um comprimido de açúcar), um tratamento padrão, não experimental (como a vitamina C, no caso do estudo do zinco) ou nenhum tratamento, dependendo da situação.

Ao término, as respostas daquelas pessoas no grupo experimental são comparadas com as respostas daquelas no grupo de controle em busca das diferenças estatisticamente importantes (que provavelmente não ocorreram ao acaso).

Placebo

Um *placebo* é um tratamento falso, como um comprimido de açúcar. Os placebos são administrados ao grupo de controle devido a um fenômeno psicológico chamado *efeito placebo*, no qual os pacientes que receberam um tratamento falso relataram algum tipo de resultado, como se fosse um tratamento real. Por exemplo, após tomar um comprimido de açúcar, um paciente que passa pelo efeito placebo pode dizer: "Sim, já estou me sentindo melhor" ou "Nossa, estou me sentindo um pouco tonto". Ao medir o efeito placebo no grupo de controle, você pode separar quais partes dos relatos do grupo experimental foram reais e quais provavelmente ocorreram pelo efeito. (Os pesquisadores presumem que o efeito placebo afeta tanto o grupo experimental quando o de controle.)

Estudo cego e duplo-cego

Em um *estudo cego*, os indivíduos que participam dele não sabem se estão no grupo experimental ou no grupo de controle. No exemplo do zinco, os comprimidos de vitamina C devem parecer com os comprimidos de zinco e os pacientes não devem saber qual tipo de comprimido estão tomando. O estudo cego tenta eliminar qualquer tipo de parcialidade dos indivíduos estudados.

O *estudo duplo-cego* controla a parcialidade potencial por parte dos pacientes e também dos pesquisadores. Nem os pacientes, nem os pesquisadores que estão coletando os dados, sabem quais indivíduos receberam o tratamento e quais não o receberam. Sendo assim, quem saberá o que vai acontecer no sentido de quem recebe qual tratamento? Geralmente, um terceiro (alguém que não esteja envolvido no experimento) junta as peças independentemente. O estudo duplo-cego é melhor, pois, ainda que os pesquisadores se digam imparciais, sempre há o interesse por determinado resultado; se não fosse assim, o estudo não estaria sendo realizado.

Pesquisas de opinião (enquetes)

Uma *pesquisa de opinião* (também chamada de *enquete*) é um questionário; é mais utilizada para reunir a opinião da população juntamente com algumas informações demográficas relevantes. Devido ao fato de que muitos formadores de opinião, profissionais de marketing e outros querem "entender a alma do público" e descobrir o que um cidadão comum pensa e sente, muitas pessoas atualmente acreditam ser impossível escapar da avalanche de pedidos para que participem de enquetes e pesquisas de opinião. Realmente, você já deve ter recebido muitos pedidos para fazer parte de pesquisas, e talvez até tenha se sentido entorpecido, simplesmente jogando fora as pesquisas recebidas junto com sua correspondência ou dizendo "não" quando recebeu um convite para participar de uma pesquisa por telefone.

Se feita de maneira adequada, uma pesquisa de opinião pode realmente ser informativa. Tais pesquisas são utilizadas para descobrir de que programas de TV os norte-americanos (e outros) gostam, como os consumidores se sentem em relação a compras pela internet e se os Estados Unidos deveriam permitir alguém com menos de 35 anos de idade se tornar presidente. As pesquisas também são utilizadas pelas empresas para medir o nível de satisfação dos clientes, descobrir quais produtos eles querem e determinar quem comprará seus produtos. As emissoras de TV utilizam as pesquisas para obter reações imediatas aos novos eventos e fatos, e os cineastas as utilizam para determinar como terminar seus filmes.

No entanto, se eu tivesse que escolher uma palavra para descrever o estado geral das pesquisas na mídia atualmente, teria que usar a palavra *quantidade* em vez de *qualidade*. Ou seja, não faltam pesquisas ruins. Mas, neste livro, não faltam boas dicas e informações para analisar, criticar e entender os resultados das pesquisas, e desenvolver suas próprias pesquisas para fazer bem o trabalho. (Para mandar ver com as pesquisas, pule para o Capítulo 16.)

Margem de erro

Você provavelmente já ouviu alguém dizer: "Esta pesquisa tem uma margem de erro de três pontos percentuais para mais ou para menos." Mas o que isso significa? A maioria das pesquisas (com exceção do censo) baseia-se em informações coletadas a partir de uma amostra de indivíduos, e não de toda a população. Certos erros podem ocorrer; não no sentido de erros de cálculos (embora também possa haver alguns erros desse tipo), mas no sentido de *erro amostral*, ou seja, um erro causado simplesmente porque os pesquisadores não vão questionar todo mundo. A *margem de erro* deve medir a quantidade máxima pela qual se espera que os resultados da amostra se diferenciem dos resultados da população total. Devido ao fato de que os resultados da maioria das pesquisas são relatados em termos de porcentagem, a margem de erro também aparece, em grande parte, como porcentagem também.

Como interpretar uma margem de erro? Suponha que você saiba que 51% dos indivíduos de uma amostra disseram que pretendem votar no Sr. Cálculo na próxima eleição. Agora, para projetar esse resultado para o número total de eleitores, você teria que somar e subtrair a margem de erro e dar uma variação de possíveis resultados, a fim de garantir que esteja cobrindo a lacuna entre sua amostra e a população total. Supondo uma margem de erro de três pontos para mais ou para menos, você poderia garantir, baseando-se nos resultados da amostra, que de 48% (51% - 3%) a 54% (51% + 3%) das pessoas vão votar no Sr. Cálculo. Nesse caso, o candidato em questão poderia obter um pouco menos ou um pouco mais do que a maioria dos votos, e poderia perder ou ganhar a eleição. Essa tem sido uma situação muito comum nos últimos anos, quando não é possível para a mídia noticiar os resultados no dia da eleição apenas se baseando nos resultados da pesquisa. Para ter mais informação sobre a margem de erro, veja o Capítulo 12.

CUIDADO

A margem de erro mede a precisão; ela não mede a presença de uma possível parcialidade (veja a análise sobre parcialidade e/ou tendência anteriormente, neste capítulo). Resultados que parecem numericamente científicos e precisos não representam nada se coletados de maneira tendenciosa.

Intervalo de confiança

Um dos principais usos da Estatística é estimar um parâmetro de população usando uma amostra estatística. Em outras palavras, usar um número que resume uma amostra para ajudar a estimar o número correspondente que resuma toda a população (as definições de parâmetro e estatística aparecem anteriormente neste capítulo). Com cada uma das perguntas a seguir, busca-se um parâmetro de população:

» Qual é a renda média por família nos EUA? (População = todas as famílias nos EUA; parâmetro = salário médio por família.)

- Qual é a porcentagem de norte-americanos que assistiu ao Oscar este ano? (População = todos os norte-americanos; parâmetro = porcentagem que assistiu ao Oscar este ano.)
- Qual é a expectativa média de vida de um bebê que nasce hoje? (População = todos os bebês nascidos hoje; parâmetro = expectativa média de vida.)
- Qual é o grau de eficácia do novo remédio para adultos com Alzheimer? (População = todas as pessoas com Alzheimer; parâmetro = porcentagem das pessoas que veem melhoras ao tomarem o remédio.)

Não é possível encontrar esses parâmetros com exatidão; cada um deles exige uma estimativa com base em uma amostra. Você começa pegando uma amostra aleatória de uma população (digamos, uma amostra de 1.000 famílias nos EUA), depois descobre a estatística correspondente a partir dessa amostra (a renda familiar média da amostra). Como você sabe que os resultados da amostra variam entre elas, precisará adicionar um "para mais ou para menos" se quiser chegar a conclusões sobre a população inteira (todas as famílias nos EUA). Esse "para mais ou para menos" adicionado à amostra estatística para estimar um parâmetro é a margem de erro.

Quando você combina sua amostra estatística (como a média ou o percentual da amostra) e adiciona/subtrai uma margem de erro, obtém o que os estatísticos chamam de *intervalo de confiança*. Um intervalo de confiança representa uma gama de valores possíveis para o parâmetro da população, com base em sua amostra estatística. Por exemplo, suponha que o tempo médio que você leva para chegar ao trabalho de carro seja 35 minutos, com uma margem de erro de 5 minutos para mais ou para menos. A sua estimativa é que o tempo médio gasto até chegar ao trabalho fica em algum ponto entre 30 e 40 minutos. Essa estimativa é um intervalo de confiança.

CUIDADO

Alguns intervalos de confiança são mais amplos que outros (e quanto mais amplo, menor sua precisão). Vários fatores influenciam a amplitude de um intervalo de confiança, tais como o tamanho amostral, a variabilidade da população estudada e a precisão nos resultados. (A maioria dos pesquisadores contenta-se com 95% de nível de confiança nos resultados.) Leia mais sobre os fatores que influenciam os intervalos de confiança e obtenha instruções para calcular e interpretar os intervalos de confiança no Capítulo 13.

Teste de hipóteses

Teste de hipóteses é um termo com o qual provavelmente você ainda não se deparou ao lidar com números e estatísticas no cotidiano. Mas eu garanto que os testes de hipóteses têm sido parte de sua vida pessoal e profissional simplesmente devido ao importante papel que eles desempenham na indústria, medicina, agricultura, governo e em muitas outras áreas. Todas as vezes que você ouve alguém falando que seus resultados mostram "uma significativa diferença estatística", está diante dos resultados de um teste de hipóteses. (Um resultado estatisticamente significante é aquele que tem mínimas chances de ter ocorrido ao acaso. Veja o Capítulo 14 para saber a história completa.)

O *teste de hipóteses* é, basicamente, um procedimento estatístico em que os dados são coletados e medidos para comprovar uma alegação feita sobre uma população. Por exemplo, se uma cadeia de pizzaria delivery alega entregar as pizzas dentro de 30 minutos a partir do pedido, você pode testar se essa alegação é verdadeira coletando uma amostra aleatória do tempo de entrega durante um determinado período de tempo e observar o tempo médio de entrega dessa amostra. Para tomar sua decisão, você também deve levar em conta o quanto os resultados de sua amostra podem mudar entre elas (o que está relacionado à margem de erro).

CUIDADO

Pelo fato de que sua decisão baseia-se em uma amostra, e não em uma população inteira, um teste de hipóteses pode, às vezes, fazer com que você tire conclusões equivocadas. Entretanto a estatística é tudo o que se tem e, se feita da maneira adequada, ela tem grandes chances de estar certa. Para mais sobre os fundamentos do teste de hipóteses, veja o Capítulo 14.

Vários testes de hipóteses são realizados em uma pesquisa científica, incluindo os testes-*t* (comparando duas médias da população), testes-*t* emparelhados (observando antes/depois dos dados) e testes de alegações feitas sobre proporções ou médias para uma ou mais populações. Para ter mais detalhes sobre os testes de hipóteses mais comuns, veja o Capítulo 15.

Valores p

Os testes de hipóteses são realizados para confirmar ou negar uma alegação feita sobre uma população. A alegação que está sendo testada é, basicamente, denominada *hipótese nula*. A *hipótese alternativa* é aquela na qual você acreditaria se a hipótese nula fosse determinada como sendo falsa. A evidência nos testes são seus dados e a estatística que os acompanha. Todos os testes de hipóteses usam um valor p para determinar a força da evidência (o que os dados informam sobre a população). O valor p é um número entre 0 e 1, e é interpretado da seguinte maneira:

- Um valor *p* pequeno (geralmente $\leq 0{,}05$) indica uma forte evidência em relação à hipótese nula, então você o rejeita.
- Um valor *p* grande ($> 0{,}05$) indica uma evidência fraca em relação à hipótese nula, então você não o rejeita.
- Os valores *p* perto do corte (0,05) são considerados marginais (podem ir para qualquer lado). Sempre informe o valor *p* para que seus leitores possam tirar suas próprias conclusões.

Por exemplo, imagine que uma pizzaria alega entregar pizzas em menos de 30 minutos em média, mas você acha que leva mais tempo. Então você faz um teste de hipóteses, porque acredita que a hipótese nula, H_0, de que o tempo de entrega é no máximo 30 minutos, está incorreta. Você colhe algumas amostras aleatórias de tempos de entrega, passa os dados pelo teste de hipóteses e seu valor *p* fica sendo 0,0001, o que é muito menor que 0,05. Você conclui que a pizzaria está errada; o tempo de entrega deles é, realmente, maior que 30 minutos e você quer saber o que eles farão a respeito disso! (Claro que você pode estar errado por ter pego amostras de um número incomum de entregas atrasadas, ao acaso; mas estou do lado de quem?) Para ver mais sobre os valores *p*, leia o Capítulo 14.

Estatisticamente significativo

Sempre que se coletam dados para a realização de um teste de hipótese, os pesquisadores normalmente estão atrás de algo fora do comum. (Pesquisa que simplesmente confirma o que já se sabe não dá manchete, infelizmente.) Os estatísticos medem o quanto um resultado é fora do comum usando os testes de hipóteses (veja o Capítulo 14). Eles definem um resultado *estatisticamente significativo* como aquele com uma probabilidade muito pequena de acontecer por acaso, e fornecem um número chamado valor *p* para refletir essa probabilidade (veja a seção anterior sobre valores *p*).

Por exemplo, se uma pesquisa descobre que um medicamento mostra-se mais eficaz no tratamento de câncer de mama do que o tratamento atual, os pesquisadores dizem que a nova droga mostra uma melhora estatisticamente significativa na taxa de sobrevivência das pacientes com câncer de mama. Isso significa que, com base em seus dados, a diferença nos resultados entre as pacientes que utilizaram o novo medicamento e aquelas que utilizaram o tratamento antigo é tão grande que seria difícil dizer que foi apenas uma coincidência. No entanto, tenha cuidado: não se pode dizer que esses resultados se aplicam necessariamente a todos os indivíduos ou a cada indivíduo da mesma forma. Para obter detalhes completos sobre a significância estatística, veja o Capítulo 14.

CUIDADO

Quando ouvir que os resultados de um estudo são estatisticamente significativos, não presuma de cara que os resultados desse estudo são importantes. *Estatisticamente significativo* significa que os resultados foram incomuns, mas incomum nem sempre significa importante. Por exemplo, você ficaria animado ao saber que os gatos movem seus rabos com mais frequência quando estão deitados ao sol do que quando ficam à sombra, e que esses resultados são estatisticamente significativos? O resultado pode nem ser importante para o gato, imagine para as outras pessoas!

Às vezes, os estatísticos chegam a uma conclusão errada sobre a hipótese nula porque uma amostra não representa a população (por casualidade). Por exemplo, um efeito positivo experimentado por uma amostra de pessoas que tomaram o novo medicamento pode ter sido apenas um feliz acaso ou, no exemplo da seção anterior, a pizzaria estava realmente entregando as pizzas dentro do prazo e você apenas pegou uma amostra infeliz de algumas atrasadas. No entanto, o lado bom da pesquisa está no fato de que assim que alguém faz um comunicado na imprensa dizendo que encontrou algo significativo, começa a corrida para tentar replicar os resultados, e se eles não puderem ser repetidos, provavelmente significará que os resultados originais estavam errados por alguma razão (incluindo estar errado apenas por acaso). Infelizmente, um comunicado de imprensa anunciando uma "nova descoberta" tende a render muito na mídia, por outro lado, os estudos de acompanhamento que o refutam dificilmente aparecem na primeira página.

LEMBRE-SE

Um resultado estatisticamente significativo não deve levar ninguém a tirar conclusões precipitadas. Na ciência, o que conta não é apenas um único estudo notável, mas um grupo de evidências construído com o tempo juntamente com vários estudos de acompanhamento bem projetados. Considere qualquer nova descoberta que você ouve com desconfiança e espere até que o trabalho de acompanhamento tenha sido realizado antes de usar a informação de um único estudo para tomar decisões importantes em sua vida. Os resultados podem não ser replicáveis, e mesmo se forem, não tem como você saber se serão aplicados necessariamente a todos os indivíduos.

Correlação versus causalidade

CUIDADO

Entre todos os equívocos das questões estatísticas, o mais problemático é o abuso dos conceitos de correlação e causalidade.

Correlação, como termo estatístico, é a extensão da relação linear entre duas variáveis numéricas (isso é, uma relação que aumenta ou diminui em uma taxa constante). A seguir, veja três exemplos de variáveis correlacionadas:

- O número de vezes que os grilos cantam por segundo está relacionado à temperatura; quando está frio, eles cantam com menos frequência, e à medida que a temperatura esquenta, cantam em uma taxa de aumento constante. Em termos estatísticos, você pode dizer que o canto dos grilos e a temperatura têm uma forte correlação positiva.
- O número de crimes (per capita) sempre foi relacionado ao número de policiais em uma dada área. Quando mais policiais patrulham uma área, a criminalidade tende a ser mais baixa e quando menos policiais estão presentes, a criminalidade tende a ser mais alta. Em termos estatísticos, dizemos que o número de policiais e o número de crimes têm uma forte correlação negativa.
- O consumo de sorvete (casquinhas por pessoa) e o número de assassinatos em Nova York estão positivamente correlacionados. Isso é, quando a quantidade de vendas de sorvete por pessoa aumenta, o número de assassinatos aumenta. Estranho, mas é verdade!

Mas a correlação, como uma estatística, não consegue explicar *por que* ou *como* a relação entre duas variáveis, x e y, existe; apenas que ela existe.

A *causalidade* vai um passo além da correlação, determinando que uma mudança no valor da variável x *causará* uma mudança no valor da variável y. Várias vezes, nas pesquisas, na mídia ou no consumo público dos resultados estatísticos, esse passo é dado quando não deveria. Por exemplo, você não pode alegar que o consumo de sorvetes *causa* um aumento nas taxas de assassinato apenas porque estão correlacionados. De fato, o estudo mostrou que a temperatura estava positivamente correlacionada com as vendas de sorvetes e os assassinatos. (Para saber mais sobre correlação e causalidade, veja o Capítulo 18.) Quando você pode dar o passo da causalidade? O caso mais convincente é quando um experimento bem desenvolvido é conduzido e elimina quaisquer outros fatores que poderiam estar relacionados aos resultados (veja o Capítulo 17 para ter informações sobre experimentos que mostram causa e efeito).

CUIDADO

Você pode querer pular direto para uma relação de causa e efeito quando uma correlação é encontrada; os pesquisadores, a mídia e o público em geral fazem isso o tempo todo. Contudo, antes de chegar a qualquer conclusão, observe como os dados foram coletados e/ou espere para ver se outros pesquisadores conseguirão replicar os resultados (a primeira coisa que eles tentam fazer quando o "resultado inovador" de alguém é espalhado pelo ar).

Mas a correlação, como uma estatística, não consegue explicar [illegible] que [illegible] como a relação entre as duas variáveis [illegible] existe; apenas que ela existe [illegible].

A possibilidade para um passo além da correlação, determinar [illegible] no valor da [illegible] está em uma mudança no valor de [illegible]. Muitas vezes [illegible] pesquisas, [illegible] direto, no entanto, [illegible] nos resultados [illegible], esse passo é dado quando não deveria. Por exemplo, você não pode alegar que o consumo de [illegible] aumenta [illegible] taxas de [illegible] apenas porque estão correlacionados. [illegible] estudo [illegible] estava perfeitamente correlacionado com as vendas de [illegible]. (Para saber mais sobre correlação e causalidade, veja o Capítulo 18.) [illegible] você pode dar o passo da causalidade? O caso mais convincente é quando um experimento bem [illegible] outros fatores que poderiam [illegible] os resultados (veja o Capítulo 17 para ter mais detalhes sobre experimentos que mostram causa e efeito).

Você pode [illegible] para uma relação de causa e efeito a partir de uma correlação, e [illegible] pesquisadores, a mídia, o público em geral fazem isso o tempo todo. [illegible] de chegar a qualquer conclusão, observe como os dados foram coletados [illegible] espere para ver outras possibilidades [illegible] explicar os resultados (a primeira coisa que eles tentam fazer quando o resultado [illegible] explicado pela [illegible]).

2 Fundamentos dos Cálculos Numéricos

NESTA PARTE...

Cálculos numéricos: alguém tem que fazer o trabalho sujo. Por que não você? Mesmo que não goste de números, e definitivamente calcular não seja sua praia, a abordagem passo a passo nesta parte pode ser justamente o que você precisava para estimular sua confiança para fazer e realmente entender a estatística.

Nesta parte, você entrará em contato com os fundamentos dos cálculos numéricos, desde fazer e interpretar gráficos e tabelas até produzir e entender médias, medianas, desvios-padrão e mais. Você também desenvolverá habilidades para avaliar a informação estatística de outra pessoa e desvendar a verdade por trás dos dados.

NESTE CAPÍTULO

» **Resumindo dados de maneira rápida**

» **Interpretando a estatística mais usada**

» **Compreendendo o que a estatística informa ou não**

Capítulo 5

Médias, Medianas e Mais

Todos os conjuntos de dados têm uma história, e se usadas de maneira apropriada, as estatísticas são a melhor maneira de contar essa história. As estatísticas usadas de maneira inadequada podem contar uma história diferente ou contar apenas um lado dela; portanto, é muito importante saber como tomar boas decisões a partir das informações que lhe foram fornecidas.

Uma *estatística descritiva* (ou *estatística*, para abreviar) é um número que resume ou descreve algumas características sobre um conjunto de dados. Neste capítulo, você verá algumas das estatísticas descritivas mais comuns e como elas são usadas, e descobrirá como calcular, interpretar e juntar todas elas para ter uma boa noção sobre um conjunto de dados. Também descobrirá o que essas estatísticas informam ou não sobre os dados.

Sintetizando Dados com a Estatística Descritiva

As estatísticas descritivas são usadas para sintetizar algumas informações básicas dentro de um conjunto de dados. O resumo das informações é geralmente usado para oferecer às pessoas informações que sejam fáceis de compreender e ajudem a responder às suas perguntas. Imagine seu chefe vindo perguntar para você: "Qual é a nossa base de clientes atualmente e quem está comprando nossos produtos?" Como você gostaria de responder a essa pergunta: com um monte de números enormes e complicadas que, com certeza, o deixariam atordoado? Provavelmente não. Você vai querer uma estatística clara, limpa e concisa, que resuma a base de clientes de maneira que seu chefe possa perceber o quanto você é brilhante para, depois, pedir que colete ainda mais dados e assim possa estudar um modo de incluir mais pessoas na base de clientes. (Isso é o que você ganha ao mostrar eficiência.)

As estatísticas de síntese também têm outros propósitos. Depois que todos os dados tiverem sido coletados por meio de uma pesquisa ou algum outro tipo de estudo, o próximo passo para os pesquisadores é tentar encontrar algum sentido neles. Normalmente, a primeira coisa que os pesquisadores fazem é realizar algumas estatísticas básicas nos dados para ter uma ideia do que está acontecendo. Depois, os pesquisadores podem fazer mais análises para formular ou testar as hipóteses feitas sobre a população, estimar determinadas características a respeito da população (como a média), procurar relações entre os itens medidos e assim por diante.

Outra parte muito importante da pesquisa é o relato dos resultados, não apenas para seus colegas de trabalho, mas para a mídia e o público em geral. Enquanto os colegas de um pesquisador podem estar esperando ouvir todas aquelas análises complexas, feitas a partir do conjunto de dados, o público em geral, ao contrário, não está pronto para ouvi-las ou não está interessando em tudo isso. O que o público quer? Informação básica. As estatísticas que conseguem deixar os assuntos claros e concisos são comumente utilizadas para transmitir tais informações à mídia e ao público.

CUIDADO

Se você realmente precisa aprender mais sobre os dados, um resumo estatístico rápido não será suficiente. No mundo estatístico, menos não é mais, e às vezes a história real por trás dos dados pode ficar perdida. Para ser um consumidor informado de estatística, você precisa pensar sobre quais estatísticas são relatadas, o que elas realmente significam e quais informações estão faltando. Este capítulo se concentra nessas questões.

Calculando Dados Categóricos: Tabelas e Porcentagens

Os *dados categóricos* (também conhecidos como *dados qualitativos*) coletam qualidades ou características a respeito de um indivíduo, como a cor dos olhos de uma pessoa, sexo, partido político ou opinião sobre determinados assuntos (usando categorias como Concorda, Discorda e Sem Opinião). Os dados categóricos têm a tendência natural de se enquadrar em grupos ou categorias. "Partido político", por exemplo, nos Estados Unidos, normalmente apresenta quatro grupos: Democratas, Republicanos, Independentes e Outros. Os dados categóricos frequentemente são coletados através de uma pesquisa de opinião, mas também podem ser com experimentos. Por exemplo, em um teste experimental para um novo tratamento médico, os pesquisadores podem utilizar três categorias para avaliar o resultado do experimento: os pacientes melhoraram, pioraram ou permaneceram iguais durante o tratamento?

Os dados categóricos são frequentemente informados por meio das porcentagens de indivíduos que se enquadram em uma das categorias definidas. Por exemplo, os entrevistadores podem relatar a porcentagem de Republicanos, Democratas, Independentes e Outros que participaram de uma pesquisa. Para calcular a porcentagem de indivíduos em determinada categoria, encontre o número de indivíduos pertencentes à categoria desejada, divida esse número pelo total de pessoas que participaram do estudo, depois, multiplique por 100%. Por exemplo, se uma enquete com 2.000 adolescentes incluiu 1.200 meninas e 800 meninos, a porcentagem resultante seria (1.200 ÷ 2.000) × 100% = 60% de meninas e (800 ÷ 2000) × 100% = 40% de meninos.

Você pode ainda dividir os dados categóricos criando algo conhecido como *tabelas bidirecionais*. Essas tabelas (também chamadas de *tabelas de contingência*) têm linhas e colunas que resumem a informação de duas variáveis categóricas em uma, como sexo e partido político, para que você possa observar (ou facilmente calcular) a porcentagem de indivíduos em cada combinação de categorias e usá-la para fazer comparações entre os grupos.

Por exemplo, se você tivesse dados sobre o sexo e o partido político dos respondentes, seria capaz de ver a porcentagem de mulheres republicanas, homens republicanos, mulheres democratas, homens democratas e assim por diante. Neste exemplo, o número total de combinações possíveis em sua tabela seria 2 × 4 = 8, ou seja, o número total das categorias do sexo vezes o total das categorias de afiliação partidária. (Veja todos os detalhes sobre isso e alguns sobre tabelas bidirecionais no Capítulo 19.)

O governo norte-americano calcula e sintetiza muitos dados categóricos utilizando tabelas de contingência. Dados típicos sobre a idade e o sexo, relatados pelo U.S Census Bureau para uma pesquisa realizada em 2009, são ilustrados na

Tabela 5-1. (Normalmente, a idade seria um dado numérico, mas em virtude do modo como o governo norte-americano a relata, ela é dividida em categorias, transformando-se em um variável categórica.)

Você pode examinar muitas facetas diferentes da população ao observar e trabalhar com os diferentes números da Tabela 5-1. Se observarmos o sexo, notaremos que o número de mulheres sobrepõe-se ligeiramente ao número de homens; a população em 2009 era de 50,67% de mulheres (divida o número total de mulheres pelo número total da população e multiplique por 100%) e 49,33% de homens (divida o número total de homens pelo número total da população e multiplique por 100%). Você também pode observar a idade: a porcentagem de toda a população abaixo de 5 anos era de 6,94% (divida o número total de pessoas abaixo de 5 anos pelo número total da população e multiplique por 100%). O maior grupo foi o das pessoas com 45-49 anos, que perfaziam 7,44% da população.

TABELA 5-1 **População Americana Dividida por Idade e Sexo (2009)**

Idade	Ambos os Sexos	%	Masculino	%	Feminino	%
Abaixo de 5	21.299.656	6,94	10.887.008	7,19	10.412.648	6,69
5–9	20.609.634	6,71	10.535.900	6,96	10.073.734	6,48
10–14	19.973.564	6,51	10.222.522	6,75	9.751.042	6,27
15–19	21.537.837	7,02	11.051.289	7,30	10.486.548	6,74
20–24	21.539.559	7,02	11.093.552	7,32	10.446.007	6,72
25–29	21.677.719	7,06	11.115.560	7,34	10.562.159	6,79
30–34	19.888.603	6,48	10.107.974	6,67	9.780.629	6,29
35–39	20.538.351	6,69	10.353.016	6,84	10.185.335	6,55
40–44	20.991.605	6,84	10.504.139	6,94	10.487.466	6,74
45–49	22.831.092	7,44	11.295.524	7,46	11.535.568	7,42
50–54	21.761.391	7,09	10.677.847	7,05	11.083.544	7,13
55–59	18.975.026	6,18	9.204.666	6,08	9.770.360	6,28
60–64	15.811.923	5,15	7.576.933	5,00	8.234.990	5,29
65–69	11.784.320	3,84	5.511.164	3,64	6.273.156	4,03
70–74	9.007.747	2,93	4.082.226	2,70	4.925.521	3,17
75–79	7.325.528	2,39	3.149.236	2,08	4.176.292	2,68
80–84	5.822.334	1,90	2.298.260	1,52	3.524.074	2,27
85–89	3.662.397	1,19	1.266.899	0,84	2.395.498	1,54
90–94	1.502.263	0,49	424.882	0,28	1.077.381	0,69
95–99	401.977	0,13	82.135	0,05	319.842	0,21

Idade	Ambos os Sexos	%	Masculino	%	Feminino	%
100+	64.024	0,02	8.758	0,01	55.266	0,04
Total	307.006.550	100,00	151.449.490	100,00	155.557.060	100,00

A seguir, você também pode investigar uma possível relação entre sexo e idade ao comparar várias da tabela. É possível, por exemplo, comparar a porcentagem de mulheres com a de homens com 80 anos ou mais. Pelo fato de os dados serem informados com valores de incremento de cinco em cinco anos, é necessário fazer alguns cálculos para chegar à resposta. A porcentagem da população que é mulher e tem 80 anos ou mais (olhando a coluna 7 da Tabela 5-1) é 2,27% + 1,54% + 0,69% + 0,21% + 0,04% = 4,75%. A porcentagem de homens com 80 anos ou mais (olhando a coluna 7 da Tabela 5-1) é 1,52% + 0,84% + 0,28% + 0,05% + 0,01% = 2,70%. Isso mostra que o grupo de mulheres com 80 anos ou mais é 76% maior do que de homens (porque [4,75-2,70] ÷ 2,70 = 0,76).

Esses dados confirmam a noção amplamente aceita de que as mulheres têm uma tendência a viver mais que os homens. Porém essa diferença tem diminuído com o tempo. De acordo com o U.S. Census Bureau, em 2001, a porcentagem de mulheres que tinham 80 anos ou mais era de 4,36, comparada com 2,31 dos homens. As mulheres nesse grupo de idade se sobressaíram em número aos homens por notáveis 89% em 2001 (perceba que [4,36 − 2,31] ÷ 2,31 = 0,89).

PAPO DE ESPECIALISTA

Depois de fazer uma tabela de contingência para demonstrar a divisão de duas variáveis categóricas, você pode fazer alguns testes estatísticos para determinar se há uma relação significativa entre as duas variáveis, levando em conta o fato de que os dados variam entre as amostras. O Capítulo 18 mostra todos os detalhes sobre os testes de hipóteses.

Chegando ao Centro com a Média e a Mediana

Com os *dados numéricos*, características mensuráveis como altura, peso, QI, idade ou renda financeira são representadas através de números que fazem sentido dentro do contexto do problema (por exemplo, em centímetros, dólares ou pessoas). Como os dados têm um significado numérico, você possui mais maneiras de sintetizá-los do que é possível com os dados categóricos. O modo mais comum de sintetizar um conjunto de dados numéricos é descrever onde está o centro. Uma maneira de pensar o que significa o centro de um conjunto de dados é perguntar "Qual seria um valor normal?" ou "Onde está o meio dos dados?". Na verdade, o centro de um conjunto de dados pode ser medido de diferentes modos, e o método escolhido pode influenciar muito as conclusões tiradas a partir dos dados. Esta seção vai desenvolver as medidas do centro.

Fazendo a média

Os jogadores da NBA ganham muito dinheiro, não é? Você ouve com frequência a respeito de jogadores como Kobe Bryant ou LeBron James, que ganham dezenas de milhões de dólares por ano. Mas será que esse é o salário típico de um jogador da NBA? Na verdade, não (embora eu não sinta exatamente pena dos outros jogadores, considerando que eles ainda ganham mais dinheiro que a maioria de nós jamais ganhará). Dezenas de milhões de dólares é uma quantia de dinheiro que você pode administrar quando é um superstar entre superstars, o que esses jogadores de elite são.

Então, quanto um jogador comum da NBA ganha? Uma maneira de responder a essa pergunta é observar a média (a estatística mais usada de todos os tempos).

A *média* de um conjunto de dados é indicada por $\bar{x}$. A fórmula para encontrar a média é a seguinte:

$$\bar{x} = \frac{\sum x_i}{n}$$

Em que cada valor no conjunto de dados é indicado por um x com i subscrito, que vai de 1 (o primeiro número) até n (o último número).

Veja a seguir como calcular a média de um conjunto de dados:

1. **Some todos os números do conjunto de dados.**
2. **Divida pela quantidade de números do conjunto de dados, *n*.**

LEMBRE-SE

A média sobre a qual falo aqui se aplica a uma amostra de dados e é, tecnicamente, chamada de *média da amostra*. A média de uma população inteira de dados é indicada pela letra grega μ e é chamada de *média da população*. Ela é encontrada ao somar todos os valores na população e dividi-los pelo tamanho da população, indicado pela letra N (para diferenciar do tamanho da amostra, n). Geralmente, a média da população não é conhecida e você precisa usar uma média da amostra para estimá-la (mais ou menos uma margem de erro; veja todos os detalhes no Capítulo 13).

Por exemplo, os dados sobre os salários dos 13 jogadores do Los Angeles Lakers, time vencedor da NBA em 2010, são mostrados na Tabela 5-2.

TABELA 5-2 **Salários dos Jogadores do L.A. Lakers (2009–2010)**

Jogador	Salário (US$)
Kobe Bryant	23.034.375
Pau Gasol	16.452.000
Andrew Bynum	12.526.998

Jogador	Salário (US$)
Lamar Odom	7.500.000
Ron Artest	5.854.000
Adam Morrison	5.257.229
Derek Fisher	5.048.000
Sasha Vujacic	5.000.000
Luke Walton	4.840.000
Shannon Brown	2.000.000
Jordan Farmar	1.947.240
Didier Ilunga Mbenga	959.111
Josh Powell	959.111
Total	**91.378.064**

A média de todos os salários nesse time é $91.378.064 ÷ 13 = $7.029.082. É uma ótima média salarial, você não acha? Mas observe que Kobe Bryant realmente se destaca no topo da lista, e deveria; o salário dele foi o segundo maior de toda a liga naquela temporada (atrás apenas de Tracy McGrady). Se você remover Kobe da equação (literalmente), a média salarial de todos os jogadores do Lakers, além de Kobe, ficará em $68.343.689 ÷ 12 = $5.695.307; uma diferença de aproximadamente 1,3 milhão.

Essa nova média ainda é uma quantia robusta, mas é significativamente menor do que a média salarial de todos os jogadores, incluindo Kobe. (Os fãs dirão que isso reflete a importância dele para o time, e outros dirão que ninguém vale tanto dinheiro assim; essa questão é apenas a ponta do iceberg dos debates intermináveis que os fãs de esportes, incluindo eu, adoram ter sobre estatística.)

Resumindo: a média nem sempre conta a história inteira. Em alguns casos, pode levar a erros, e esse é um caso. Isso porque, a cada ano, alguns jogadores de ponta (como Kobe) ganham muito mais dinheiro que qualquer outra pessoa, e os salários deles puxam a média salarial para cima.

CUIDADO

Os números em um conjunto de dados extremamente altos ou baixos quando comparados com o restante dos dados são chamados de *valores atípicos (outliers)*. Por causa da maneira como a média é calculada, os valores atípicos altos tendem a levar a média para cima (como no caso do salário de Kobe, no exemplo anterior). Os valores atípicos baixos tendem a levar a média para baixo.

Reduzindo os dados à mediana

Lembra-se de quando você e o resto da classe se davam mal na prova enquanto uns nerds tiravam 10? Lembra-se de como a professora dava as notas de modo a não refletir o mau desempenho da maioria da turma? Sua professora estava provavelmente utilizando a média e, nesse caso, tal média não representava realmente o que os estatísticos podem considerar como o melhor centro das notas dos alunos.

Que outra forma que você teria, a não ser a média, para mostrar o salário de um jogador "comum" da NBA ou mostrar a pontuação de um aluno "comum" em sua sala de aula? Outra estatística utilizada para medir o meio de um conjunto de dados é a mediana. A mediana ainda não é tão usada como deveria ser, embora, atualmente, seu uso esteja aumentando.

A *mediana* de um conjunto de dados é o valor que se encontra exatamente no meio após os dados terem sido organizados. Ela é indicada de maneiras diferentes; algumas pessoas usam M e outras, $\tilde{x}$. Veja alguns passos para encontrar a mediana de um conjunto de dados:

1. **Ordene os números do menor para o maior.**
2. **Se o conjunto de dados possui um número ímpar de números, escolha o número que estiver exatamente no meio. É a mediana.**
3. **Se o conjunto de dados possui um número par de números, pegue os dois números que estiverem exatamente no meio e faça a média deles para encontrar a mediana.**

Os salários da equipe Los Angeles Lakers durante a temporada de 2009-2010 (consulte a Tabela 5-2) já estão ordenados do menor (em baixo) para o maior (em cima). Já que a lista contém os nomes e os salários de 13 jogadores, o salário mediano é o sétimo de baixo para cima: Derek Fisher, que ganhou $5,048 milhões naquela temporada jogando pelos Lakers. Derek está na mediana.

CUIDADO

Essa mediana de salário ($5,048 milhões) está bem abaixo da média de $7,029 milhões para o time do Lakers em 2009–2010. Observe que apenas 4 dos 13 jogadores ganharam mais do que a média salarial de $7,029 milhões. Uma vez que a média inclui valores atípicos (como o salário de Kobe Bryant), a mediana do salário representa melhor o centro para os salários do time. A mediana não é influenciada pelos salários dos jogadores na extremidade mais alta.

Nota: A propósito, o menor salário do Lakers para a temporada de 2009–2010 foi $959.111; muito dinheiro, de acordo com os padrões da maioria das pessoas, mas migalhas, se comparado com a quantia imaginada ao pensarmos em um salário de jogador da NBA!

DICA

O governo norte-americano sempre usa a mediana para representar o centro referente a seus dados, uma vez que a mediana não é afetada pelos valores atípicos. Por exemplo, o U.S. Census Bureau registrou que em 2008 a renda familiar mediana era de $50.233, enquanto a média foi de $68.424. É uma diferença e tanto!

Comparando médias e medianas: Histogramas

Algumas vezes, o debate sobre média e mediana pode ficar bem interessante. Suponha que você faz parte de um time da NBA tentando negociar salários. Se você representa os proprietários, quer mostrar quanto cada um ganha e quanto você gasta, portanto deve levar em consideração as estrelas do time e mostrar a média. Mas, se está do lado dos jogadores, deseja mostrar a mediana, pois ela representa melhor o que os jogadores no meio ganham. Cinquenta por cento dos jogadores ganham acima da mediana e cinquenta por cento ganham abaixo. Para organizar isso tudo, é melhor encontrar e comparar tanto a média quanto a mediana. Um gráfico mostrando o formato dos dados é um ótimo ponto de partida.

LEMBRE-SE

Um dos gráficos que você pode fazer para ilustrar o formato dos dados numéricos (quantos valores estão perto/longe da média, onde o centro está, quantos valores atípicos podem haver) é um histograma. *Histograma* é um tipo de gráfico que organiza e exibe os dados numéricos de forma ilustrada, mostrando os grupos de dados e o número ou porcentagem dos dados em cada grupo. Ele oferece um bom retrato do conjunto de dados. (Leia o Capítulo 7 para ter mais informações sobre histogramas e outros modos de exibição de dados.)

Os conjuntos de dados têm muitos formatos possíveis; veja a seguir três exemplos de formatos que geralmente são vistos nos cursos de introdução à Estatística:

» Se a maioria dos dados estivesse no lado esquerdo do histograma, mas alguns valores maiores estivessem à direita, os dados seriam considerados como *inclinados para a direita*.

  O Histograma A na Figura 5-1 apresenta um exemplo de dados que estão inclinados para a direita. Os poucos valores maiores trazem a média para cima, mas não afetam a mediana. Portanto, quando os dados estão inclinados para a direita, *a média é maior que a mediana*. Um exemplo disso são os salários da NBA.

» Se a maioria dos dados estivesse no lado direito, com alguns valores menores aparecendo no lado esquerdo do histograma, os dados estariam *inclinados para a esquerda*.

  O Histograma B na Figura 5-1 apresenta um exemplo de dados que estão inclinados para a esquerda. Os poucos valores menores trazem a média para baixo, e novamente a mediana é minimamente afetada (se for afetada). Um exemplo de dados inclinados para a esquerda é o tempo que os alunos levam para fazer uma prova; alguns alunos saem mais cedo, a maioria fica um pouco mais e muitos ficam até o último minuto (outros ficariam para sempre, se pudessem!). Quando os dados estão inclinados para a esquerda, *a média é menor do que a mediana*.

» Se os dados forem *simétricos*, eles terão praticamente o mesmo formato em qualquer lado do centro. Em outras palavras, se você dobrar o histograma ao meio, ele parecerá igual dos dois lados.

O Histograma C na Figura 5-1 apresenta um exemplo de dados simétricos em um histograma. Com os dados simétricos, a média e a mediana são próximas.

DICA

Ao observar o Histograma A na Figura 5-1 (cujo formato é inclinado para a direita), você pode ver que a "cauda" do gráfico (onde as barras ficam menores) está para a direita, enquanto a "cauda" está para a esquerda no Histograma B (cujo formato está inclinado para a esquerda). Ao observar a direção da cauda de uma distribuição inclinada, você determina a direção da inclinação. Sempre adicione a direção ao descrever uma distribuição inclinada.

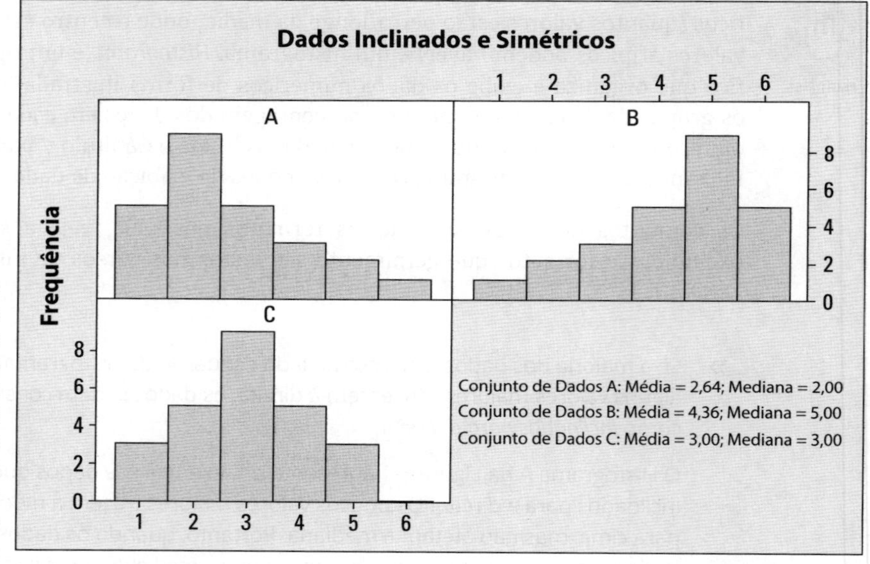

FIGURA 5-1: A) Dados inclinados para a direita; B) dados inclinados para a esquerda; e C) dados simétricos.

O Histograma C é simétrico (ele tem praticamente o mesmo formato de cada lado). No entanto, nem todos os dados simétricos têm o formato de um sino como o Histograma C. Desde que o formato seja aproximado nos dois lados, você pode dizer que o formato é simétrico.

LEMBRE-SE

A média de um conjunto de dados é influenciada pelos valores atípicos, mas isso não acontece com a mediana. No linguajar da Estatística, caso uma estatística não seja afetada por determinada característica dos dados (como os valores atípicos ou a inclinação), se diz que ela é *resistente* a essa característica. Nesse caso, a mediana é resistente aos valores atípicos; a média não. Se alguém informar o valor médio, pergunte também pela mediana para que você possa comparar as duas estatísticas e entender melhor o que realmente está se passando no gráfico e o que é realmente típico.

Contabilizando a Variação

Sempre existe variação em um conjunto de dados, independentemente da característica sendo medida, pois nem todos os indivíduos têm o mesmo exato valor para todas as variáveis. A variabilidade é o que faz a Estatística ser como é. Por exemplo, os preços de casas variam de casa para casa, de ano a ano e de estado para estado. O tempo que você leva para chegar ao trabalho varia todos os dias. O truque para lidar com a variação é ser capaz de medir a variabilidade da melhor forma possível.

Relatando o desvio-padrão

O desvio-padrão é de longe a medida mais utilizada para a variabilidade de dados numéricos. O *desvio-padrão* mede o nível de concentração dos dados ao redor da média; quanto mais concentrados, menor o desvio-padrão. Ele não é informado tanto quanto deveria ser, mas, quando é, geralmente está entre parênteses: (s = 2,68).

Calculando o desvio-padrão

A fórmula para o desvio-padrão de um conjunto de dados (s) é:

$$s=\sqrt{\frac{\sum(x-\bar{x})^2}{n-1}}$$

Para calcular s, siga os passos a seguir:

1. **Encontre a média do conjunto de dados, $\bar{x}$.**
2. **Pegue o número em cada conjunto de dados (x) e subtraia a média dele para obter $(x-\bar{x})$.**
3. **Eleve ao quadrado cada resultado obtido, $(x-\bar{x})^2$.**
4. **Some todos os resultados obtidos no Passo 3 para obter a soma dos quadrados: $\sum(x-\bar{x})^2$.**
5. **Divida a soma dos quadrados (encontrada no Passo 4) pela quantidade de números no conjunto de dados, menos 1 (n – 1). Agora você tem:**

$$\frac{\sum(x-\bar{x})^2}{n-1}$$

6. **Descubra a raiz quadrada para obter:**

$$s = \sqrt{\frac{\sum(x - \bar{x})^2}{n-1}}$$

que é o desvio-padrão da amostra, *s*. Ufa!

Ao término do Passo 5, você encontrou uma estatística chamada *variância da amostra*, indicada por s^2. A variância é outra forma de medir a variação em um conjunto de dados; a desvantagem é que ela trabalha com unidades elevadas ao quadrado. Caso seus dados sejam em dólares, por exemplo, a variância seria em dólares ao quadrado, o que não faz sentido. É por isso que seguimos para o Passo 6. O desvio-padrão tem as mesmas unidades dos dados originais.

Veja este pequeno exemplo: imagine que você tenha quatro resultados de testes: 1, 3, 5 e 7. A média é 16 ÷ 4 = 4 pontos. Ao subtrair a média de cada número, você obtém (1-4) = -3, (3-4) = -1, (5-4) = +1 e (7-4) = +3. Ao elevar cada um desses resultados ao quadrado, obtém 9, 1, 1 e 9. Ao somar os resultados, o total é 20. Nesse exemplo, n = 4, portanto, n-1 = 3, então divida 20 por 3 para obter 6,67. As unidades aqui são "pontos ao quadrado", o que obviamente não faz sentido. Finalmente, você pega a raiz quadrada de 6,67 e obtém 2,58. O desvio-padrão desses quatro testes é de 2,58 pontos.

Já que o cálculo do desvio-padrão envolve muitos passos, na maioria dos casos, você provavelmente precisará de um computador para fazer o cálculo. Mas saber como calcular o desvio-padrão ajudará a interpretar melhor a estatística e também poderá ajudar a perceber quando ela estiver errada.

Os estatísticos dividem por n-1 em vez de n na fórmula para s, para que os resultados tenham propriedades melhores que operem em um plano teórico, o que está além do escopo deste livro (não que esteja *além da imaginação*, mas perto; acredite, é mais do que você quer saber sobre *isso*!)

O desvio-padrão *de uma população inteira de dados* é indicado pela letra grega σ. Quando eu uso o termo *desvio-padrão*, me refiro a *s*, o desvio-padrão da amostra. (Quando me referir ao desvio-padrão da população, avisarei.)

Interpretando o desvio-padrão

É difícil interpretar o desvio-padrão como um número isolado. Um desvio-padrão pequeno, basicamente, significa que os valores do conjunto de dados estão, na média, próximos ao centro desse conjunto, enquanto um desvio-padrão grande significa que os valores do conjunto estão, na média, mais afastados do centro.

Um desvio-padrão pequeno pode ser um objetivo em determinadas situações nas quais os resultados são restritos, por exemplo, na produção e no controle de qualidade de uma indústria. Determinada peça de carro que deve ter 2cm de diâmetro para se encaixar perfeitamente não pode apresentar um desvio-padrão muito grande. Um desvio-padrão grande, nesse caso, significaria que acabariam sendo jogadas fora, pois não se encaixariam adequadamente ou os carros teriam problemas.

Mas em situações nas quais você apenas observa e registra os dados, um desvio-padrão grande não é necessariamente algo ruim; ele apenas reflete uma grande variabilidade dentro do grupo que está sendo estudado. Por exemplo, se você observar os salários de todos os funcionários em uma empresa, desde o estagiário até o diretor, o desvio-padrão poderá ser muito grande. Por outro lado, se estreitar o grupo e observar somente os estagiários, o desvio-padrão será menor, pois os indivíduos dentro desse grupo têm salários que variam menos. O segundo grupo de dados não é melhor, apenas varia menos.

Assim como a média, os valores atípicos afetam o desvio-padrão (afinal, a fórmula para o desvio-padrão inclui a média). No caso dos salários da NBA, os salários do L.A. Lakers na temporada de 2009-2010 (mostrados na Tabela 5-2) variam do mais alto, $23.034.375 (Kobe Bryant) descendo para $959.111 (Didier Ilunga Mbenga e Josh Powell). Muitas variações, com certeza! O desvio-padrão dos salários desse time fica em $6.567.405; é quase tão grande quanto a média. Porém, como você pode adivinhar, se remover o salário de Kobe Bryant do conjunto de dados, o desvio-padrão diminuirá, porque os salários restantes estão mais concentrados ao redor da média. O desvio-padrão ficará em $4.671.508.

CUIDADO

Observe as unidades ao determinar se um desvio-padrão é grande. Por exemplo, um desvio-padrão de 2 em unidades de anos é equivalente a um desvio-padrão de 24 em unidades de meses. Além disso, também observe o valor da média quando colocar o desvio-padrão em perspectiva. Se o número médio de comunidades virtuais das quais um usuário participa é 5,2 e o desvio-padrão é 3,4, há muita variabilidade, de um modo geral. Mas se levássemos em consideração a idade dos usuários dessas comunidades, cuja média é 25,6 anos, o desvio-padrão de 3,4 seria comparativamente menor.

Entendendo as propriedades do desvio-padrão

Veja algumas propriedades que podem ajudar a interpretar um desvio-padrão:

- » O desvio-padrão nunca pode ser um número negativo, graças ao modo como é calculado e pelo fato de que ele mede uma distância (distâncias nunca são números negativos).
- » O menor valor possível para o desvio-padrão é 0, e isso acontece somente em situações planejadas, em que cada número do conjunto de dados é igual (sem desvios).
- » O desvio-padrão é influenciado por valores atípicos (números extremamente baixos ou altos dentro de um conjunto de dados). Isso porque o desvio-padrão baseia-se na distância dos dados com relação à *média*. E lembre-se: a média também é afetada por esses valores.
- » O desvio-padrão tem a mesma unidade dos dados originais.

Fazendo lobby para o desvio-padrão

O desvio-padrão é uma estatística comumente usada, mas, em geral, não recebe a devida atenção. Embora a média e a mediana apareçam todos os dias na mídia, é raro vê-las acompanhadas por qualquer medida que indique o nível de diversidade que o conjunto de dados possui e, sendo assim, você tem apenas uma parte da história. De fato, você pode estar perdendo a parte mais interessante da história.

Sem saber o desvio-padrão, você não consegue saber se todos os dados estão próximos da média (como os diâmetros das peças de carros que apresentam defeitos mesmo quando tudo está funcionando corretamente) ou se os dados estão muito espalhados (como os preços de casas e o nível de renda nos EUA).

Por exemplo, se alguém lhe disser que a média dos salários iniciais para alguém que trabalha na Empresa Statistix é $70.000, você pode pensar: "Nossa, que maravilha!" Mas se o desvio-padrão dos salários iniciais na empresa for $20.000, isso será uma grande variação em termos de quanto você pode ganhar, portanto, o salário inicial médio de $70.000, no final das contas, não diz muito, não é mesmo?

Por outro lado, se o desvio-padrão fosse apenas $5.000, você poderia ter uma ideia muito melhor do que esperar de um salário inicial nessa empresa. O que seria mais atraente? É uma decisão que cada um tem que tomar; no entanto, será uma decisão muito mais informada quando a importância do desvio-padrão for percebida.

Sem o desvio-padrão não é possível comparar dois conjuntos de dados de maneira eficiente. Imagine que dois conjuntos de dados tenham a mesma média; isso significa que os conjuntos de dados serão todos iguais? Não mesmo. Por exemplo, os conjuntos de dados 199, 200, 201 e 0, 200, 400 têm a mesma média (200), no entanto eles possuem desvios-padrão muito diferentes. O primeiro conjunto de dados tem um desvio-padrão *muito* pequeno ($s = 1$) se comparado com o segundo conjunto ($s = 200$).

As referências ao desvio-padrão poderão ficar mais comuns na mídia quando cada vez mais pessoas (como você, por exemplo) descobrirem o que ele pode revelar a respeito de um conjunto de resultados e começarem a perguntar por ele. Em sua profissão, provavelmente você verá o desvio-padrão informado e utilizado.

Sem amplitude

A amplitude é outra estatística que algumas pessoas usam para medir a diversidade em um conjunto de dados. A *amplitude* é o maior valor de um conjunto de dados menos o menor valor. É muito fácil encontrar a amplitude; tudo o que você precisa fazer é colocar os números em ordem (do menor para o maior) e fazer uma rápida subtração. Talvez por isso a amplitude seja tão utilizada; mas não por seu valor interpretativo.

A amplitude de um conjunto de dados é quase inútil. Ela depende apenas de dois números de um conjunto de dados, que podem refletir valores extremos (atípicos). Meu conselho é ignorar a amplitude e encontrar o desvio-padrão, que é uma medida mais informativa da variação em um conjunto de dados, porque envolve todos os valores. Ou você também pode calcular outra estatística chamada *amplitude interquartil*, que é similar à amplitude, mas com uma diferença importante: ela elimina a questão dos valores atípicos e das inclinações, pois apenas se preocupa com 50% do meio dos dados e em encontrar a amplitude desses valores. A seção "Explorando a amplitude interquartil", no fim deste capítulo, dará mais detalhes.

Examinando a Regra Empírica (68-95-99,7)

Colocar uma medida do centro (como a média ou a mediana) junto com uma medida da variação (como o desvio-padrão ou a amplitude interquartil) é uma boa maneira de descrever os valores em uma população. No caso em que os dados estão no formato de uma curva de sino (isso é, têm uma distribuição normal; veja o Capítulo 9), a média da população e o desvio-padrão são a melhor combinação, e uma regra especial os une para obter informações detalhadas sobre a população inteira.

A *regra empírica* diz que se uma população tem uma distribuição normal com a média da população sendo μ e o desvio-padrão sendo σ, então:

- Cerca de 68% dos valores encontram-se dentro de 1 desvio-padrão da média (ou entre a média menos 1 vezes o desvio-padrão, e a média mais 1 vezes o desvio-padrão). Em Estatística, representamos isso da seguinte forma: $\mu \pm 1\sigma$.
- Cerca de 95% dos valores encontram-se dentro de 2 desvios-padrão da média (ou seja, entre a média menos 2 vezes o desvio-padrão e a média mais 2 vezes o desvio-padrão). Em Estatística, representamos isso da seguinte forma: $\mu \pm 2\sigma$.
- Cerca de 99,7% dos valores encontram-se dentro de 3 desvios-padrão da média (ou seja, entre a média menos 3 vezes o desvio-padrão e a média mais 3 vezes o desvio-padrão). Os estatísticos usam a seguinte notação para representar isso: $\mu \pm 3\sigma$.

A regra empírica também é conhecida como *regra 68-95-99,7*, que corresponde às propriedades. Ela é usada para descrever uma população, em vez de uma amostra, mas você também pode usá-la para ajudar a decidir se uma amostra de dados veio de uma distribuição normal. Se uma amostra for grande o suficiente e você puder ver que seu histograma se parece com um sino, poderá verificar se os dados seguem as especificações 68-95-99,7%. Em caso positivo, será sensato concluir que os dados vieram de uma distribuição normal. Isso é demais, porque a distribuição normal traz muitas vantagens, como poderá ser visto no Capítulo 9.

A Figura 5-2 ilustra todos os três componentes da regra empírica.

A razão para que muitos (cerca de 68%) valores fiquem dentro de 1 desvio-padrão da média na regra empírica é que, quando os dados estão no formato de sino, a maioria dos valores amontoa-se no centro, próximos à média (como mostra a Figura 5-2).

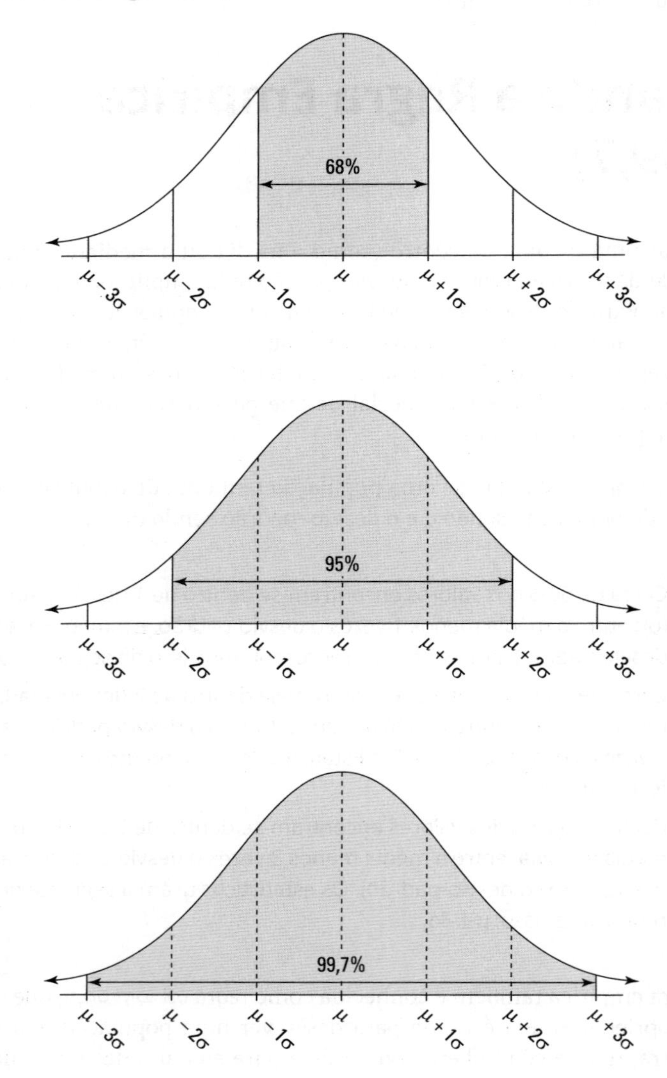

FIGURA 5-2: A Regra Empírica (68%, 95% e 99,7%).

A adição de outro desvio-padrão a cada lado da média aumenta a porcentagem de 68 para 95, o que é um grande salto e dá uma boa ideia de onde a "maioria" dos dados está localizada. Grande parte dos pesquisadores fica com o intervalo de 95% (em vez de 99,7%) para informar seus resultados, pois, em sua visão, não parece valer a pena adicionar três desvios-padrão em cada lado da média (em vez de apenas 2) para contabilizar 4,7% dos valores restantes.

A regra empírica informa sobre as porcentagens dos valores que estão dentro de determinada amplitude da média, e é preciso enfatizar o uso da palavra *aproximadamente*. Esses resultados são apenas aproximações e se aplicam caso os dados sigam uma distribuição normal. Entretanto a regra empírica é um resultado muito importante na Estatística, porque o conceito de que "dois desvios-padrão darão aproximadamente 95% dos valores" é um que você encontrará com frequência nos intervalos de confiança e nos testes de hipóteses (veja os Capítulos 13 e 14).

Veja a seguir um exemplo de como usar a regra empírica para melhor descrever uma população cujos valores têm uma distribuição normal: em um estudo de como as pessoas fazem novos amigos online usando grupos, a idade dos usuários de um grupo online foi registrada como tendo uma média de 31,65 anos, com um desvio-padrão de 8,61 anos. Imagine que esses dados foram colocados em um gráfico usando um histograma e eles formaram uma curva em forma de sino, parecida com a Figura 5-2.

De acordo com a regra empírica, cerca de 68% dos usuários dos grupos online tinham idades com 1 desvio-padrão (8,61 anos) da média (31,65 anos). Então, aproximadamente 68% dos usuários tinham a idade de 31,65 – 8,61 anos e 31,65 + 8,61 anos, ou entre 23,04 e 40,26 anos de idade. Aproximadamente 95% dos usuários do grupo online tinham 31,65 – 2(8,61) e 31,65 + 2(8,61), ou entre 14,43 e 48,87 anos de idade. Finalmente, aproximadamente 99,7% das idades dos usuários ficavam entre 31,65 – 3(8,61) e 31,65 + 3(8,61), ou entre 5,82 e 57,48 anos de idade.

Essa aplicação da regra dá uma ideia muito melhor sobre o que está acontecendo nesse conjunto de dados só observando a média, não é verdade? Como você pode ver, a média e o desvio-padrão usados juntos adicionam valor aos resultados; inserir esses valores na regra empírica permite que você mesmo relate os intervalos da "maioria" dos dados.

Lembre-se, a condição que permite usar a regra empírica é que os dados tenham uma distribuição normal. Se esse não for o caso (ou se você não souber qual é o formato real), não poderá usá-la. Para descrever os dados nesses casos, você poderá usar os percentis, que representam certos pontos de corte nos dados (veja a última seção "Montando um resumo com cinco números").

Medindo a Posição Relativa com Percentis

Algumas vezes, os valores precisos da média, da mediana e do desvio-padrão simplesmente não são importantes e o que realmente precisa saber é onde você está, em comparação com o resto. Nessa situação, é necessária uma estatística que apresente a *posição relativa* e essa estatística é chamada de percentil. O *k*º *percentil* é um número no conjunto de dados que os divide em duas partes: a parte mais baixa contém o *k* por cento dos dados e a parte mais alta contém o resto dos dados (o que totaliza [100 - *k*] por cento, porque a quantidade total dos dados é 100%). ***Nota:*** *k* é qualquer número entre 1 e 100.

DICA

A mediana é o 50º percentil: o ponto nos dados onde 50% deles ficam abaixo desse ponto e 50% ficam acima.

Nesta seção, você descobrirá como calcular, interpretar e utilizar os percentis para ajudá-lo a revelar a história por trás de um conjunto de dados.

Calculando os percentis

Para calcular o *k*º percentil (em que k é qualquer número entre 1 e 100), siga estes passos:

1. **Ordene todos os números do conjunto de dados do menor para o maior.**
2. **Multiplique a porcentagem, *k*, pela quantidade total de números, *n*.**

3a. **Se o resultado do Passo 2 for um número inteiro, vá ao Passo 4. Se não for um número inteiro, arredonde-o para o número inteiro mais próximo e vá para o Passo 3b.**

3b. **Conte os números da esquerda para a direita (do menor para o maior) até encontrar o valor calculado no Passo 3a. O valor correspondente no seu conjunto de dados é o *k*º percentil.**

4. **Conte os números da esquerda para a direita até encontrar o valor calculado no Passo 2. O *k*º percentil é a média desse valor correspondente em seu conjunto de dados e o valor que vem logo depois dele.**

Por exemplo, suponha que você tenha as pontuações de 25 testes e quando ordenadas da menor para a maior, ficam desta forma: 43, 54, 56, 61, 62, 66, 68, 69, 69, 70, 71, 72, 77, 78, 79, 85, 87, 88, 89, 93, 95, 96, 98, 99, 99. Para encontrar o 90º percentil dessas pontuações (ordenadas), comece multiplicando 90% pela quantidade total de pontuações, ou seja, 90% × 25 = 0,90 × 25 = 22,5. Arredondando o resultado obtido para o número inteiro mais próximo, chegamos ao número 23.

Contar da esquerda para a direita (do menor para o maior número no conjunto de dados) fará com que você encontre o 23º número do conjunto de dados. No exemplo acima, é o número 98 que, nesse caso, será o 90° percentil.

Agora, digamos que você queira encontrar o 20º percentil. Comece obtendo 0,20 x 25 = 5; é um número inteiro, portanto passe do Passo 3a para o Passo 4, que informa que o 20º percentil é a média do 5º e 6º números no conjunto de dados ordenado (62 e 66). O 20º percentil então se torna (62 + 66) ÷ 2 = 64. A mediana (o 50º percentil) para os resultados dos testes é o 13º resultado: 77.

CUIDADO

Não há uma fórmula definitiva para calcular os percentis. A fórmula aqui é desenvolvida para tornar a descoberta do percentil mais fácil e mais intuitiva, especialmente ao fazer o trabalho à mão; porém, outras fórmulas são utilizadas quando se trabalha com tecnologia. Os resultados que você obtém ao usar vários métodos podem ser diferentes, mas não muito.

Interpretando o percentil

Os percentis apresentam a posição relativa de um valor específico dentro de um conjunto de dados. Se você estiver mais interessado nisso, a média real e o desvio-padrão do conjunto de dados não serão importantes, tampouco o valor real dos dados. O importante será a posição, não em relação à média, mas em relação a todos os demais: é isso que o percentil lhe oferece.

Por exemplo, no caso dos resultados dos testes, quem se importa com a média, contanto que você tenha tirado uma nota maior do que a maioria da turma? Quem sabe pode ter sido um teste impossível de fazer, e tirar 40 em um teste que valia 100 foi uma ótima nota (isso aconteceu uma vez comigo em uma aula de Matemática avançada; Deus o livre dessa situação!). Nesse caso, seu resultado por si só não significa nada, mas seu percentil diz tudo.

Imagine que o seu resultado do teste seja melhor que 90% do resto da turma. Isso quer dizer que seu resultado está no 90º percentil (então, $k = 90$), o que, espera-se, lhe dará um 10. Da mesma forma, caso seu resultado esteja no 10º percentil (o que nunca aconteceria com você, porque é um aluno excelente), então $k = 10$; isso significa que apenas 10% dos outros resultados estão abaixo do seu, e 90% estão acima; nesse caso, um 10 não estará em seu destino.

Uma propriedade legal dos percentis é que eles têm uma interpretação universal: estar no 95º percentil significa a mesma coisa, não importa se são resultados de testes ou pesos de embalagens enviadas pelo serviço postal; o 95º percentil sempre significa que 95% dos outros valores estão abaixo do seu e 5% estão acima. Isso também permite que você compare bem dois conjuntos de dados com médias e desvios-padrão diferentes (como os resultados do vestibular versus os resultados de Matemática). Ele nivela o campo de trabalho e oferece uma forma de comparar maçãs e laranjas, por assim dizer.

Um percentil *não* é uma porcentagem; é um número (ou a média de dois números) no conjunto de dados que marca certa porcentagem do caminho através dos dados. Suponha que seu resultado do ENEM esteja no 80º percentil. Isso não quer dizer que você acertou 80% das questões, mas que 80% dos resultados dos alunos foram abaixo do seu, enquanto 20% foram acima.

Um percentil alto nem sempre significa algo positivo. Por exemplo, se sua cidade está no 90° percentil em termos de taxa de criminalidade, quando comparada com outras cidades do mesmo tamanho, isso significa que 90% das cidades semelhantes à sua apresentam uma taxa de criminalidade mais baixa, o que não é uma boa notícia. Outro exemplo é a pontuação de golfe; uma pontuação baixa é algo bom, então estar no 80º percentil com sua pontuação não o qualificaria para o PGA Tour.

Comparando rendas familiares

O governo norte-americano geralmente usa o percentil ao resumir seus dados. Por exemplo, o U.S Census Bureau informou que a renda familiar mediana (o 50º percentil) em 2001 era de $42.228 e que em 2007 era de $50.233. O Bureau também informou vários percentis para a renda familiar de cada ano, incluindo o 10°, 20°, 50°, 80°, 90° e 95°. A Tabela 5-3 mostra os valores de cada um desses percentis para 2001 e 2007.

TABELA 5-3 Renda Familiar nos EUA (2001 versus 2007)

Percentil	Renda Familiar em 2001	Renda Familiar em 2007
10º	$10.913	$12.162
20º	$17.970	$20.291
50º	$42.228	$50.233
80º	$83.500	$100.000
90º	$116.105	$136.000
95º	$150.499	$177.000

Ao observar os percentis para 2001 na Tabela 5-3, é possível verificar que as rendas na metade de baixo estão mais próximas entre si do que as da metade de cima. A diferença entre o 20° percentil e o 50° percentil é de, aproximadamente, $24.000, enquanto a diferença entre o 50° percentil e o 80° percentil é de $41.000. E a diferença entre o 10° percentil e o 50° percentil é de apenas $31.000, enquanto a diferença entre os percentis 90° e 50° é de $74.000.

Os percentis para 2007 são todos maiores que os percentis para 2001 (o que é algo bom!). Eles também estão mais espalhados. Para 2007, a diferença entre o 20º e o 50º percentis é de cerca de $30.000 e do 50º para o 80º é de aproximadamente $50.000; essas duas diferenças são maiores do que para 2001. Da mesma forma, o 10º percentil está mais longe do 50º (uma diferença de cerca de $38.000) em 2007 comparado com 2001 e o 50º está mais longe do 90º (cerca de $86.000) em 2007, comparado com 2001. Esses resultados mostram que as rendas estão aumentando, em geral, em todos os níveis entre 2001 e 2007, mas a diferença está aumentando entre esses níveis. Por exemplo, o 10º percentil para a renda em 2001 era de $10,913 (como vemos na Tabela 5-3), comparado com $12.162 em 2007; isso representa um aumento de mais ou menos 11% (subtraia os dois e divida por 10.913). Agora compare os 95º percentis para 2007 e 2001; o aumento é de quase 18%. Tecnicamente, pode-se querer ajustar os valores de 2001 pela inflação, mas você entendeu.

CUIDADO

As mudanças percentuais afetam a variabilidade em um conjunto de dados. Por exemplo, quando os aumentos salariais são dados a partir de uma base percentual, a diversidade nos salários também aumenta; é a ideia de que "o rico cada vez fica mais rico". O cara que ganha $30.000 tem um aumento de 10% e seu salário sobe para $33.000 (um aumento de $3.000); mas o cara que ganha $300.000 e tem um aumento de 10% passa a ganhar $330.000 (uma diferença de $30.000). Sendo assim, quando for contratado para um novo emprego, negocie o melhor salário que puder, pois seus aumentos também renderão uma quantia líquida maior.

Examinando as notas do ACT

A cada ano, milhares de alunos norte-americanos do ensino médio fazem uma prova nacional (ACT) como parte do processo de entrada nas faculdades. A prova foi desenvolvida para avaliar a habilidade dos alunos em Inglês, Matemática, Interpretação de Texto e Ciências. Cada teste tem uma pontuação total possível de 36 pontos.

A média ou o desvio-padrão dos resultados dos testes ACT não são divulgados para uma aplicação específica. (Isso seria uma grande confusão, pois essas estatísticas podem mudar de prova para prova e as pessoas reclamariam que uma prova estava mais difícil que a outra, quando os resultados em si não são relevantes). Para evitar esses problemas, e por outros motivos, os resultados das provas ACT são apresentados com percentis.

Os percentis são geralmente informados por uma lista predeterminada. Por exemplo, o U.S. Census informa os 10°, 20°, 50°, 80°, 90° e 95° percentis para a renda familiar (como mostrados na Tabela 5-3). No entanto, o ACT usa os percentis de uma maneira diferente. Em vez de informar os resultados dos testes que correspondem a uma lista de percentis preparada anteriormente, eles listam todos os resultados possíveis do teste e informam seus percentis correspondentes, independentemente de quais sejam. Dessa forma, para descobrir onde você está posicionado, basta verificar sua pontuação e saberá seu percentil.

A Tabela 5-4 apresenta os percentis de 2009 para os resultados em Matemática e Interpretação de Texto do ACT. Para interpretar um resultado de uma prova, encontre a linha correspondente à pontuação e a coluna da parte da prova (por exemplo, Interpretação de Texto). Faça a interseção da linha com a coluna e descobrirá qual percentil seu resultado representa; em outras palavras, é possível ver a porcentagem de seus colegas de prova que tiveram um resultado abaixo do seu.

Por exemplo, suponha que você tirou 30 na prova de Matemática; na Tabela 5-4, veja a linha com 30 na coluna para Matemática; você pode observar que seu resultado está no 95º percentil. Em outras palavras, 95% dos alunos tiraram uma nota menor que a sua e apenas 5% ficaram acima.

TABELA 5-4 **Percentis para Todos os Resultados Possíveis das Provas de Matemática e Interpretação de Texto do ACT**

Pontuação ACT	Percentil de Matemática	Percentil da Interpretação de Texto
34–36	99	99
33	98	97
32	97	95
31	96	93
30	95	91
29	93	88
28	91	85
27	88	81
26	84	78
25	79	74
24	74	70
23	68	65
22	62	59
21	57	54
20	52	47
19	47	41
18	40	34
17	33	30
16	24	24
15	14	19
14	06	14
13	02	09
12	01	06
11	01	03
1–10	01	01

Agora, imagine que você tirou 30 na prova de Interpretação de Texto. Só porque 30 pontos representam o 95º percentil para Matemática, não significa necessariamente que 30 pontos serão o 95º percentil para a Interpretação de Texto também. (Provavelmente é sensato esperar que menos pessoas vão tirar 30 ou mais pontos em Matemática do que em Interpretação de Texto.)

Para testar minha teoria, observe a coluna 3 da Tabela 5-4, na linha com um resultado de 30 pontos. Você pode ver que 30 pontos em Interpretação de Texto o posicionam no 91º percentil; não é uma posição tão boa quanto em Matemática, mas, com certeza, não é um resultado ruim.

Montando um resumo com cinco números

Além de informar uma única medida de centro e/ou uma única medida de extensão, você pode criar um grupo de estatísticas e juntá-las para obter uma descrição mais detalhada de um conjunto de dados. A regra empírica (como apresentada anteriormente neste capítulo, "Examinando a Regra Empírica (68-95-99,7)") usa a média e o desvio-padrão juntos para descrever um conjunto de dados em forma de sino. No caso em que seus dados não têm esse formato, você deve usar um conjunto diferente de estatísticas (baseadas em percentis) para descrever o panorama geral dos dados. Esse método envolve o corte de dados em quatro partes (com uma quantidade igual de dados em cada parte) e a apresentação dos cinco pontos de corte que separam as partes. Esses pontos de corte são representados por um conjunto de cinco estatísticas que descrevem como os dados são organizados.

O *resumo com cinco números* é um conjunto de cinco estatísticas descritivas que dividem o conjunto de dados em quatro seções iguais. Os cinco números são:

1. **O número *mínimo* (menor) no conjunto de dados.**
2. **O *25º percentil* (também conhecido como *primeiro quartil* ou Q_1).**
3. **A *mediana* (50º percentil).**
4. **O *75º percentil* (também conhecido como terceiro quartil ou Q_3).**
5. **O número *máximo* (maior) no conjunto de dados.**

Por exemplo, imagine que você queira encontrar o resumo com cinco números dos seguintes 25 resultados de um teste (ordenados): 43, 54, 56, 61, 62, 66, 68, 69, 69, 70, 71, 72, 77, 78, 79, 85, 87, 88, 89, 93, 95, 96, 98, 99, 99. O mínimo é 43, o máximo é 99 e a mediana é o número bem no meio, 77.

Para descobrir Q_1 e Q_3, use os passos apresentados na seção "Calculando percentis" com $n = 25$. O Passo 1 é feito porque os dados estão ordenados. Para o Passo 2, uma vez que Q_1 é o 25º percentil, multiplique 0,25 x 25 = 6,25. Não é um número inteiro, portanto o Passo 3a o instrui a arredondá-lo para 7 e continuar no Passo 3b.

Continuando no Passo 3b, conte da esquerda para a direita o conjunto de dados até chegar no 7º número, 68; este é Q_1. Para Q_3 (o 75º percentil), multiplique 0,75 x 25 = 18,75, que você deve arredondar para 19. O 19º número na lista é 89, sendo então Q_3. Juntando tudo, o resumo com cinco números desses 25 resultados de provas são 43, 68, 77, 89 e 99. Para interpretar um resumo com cinco números da melhor forma, você pode usar um diagrama de caixas; veja o Capítulo 7 para ter mais detalhes.

Explorando a amplitude interquartil

O propósito do resumo com cinco números é oferecer estatísticas descritivas para o centro, a variação e a posição relativa, tudo de uma vez só. A medida do centro no resumo com cinco números é a mediana e o primeiro quartil, a mediana e o terceiro quartil são medidas de posição relativa.

Para obter a medida de variação com base no resumo de cinco números, você pode encontrar o que é chamado de *amplitude interquartil* (ou IIQ). A IIQ é igual a Q3 - Q1 (isto é, o 75º percentil menos o 25º percentil) e reflete a distância ocupada por 50% dos dados mais internos. Se a IIQ for pequena, você saberá que muitos dados estão perto da mediana. Se for grande, saberá que os dados estão mais espalhados e longe da mediada. A IIQ do conjunto de dados dos resultados das provas é 89 - 68 = 21 (ou 2,1), o que é bem grande, observando que os resultados dos testes vão apenas de 1 a 100.

A amplitude interquartil é uma medida de variação muito melhor do que a amplitude normal (valor máximo menos valor mínimo; veja a seção "Sem amplitude", anteriormente neste capítulo). Isso ocorre porque a amplitude interquartil não leva os valores atípicos em consideração; ela os elimina do conjunto de dados ao se concentrar apenas na distância dos 50% dos dados centrais (isso é, entre o 25º e o 75º percentis).

As estatísticas descritivas que são bem escolhidas e usadas corretamente podem informar muito sobre um conjunto de dados, por exemplo, onde o centro está localizado, o nível de diversidade dos dados e onde uma boa parte dos dados está. No entanto, as estatísticas descritivas não podem mostrar tudo sobre os dados e, em alguns casos, podem enganar. Fique atento às situações em que uma estatística diferente seria mais apropriada (por exemplo, a mediana descreve o centro de uma maneira melhor do que a média, quando os dados estão inclinados) e mantenha os olhos abertos para as situações em que estatísticas críticas estão faltando (por exemplo, quando uma média é relatada sem um desvio-padrão correspondente).

NESTE CAPÍTULO

» **Fazendo apresentações de dados categóricos**

» **Interpretando e avaliando tabelas e gráficos**

Capítulo 6

Usando Imagens: Gráficos para Dados Categóricos

As apresentações de dados, especialmente em tabelas e gráficos, parecem estar em todos os lugares, mostrando tudo, desde resultados de eleições, nos mínimos detalhes, até como o mercado de ações tem se comportado nos últimos anos (meses, semanas, dias, minutos). Estamos vivendo em uma sociedade de gratificações instantâneas e informação veloz; todos querem saber o resultado e dispensam os detalhes.

A abundância de gráficos e tabelas não é necessariamente ruim, mas você precisa ser cauteloso; algumas dessas apresentações são incorretas ou até enganam (algumas vezes intencionalmente, outras, por acaso) e você precisa saber o que procurar.

Este capítulo analisa os gráficos envolvendo os *dados categóricos* (dados que alocam os indivíduos em grupos e categorias), como sexo, opinião ou se um paciente toma sua medicação diariamente. Aqui você descobrirá como ler e entender essas apresentações de dados, terá dicas para avaliá-los e identificar os problemas. (***Nota:*** As apresentações de *dados numéricos*, como peso, resultados de provas ou o número de comprimidos tomados por um paciente diariamente, estão no Capítulo 7.)

Os tipos mais comuns de apresentação de dados categóricos são os gráficos de pizza e de barras. Neste capítulo, mostro exemplos de cada tipo de apresentação de dados e compartilho alguns pensamentos sobre a interpretação, assim como dou dicas para avaliar cada tipo de modo crítico.

Pegue Outra Fatia do Meu Gráfico de Pizza

O gráfico de pizza pega os dados categóricos e divide-os em grupos, mostrando a porcentagem de indivíduos que se enquadram em cada grupo. Devido à forma circular do gráfico, as "fatias" que representam cada grupo podem ser facilmente comparadas entre si.

DICA

Como cada indivíduo no grupo enquadra-se em apenas uma categoria, a soma de todas as fatias da pizza deveria ser 100% ou próxima a isso (estando sujeita a um erro de arredondamento). No entanto, só para garantir, preste atenção nos gráficos de pizza cujas porcentagens não fecham a conta.

Computando seus gastos pessoais

Em que você gasta seu dinheiro? Quais são suas três maiores despesas? De acordo com o U.S. Bureau of Labor Statistics (Agência de Estatística do Trabalho dos Estados Unidos), em uma pesquisa realizada em 2008 sobre os gastos dos consumidores, as seis principais fontes de gastos nos EUA foram moradia (33,9%), transporte (17,0%), alimentação (12,8%), seguros e pensões (11,1%), plano de saúde (5,9%) e entretenimento (5,6%). Essas seis categorias compõem 85% da média dos gastos dos consumidores. (Embora as porcentagens exatas sofram variação a cada ano, a lista dos seis itens principais permanece a mesma.)

A Figura 6-1 resume os gastos dos norte-americanos em 2008 em um gráfico de pizza. Perceba que a categoria "Outros" é um pouco grande nesse gráfico (13,7%). Porém, com tantos outros gastos possíveis por aí (incluindo este livro), cada um ocuparia apenas uma fatia minúscula da pizza e o resultado seria confuso. Nesse caso, é muito difícil detalhar mais a categoria "Outros". (Mas em muitos outros, é possível.)

CUIDADO

O ideal é que um gráfico de pizza não tenha muitas fatias, porque um número grande delas distrai o leitor do(s) ponto(s) principal(is) que o gráfico tenta transmitir. No entanto, juntar as categorias restantes em uma fatia, que acaba sendo uma das maiores, faz com que os leitores questionem o que está incluído nessa fatia específica. Com tabelas e gráficos, é delicado encontrar o equilíbrio certo.

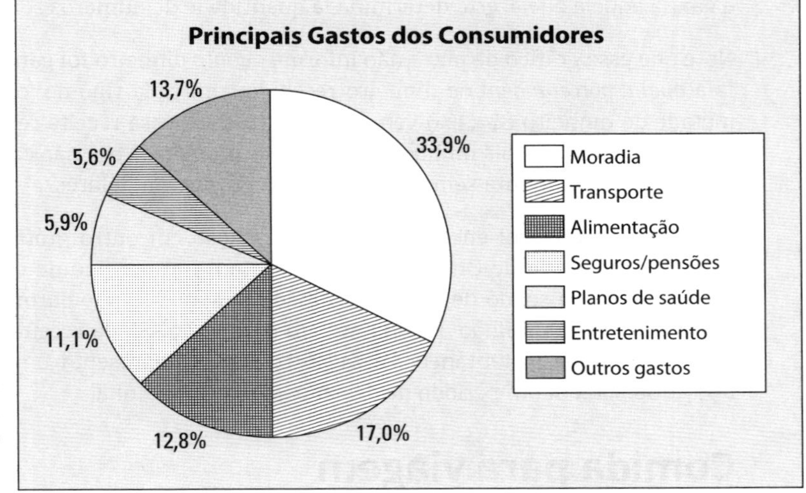

FIGURA 6-1: Gráfico de pizza mostrando como as pessoas nos EUA gastam seu dinheiro.

Analisando a loteria

As loterias estaduais norte-americanas geram uma receita elevada e também devolvem uma grande quantia do dinheiro recebido, sendo que parte da receita é dada como prêmio e parte é direcionada para programas estaduais, tais como educação. De onde vem o dinheiro? A Figura 6-2 mostra um gráfico de pizza exibindo os tipos de jogos e a porcentagem de receita gerada pela loteria do Estado de Ohio. (Perceba que as fatias não somam exatamente 100% devido a um pequeno erro de arredondamento.)

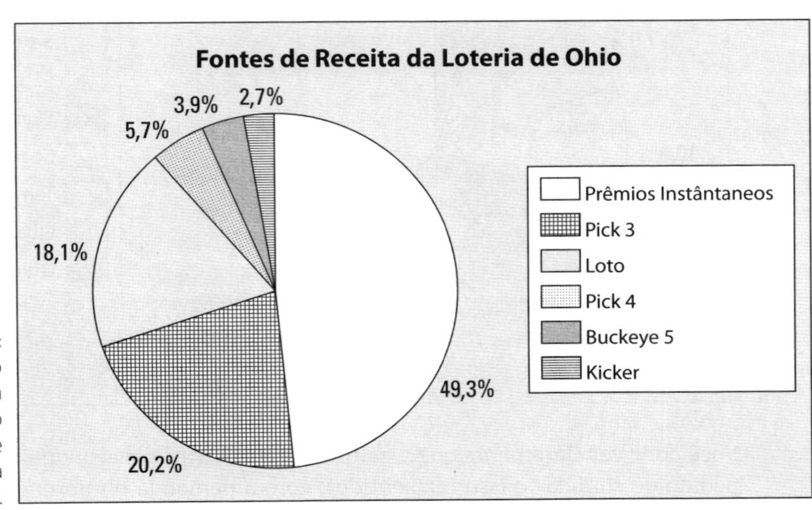

FIGURA 6-2: Gráfico de pizza detalhando a receita de uma loteria estadual.

Nesse gráfico, você pode observar que a maior parte da receita da loteria de Ohio (49,3%) vem dos Prêmios Instantâneos (a raspadinha). O restante vem de vários jogos de loteria, em que os apostadores escolhem uma série de números e ganha aquele que acerta determinada quantidade de números sorteados.

Note que esse gráfico de pizza não informa *quanto* dinheiro foi ganho, somente fala *qual a porcentagem* de dinheiro recebido com cada tipo de jogo. Cerca da metade do dinheiro (49,3%) vem das raspadinhas; essa receita representa um milhão de dólares, dois milhões, dez milhões ou mais? Você não consegue responder a essa pergunta sem saber o total da receita em dólares.

No entanto, consegui encontrar essa informação em outro gráfico fornecido pelo site da loteria de Ohio: a receita total (em um período de dez anos) foi registrada como sendo de "1.983,1 milhão de dólares", popularmente conhecido como $1,9831 bilhão. Devido ao fato de que 49,3% da receita das vendas vêm de prêmios instantâneos, essa porcentagem representa uma receita de $977.668.300 em um período de dez anos. Haja raspadinha!

Comida para viagem

Também é importante observar os totais ao examinar um gráfico de pizza em uma pesquisa. Um jornal que li relatava os últimos resultados de uma "pesquisa popular". Eles perguntaram: "Qual é sua noite favorita para pedir comida para o jantar?" Os resultados são apresentados em um gráfico de pizza (veja a Figura 6-3).

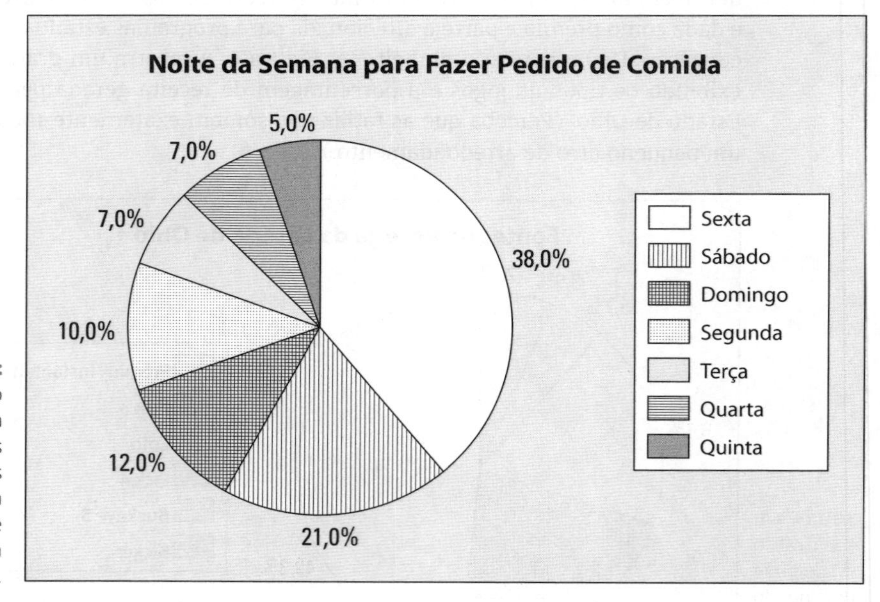

FIGURA 6-3: Gráfico de pizza para os resultados da pesquisa sobre comida para viagem.

Você pode ver claramente que a noite de sexta-feira é a mais popular para fazer pedido de comida (e isso faz sentido), com a demanda diminuindo de sábado até segunda-feira. As porcentagens reais mostradas na Figura 6-3 realmente se aplicam apenas às pessoas que participaram da pesquisa; o quanto esses resultados representam a população depende de muitos fatores, um dos quais sendo tamanho da amostra. Mas, infelizmente, esse tamanho não está incluído no gráfico. (Por exemplo, seria bom ver "n = XXX" abaixo do título, em que n representa o tamanho.)

Sem saber o tamanho da amostra, você não pode dizer o nível de precisão que a informação tem. Quais resultados você acharia mais precisos: os baseados em 25, 250 ou 2.500 pessoas? Ao ver o número 10%, não é possível saber se é 10 de 100, 100 de 1.000 ou até 1 de 10. Para os estatísticos, 1 ÷ 10 não é o mesmo que 100 ÷ 1.000, embora ambos representem 10%. (Não diga isso aos matemáticos, eles vão pensar que você é doido!)

CUIDADO

Os gráficos de pizza não incluem o tamanho total da amostra. Sempre verifique o tamanho da amostra, especialmente se os resultados forem muito importantes para você; não presuma que é grande! Se você não vir o tamanho da amostra, vá à fonte dos dados e peça.

Prevendo as tendências populacionais

O U.S. Census Bureau (órgão que realiza o censo nos EUA) fornece muitos gráficos em seus relatórios sobre a população norte-americana, incluindo o passado, o presente e projeções para o futuro. Ele sempre faz comparações entre os anos de modo a identificar mudanças e tendências.

Um estudo recente sobre a população feito pelo Census Bureau observou a chamada "população norte-americana mais velha" (de acordo com a definição do governo, pessoas com 65 anos ou mais). As idades foram classificadas nos seguintes grupos: 65-69, 70-74, 75-79, 80-84 e acima de 85 anos. O Bureau calculou e reportou a porcentagem de cada grupo de idades para o ano de 2010 e fez projeções da porcentagem de cada grupo para 2050.

Fiz gráficos de pizza paralelos comparando os dados de 2010 com as projeções para 2050; você pode ver os resultados na Figura 6-4. A porcentagem da população mais velha em cada grupo para o ano de 2010 é apresentada em um gráfico de pizza e, ao lado, há outro gráfico com a porcentagem projetada para 2050 em cada grupo de idade (com base nas idades atuais de toda a população norte-americana, taxas de natalidade e mortalidade e outras variáveis).

Se você comparar os tamanhos das fatias de um gráfico com o outro na Figura 6-4, poderá observar que as fatias para os grupos de idade correspondentes são maiores nas projeções para 2050 (comparadas com 2010) conforme o grupo envelhece, e as fatias são menores nas projeções para 2050 (comparadas com 2010) conforme os grupos ficam mais jovens. Por exemplo, o grupo com idades entre 65-69 diminui de 30% em 2010 para uma projeção de 25% em 2050;

enquanto o grupo com idades de 85 e acima aumenta de 14% em 2010 para 19% projetados para 2050.

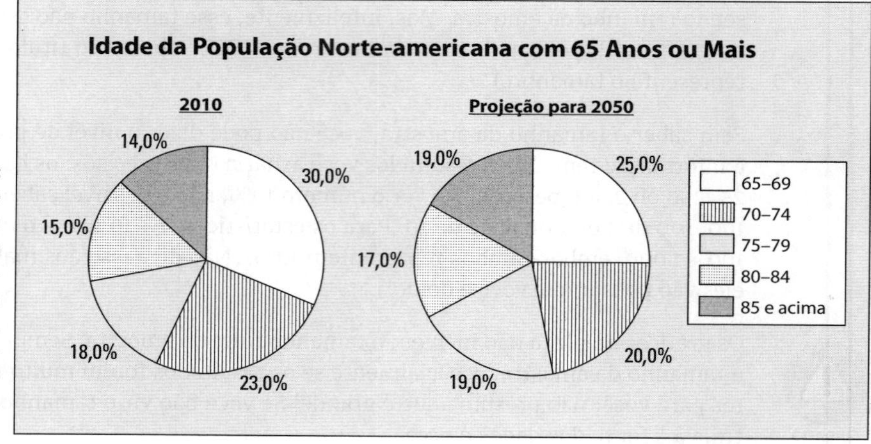

FIGURA 6-4: Gráficos de pizza lado a lado sobre o envelhecimento da população, com projeções de 2010 versus 2050.

Os resultados da Figura 6-4 indicam uma mudança nas idades da população para as categorias mais velhas. Dali, as comunidades de pesquisas médica e social podem examinar as ramificações dessa tendência em termos de planos de saúde, assistência social, seguro social etc.

CUIDADO

As palavras importantes aqui são *se a tendência continuar*. Como você sabe, muitas variáveis afetam o tamanho da população e é preciso levá-las em consideração ao interpretar as projeções com relação ao futuro. O governo norte-americano sempre faz advertências desse tipo em seus relatórios; ele é muito diligente nesse sentido.

AVALIANDO UM GRÁFICO DE PIZZA

As dicas a seguir ajudarão a experimentar as fatias de um gráfico de pizza para testar sua exatidão:

- **Verifique se a soma das porcentagens é igual a 100% ou se é próxima desse valor (quaisquer erros de arredondamento devem ser muito pequenos).**
- **Fique atento às fatias da pizza chamadas "Outros(as)" maiores que as demais.**
- **Procure a informação do número total de unidades (pessoas, dólares etc.) para que possa determinar (basicamente) qual era o tamanho da pizza antes de ser dividida nas fatias observadas.**
- **Evite gráficos de pizza tridimensionais; eles não mostram as fatias na proporção correta. As fatias da frente parecem maiores do que deveriam.**

Os gráficos de pizza na Figura 6-4 funcionam bem para comparar grupos porque estão lado a lado na mesma apresentação, usando a mesma codificação para os grupos de idades e, ao mover-se no sentido horário ao redor dos gráficos, suas fatias estão na mesma ordem. Elas não estão todas amontoadas em cada gráfico, de modo que você tenha que ficar procurando determinado grupo de idade em cada gráfico separadamente.

Levantando a Barra nos Gráficos de Barras

Um *gráfico de barras* talvez seja o gráfico mais comum utilizado pela mídia. Como o gráfico de pizza, ele divide os dados categóricos em grupos. Um gráfico de barras, no entanto, representa esses grupos utilizando barras de diferentes comprimentos; enquanto o gráfico de pizza, com frequência, informa a quantidade em cada grupo por meio de porcentagem, o gráfico de barras utiliza o número de indivíduos em cada grupo (também denominado *frequência*) ou a porcentagem do total em cada grupo (denominada *frequência relativa*).

Rastreando os gastos com transporte

Quanto as pessoas gastam com transporte nos EUA indo e voltando do trabalho? Isso depende de quanto ganham. O Bureau of Transportation Statistics (Departamento de Estatísticas de Transporte) conduziu um estudo sobre o transporte nos EUA recentemente e muitas das descobertas são apresentadas em gráficos de barras, como mostrado na Figura 6-5.

Esse gráfico em particular mostra quanto dinheiro é gasto em transporte por pessoas com diferentes rendas familiares. Parece que, conforme a renda familiar aumenta, o gasto com transporte também aumenta. Isso faz sentido, pois quanto mais dinheiro as pessoas têm, mais gastam.

Mas será que o gráfico seria diferente se olhássemos os gastos com transporte em termos de porcentagem da renda familiar, e não em quantidade total de dólares? O primeiro grupo ganha menos de $5.000 ao ano e gasta $ 2.500 com transporte por ano. (***Nota:*** No gráfico se lê "2,5", mas como as unidades estão em milhares de dólares, 2,5 se traduz em $2.500.)

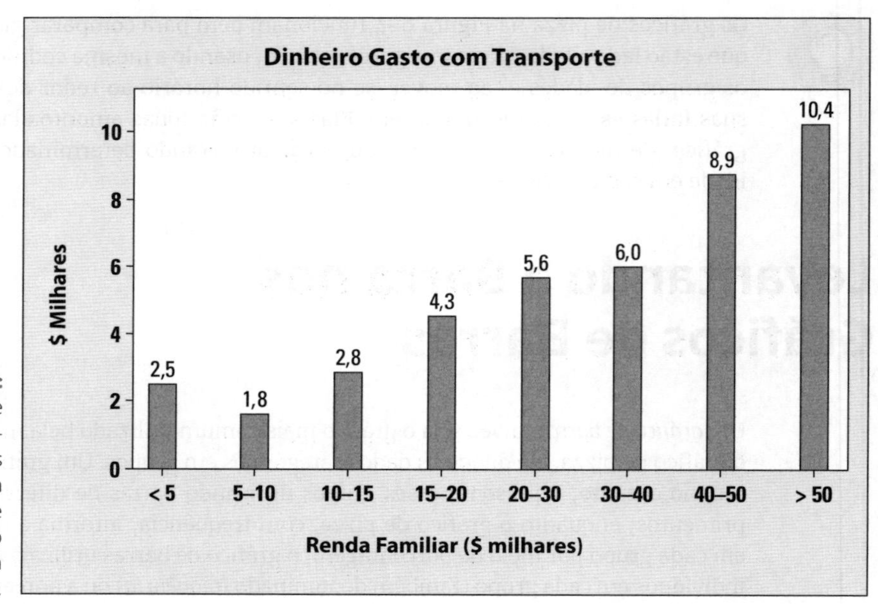

FIGURA 6-5: Gráfico de barras mostrando os gastos com transporte por grupo de renda familiar.

Esses $2.500 representam 50% da renda anual daqueles que ganham $5.000 por ano; a porcentagem da renda total é ainda maior para os que ganham menos de $5.000 ao ano. As famílias cuja renda é de $30.000-$40.000 por ano gastam $6.000 com transporte, o que representa de 15% a 20% da renda. Portanto, embora as pessoas que ganham mais também gastem mais com transporte, elas não gastam mais com relação à porcentagem de sua renda total. Dependendo da maneira como é visto, o gráfico de barras pode contar duas versões diferentes da mesma história.

O gráfico de barras tem outra peculiaridade. As categorias para a renda familiar mostrada não são equivalentes. Por exemplo, cada uma das primeiras quatro barras representa as rendas familiares com intervalos de $5.000, mas os três grupos seguintes aumentam o intervalo em $10.000 cada e o último grupo contém todas as famílias que ganham mais de $50.000 por ano. Os gráficos de barras com diferentes variações de categorias (como o mostrado na Figura 6-5) dificultam a comparação entre os grupos. (No entanto, tenho certeza de que o governo tem suas razões para informar os números dessa forma; por exemplo, pode ser assim que a renda é separada para os impostos.)

Uma última coisa: perceba que os agrupamentos numéricos na Figura 6-5 se sobrepõem nos limites. Por exemplo, $30.000 aparece tanto na 5ª como na 6ª barra do gráfico. Sendo assim, caso você tenha uma renda familiar de $30.000, em qual barra estaria? (Não há como responder a essa questão a partir da Figura 6-5, mas tenho certeza de que as instruções estão escondidas em um relatório enorme no subsolo de algum prédio em Washington, D.C.) Esse tipo de sobreposição aparece com muita frequência em gráficos, mas você precisa saber como os valores limítrofes são tratados. A regra pode ser, por exemplo, "qualquer dado que esteja exatamente no valor limite automaticamente vai para a próxima barra à direita". (Observando a Figura 6-5, isso faz com que uma renda familiar de $30.000 vá para a 6ª barra, em vez da 5ª.) Desde que isso seja consistente para cada limite, tudo certo. A alternativa de descrever os limites das rendas da 5ª barra como "$20.000 a $29.999,00" não é uma melhoria. Dentro dessa ideia, os dados sobre renda também podem ser apresentados com um histograma (veja o Capítulo 7), que mostra uma visão um pouco diferente do assunto.

Tendo lucro com a loteria

É sabido que as loterias juntam muito dinheiro; porém elas pagam bastante também. Como tudo isso se equilibra para dar lucro? A Figura 6-6 mostra as vendas e os gastos recentes de uma loteria de determinado estado.

FIGURA 6-6: Gráfico de barras de vendas e gastos de uma loteria de determinado estado.

Na minha opinião, esse gráfico de barras precisa de outras informações trazidas dos bastidores para que seja mais compreensível. As barras na Figura 6-6 não representam tipos similares de entidades. A primeira barra representa as vendas (uma forma de receita) e as outras representam os gastos. O gráfico seria muito mais claro se a primeira barra não fosse incluída; por exemplo, o total de vendas poderia ser listado como uma nota de rodapé.

Informando escalas em um gráfico de barras

Outra maneira pela qual um gráfico pode enganar é a escolha da escala no eixo da frequência/frequência relativa (isso é, o eixo em que as quantidades de cada grupo são mostradas) e/ou seu valor inicial.

Ao utilizar uma escala "esticada" (por exemplo, fazer com que cada centímetro de uma barra represente 10 unidades, em vez de 50), você pode esticar a verdade, tornar as diferenças muito mais drásticas ou exagerar os valores. Esticar a verdade também ocorre se o eixo de frequência começa em um número que está muito próximo de onde as diferenças nas alturas das barras começam; você estará, essencialmente, cortando a parte inferior das barras (a parte menos interessante) e apenas mostrando as partes superiores; enfatizando (de forma enganosa) onde a ação está. Nem todos os eixos de frequência precisam começar em zero, mas fique atento a situações que promovem as diferenças.

Um bom exemplo de gráfico com uma escala esticada é encontrado no Capítulo 3, a respeito dos resultados dos números sorteados na loteria "Pick 3". (São escolhidos três números de um dígito e se eles forem sorteados, você ganha.) No Capítulo 3, a porcentagem de vezes que cada número (0-9) foi sorteado é mostrada na Tabela 3-2 e os resultados são apresentados em um gráfio de barras na Figura 3-1a. A escala no gráfico está esticada e começa em 465, fazendo com que as diferenças nos resultados pareçam maiores do que realmente são; por exemplo, parece que o número 1 foi sorteado muito menos vezes, enquanto o número 2 foi sorteado muito mais, quando na realidade, não há diferença estatística entre a porcentagem de vezes que cada número foi sorteado. (Eu verifiquei.)

Por que o gráfico na Figura 3-1a foi feito dessa forma? Ele pode levar as pessoas a pensarem que marcarão um gol de placa se escolherem o número 2 porque ele está "em uma maré de sorte"; ou elas podem ser levadas a escolher o número 1 porque "a vez dele já deve chegar". A propósito, essas duas teorias estão erradas; uma vez que os números são escolhidos aleatoriamente, não importa o que aconteceu no passado. Na Figura 3-1b você pode ver um gráfico que foi feito corretamente. (Para ter mais exemplos de onde nossa intuição pode errar com a probabilidade e qual é a história real, veja meu outro livro, *Probability For Dummies* — sem publicação no Brasil.)

Por outro lado, ao usar uma escala "encolhida" (por exemplo, fazer com que cada centímetro de uma barra represente 50 unidades em vez de 10), você pode minimizar as diferenças, fazendo com que os resultados pareçam ser menos drásticos do que realmente são. Por exemplo, talvez um político não queira chamar atenção para o grande aumento do crime que houve do começo ao fim de seu mandato, então ele pode fazer com que o número de crimes de cada tipo mostrado represente 500 crimes, em vez de 100 crimes, a cada centímetro da barra. Isso encolhe os números e torna as diferenças menos perceptíveis. Seu oponente na próxima eleição pode fazer o contrário e usar uma escala esticada para enfatizar o aumento do crime de forma drástica, e *voilà*! (Agora você sabe a resposta à pergunta: "Como duas pessoas podem falar sobre os mesmos dados e chegar a duas conclusões diferentes?" Bem-vindo ao mundo da política.)

DICA

No entanto, em um gráfico de pizza, a escala não pode ser alterada para superenfatizar (ou minimizar) os resultados. Independentemente de como você fatia o gráfico de pizza, sempre está fatiando um círculo e a proporção do gráfico total pertencente a quaisquer fatias não será alterada, mesmo que você torne a pizza maior ou menor.

Considerando os incômodos

Uma pesquisa recente perguntou a 100 pessoas que trabalham em escritórios qual era o maior incômodo no ambiente de trabalho. (Antes de continuar, talvez você queira anotar os seus, só para se divertir.) Um gráfico de barras com os resultados da pesquisa é apresentado na Figura 6-7. Má administração do tempo parece ser a principal questão para esses trabalhadores (espero que eles não tenham respondido a essa pesquisa no horário de trabalho).

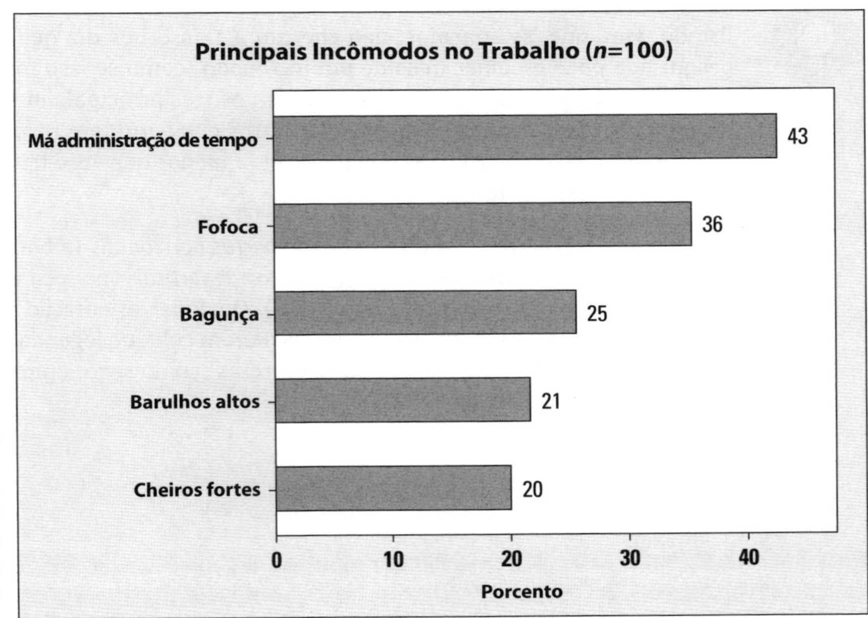

FIGURA 6-7: Gráfico de barras para os dados de pesquisa com respostas múltiplas.

AVALIANDO UM GRÁFICO DE BARRAS

Para avaliar as barras de estatísticas nos gráficos de barras, verifique estas dicas:

- **As barras que dividem os valores das variáveis numéricas (tais como a renda financeira) devem ter uma largura igual (se possível) para facilitar a comparação.**
- **Fique atento à escala do gráfico de barras e determine se é uma representação apropriada da informação.**
- **Alguns gráficos de barras não somam 1 porque mostram os resultados de mais de uma variável; saiba o que está sendo resumido.**
- **Verifique se os resultados são apresentados como porcentagem dentro de cada grupo (frequências relativas) ou como o número em cada grupo (frequências).**
- **Se você vir frequências relativas, verifique o tamanho total da amostra — é importante. Quando vir frequências, divida cada uma pelo tamanho total da amostra para obter as porcentagens, que são mais fáceis de comparar.**

DICA

Se você der uma olhada nas porcentagens mostradas para cada incômodo listado, verá que, se somados, não chegam a 1. Isso nos diz que cada pessoa pesquisada pôde escolher mais de um incômodo (como se isso fosse difícil de fazer); talvez, pediram que elas nomeassem os três principais incômodos, por exemplo. Para esse conjunto de dados e outros que permitem respostas múltiplas, um gráfico de pizza não seria possível (a menos que você fizesse um para cada incômodo na lista).

Perceba que a Figura 6-7 é um *gráfico de barras horizontais* (a barra vai de um lado ao outro), diferente de um *gráfico de barras verticais* (no qual as barras vão da baixo para cima, como na Figura 6-6). Qualquer orientação é boa; use a que preferir ao fazer um gráfico de barras. Porém coloque legenda nos eixos de forma apropriada e inclua as unidades corretas (como sexo, opinião ou dia da semana) quando necessário.

NESTE CAPÍTULO

- » **Criando e interpretando histogramas e diagramas de caixa para dados numéricos**
- » **Examinando gráficos de linha do tempo para dados numéricos coletados ao longo do tempo**
- » **Estratégias para identificar gráficos incorretos e enganosos**

Capítulo **7**

Seguindo os Números: Gráficos para Dados Numéricos

O propósito principal dos gráficos é resumir os dados e apresentar os resultados para transmitir sua ideia de forma clara, eficiente e correta. Neste capítulo, mostro as apresentações de dados usadas para resumir os dados *numéricos*, ou seja, dados que representam *somas* (como o número de comprimidos que um paciente com diabete toma por dia ou o número de acidentes em um cruzamento por ano) ou *medidas* (o tempo necessário para você chegar ao trabalho/escola diariamente ou sua pressão sanguínea).

Você verá exemplos de como fazer, interpretar e avaliar as apresentações mais comuns de dados numéricos: gráficos de linha do tempo, histogramas e diagramas de caixa. Também destaco muitos problemas em potencial que podem ocorrer nesses gráficos, incluindo como as pessoas geralmente leem errado as informações ali contidas. Essas informações o ajudarão a desenvolver habilidades importantes de investigação para identificar rapidamente os gráficos enganosos.

Lidando com Histogramas

Um histograma oferece um retrato de todos os dados de forma organizada numericamente, fazendo com que seja rápido e fácil observar o panorama dos dados, em especial, seu formato geral. Nesta seção, você descobrirá como fazer e interpretar os histogramas, e como avaliá-los para ver se estão corretos e equilibrados.

Fazendo um histograma

Histograma é um gráfico especial que é aplicado nos dados organizados numericamente; por exemplo, grupos de idade, como 10–20, 21–30, 31–40 e assim por diante. As barras ficam ligadas umas às outras em um histograma — diferente de um gráfico de barras (Capítulo 6) para os dados categóricos, cujas barras representam categorias que não têm uma ordem em particular e estão separadas. A altura de cada barra de um histograma representa o número de indivíduos (chamado de *frequência*) em cada grupo ou a porcentagem de indivíduos (a *frequência relativa*) em cada grupo. Cada indivíduo em um grupo de dados fica exatamente em uma barra.

Você pode fazer um histograma a partir de qualquer grupo de dados numéricos; no entanto, não pode determinar os valores reais de cada grupo de dados a partir de um histograma, pois tudo o que sabe é em qual grupo cada valor do dado se enquadra.

E o Oscar vai para...

Aqui está um exemplo de como criar um histograma para todos os amantes de filmes por aí (especialmente aqueles que adoram filmes antigos). Os prêmios da Academia começaram em 1928, e uma das categorias principais é o de Melhor Atriz. A Tabela 7-1 mostra as vencedoras dos primeiros prêmios Oscar de Melhor Atriz, os anos em que venceram (1928-1935), suas idades na época em que ganharam o prêmio e os filmes dos quais participaram. A partir da tabela, você pode observar que as idades variam de 22 a 62, muito mais do que se imagina.

Para descobrir mais sobre as idades das Melhores Atrizes, expandi meu conjunto de dados para o período de 1928-2009. A variável idade desse conjunto de dados é numérica, portanto você pode usar um histograma. A partir daí, é possível fazer perguntas como: Qual é a idade das atrizes? Elas são na maioria jovens, idosas ou ficam no meio? As idades estão muito distantes ou são parecidas? A maioria delas está dentro de uma mesma variação de idades, com poucos valores atípicos (atrizes muito jovens ou muito velhas, comparadas com as outras)? Para investigar essas questões, um histograma de idades das atrizes vencedoras do Oscar é apresentado na Figura 7-1.

TABELA 7-1 **Idades das vencedoras do Oscar de Melhor Atriz 1928–1935**

Ano	Vencedora	Idade	Filme
1928	Laura Gainor	22	*Aurora*
1929	Mary Pickford	37	*Coquete*
1930	Norma Shearer	30	*A Divorciada*
1931	Marie Dressler	62	*Lírio do Lodo*
1932	Helen Hayes	32	*O Pecado de Madelon Claudet*
1933	Katharine Hepburn	26	*Manhã de Glória*
1934	Collette Colbert	31	*Aconteceu Naquela Noite*
1935	Bette Davis	27	*Perigosa*

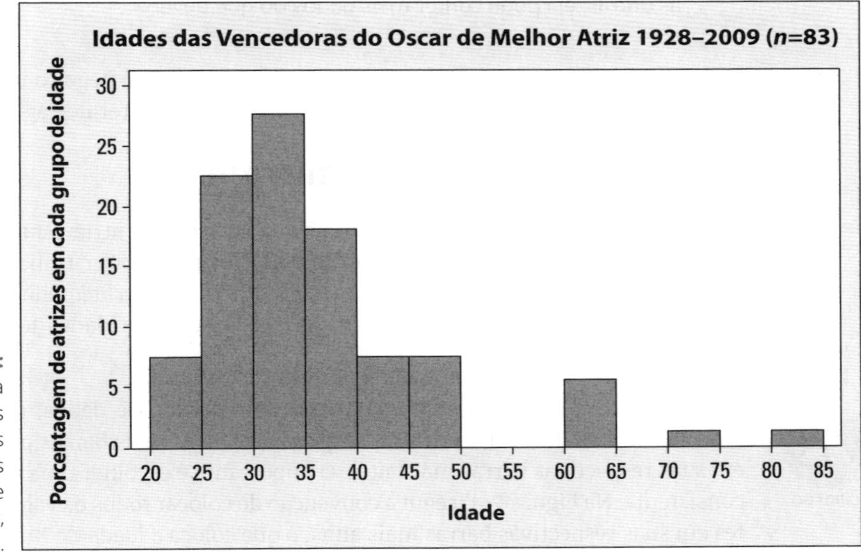

FIGURA 7-1: Histograma das idades das vencedoras do Oscar de Melhor Atriz, 1928–2009.

Note que os grupos de idades são mostrados no eixo horizontal (x). Eles formam grupos de cinco anos cada: 20–25, 25–30, 30–35, ... 80–85. A porcentagem (frequência relativa) de atrizes em cada grupo de idade aparece no eixo vertical (y). Por exemplo, cerca de 27% das atrizes tinham entre 30 e 35 anos de idade quando ganharam o Oscar.

Criando grupos apropriados

DICA

Para a Figura 7-1, usei grupos de cinco anos cada no exemplo acima, porque os incrementos de cinco criam quebras naturais para anos e fornecem barras em número suficiente para buscar padrões gerais. Porém você não precisa usar esse agrupamento específico; tem um pouco de licença poética para criar um histograma. (Mas essa liberdade permite que outras pessoas o enganem, como verá mais tarde na seção "Detectando histogramas enganosos".) Aqui estão algumas dicas para montar seu histograma:

- Cada grupo de dados requer intervalos diferentes para seu agrupamento, mas evite intervalos muito grandes ou muito pequenos.
  - Caso um histograma tenha intervalos muito grandes para seus grupos, os dados são alocados em um número muito pequeno de barras, o que torna impossível fazer comparações significativas.
  - Caso o histograma tenha intervalos muito pequenos para seus grupos, ele parece uma série de barras minúsculas que ofuscam o mais importante. Isso pode fazer com que os dados pareçam ser muito variáveis, sem nenhum padrão.
- Verifique se seus grupos têm larguras iguais. Se uma barra é mais larga que as outras, ela pode conter mais dados do que deveria.

Uma ideia que pode ser apropriada para seu histograma é pegar o intervalo dos dados (o maior menos o menor) e dividir por dez para obter dez agrupamentos.

Lidando com valores limítrofes

No exemplo do Oscar, o que acontece se a idade de uma atriz está exatamente em um limite? Por exemplo, na Tabela 7-1, Norma Shearer tinha 30 anos de idade em 1930 quando ganhou o Oscar pelo filme *A Divorciada*. Ela pertence ao grupo de idades 25-30 (a barra mais baixa) ou ao grupo de idades 30-35 (a barra mais alta)?

CUIDADO

Desde que você seja consistente com todos os pontos de dados, pode colocar todos os pontos limítrofes em suas respectivas barras mais baixas ou colocá-los em suas respectivas barras mais altas. O importante é escolher uma direção e ser consistente. Na Figura 7-1, segui a convenção de colocar todos os valores limítrofes em suas respectivas barras mais altas, o que coloca a idade de Norma Shearer na terceira barra, no grupo de idades 30-35 da Figura 7-1.

Esclarecendo os eixos

A parte mais complexa para o leitor ao interpretar um histograma é compreender o que está sendo mostrado nos eixos *x* e *y*. O uso de legendas boas e descritivas nos eixos ajudará. A maioria dos softwares de Estatística rotula o eixo *x* usando o nome da variável informada ao inserir os dados (por exemplo, "idade" ou "peso"). No entanto, a legenda para o eixo *y* não é tão clara. Os pacotes de software de Estatística geralmente legendam o eixo *y* de um histograma escrevendo "frequência" ou "porcentagem" como padrão. Esses termos podem ser confusos: frequência ou porcentagem do quê?

DICA

Esclareça a legenda do eixo *y* em seu histograma mudando "frequência" para "número de" e adicionando o nome da variável. Para modificar uma legenda que apenas mostra "porcentagem", seja mais claro escrevendo "porcentagem de" e a variável. Por exemplo, no histograma de idades das vencedoras do Oscar de Melhor Atriz mostrado na Figura 7-1, legendei o eixo *y* como "Porcentagem de atrizes em cada grupo de idade". Na próxima seção, você verá como interpretar os resultados de um histograma. Qual é mesmo a idade das atrizes?

Interpretando um histograma

LEMBRE-SE

Um histograma informa três características principais sobre os dados numéricos:

» Como os dados estão distribuídos nos grupos (os estatísticos chamam isso de *forma* dos dados).

» A quantidade de variabilidade nos dados (os estatísticos chamam isso de quantidade de *dispersão* nos dados).

» Onde o centro dos dados está (os estatísticos usam medidas diferentes).

Verificando a forma dos dados

Uma das características que um histograma pode mostrar é a *forma* dos dados, ou seja, a maneira como os dados se encaixam nos grupos. Por exemplo, todos os dados podem ser exatamente iguais e, nesse caso, o histograma tem apenas uma barra alta ou os dados podem ter um número igual em cada grupo, portanto a forma é nivelada.

Alguns conjuntos de dados têm formas distintas. Veja as três que se destacam:

» **Simétrico:** Um histograma é simétrico quando você o divide ao meio e os dois lados (esquerdo e direito) parecem ser espelhados.

  A Figura 7-2a mostra um conjunto de dados simétricos; ele representa quanto tempo cada um dos 50 participantes de uma pesquisa levou para lhe responder. Você pode observar que o histograma é praticamente simétrico.

» **Inclinado para a direita:** Um histograma inclinado para a direita parece com um morro irregular, com uma cauda se estendendo à direita.

  A Figura 7-1, que mostra as idades das vencedoras do Oscar de Melhor Atriz, está inclinada para a direita. Você pode observar que no lado direito há algumas atrizes cujas idades são mais altas que as demais.

» **Inclinado para a esquerda:** Se um histograma estiver inclinado para a esquerda, ele parece com um morro irregular com uma cauda se estendendo à esquerda.

  A Figura 7-2b mostra um histograma de 17 resultados de provas. A forma está inclinada para a esquerda; você pode observar alguns alunos que tiraram notas mais baixas que os demais.

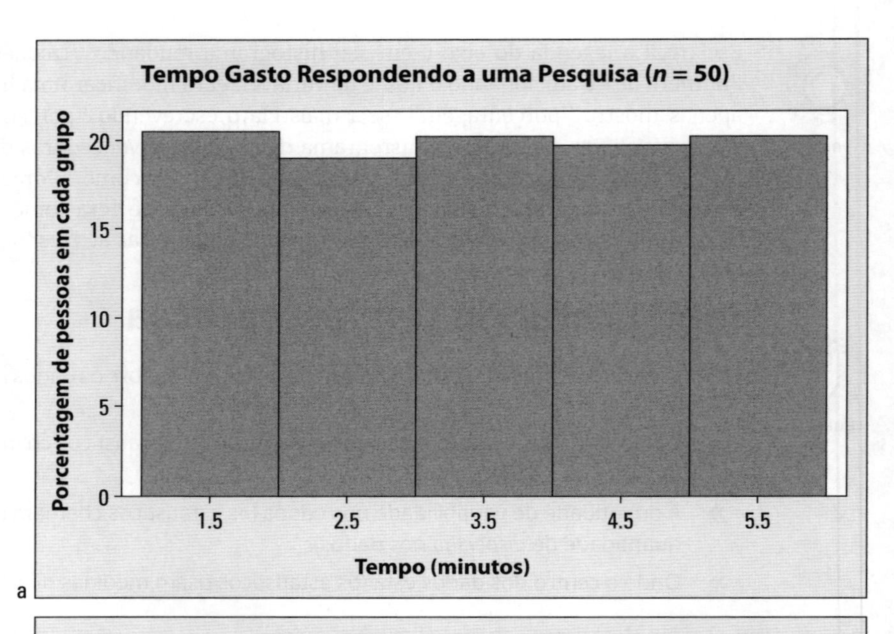

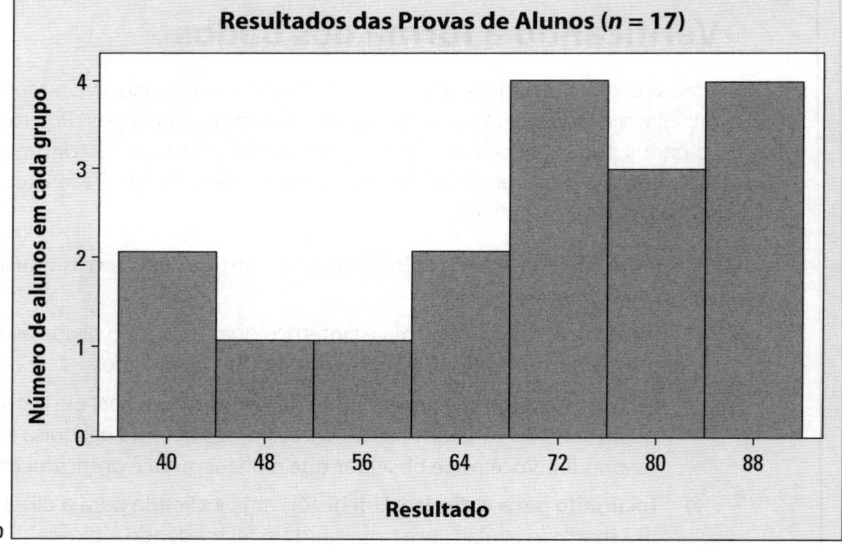

FIGURA 7-2: Comparação da forma de um histograma simétrico (a) e a de um histograma inclinado para a esquerda (b).

A seguir, há algumas peculiaridades a respeito de classificar a forma de um conjunto de dados:

» **Não espere que os dados simétricos tenham uma forma exata e perfeita.** Os dados quase nunca se enquadram em padrões perfeitos, então você precisa decidir se a forma deles está aproximada o suficiente para ser considerada simétrica.

Se a forma estiver aproximada o suficiente de modo que qualquer outra pessoa a perceba, e se as diferenças não forem significativas, eu o classificaria como simétrico ou quase simétrico. De outra forma, classifique os dados como não simétricos. (Existem procedimentos estatísticos mais sofisticados que realmente testam os dados para verificar a simetria, mas eles estão além do escopo deste livro.)

- **Não presuma que os dados estejam inclinados caso a forma não seja simétrica.** Os conjuntos de dados têm muitos tamanhos e formas, e vários deles não têm qualquer forma distinta. E incluo a inclinação na lista aqui, porque é uma das formas não simétricas mais comuns e é uma das formas incluídas em um curso padrão de introdução à Estatística.

  Se um conjunto de dados for inclinado (ou quase), indique a direção da inclinação (esquerda ou direita).

Como você observou na Figura 7-1, as idades das atrizes estão inclinadas para a direita. A maioria delas tinha entre 20 e 50 anos de idade quando ganhou, com cerca de 27% entre as idades de 30-35. Poucas atrizes eram mais velhas quando ganharam o Oscar; cerca de 6% tinham entre 60-65 anos de idade e menos de 4% (total) tinham 70 anos ou mais (se você adicionar as porcentagens das últimas duas barras do histograma). São as últimas três barras que fazem com que a forma seja inclinada para a direita.

Medindo o centro: Média versus mediana

Um histograma dá uma ideia aproximada de onde está o "centro" dos dados. A palavra *centro* aparece entre aspas porque muitas estatísticas diferentes são usadas para designar o centro. As duas medidas mais comuns de centro são a média e a mediana (para obter detalhes sobre as medidas do centro, veja o Capítulo 5).

DICA

Para visualizar a idade média, imagine que os dados são pessoas sentadas em uma gangorra. Seu objetivo é deixá-la equilibrada. Uma vez que os dados não se movem, presuma que as pessoas ficam onde estão e você move o ponto pivô (que também pode ser imaginado como o suporte) para onde quiser. A média é o lugar onde o pivô precisa estar para equilibrar o peso de cada lado da gangorra.

O ponto de equilíbrio da gangorra é afetado pelos pesos das pessoas em cada lado, não pelo número de pessoas. Portanto, a média é afetada pelos reais valores dos dados, e não pela quantidade.

A mediana é o lugar onde você coloca o pivô para que haja um número igual de pessoas em cada lado da gangorra, independentemente de seus pesos. Com o mesmo número de pessoas em cada lado, a gangorra não ficará equilibrada em termos de peso, a menos que tenha pessoas com o mesmo peso total em cada lado. Portanto, a mediana não é afetada pelos valores dos dados, apenas sua localização dentro do conjunto de dados.

LEMBRE-SE

A média é afetada pelos *valores atípicos*, os valores dentro do conjunto de dados que estão longe do resto dos dados, na extremidade mais alta e/ou mais baixa. A mediana, por ser o número do meio, não é afetada por eles.

Observando a variabilidade: Quantidade de dispersão ao redor da média

Você também tem uma ideia da variabilidade nos dados ao observar um histograma. Por exemplo, caso os dados sejam todos iguais, eles são todos alocados em uma única barra, não havendo variabilidade. Caso uma quantidade igual de dados esteja em cada grupo, o histograma parece nivelado, com as barras tendo quase a mesma altura; isso quer dizer que há uma boa quantidade de variabilidade.

CUIDADO

A ideia de que um histograma nivelado indica um nível de variabilidade pode ir contra seus instintos, e caso isso ocorra, você não é o único. Se você está pensando que um histograma nivelado não significa que há variabilidade, provavelmente está pensando em um gráfico de linhas, no qual há apenas um número ao longo do tempo (veja a seção "Abordando os Gráficos de Linhas" adiante neste capítulo). Lembre-se, porém, de que um histograma não mostra os dados ao longo do tempo, ele mostra todos os dados em um ponto no tempo.

Igualmente confusa é a ideia de que um histograma com um grande agrupamento no meio e as caudas em declive em cada lado tem, na verdade, menos variabilidade do que um histograma nivelado. As curvas que se parecem com colinas em um histograma representam agrupamentos de dados que estão próximos; um histograma nivelado apresenta dados igualmente dispersos, com mais variabilidade.

LEMBRE-SE

A variabilidade em um histograma é maior quando as barras mais altas estão mais espalhadas ao redor da média e menor quando estão perto da média.

Para as idades das Melhores Atrizes mostradas na Figura 7-1, você pode observar que muitas atrizes estão no grupo de 35-50 anos e a maioria das idades fica entre 20-50, o que é bem diverso; então, temos os valores atípicos, as poucas atrizes mais velhas (contei 7) com dados distanciados, aumentado a variabilidade geral.

A estatística mais usada para medir a variabilidade em um conjunto de dados é o *desvio-padrão*, que de uma forma aproximada mede a distância média que os dados possuem da média. O desvio-padrão para a idade das Melhores Atrizes é de 11,35 anos (veja o Capítulo 5 para obter todos os detalhes sobre o desvio-padrão). Um desvio-padrão de 11,35 anos é bem grande no contexto desse problema, mas ele é baseado na distância média a partir da média, e essa média é influenciada pelos valores atípicos, então o desvio-padrão também o será (veja o Capítulo 5 para ter mais informações).

Na seção mais adiante, "Interpretando um diagrama de caixa", mostro outra medida de variabilidade, chamada amplitude interquartil (IIQ), que é uma medida mais apropriada de variabilidade quando se tem dados inclinados.

Colocando números com imagens

CUIDADO

Na realidade, você não consegue calcular as medidas do centro e a variabilidade a partir do histograma apenas porque não conhece os valores exatos dos dados. Para adicionar detalhes às suas descobertas, você deve sempre calcular a estatística básica do centro e a variação juntamente com o histograma. (Todas as estatísticas descritivas que você precisa, e mais algumas, aparecem no Capítulo 5.)

A Figura 7-1 é um histograma das idades das Melhores Atrizes; você pode observar que ele está inclinado para a direita. Depois, na Figura 7-3, calculei algumas estatísticas básicas (ou seja, descritivas) a partir do conjunto de dados. Ao examinar esses números, descobre-se que a idade mediana é de 33,00 anos e a idade média é de 35,69 anos.

A idade média é maior que a idade mediana porque algumas atrizes eram bem mais velhas do que as outras quando ganharam seu prêmio. Por exemplo, Jessica Tandy ganhou por seu papel em *Conduzindo Miss Daisy* quando tinha 81 e Katharine Hepburn venceu o Oscar por *Num Lago Dourado* quando tinha 74. A relação entre a mediana e a média confirma a inclinação (para a esquerda) encontrada na Figura 7-1.

FIGURA 7-3: Estatística descritiva para a idade das Melhores Atrizes (1928-2009).

Estatísticas Descritivas: Idade

Variável	Total	Média	D. Pad.	Mínimo	Q1	Mediana	Q3	Máximo	IIQ
Idade	83	35.69	11.35	21.00	28.00	33.00	39.00	81.00	11.00

Veja algumas dicas para conectar a forma do histograma (analisada na seção anterior) com a média e a mediana:

» **Caso o histograma esteja inclinado para a direita, a média é maior que a mediana.**

Isso acontece porque os dados inclinados para a direita têm alguns valores grandes que levam a média para cima, mas não afetam onde está o ponto central exato (ou seja, a mediana). Observando o histograma das idades das vencedoras do Oscar de Melhor Atriz na Figura 7-1, é possível ver a inclinação para a direita.

» **Caso o histograma seja quase simétrico, então a média e a mediana estão próximas entre si.**

LEMBRE-SE

Quase simétrico significa que ele é praticamente igual em qualquer lado; não precisa ser exato. *Quase* é definido no contexto dos dados; por exemplo, os números 50 e 55 são considerados próximos se todos os valores estão entre 0 e 1.000, mas são considerados distantes se todos os valores estão entre 49 e 56.

O histograma apresentado na Figura 7-2a é quase simétrico. Sua média e mediana são iguais a 3,5.

» **Caso o histograma esteja inclinado para a esquerda, a média é menor que a mediana.**

Isso acontece porque os dados inclinados para a esquerda têm alguns valores que levam a média para baixo, mas não afetam onde está o ponto central exato dos dados (ou seja, a mediana).

A Figura 7-2b representa os resultados das provas de 17 alunos e os dados estão inclinados para a esquerda. Calculei a média e a mediana do conjunto de dados originais como sendo 70,41 e 74,00, respectivamente. A média é menor do que a mediana por causa dos poucos alunos que tiraram uma nota um pouco mais baixa do que os demais. Essas descobertas se relacionam à forma geral do histograma apresentado na Figura 7-2b.

LEMBRE-SE

As dicas para interpretar os histogramas na seção anterior também podem ser utilizadas de forma inversa. Se, por algum motivo, você não tiver um histograma dos dados, mas apenas a média e a mediana para seguir, compare-as para ter uma ideia aproximada sobre a forma do conjunto de dados.

» Se a média for muito maior que a mediana, os dados geralmente estarão inclinados para a direita; alguns valores serão maiores do que os demais.

» Se a média for muito menor que a mediana, os dados geralmente estarão inclinados para a esquerda; alguns valores menores trazem a média para baixo.

» Se a média e a mediana estiverem próximas entre si, você saberá que os dados estão bem equilibrados, ou simétricos, em cada lado.

PAPO DE ESPECIALISTA

Sob certas condições, você pode usar a média e o desvio-padrão juntos para descrever um conjunto de dados com muitos detalhes. Caso os dados tenham uma distribuição normal (uma colina em forma de sino no meio, com um declive que segue um mesmo padrão nos dois lados; veja o Capítulo 5), a regra empírica pode ser aplicada.

A regra empírica (também no Capítulo 5) significa que se os dados têm uma distribuição normal, cerca de 68% ficam dentro de um desvio-padrão da média, cerca de 95% ficam com dois desvios-padrão e 99,7% ficam com três desvios--padrão. Essas porcentagens foram customizadas para a distribuição normal (dados em forma de sino) apenas, e não podem ser usadas para os conjuntos de dados com outras formas.

Detectando histogramas enganosos

As regras para a criação de um histograma não são rígidas; é a pessoa que cria o gráfico quem decide os agrupamentos no eixo *x*, assim como a escala e os pontos de início e fim do eixo *y*. Porém, só porque há uma escolha, isso não quer dizer que qualquer uma seja adequada; de fato, um histograma pode ser criado para enganar de várias formas. Nas seções seguintes, você verá exemplos de histogramas enganosos e como identificá-los.

Errando o alvo com grupos de menos

Embora o número de grupos usados em um histograma fique a critério da pessoa que está criando o gráfico, é possível passar dos limites, com muitas barras a menos, com tudo amontoado, ou muitas barras a mais, quando cada pequena diferença é ampliada.

Para decidir quantas barras um histograma deve ter, dou uma boa olhada nos agrupamentos usados para formar as barras no eixo *x* e vejo se fazem sentido. Por exemplo, não faz sentido falar sobre resultados de provas em grupos de dois pontos; é detalhe demais com barras em excesso. Por outro lado, não faz sentido agrupar as idades das atrizes com intervalos de 20 anos; não será descritivo o suficiente.

As Figuras 7-4 e 7-5 ilustram essa questão. Cada histograma resume $n = 222$ observações do tempo entre as erupções do gêiser Old Faithful no Parque Yellowstone, nos Estados Unidos. A Figura 7-4 usa seis barras que agrupam os dados em intervalos de dez minutos. Esse histograma mostra um padrão geral inclinado para a esquerda, mas com 222 observações há dados demais em apenas seis grupos; por exemplo, a barra para 75-85 minutos tem mais de 90 dados. É possível separar em mais detalhes.

A Figura 7-5 é um histograma do mesmo conjunto de dados, no qual o tempo entre as erupções é dividido em grupos de 3 minutos cada, resultando em 19 barras. Perceba o padrão distinto dos dados mostrados nesse histograma, que não foram apresentados na Figura 7-4. Você pode observar dois picos distintos: um ao redor da marca de 50 minutos e outro ao redor da marca de 75 minutos. Um conjunto de dados com dois picos é chamado de *bimodal*; a Figura 7-5 mostra um exemplo claro disso.

Ao observar a Figura 7-5, pode-se concluir que o gêiser tem duas categorias de erupções; um grupo que tem um tempo menor de espera e outro que tem um tempo maior. Dentro de cada grupo, você pode observar que os dados estão relativamente próximos do pico. Ao observar a Figura 7-4, não seria possível dizer o mesmo.

Caso o intervalo para os agrupamentos de variáveis numéricas seja muito pequeno, você verá muitas barras no histograma; pode ser difícil interpretar os dados, uma vez que as alturas das barras parecem variar mais do que deveriam. Por outro lado, caso as variáveis sejam muito grandes, você verá barras de menos, e poderá não ver algo interessante nos dados.

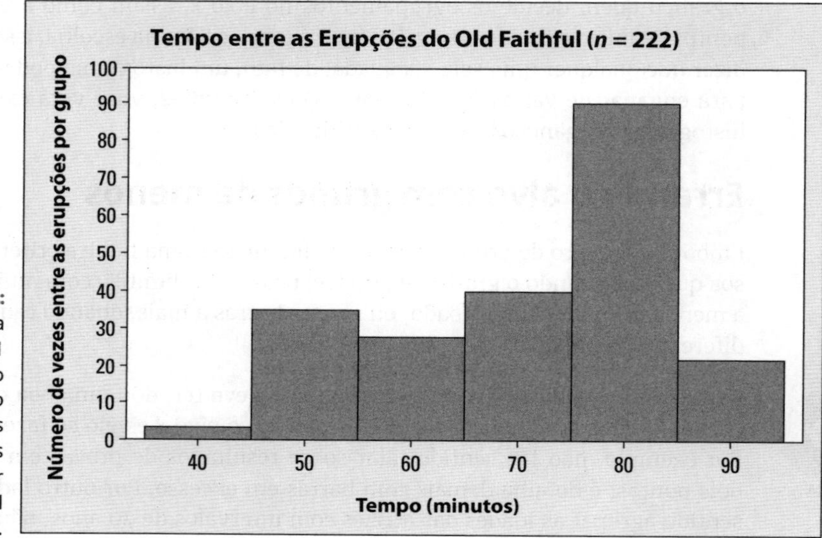

FIGURA 7-4: Histograma 1 mostrando o tempo entre as erupções do gêiser Old Faithful ($n = 222$).

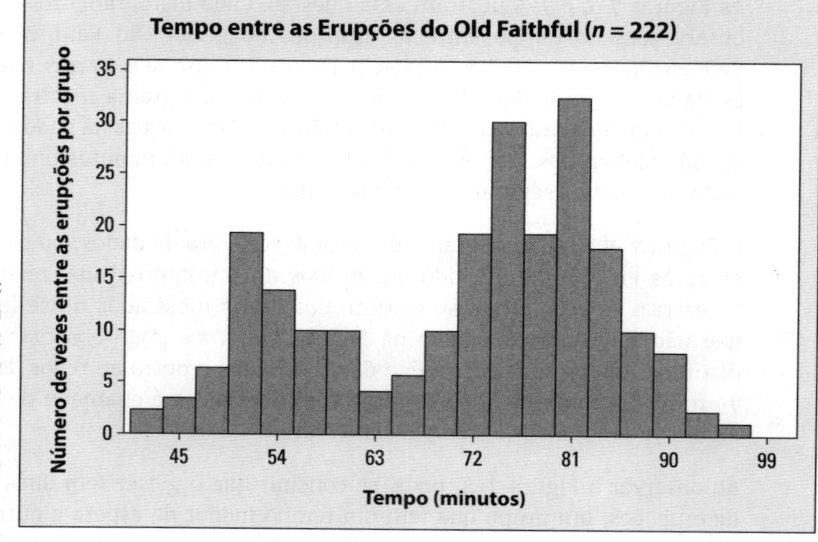

FIGURA 7-5: Histograma 2 mostrando o tempo entre as erupções do gêiser Old Faithful ($n = 222$).

Observando a escala e as linhas de início/fim

O eixo *y* de um histograma mostra quantos indivíduos estão em cada grupo, usando a soma ou a porcentagem. Um histograma pode ser enganoso caso ele tenha uma escala que induza ao erro e/ou pontos de início e fim inapropriados no eixo *y*.

LEMBRE-SE

Observe a escala no eixo *y* de um histograma. Caso ele tenha incrementos grandes e um ponto final muito maior do que o necessário, você verá muito espaço em branco acima. As alturas das barras ficam apertadas na parte de baixo, fazendo com que as diferenças pareçam mais uniformes do que deveriam. Caso a escala tenha incrementos pequenos e termine no menor valor possível, as barras ficam esticadas na vertical, exagerando as diferenças em suas alturas e sugerindo uma diferença maior do que realmente existe.

Um exemplo comparando as escalas nos eixos verticais (*y*) é apresentado nas Figuras 7-5 e 7-6. Peguei os dados do gêiser Old Faithful (tempo entre as erupções) e fiz um histograma com incrementos verticais de 20 minutos, de 0 a 100; veja a Figura 7-6. Compare-a com a Figura 7-5, com incrementos verticais de 5 minutos, de 0 a 35. A Figura 7-6 tem bastante espaço em branco e dá a impressão de que os tempos estão distribuídos mais igualmente entre os grupos do que estão na realidade. Ela também faz com que os dados pareçam menores, caso você não preste atenção no eixo *y*. Desses dois gráficos, a Figura 7-5 é mais apropriada.

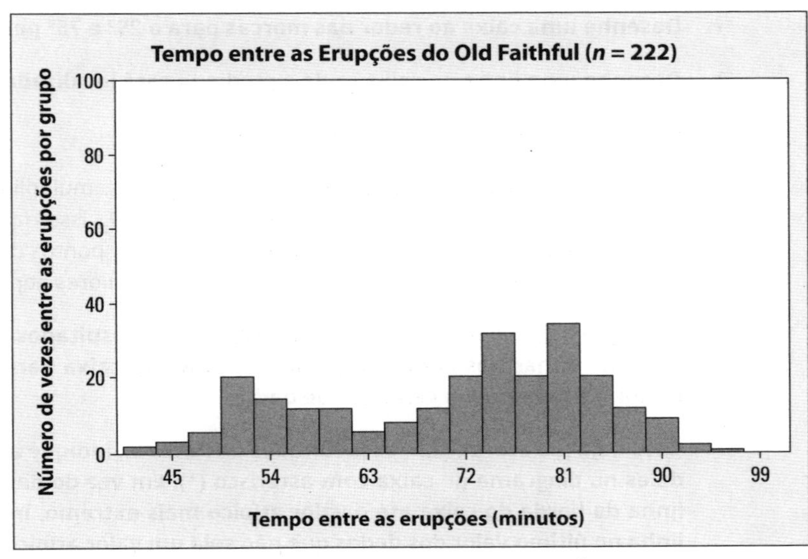

FIGURA 7-6: Histograma 3 do número de erupções do gêiser Old Faithful.

Examinando Diagramas de Caixa

Diagrama de caixa é um gráfico unidimensional de dados numéricos baseado no resumo de cinco números, que inclui o valor mínimo, o 25º percentil (conhecido como Q_1), a mediana, o 75º percentil (Q_3) e o valor máximo. Em essência, essas cinco estatísticas descritivas dividem o conjunto de dados em quatro partes, com cada parte tendo 25% dos dados (veja o Capítulo 5 para ter uma análise completa sobre o resumo de cinco números).

Criando um diagrama de caixa

Para criar um diagrama de caixa, siga estes passos:

1. **Encontre o resumo de cinco números de seu conjunto de dados. (Use os passos mostrados no Capítulo 5.)**
2. **Crie uma linha de números vertical (ou horizontal) cuja escala inclua os números no resumo de cinco números e use unidades adequadas de igual distância entre si.**
3. **Marque a localização de cada número no resumo de cinco números logo acima da linha de números (para um diagrama de caixa horizontal) ou logo à direita (para um diagrama de caixa vertical).**
4. **Desenhe uma caixa ao redor das marcas para o 25º e 75º percentis.**
5. **Desenhe uma linha na caixa onde a mediana está localizada.**
6. **Determine se há valores atípicos ou não.**

   Para tanto, calcule a IIQ (subtraindo Q_3 - Q_1); depois, multiplique por 1,5. Adicione esse número ao valor de Q_3 e subtraia de Q_1. Isso dará um limite maior ao redor da mediana do que a caixa. Quaisquer pontos de dados que ficarem fora desse limite serão determinados como valores atípicos.

7. **Caso não haja valores atípicos (de acordo com os resultados do Passo 6), desenhe linhas das bordas superior e inferior da caixa para os valores mínimo e máximo no conjunto de dados.**
8. **Caso haja (de acordo com os resultados do Passo 6), indique a localização deles no diagrama de caixa com asterisco (*). Em vez de desenhar uma linha da borda da caixa até o valor atípico mais extremo, interrompa a linha no último valor dos dados que não seja um valor atípico.**

DICA

Muitos, se não todos os pacotes de software, indicam os valores atípicos em um conjunto de dados usando um asterisco (*) e utilizam o procedimento descrito no Passo 6 para identificá-los. No entanto, nem todos os pacotes têm esses símbolos e procedimentos; verifique o que seu pacote faz antes de analisar os dados com um diagrama de caixa.

Um diagrama de caixa horizontal com as idades das vencedoras do Oscar de Melhor Atriz de 1928–2009 é apresentado na Figura 7-7. Você pode observar que os números que separam as seções do diagrama correspondem às estatísticas do resumo de cinco números, apresentadas na Figura 7-3.

CUIDADO

Os diagramas de caixa podem ser verticais (retos nas partes superior e inferior), com os valores no eixo de baixo (menores) para cima (maiores), ou podem ser horizontais, com os valores no eixo indo da esquerda (menores) para a direita (maiores). A próxima seção mostra como interpretar um diagrama de caixa.

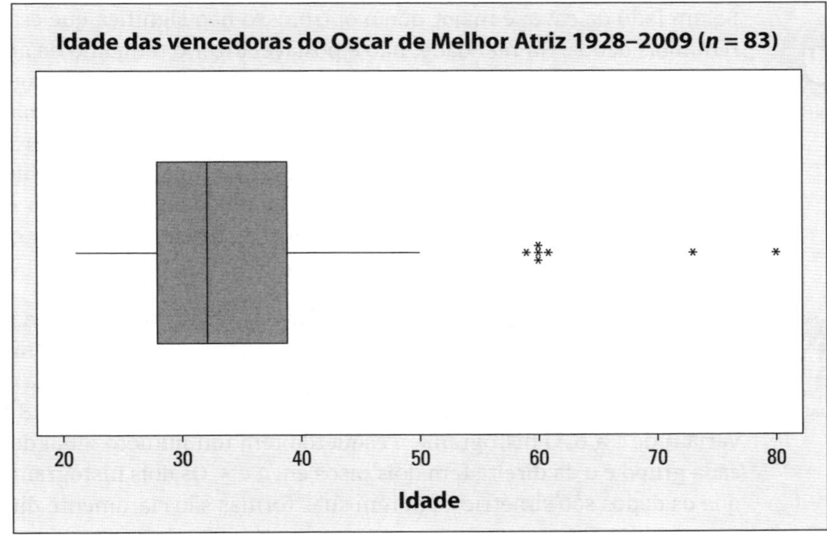

FIGURA 7-7: Diagrama de caixa das idades das Melhores Atrizes (1928–2009; $n = 83$ atrizes).

Interpretando um diagrama de caixa

Parecido com um histograma (veja a seção "Interpretando um histograma"), um diagrama de caixa pode mostrar informações a respeito da forma, do centro e da variabilidade de um conjunto de dados. Os diagramas de caixa são diferentes dos histogramas em termos de pontos fortes e fracos, como você verá nas seções a seguir, porém uma de suas maiores qualidades é como eles lidam com os dados inclinados.

Verificando a forma com cuidado!

Um diagrama de caixa pode mostrar se um conjunto de dados é simétrico (aproximadamente igual em cada lado, quando cortado ao meio) ou inclinado (irregular). Um conjunto de dados simétricos mostra a mediana mais ou menos no meio da caixa. Os dados inclinados mostram uma caixa irregular, na qual a mediana corta a caixa em duas partes desiguais. Caso a parte maior da caixa fique à direita (ou acima) da mediana, os dados estarão *inclinados para a direita.* Caso fique à esquerda (ou abaixo) da mediana, os dados estarão *inclinados para a esquerda.*

Como apresentado no diagrama de caixa dos dados na Figura 7-7, as idades estão inclinadas para a direita. A parte da caixa à esquerda da mediana (representando as atrizes mais jovens) é menor do que a parte à direita (representando as atrizes mais velhas). Isso significa que as idades das atrizes mais jovens estão mais próximas entre si do que as idades das atrizes mais velhas. A Figura 7-3 apresenta as estatísticas descritivas dos dados e confirma a inclinação para a direita: a idade mediana (33 anos) é menor que a idade média (35,69 anos).

LEMBRE-SE

Se um lado da caixa é maior que o outro, isso não significa que esse lado contém mais dados. Na realidade, não é possível dizer o tamanho da amostra apenas observando um diagrama de caixa; ele é baseado em porcentagens, não em somas. Cada seção do diagrama (o mínimo até Q_1, Q_1 até a mediana, a mediana até Q_3 e Q_3 até o máximo) contém 25% dos dados, em qualquer situação. Se uma das seções for maior que outra, isso indicará um intervalo maior nos valores de dados nessa seção (significando que os dados estão mais espalhados). Uma seção menor do diagrama indica que os dados estão mais condensados (aproximados).

CUIDADO

Embora um diagrama de caixa possa informar se um conjunto de dados é simétrico (quando a mediana está no centro da caixa), ele não mostra a forma da simetria, como um histograma. Por exemplo, a Figura 7-8 mostra os histogramas de dois conjuntos de dados diferentes, cada um contendo 18 valores que variam de 1 a 6. O histograma à esquerda tem um número igual de valores em cada grupo e o da direita tem dois picos em 2 e 5. Os dois histogramas mostram que os dados são simétricos, porém suas formas são claramente diferentes.

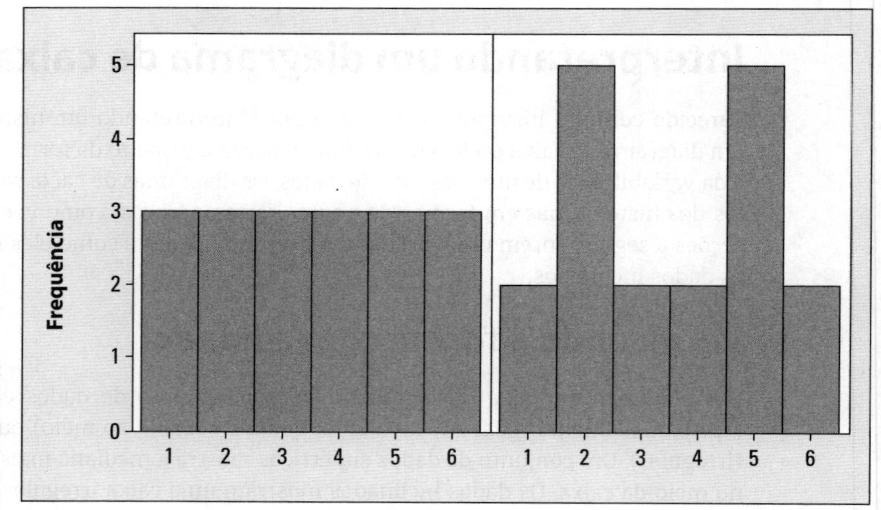

FIGURA 7-8: Histogramas de dois conjuntos de dados simétricos.

A Figura 7-9 mostra os diagramas de caixa correspondentes desses mesmos conjuntos de dados; perceba que eles são exatamente iguais. Isso acontece porque os dois conjuntos têm os mesmos resumos de cinco números, ou seja, ambos são simétricos e têm a mesma distância entre Q_1, a média e Q_3. No entanto, se você apenas viu os diagramas de caixa e não os histogramas, pode pensar que as formas dos dois conjuntos de dados são iguais, quando, na verdade, não são.

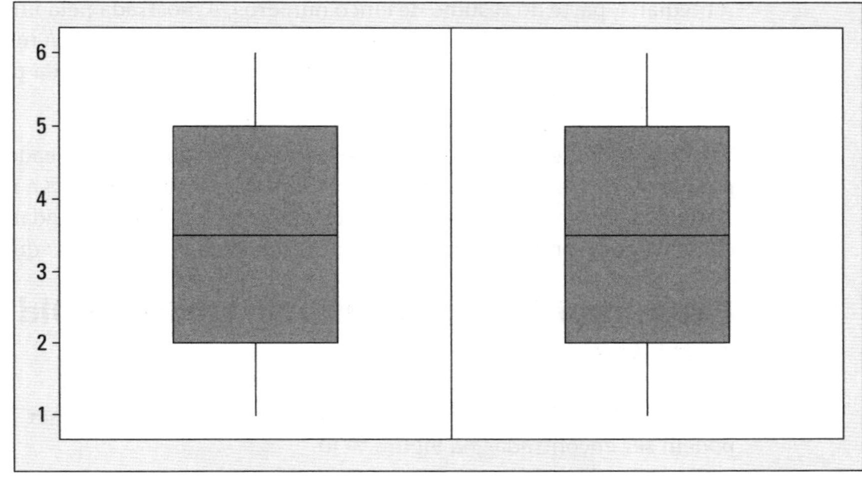

FIGURA 7-9: Diagramas de caixa dos dois conjuntos de dados simétricos da Figura 7-8.

Apesar das deficiências ao detectar o tipo de simetria (você pode adicionar um histograma em sua análise para ajudar a preencher essa lacuna), um diagrama de caixa tem uma grande vantagem: é possível identificar as medidas reais de dispersão e do centro diretamente nele, mas com o histograma não. Um diagrama de caixa também é bom para comparar conjunto de dados ao apresentá-los no mesmo gráfico, lado a lado.

Todos os gráficos têm prós e contras; é sempre uma boa ideia apresentar seus dados usando mais de um gráfico por esse motivo.

Medindo a variabilidade com a IIQ

A variabilidade em um conjunto de dados, descrita pelo resumo de cinco números, é medida pela amplitude interquartil (IIQ). A IIQ é igual a $Q_3 - Q_1$, a diferença entre o 75º e 25º percentis (a distância extensiva para os 50% do meio dos dados). Quanto maior a IIQ, mais variável o conjunto de dados.

Considerando a Figura 7-3, a variabilidade na idade das vencedoras do prêmio de Melhor Atriz conforme mensurado pela IIQ é $Q_3 - Q_1 = 39 - 28 = 11$ anos. Do grupo de atrizes cujas idades estavam mais próximas à mediana, metade estava dentro do período de 11 anos entre si quando ganharam seus prêmios.

Veja que a IIQ ignora os dados abaixo do 25º percentil ou acima do 75º, podendo conter valores atípicos que poderiam aumentar a medida de variabilidade do conjunto de dados inteiro. Portanto, se os dados estão inclinados, a IIQ é uma medida mais adequada de variabilidade do que o desvio-padrão.

Identificando o centro com a mediana

A mediana, parte do resumo de cinco números, é mostrada pela linha que corta a caixa no diagrama. É muito fácil identificá-la dessa maneira. A média, porém, não faz parte do diagrama de caixa e não pode ser determinada precisamente apenas olhando.

Você não vê a média em um diagrama de caixa porque ele é baseado totalmente em percentis. Se os dados estiverem inclinados, a mediana será a medida mais adequada do centro. É claro que se pode calcular a média separadamente e adicioná-la aos resultados; nunca será uma má ideia apresentar as duas.

Examinando o diagrama de caixa do Old Faithful

As estatísticas descritivas relevantes sobre os dados do gêiser Old Faithful podem ser encontradas na Figura 7-10.

Estatísticas Descritivas: Tempo entre as Erupções

Variável	Total	Média	D. Pad.	Mínimo	Q1	Mediana	Q3	Máximo	IIQ
Tempo interm.	222	71.009	12.799	42.000	60.000	75.000	81.000	95.000	21.000

FIGURA 7-10: Estatísticas descritivas para os dados do Old Faithful.

A partir do conjunto de dados, você consegue prever que a forma será inclinada um pouco para a esquerda, porque a média é menor do que a mediana em cerca de 4 minutos. A *IIQ* é $Q_3 - Q_1 = 81 - 60 = 21$ minutos, o que mostra a quantidade da variabilidade total no tempo entre as erupções; 50% das erupções estão dentro de 21 minutos de diferença.

Um diagrama de caixa vertical para a duração do tempo entre as erupções do gêiser Old Faithful é apresentado na Figura 7-11. Você pode confirmar que os dados estão inclinados para a esquerda porque a parte inferior da caixa (onde estão os valores pequenos) é maior do que a parte superior.

Veja os valores do diagrama de caixa na Figura 7-11 que marcam o resumo de cinco pontos e as informações mostradas na Figura 7-10, incluindo a *IIQ* de 21 minutos, para medir a variabilidade. O centro, conforme marcado pela mediana, é de 75 minutos; é uma medida melhor de centro do que a média (71 minutos), que diminui um pouco nos valores inclinados para a esquerda (os poucos que são tempos menores do que o restante dos dados).

Observando o diagrama de caixa (Figura 7-11), você verá que não há valores atípicos indicados por asteriscos. No entanto, perceba que o diagrama não tem a forma bimodal de dados que pode ser observada na Figura 7-5. É preciso um bom histograma para isso.

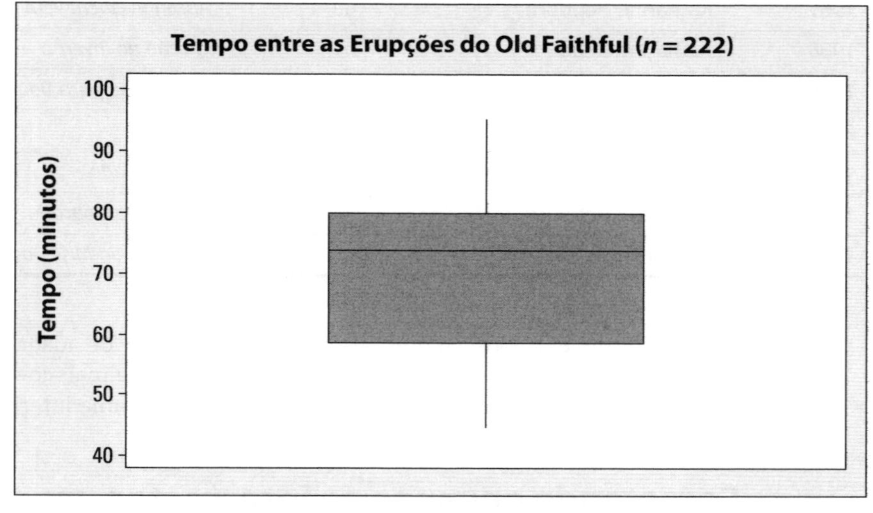

FIGURA 7-11: Diagrama de caixa dos tempos de erupção do gêiser Old Faithful (*n* = 222).

Marcando os valores atípicos

Ao olhar o diagrama de caixa na Figura 7-7 para as idades das Melhores Atrizes, você pode ver um conjunto de valores atípicos (sete ao todo) no lado direito do conjunto de dados, marcados por um grupo de asteriscos (conforme descrito no Passo 8 da seção anterior, "Criando um diagrama de caixa"). Três asteriscos estão empilhados porque três atrizes tinham a mesma idade, 61, quando ganharam o Oscar.

Você pode verificar esses valores atípicos aplicando a regra descrita no Passo 6 da seção "Criando um diagrama de caixa". A *IIQ* é 11 (na Figura 7-3), então, pegue 11 x 1,5 = 16,5 anos. Adicione esse valor a Q_3 e obterá 39 + 16,5 = 55,5 anos; subtraindo esse valor de Q_1 você tem 28 – 16,5 = 11,5 anos. Portanto, uma atriz cuja idade estava abaixo de 11,5 anos (isso é, 11 anos de idade ou menos) ou acima de 55,5 anos (ou seja, 56 anos de idade ou mais) é considerada um valor atípico.

É claro, a extremidade mais baixa desse limite (11,5 anos) não é relevante, porque a atriz mais nova tinha 21 anos (a Figura 7-3 mostra que a idade mínima é 21). Assim, você sabe que não há nenhum valor atípico na parte baixa desse conjunto de dados.

No entanto, sete valores atípicos estão na extremidade alta do conjunto de dados, na qual estão as idades das atrizes com 56 anos ou mais. A Tabela 7-2 mostra informações sobre todos os sete valores atípicos no conjunto de idades das Melhores Atrizes.

TABELA 7-2 **Vencedoras do Prêmio de Melhor Atriz com Idades Designadas como Valores Atípicos**

Ano	Nome	Idade	Filme
1967	Katharine Hepburn	60	*Adivinhe Quem Vem para Jantar*
1968	Katharine Hepburn	61	*O Leão no Inverno*
1985	Geraldine Page	61	*O Regresso para Bountiful*
2006	Helen Mirren	61	*A Rainha*
1931	Marie Dressler	62	*Lírio do Lodo*
1981	Katharine Hepburn	74	*Num Lago Dourado*
1989	Jessica Tandy	81	*Conduzindo Miss Daisy*

A mais jovem entre os valores atípicos tem 60 anos de idade (Katharine Hepburn, 1967). Apenas para comparar, a próxima idade mais jovem no conjunto de dados é 49 (Susan Sarandon, 1995). Isso indica uma interrupção clara nesse conjunto de dados.

Cometendo enganos ao interpretar um diagrama de caixa

É um erro comum associar o tamanho de uma caixa no diagrama com a quantidade de dados no conjunto. Lembre-se de que cada uma das quatro seções mostradas no diagrama de caixa contém uma porcentagem igual (25%) de dados; o diagrama apenas marca os lugares no conjunto de dados que separam as seções.

CUIDADO

Especialmente caso a mediana divida a caixa em duas partes desiguais, a parte maior contém os dados que são mais variáveis que a outra parte, em termos de seu intervalo de valores. No entanto, ainda há a mesma quantidade de dados (25%) na parte maior da caixa e na parte menor.

Outro erro comum envolve o tamanho da amostra. Um diagrama de caixa é um gráfico unidimensional com apenas um eixo que representa a variável sendo medida. Não há um segundo eixo que informe quantos pontos de dados há em cada grupo. Então, quando você vir dois diagramas de caixa lado a lado e um deles tiver uma caixa muito grande e outra muito pequena, não chegue à conclusão de que a maior tem mais dados. O tamanho da caixa representa a variabilidade nos dados, não o número de valores dos dados.

Ao observar ou criar um diagrama de caixa, sempre verifique se o tamanho da amostra (n) está incluído no título. De outra forma, não será possível descobrir o tamanho da amostra.

Abordando os Gráficos de Linhas

Um *gráfico de linhas* (também chamado de *gráfico do tempo*) é uma apresentação de dados usada para examinar tendências nos dados ao longo do tempo (também conhecidas como dados de série temporal). Os gráficos de linhas mostram o tempo no eixo *x* (por exemplo, por mês, ano ou dia) e os valores da variável sendo medida no eixo *y* (como taxas de natalidade, vendas totais ou tamanho da população). Cada ponto no gráfico de linhas resume todos os dados coletados naquele tempo específico; por exemplo, a média de todos os preços de pimenta em janeiro ou o total de receitas em 2010.

Interpretando os gráficos de linhas

LEMBRE-SE

Para interpretar um gráfico de linhas, busque padrões e tendências movendo-se da esquerda para a direita no gráfico.

O gráfico de linhas na Figura 7-12 mostra as idades das vencedoras do prêmio de Melhor Atriz, ordenadas pelo ano em que venceram, de 1928-2009. Cada ponto indica a idade de uma atriz: a que venceu o Oscar naquele ano. Você pode ver um padrão cíclico ao longo do tempo, isso é, as idades sobem e descem com alguma regularidade. É difícil dizer o que acontece aqui; muitas variáveis são necessárias ao determinar uma vencedora do Oscar, incluindo o tipo de filme, tipo de papel feminino, humor das pessoas que votaram etc., e algumas dessas variáveis podem ter um padrão cíclico.

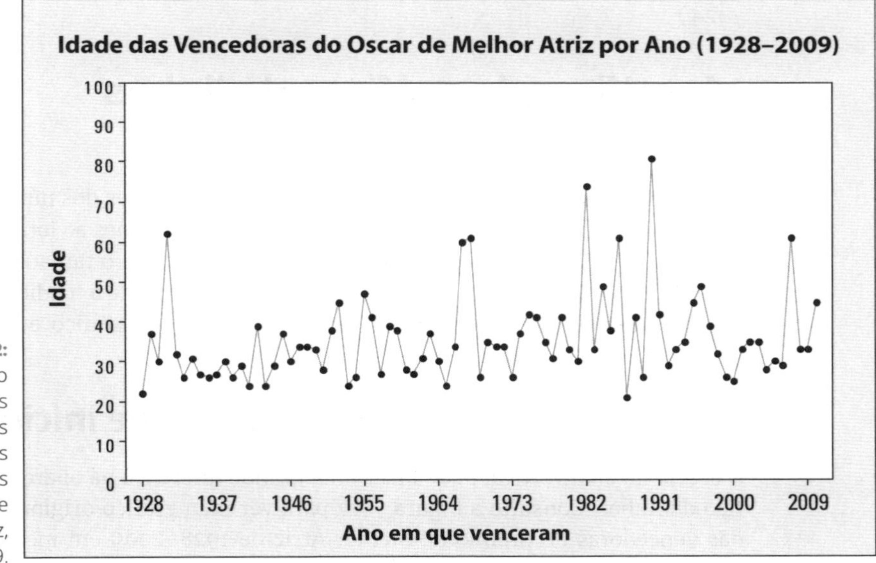

FIGURA 7-12: Gráfico de linhas 1 para as idades das vencedoras do Oscar de Melhor Atriz, 1928–2009.

A Figura 7-12 também mostra uma leve tendência na idade que está propensa para cima; isso indica que as vencedoras do prêmio de Melhor Atriz podem conseguir esse feito mais tarde em suas vidas. Novamente, eu não faria muitas suposições a partir desse resultado, porque os dados têm muita variabilidade.

Considerando a variabilidade, você pode ver que as idades representadas pelos pontos flutuam bastante no eixo *y* (que representa a idade); todos os pontos ficam basicamente entre 20 e 80 anos, sendo que a maioria fica entre 25 e 45 anos, eu diria. Isso concorda com as estatísticas descritivas encontradas na Figura 7-3.

Entendendo a variabilidade: Gráficos de linhas versus histogramas

CUIDADO

A variabilidade em um histograma não deve ser confundida com a variabilidade em um gráfico de linhas. Caso os valores mudem ao longo do tempo, eles são apresentados em um gráfico de linhas como altos e baixos, e muitas mudanças nesse sentido (ao longo do tempo) indicam uma grande variabilidade. Então, uma linha reta em um gráfico de linhas indica que não há mudança nem variabilidade nos valores ao longo do tempo. Por exemplo, se o preço de um produto permanecesse igual por 12 meses consecutivos, o gráfico de linhas do preço ficaria reto.

Porém, quando as partes altas das barras de um histograma ficam niveladas, os dados estão espalhados uniformemente ao longo de todos os grupos, indicando uma boa quantidade de variabilidade. (Para ter um exemplo, consulte a Figura 7-2a.)

Identificando gráficos de linhas enganosos

Assim como qualquer gráfico, é preciso avaliar as unidades dos números sendo plotados. Por exemplo, é um erro colocar o *número* de crimes ao longo do tempo em um gráfico, em vez da taxa (crimes per capita); como o tamanho da população de uma cidade muda com o tempo, a taxa de crimes é a medida adequada. Compreenda quais números estão sendo utilizados no gráfico e examine-os para verificar se estão certos e adequados.

Observando a escala e os pontos de início/fim

A escala no eixo vertical pode fazer uma grande diferença na aparência do gráfico de linhas. Consulte a Figura 7-12 para ver meu gráfico original das idades das vencedoras do prêmio de Melhor Atriz de 1928-2009 em incrementos de dez anos. É possível ver muita variabilidade, como analisado anteriormente.

Na Figura 7-12, os pontos de início e fim no eixo vertical são 0 e 100, o que cria um pouco de espaço em branco acima e abaixo da figura. Eu poderia ter usado 10 e 99 como meus pontos, mas esse gráfico parece razoável.

Agora, o que acontece se eu mudar o eixo vertical? A Figura 7-13 mostra os mesmos dados, com pontos 20 e 80 de início e fim. Os incrementos de 10 anos parecem ser maiores do que os incrementos mostrados na Figura 7-12. Essas duas mudanças no gráfico exageram ainda mais as diferenças nas idades.

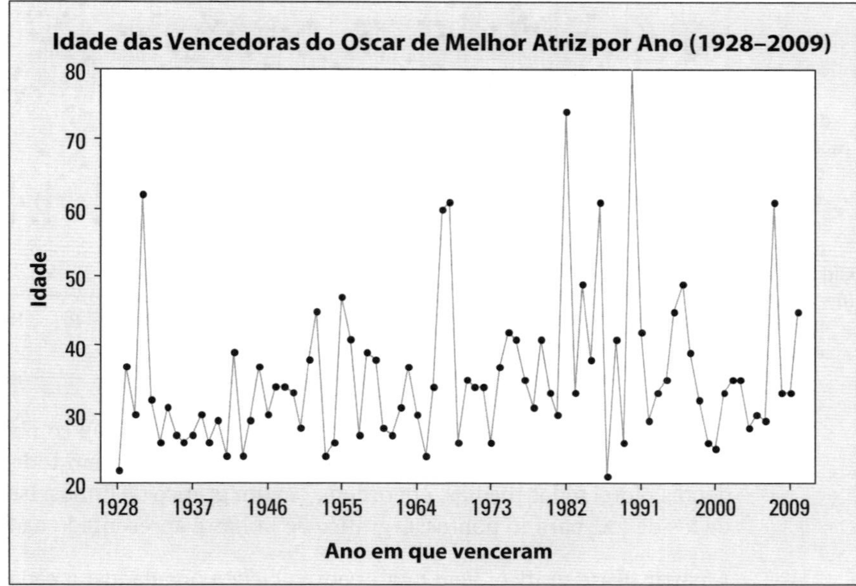

FIGURA 7-13: Gráfico de linhas 2 para as idades das vencedoras do Oscar de Melhor Atriz, 1928–2009.

LEMBRE-SE

Como você pode decidir qual gráfico é melhor para seus dados? Não há gráficos perfeitos, nem respostas certas ou erradas; mas há limites. Você pode identificar os problemas rapidamente apenas dando um zoom na escala e nos pontos de início/fim.

Simplificando o excesso de dados

Um gráfico de linhas com os dados do tempo entre as erupções do Old Faithful é apresentado na Figura 7-14. Você pode ver 222 pontos no gráfico; cada um representa o tempo entre as erupções para cada erupção em um período de 16 dias.

Essa figura parece muito complexa; há dados em todos os lugares, há muitos pontos para que realmente se possa ver alguma coisa; a pessoa se concentra na floresta e não vê a árvore. Há essa questão de haver muitos dados, sobretudo hoje, quando você pode mensurar os dados contínua e meticulosamente usando todos os tipos de tecnologia avançada. Aposto que eles não colocaram um estudante ao lado do gêiser anotando os tempos de erupções em uma prancheta, por exemplo!

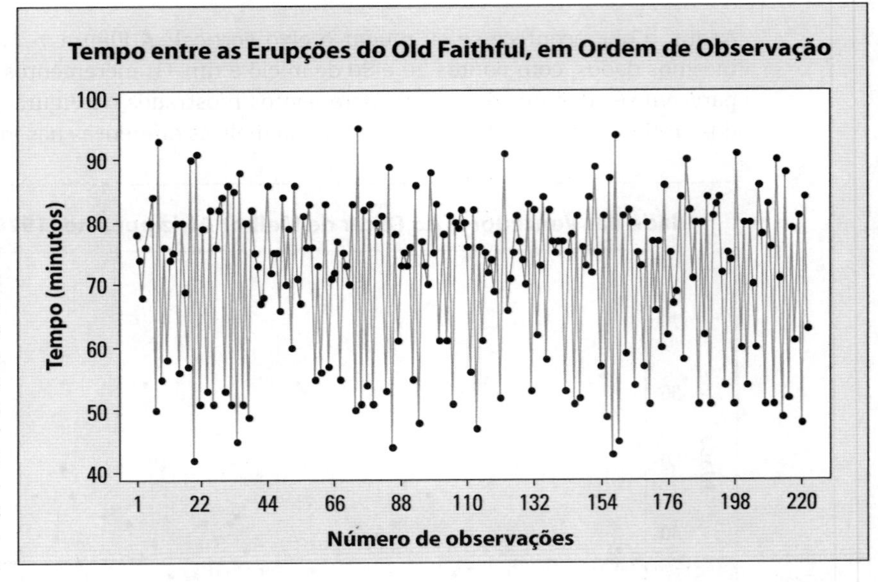

FIGURA 7-14: Gráfico de linhas mostrando o tempo entre as erupções do gêiser Old Faithful ($n = 222$ observações consecutivas).

Para ter um quadro mais claro dos dados do Old Faithful, eu combinei todas as observações de um único dia e descobri a média; fiz isso em todos os 16 dias, depois plotei todas médias, em ordem, em um gráfico de linhas. Isso reduziu os dados de 222 para 16 pontos. O gráfico de linhas é apresentado na Figura 7-15.

A partir desse gráfico, vejo certo padrão cíclico nos dados; a cada um ou dois dias, parece que há uma mudança de tempos curtos para tempos maiores entre as erupções. Embora essas mudanças não sejam definitivas, elas oferecem informações importantes para os cientistas observarem quando estudam o comportamento de gêiseres como o Old Faithful.

LEMBRE-SE

Um gráfico de linhas condensa todos os dados de uma unidade de tempo em um único ponto. Por outro lado, um histograma apresenta a amostra inteira dos dados que foram coletados naquela única unidade de tempo. Por exemplo, a Figura 7-15 mostra a média diária do tempo entre as erupções em 16 dias. Para qualquer dia, você pode fazer um histograma de todas as erupções observadas. Apresentar um gráfico de linhas com os tempos médios ao longo de 16 dias, acompanhado de um histograma resumindo todas as erupções de um dia específico, é como levar dois produtos pelo preço de um.

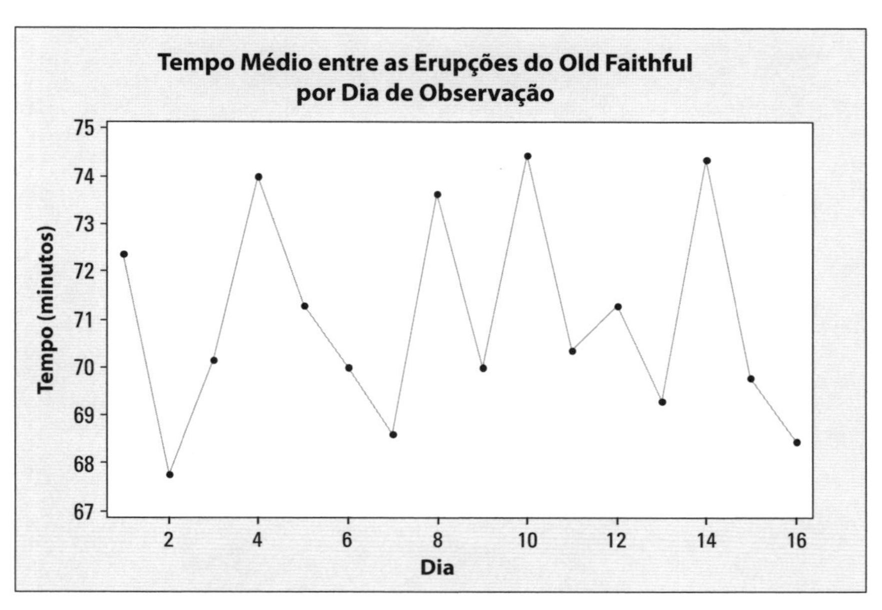

FIGURA 7-15: Gráfico de linhas mostrando a o tempo médio diário entre as erupções do gêiser Old Faithful (n = 16 dias consecutivos).

AVALIANDO OS GRÁFICOS DE LINHAS

Aqui está um checklist para avaliar os gráficos de linhas, com mais algumas observações:

- **Examine a escala e os pontos de início/fim no eixo vertical (aquele que mostra os valores dos dados). Incrementos grandes e/ou muito espaço em branco faz com que as diferenças pareçam menos drásticas; incrementos pequenos e/ou uma plotagem que preencha a página exageram as diferenças.**
- **Caso a quantidade de dados que você tem seja demais, pense em resumi-los descobrindo as médias/medianas dos blocos de tempo e plote-os.**
- **Observe se há espaços na linha de tempo em um gráfico de linhas. Por exemplo, é um erro mostrar pontos com espaços iguais no eixo horizontal (tempo) para 1990, 2000, 2005 e 2010. Isso acontece quando os anos são tratados apenas como legendas, em vez de números reais.**
- **Assim como em qualquer gráfico, leve as unidades em consideração; verifique se elas são adequadas para a comparação ao longo do tempo. Por exemplo, as quantias de dólares estão ajustadas à inflação? Você está buscando o número de crimes ou a taxa de crimes?**

3

Distribuições e Teorema Central do Limite

NESTA PARTE...

Os estatísticos estudam populações; é o arroz com feijão deles. Eles medem, somam ou classificam as características de uma população (usando variáveis aleatórias), encontram probabilidades e proporções, e criam (ou estimam) resumos numéricos para a população (isso é, parâmetros para a população). Algumas vezes é possível saber bastante sobre a população logo de início, outras, é mais confuso. Esta parte estuda as populações nesses dois cenários.

Caso uma população se enquadre em uma distribuição específica, há ferramentas disponíveis para estudá-la. Nos Capítulos 8 a 10, você verá três distribuições comumente usadas: a distribuição binomial (para dados categóricos) e as distribuições normal e ***t*** (para dados numéricos).

Se os detalhes sobre uma população não são conhecidos (o que acontece na maioria das vezes), você deve pegar uma amostra e generalizar os resultados. No entanto, os resultados das amostras variam e é preciso levar isso em consideração. No Capítulo 11, você vai examinar a variabilidade das amostras, medir a precisão dos resultados de sua amostra e descobrir as probabilidades por suas semelhanças. A partir desse ponto, será possível estimar corretamente os parâmetros e testar as declarações feitas sobre eles, mas isso será na Parte 4, para ser exato.

NESTE CAPÍTULO

» **Identificando uma variável aleatória binomial**

» **Descobrindo as probabilidades com uma fórmula ou uma tabela**

» **Calculando a média e a variância**

Capítulo **8**

Variáveis Aleatórias e Distribuição Binomial

Os cientistas e engenheiros muitas vezes desenvolvem modelos para os fenômenos que estão estudando para fazer previsões e tomar decisões. Por exemplo, onde e quando um furacão tocará o solo? Quantos acidentes vão ocorrer neste cruzamento este ano, caso não seja reformado? Ou qual será a população de cervos em determinada população em cinco anos?

Para responder a essas questões, os cientistas (que geralmente trabalham ao lado de estatísticos) definem uma característica que estão medindo ou contando (como o número de cruzamentos, o local e a hora que um furacão tocará o solo, o tamanho da população etc.) e a tratam como uma variável que muda de forma aleatória, de acordo com certo padrão. Eles as chamam (adivinhou) de variáveis aleatórias. Neste capítulo você descobrirá mais sobre elas, seus tipos, características e por que são importantes. E verá os detalhes de uma das variáveis aleatórias mais comuns: a binomial.

Definindo uma Variável Aleatória

Uma variável aleatória é uma característica, medida ou soma que muda de forma aleatória de acordo com determinado conjunto ou padrão. Suas notações são X, Y, Z etc. Nesta seção, você verá como as variáveis aleatórias são caracterizadas e como se comportam em longo prazo, em termos de médias e desvios-padrão.

CUIDADO

Em Matemática, há variáveis como X e Y que assumem determinados valores dependendo do problema (por exemplo, a largura de um retângulo), mas, em Estatística, as variáveis mudam de forma aleatória. Com *aleatório*, os estatísticos querem dizer que não se sabe exatamente qual será o próximo resultado, mas sabe-se que determinado resultado acontece com mais frequência do que outros; nem tudo é 50-50. (Como quando tento acertar arremessos no basquete; de maneira alguma há uma chance de 50% de acertar e 50% de errar. É muito mais 5% de chance de acerto e 95% de erro.) Você pode usar essa informação para estudar melhor os dados e a população para tomar boas decisões. (Por exemplo, não me coloque em seu time de basquete para os arremessos livres.)

Os dados possuem tipos diferentes: categóricos e numéricos (veja o Capítulo 4). Embora esses dois tipos estejam associados às variáveis aleatórias, eu falo apenas sobre as variáveis aleatórias numéricas aqui (seguindo a maioria dos cursos de introdução à Estatística). Para obter informações sobre como analisar as variáveis categóricas, veja os Capítulos 6 e 19.

Discreta versus contínua

As variáveis numéricas aleatórias representam somas e medidas. Elas têm dois tipos diferentes, discreta e contínua, dependendo do tipo de resultados possíveis.

- **Variáveis aleatórias discretas:** Caso os possíveis resultados de uma variável aleatória possam ser listados usando números inteiros (por exemplo, 0, 1, 2, ..., 10; ou 0, 1, 2, 3), a variável aleatória é *discreta*.
- **Variáveis aleatórias contínuas:** Caso os resultados possíveis de uma variável aleatória possam ser descritos apenas usando um intervalo de números reais (por exemplo, todos os números reais de zero a infinito), a variável aleatória é *contínua*.

As variáveis aleatórias discretas normalmente representam somas; por exemplo, o número de pessoas que votaram sim para a proibição de fumar em lugares públicos a partir de uma amostra aleatória de 100 pessoas (os valores possíveis são 0, 1, 2, ..., 100); ou o número de acidentes em determinado cruzamento ao longo de um ano (os valores possíveis são 0, 1, 2, ...).

PAPO DE ESPECIALISTA

Há duas classes variáveis aleatórias discretas: finita e contavelmente infinita. Uma variável aleatória discreta é *finita* quando sua lista de valores possíveis tem um número fixo (finito) de elementos (por exemplo, o número de apoiadores à proibição de fumar em locais públicos em uma amostra aleatória de 100 votantes tem que ser entre 0 e 100). Uma variável aleatória finita muito comum é a binomial, analisada em detalhes neste capítulo.

Uma variável aleatória discreta é *contavelmente infinita* quando seus valores possíveis podem ser listados especificamente, mas não possuem um fim específico. Por exemplo, o número de acidentes que ocorrem em um determinado cruzamento ao longo de um período de dez anos pode ter valores possíveis como: 0, 1, 2, ... (você sabe que eles acabam em algum ponto, mas não pode dizer quando, então lista todos).

As variáveis aleatórias contínuas normalmente representam medidas, como o tempo para completar uma tarefa (por exemplo, 1 minuto e 10 segundos, 1 minuto e 20 segundos etc.) ou o peso de um recém-nascido. O que separa as variáveis aleatórias contínuas das discretas é que elas são *contavelmente infinitas*; elas possuem muitos valores possíveis para serem listados ou somados e/ ou elas podem ser mensuradas com um alto nível de precisão (como o nível de nuvem de poluição em Los Angeles em determinado dia, mensurado em partes por milhão).

Você pode encontrar exemplos de variáveis aleatórias, que são muito usadas, no Capítulo 9 (a distribuição normal) e no Capítulo 10 (a distribuição *t*).

Distribuições de probabilidades

Uma variável aleatória discreta X pode ter determinado conjunto de resultados possíveis e cada um desses resultados tem certa probabilidade de ocorrer. A notação usada para qualquer resultado específico é um x minúsculo. Por exemplo, digamos que você jogue os dados e observe o resultado. A variável aleatória X é resultado dos dados (que têm os valores possíveis 1, 2, ..., 6). Caso jogue os dados e obtenha o resultado 1, isso é um resultado específico, portanto, você deve escrever "$x = 1$".

A probabilidade de qualquer resultado específico que ocorre é indicada por $p(x)$, que deve ser lida como "p de x". Isso significa a probabilidade de que a variável aleatória X assuma um valor específico, que chamamos de "x pequeno". Por exemplo, para indicar a probabilidade de obter 1 ao jogar os dados, escreva $p(1)$.

LEMBRE-SE

Os estatísticos usam um X maiúsculo quando falam sobre variáveis aleatórias de forma geral; por exemplo, "X será o resultado de jogar um único dado". Eles usam um x minúsculo quando falam sobre resultados específicos da variável aleatória, como $x = 1$ ou $x = 2$.

Uma lista ou função que mostra todos os valores possíveis de uma variável aleatória discreta, junto com suas probabilidades, é chamada de *distribuição de probabilidade, p(x)*. Por exemplo, ao jogar apenas um dos dados, os resultados possíveis são 1, 2, 3, 4, 5 e 6, e cada número tem uma probabilidade de 1/6 (se o dado tiver todos os lados iguais.) Como outro exemplo, imagine que 40% das pessoas que moram de aluguel em um complexo de apartamentos tenham um cão, 7% tenham dois cães, 3% tenham 3 cães e 50% não tenham cães. Para X = número de cães, a distribuição de probabilidades é apresentada na Tabela 8-1.

TABELA 8-1 **Distribuição de Probabilidades para *X* = Número de Cães que os Inquilinos Têm**

x	p(x)
0	0,50
1	0,40
2	0,07
3	0,03

Média e variância de uma variável aleatória discreta

Em uma variável aleatória, a *média* considera todos os resultados que podemos esperar em longo prazo (de todas as amostrar possíveis). Por exemplo, se você jogar um dado um bilhão de vezes e registrar os resultados, a média desses resultados será 3,5. (Cada resultado aparece com as mesmas chances, então fazemos a média dos números 1 a 6 para obter 3,5). No entanto, caso o dado esteja viciado e você obtenha 1 na maior parte das vezes, o resultado médio após um bilhão de jogadas será mais próximo a 1 do que a 3,5.

DICA

A notação para a média de uma variável X é μ_x ou μ (pronuncia-se "x sob mi"; ou apenas "mi x"). Como você está observando todos os resultados em longo prazo, é o mesmo que observar a média de uma população inteira de valores, e é por esse motivo que marcamos com μ_x, e não com $\bar{x}$. (O segundo representa a média de uma *amostra* de valores [veja o Capítulo 5].) Você deve colocar o X subscrito para lembrar que a variável dessa média pertence à variável X (em vez de à variável Y ou a qualquer outra letra).

A *variância* de uma variável aleatória é interpretada, de modo geral, como a média da distância ao quadrado a partir da média de todos os resultados que podem ser obtidos em longo prazo, em todas as amostras possíveis. Isso é igual à variância da população de todos os valores possíveis. A notação para a variância de uma variável aleatória *X* é σ_x^2ouσ^2. Dizemos "*x* sob sigma ao quadrado" ou apenas "sigma ao quadrado".

O desvio-padrão de uma variável aleatória *X* é a raiz quadrada da variável, indicada com σ_x orσ (diga "sigma *x*" ou apenas "sigma"). Ela representa, de modo geral, a distância média a partir da média.

Assim como a média, usa-se a notação grega para indicar a variância e o desvio-padrão de uma variável aleatória. A notação em português s^2 e *s* representa a variância e o desvio-padrão de uma *amostra* de indivíduos, não a população inteira (veja o Capítulo 5).

CUIDADO

A variância usa unidades ao quadrado, por isso não é fácil de ser interpretada. Usamos o desvio-padrão para a interpretação porque ele usa unidades originais de *X*. O desvio-padrão pode ser interpretado, de modo geral, como a distância média a partir da média.

Identificando um Binômio

A variável aleatória discreta mais conhecida e amada é o binômio. *Binômio* significa *dois nomes* e está associado a situações que envolvem dois resultados; por exemplo, sim/não ou sucesso/fracasso (parar ou não no sinal vermelho, desenvolver ou não um efeito colateral). Esta seção se concentra na variável aleatória binomial, ou seja, quando você pode usá-la, encontrando as probabilidades para ela, sua média e variância.

Uma variável aleatória é binomial (isso é, tem uma distribuição binomial) na presença das quatro condições a seguir:

1. **Há um número fixo de tentativas (*n*).**
2. **Cada tentativa tem dois resultados possíveis: sucesso ou fracasso.**
3. **A probabilidade de sucesso (denominada *p*) é a mesma em cada tentativa.**
4. **As tentativas são independentes, significando que o resultado de uma não influencia o resultado de qualquer outra.**

Deixe que *X* iguale o número total de sucessos em *n* tentativas; caso todas as quatro condições estejam presentes, *X* possui uma distribuição binomial com uma probabilidade de sucesso (em cada tentativa) igual a *p*.

A letra *p* minúscula aqui representa a probabilidade de obter sucesso em uma única tentativa (individual). Não é o mesmo que $p(x)$, que significa a probabilidade de obter *x* sucessos em *n* tentativas.

Verificando as condições binomiais passo a passo

Jogue uma moeda não viciada dez vezes e conte o número de caras (X). Há uma distribuição binomial para X? Você pode verificar avaliando suas respostas às perguntas e explicações que seguem:

1. **Há um número fixo de tentativas?**

   Você jogará a moeda dez vezes, que é um número fixo. A primeira condição é atendida e $n = 10$.

2. **Cada tentativa tem apenas dois resultados possíveis: sucesso ou fracasso?**

   O resultado de cada jogada é cara ou coroa, e você está interessado em contar o número de caras. Isso significa que sucesso = cara e fracasso = coroa. A segunda condição é atendida.

3. **A probabilidade de sucesso é a mesma para cada tentativa?**

   Como a moeda não está viciada, a probabilidade de sucesso (obter cara) é $p = ½$ para cada tentativa. Você também sabe que $1 - ½ = ½$ é a probabilidade de fracasso (obter coroa) em cada tentativa. A terceira condição é atendida.

4. **As tentativas são independentes?**

   Você presume que a moeda está sendo jogada da mesma forma a cada vez, o que significa que o resultado de uma jogada não afeta o resultado das jogadas subsequentes. A quarta condição é atendida.

Como a variável aleatória X (o número de sucessos [caras] que ocorrem em dez tentativas [jogadas]) atende às quatro condições, podemos concluir que ela tem uma distribuição binomial com $n = 10$ e $p = 1/2$.

Porém nem todas as situações que parecem ser binomiais de fato são. Continue lendo para ver alguns exemplos do que quero dizer.

Sem número fixo de tentativas

Imagine que você jogará uma moeda não viciada até obter quatro caras e contará quantas jogadas serão necessárias para isso; nesse caso, X = número de jogadas. Isso certamente parece uma situação binomial: a segunda condição é atendida, porque você tem sucesso (cara) e fracasso (coroa) em cada jogada; a terceira condição é atendida ao termos a probabilidade de sucesso (cara) sendo a mesma (0,5) em cada jogada; e as jogadas são independentes, portanto a quarta condição é atendida.

No entanto, perceba que X não está contando o número de caras, mas o número de tentativas necessárias para obter quatro caras. O número de sucessos (X) é fixo, em vez do número de tentativas (n). A primeira condição não é atendida, portanto X não tem uma distribuição binomial nesse caso.

Mais do que sucesso ou fracasso

Algumas situações envolvem mais do que dois resultados possíveis, contudo elas podem parecer binomiais. Por exemplo, imagine que você jogue um dado não viciado dez vezes e que X seja o resultado de cada jogada (1, 2, 3, ..., 6). Você tem uma série de $n = 10$ tentativas, elas são independentes e a probabilidade de cada resultado é a mesma em cada jogada. No entanto, em cada jogada você registra o resultado de um dado com seis lados, um número de 1 a 6. Esta não é uma situação de sucesso/fracasso, portanto a segunda condição não é atendida.

Porém, dependendo do que você esteja registrando, as situações que originalmente têm mais de dois resultados podem entrar na categoria de binomiais. Por exemplo, caso você jogue um dado dez vezes e a cada vez registra se tirou ou não 1, então a segunda condição é atendida, porque seus dois resultados de interesse são obter 1 ("sucesso") e não obter 1 ("fracasso"). Nesse caso, p (a probabilidade de sucesso) = 1/6 e 5/6 é a probabilidade de fracasso. Então, se X está contando quantos números 1 você obtém em dez jogadas, X é uma variável aleatória binomial.

As tentativas não são independentes

A condição de independência é violada quando o resultado de uma tentativa afeta outra tentativa. Imagine que você queira saber as opiniões de adultos em sua cidade a respeito da abertura de um cassino. Em vez de obter uma amostra aleatória de, digamos, 100 pessoas, para economizar tempo você seleciona 50 casais e pede a opinião de cada um deles. Nesse caso, é sensato dizer que os casais têm uma chance maior de ter a mesma opinião que os indivíduos selecionados aleatoriamente, portanto a quarta condição não é atendida.

A probabilidade de sucesso (p) muda

Você tem dez pessoas (seis mulheres e quatro homens) e quer formar uma comissão de duas pessoas de forma aleatória. Considere que X seja o número de mulheres na comissão de duas pessoas. A chance de selecionar uma mulher aleatoriamente na primeira tentativa é de $\frac{6}{10}$. Como você não pode selecionar a mesma mulher novamente, a chance de selecionar outra é de $\frac{5}{9}$. O valor de p mudou e a terceira condição não foi atendida.

Se a população for muito grande (por exemplo, todos os adultos dos EUA), p ainda mudará a cada vez que você escolher alguém, porém a mudança será insignificante, então não se preocupe. Ainda é possível dizer que as tentativas são independentes com a mesma probabilidade de sucesso, p. (A vida é muito mais fácil assim!)

Descobrindo as Probabilidades Binomiais Usando uma Fórmula

Após identificar que X possui uma distribuição binomial (quando as quatro condições da seção "Verificando as condições binomiais passo a passo" são observadas), provavelmente você desejará descobrir as probabilidades para X. A boa notícia é que você não precisa fazer todo o trabalho a partir do zero; pode usar as fórmulas estabelecidas para descobrir as probabilidades binomiais, usando os valores de n e p exclusivos para cada problema. As probabilidades para uma variável aleatória binomial X podem ser descobertas com a seguinte fórmula para $p(x)$:

$$\binom{n}{x} p^x (1-p)^{n-x}$$

Em que:

- n é o número fixo de tentativas.
- x é o número específico de sucessos.
- $n - x$ é o número de fracassos.
- p é a probabilidade de sucesso em qualquer tentativa.
- $1 - p$ é a probabilidade de fracasso em qualquer tentativa. (***Nota:*** Alguns livros didáticos usam a letra q para indicar a probabilidade de fracasso, em vez de $1 - p$.)

Essas probabilidades se mantêm para qualquer valor de X entre 0 (o menor número de sucessos possível em n tentativas) e n (o maior número de sucessos possível).

O número de formas para reorganizar x sucessos em n tentativas é chamado de "x escolhas em n" e a notação é $\binom{n}{x}$. É importante observar que essa expressão matemática não é uma fração; é uma forma reduzida para representar o número de formas para fazer esses tipos de reorganização.

Em geral, para calcular "x escolhas em n", use a seguinte fórmula:

$$\binom{n}{x} = \frac{n!}{x!(n-x)!}$$

A notação $n!$ representa *n fatorial*, o número de formas para reorganizar n itens. Para calcular $n!$, multiplique $n(n-1)(n-2) \ldots (2)(1)$. Por exemplo, 5! é 5(4)(3)(2)(1) = 120; 2! é 2(1) = 2; e 1! é 1. Por convenção, 0! é igual a 1.

Suponha que você precise passar por três semáforos para ir ao trabalho. X será o número sinais vermelhos que você pega em três. De quantas formas é possível pegar dois sinais vermelhos no caminho para o trabalho? Bem, você poderia pegar um verde primeiro, depois os outros dois vermelhos; poderia pegar o verde no meio e vermelho no primeiro e no terceiro; ou poderia pegar vermelho primeiro, depois outro vermelho e verde por último. Considerando que VD = verde e VM = vermelho, você pode escrever essas três possibilidades como: VD VM VM, VM VD VM, VM VM VD. Então, indo para o trabalho, você pode pegar dois sinais vermelhos de três formas, certo?

Verifique a matemática. Neste exemplo, uma "tentativa" é um semáforo e um "sucesso" é um sinal vermelho. (Eu sei que parece estranho, mas um sucesso é qualquer coisa que você queira contar, boa ou ruim.) Portanto, você tem n = 3 total de semáforos e está interessado na situação em que obtém x = 2 sinais vermelhos. Usar a bela notação, $\binom{3}{2}$ significa "2 escolhas em 3", e representa o número de formas para reorganizar 2 sucessos em 3 tentativas.

Para calcular "2 escolhas em 3", faça o seguinte:

$$\binom{3}{2} = \frac{3!}{2!(3-2)!} = \frac{3(2)(1)}{[(2)(1)](1)} = \frac{6}{2} = 3$$

Isso confirma as três possibilidades listadas para pegar dois sinais vermelhos.

Agora imagine que os semáforos operem de forma independente entre si e que cada um tenha 30% de chances de estar vermelho. Suponha que você queira descobrir a probabilidade de distribuição para X. (Isso é, uma lista de todos os valores possíveis de X (0, 1, 2, 3) e suas probabilidades.)

Antes de entrar nos cálculos, verifique primeiramente as quatro condições (da seção "Verificando as condições binomiais passo a passo") para ver se é uma situação binomial. Você tem n = 3 tentativas (semáforos); verificado. Cada tentativa é um sucesso (sinal vermelho) ou um fracasso (sinal amarelo ou verde; ou seja, sinal "não vermelho"); verificado. Os semáforos operam de forma independente, então você tem as tentativas independentes atendidas e, como cada sinal está vermelho 30% do tempo, sabe que p = 0,30 para cada um. Então, X = número de sinais vermelhos com uma distribuição binomial. Para chegar ao âmago da fórmula, 1 - p = probabilidade de um sinal não vermelho = 1 - 0,30 = 0,70; e o número de sinais não vermelhos é 3 - X.

Usando a fórmula para $p(x)$, você obtém as probabilidades para x = 0, 1, 2 e 3 sinais vermelhos:

$$p(0)=\binom{3}{0}0.30^{0}(1-0.30)^{3-0}=$$

$$\frac{3!}{0!(3-0)!}(0.30)^{0}(0.70)^{3}=1(1)(0.343)=0.343;$$

$$p(1)=\binom{3}{1}0.30^{1}(1-0.30)^{3-1}=$$

$$\frac{3!}{1!(3-1)!}(0.30)^{1}(0.70)^{2}=3(0.30)(0.49)=0.441;$$

$$p(2)=\binom{3}{2}0.30^{2}(1-0.30)^{3-2}=$$

$$\frac{3!}{2!(3-2)!}(0.30)^{2}(0.70)^{1}=3(0.09)(0.70)=0.189;\text{ and}$$

$$p(3)=\binom{3}{3}0.30^{3}(1-0.30)^{3-3}=$$

$$\frac{3!}{3!(3-3)!}(0.30)^{3}(0.70)^{0}=1(0.027)(1)=0.027.$$

A distribuição de probabilidade para X é apresentada na Tabela 8-2. Perceba que essas probabilidades todas totalizam 1, porque cada valor possível de X é listado e considerado.

Descobrindo Probabilidades Usando a Tabela Binomial

A seção anterior trata dos valores de n que são bem pequenos, mas você pode se perguntar como lidará com a fórmula para calcular probabilidades binomiais quando n ficar grande. Não se preocupe! Muitas probabilidades binomiais são oferecidas na tabela binomial no apêndice. Veja como usá-la:

Dentro da tabela binomial, você pode observar várias minitabelas: cada uma corresponde a um n diferente para um binômio (n = 1, 2, 3, ..., 15 e 20 estão disponíveis). Cada minitabela possui linhas e colunas. Descendo pela lateral de qualquer minitabela, você observa todos os valores possíveis de X, de 0 até n, cada um com sua própria linha. As colunas de uma tabela binomial representam diversos valores de p, de 0,10 até 0,90.

Descobrindo as probabilidades para valores específicos de X

Para usar a tabela binomial do apêndice para descobrir as probabilidades para X = número total de sucessos em n tentativas, em que p é a probabilidade de sucesso em qualquer tentativa individual, siga estes passos:

1. **Encontre a minitabela associada a seu valor particular de *n* (número de tentativas).**
2. **Encontre a coluna que representa seu valor particular de *p* (ou o que for mais próximo, se for o caso)**
3. **Encontre a linha que representa o número de sucessos (*x*) que você busca.**
4. **Faça o cruzamento da linha e da coluna dos Passos 2 e 3.** Isso dará a probabilidade para x sucessos, escrita como $p(x)$.

Para o exemplo do semáforo da seção "Descobrindo as Probabilidades Binomiais Usando uma Fórmula", você pode usar a tabela binomial (Tabela A-3 no apêndice) para verificar os resultados encontrados pela fórmula binomial apresentados na Tabela 8-2. Veja a minitabela na qual n = 3 e observe a coluna na qual p = 0,30. Você pode ver quatro probabilidades listadas: 0,343, 0,441, 0,189 e 0,027; essas são as probabilidades para X = 0, 1, 2 e 3 sinais vermelhos, respectivamente, combinando com as da Tabela 8-2.

TABELA 8-2 **Distribuição de Probabilidades para *X* = Número de Sinais Vermelhos (*n* = 3, *p* = 0,30)**

X	p(x)
0	0,343
1	0,441
2	0,189
3	0,027

Descobrindo as probabilidades para X maior que, menor que ou entre dois valores

A tabela binomial (Tabela A-3 no apêndice) mostra as probabilidades para X sendo igual a qualquer valor de 0 a n, para uma variedade de ps. Para descobrir as probabilidades para X sendo menor que, maior que ou entre dois valores, basta encontrar os valores correspondentes na tabela e adicionar suas probabilidades. Para o exemplo do semáforo, conte o número de vezes (X) que você pegou um sinal vermelho (de três semáforos possíveis). Cada um tem uma chance de 0,30% de estar vermelho, então você tem uma distribuição binomial com $n = 3$ e $p = 0,30$. Caso queira a probabilidade de pegar mais de um sinal vermelho, descubra $p(x > 1)$ adicionando $p(2) + p(3)$ na Tabela A-3 para obter $0,189 + 0,027 = 0,216$.

A probabilidade de pegar entre 1 e 3 (inclusive) sinais vermelhos é $p(1 \leq x \leq 3) = 0,441 + 0,189 + 0,027 = 0,657$.

Você precisa diferenciar entre uma probabilidade *maior que* (>) e uma *maior ou igual a* (≥) ao trabalhar com variáveis aleatórias discretas. Reformulando os dois exemplos anteriores, você observa que $p(x > 1) = 0,216$, mas que $p(x \geq 1) = 0,657$. Isso não é um problema para as variáveis aleatórias contínuas (veja o Capítulo 9).

Outras expressões para se lembrar: *pelo menos* significa o número ou outro maior e *no máximo* significa o número ou outro menor. Por exemplo, a probabilidade de que X é pelo menos 2 é $p(x \geq 2)$; a probabilidade de que X é no máximo 2 é $p(x \leq 2)$.

Verificando a Média e o Desvio-padrão do Binômio

Uma vez que a distribuição binomial é muito usada, os estatísticos deram um passo à frente e fizeram todo o trabalho pesado encontrando fórmulas boas e fáceis para descobrir sua média, variância e desvio-padrão. (Isso é, eles já aplicaram os métodos da seção "Definindo uma Variável Aleatória" às fórmulas de distribuição binomial, fizeram todos os cálculos e apresentaram os resultados em uma bandeja de ouro; você não adora quando isso acontece?) Veja a seguir os resultados desse trabalho.

Caso X tenha uma distribuição binomial com n tentativas e p probabilidade de sucesso em cada tentativa, então:

1. **A média de *X* é** $\mu = np$.
2. **A variância de *X* é** $\sigma^2 = np(1-p)$.
3. **O desvio-padrão de *X* é** $\sigma = \sqrt{np(1-p)}$.

   Por exemplo, imagine que você jogue uma moeda não viciada e considere X como o número de caras; então X possui uma distribuição binomial com n = 100 e p = 0,50. Sua média é $\mu = np = 100(0.50) = 50$ caras (o que faz sentido, porque cara e coroa são 50-50). A variação de X é $\sigma^2 = np(1-p) = 100(0.50)(1-0.50) = 25$, que está em unidades ao quadrado (então, você não pode interpretá-las); e o desvio-padrão é a raiz quadrada da variância, que é 5. Isso significa que quando você joga uma moeda 100 vezes, e faz isso repetidamente, o número médio de caras que vai obter é 50 e pode esperar que varie cerca de 5 caras em média.

DICA

A fórmula para a média de uma distribuição binomial tem um significado intuitivo. O p na fórmula representa a probabilidade de um sucesso, sim, mas também representa a *proporção* de sucessos que você pode esperar em n tentativas. Portanto, o *número* total de sucessos que se pode esperar, isso é, a média de X, é $\mu = np$.

A fórmula para a variância também possui um significado intuitivo. A única variabilidade nos resultados de cada tentativa é entre sucesso (com probabilidade p) e fracasso (com probabilidade 1 - p). Ao longo de n tentativas, a variância do número de sucessos/fracassos é mensurado por $\sigma^2 = np(1-p)$. O desvio-padrão é apenas a raiz quadrada.

CUIDADO

Caso o valor de n seja muito grande para usar a fórmula binomial ou a tabela binomial para calcular as probabilidades (veja as seções anteriores neste capítulo), há uma alternativa. Acontece que se n for grande o suficiente, você poderá usar a distribuição normal para obter uma resposta aproximada para uma probabilidade binomial. A média e o desvio-padrão do binômio estão envolvidos nesse processo. Todos os detalhes estão no Capítulo 9.

NESTE CAPÍTULO

» **Entendendo a distribuição normal e a distribuição normal padrão**

» **Indo do começo ao fim para descobrir as probabilidades normais**

» **Trabalhando ao contrário para descobrir os percentis**

Capítulo 9

Distribuição Normal

Em suas viagens pela Estatística, você encontrará dois tipos principais de variáveis: discretas e contínuas. As *variáveis aleatórias discretas* basicamente contam as coisas (números de caras em dez jogadas de moeda, número de mulheres democratas em uma amostra e assim por diante). A variável aleatória discreta mais conhecida é a binomial. (Veja o Capítulo 8 para ter mais informações sobre as variáveis aleatórias discretas e binômios.) Uma *variável aleatória contínua* é normalmente baseada em medidas; ela considera um número incontavelmente infinito de valores (dentro de um intervalo na linha real) ou tem tantos valores possíveis que ela também pode ser considerada contínua (por exemplo, o tempo para completar uma tarefa, os resultados de provas etc.).

Neste capítulo, você vai entender e calcular as probabilidades da variável aleatória contínua mais famosa de todos os tempos: a distribuição normal. Também descobrirá os percentis para a distribuição normal, em que você tem uma probabilidade como uma porcentagem e precisa descobrir o valor de X associado a ela. E você pode imaginar como seria engraçado ver um estatístico usando uma camiseta com a frase "Eu prefiro ser normal".

Explorando os Fundamentos da Distribuição Normal

Uma variável aleatória contínua X possui uma distribuição normal quando seus valores têm a forma de uma curva suave (contínua) em formato de sino. Cada distribuição normal tem sua própria média, indicada pela letra grega μ (pronuncia-se "mi") e seu próprio desvio-padrão, indicado pela letra grega σ (pronuncia-se "sigma"). Porém não importa quais sejam suas médias e desvios-padrão, todas as distribuições normais possuem a mesma forma básica de sino. A Figura 9-1 apresenta alguns exemplos de distribuições normais.

Todas as distribuições normais possuem certas características. Utilizamos essas propriedades para determinar a posição relativa de qualquer resultado particular na distribuição e descobrir as probabilidades. As propriedades de qualquer distribuição normal são as seguintes:

- Sua forma é simétrica (ou seja, ao cortá-la no meio, as duas partes são idênticas).
- Sua distribuição possui uma saliência no meio, com caudas descendo e abrindo nos lados à esquerda e à direita.
- A média e a mediana são iguais e encontram-se diretamente no meio da distribuição (devido à simetria).
- Seu desvio-padrão mede a distância na distribuição a partir da média até o *ponto de inflexão* (o lugar onde a curva muda de um formato de "tigela virada para baixo" para um formato de "tigela virada para cima").
- Devido ao seu formato único de sino, as probabilidades da distribuição normal seguem a regra empírica (todos os detalhes no Capítulo 5), que estabelece o seguinte:
  - Cerca de 68% de seus valores permanecem dentro de um desvio-padrão da média. Para descobrir o intervalo, pegue o valor do desvio-padrão, depois descubra a média mais esse valor e a média menos esse valor.
  - Cerca de 95% de seus valores permanecem dentro de dois desvios-padrão da média. (Aqui você pega duas vezes o desvio-padrão, depois o adiciona e subtrai da média.)
  - Quase todos os valores (cerca de 99,7) permanecem dentro de três desvios-padrão da média. (Pegue três vezes o desvio-padrão e o adicione e subtraia da média.)
- As probabilidades precisas para todos os possíveis intervalos de valores na distribuição normal (não apenas aqueles dentro de 1, 2 ou 3 desvios-padrão da média) são descobertas usando uma tabela com um mínimo de cálculo (se houver algum). (A próxima seção mostra todas as informações sobre essa tabela.)

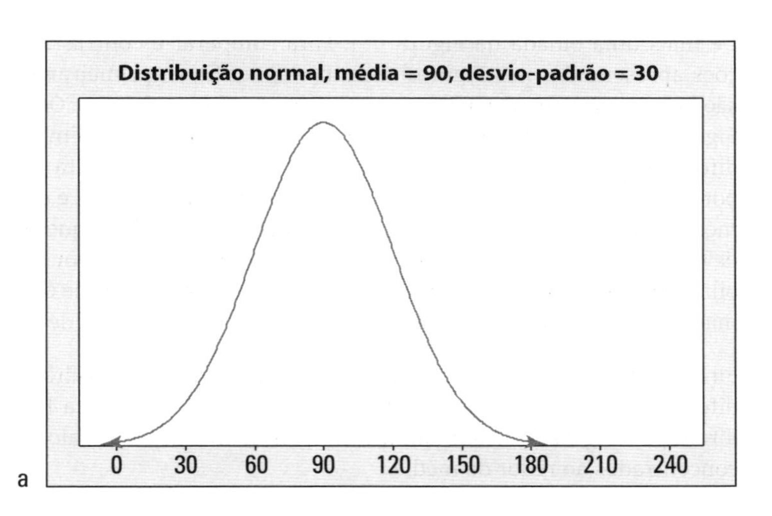

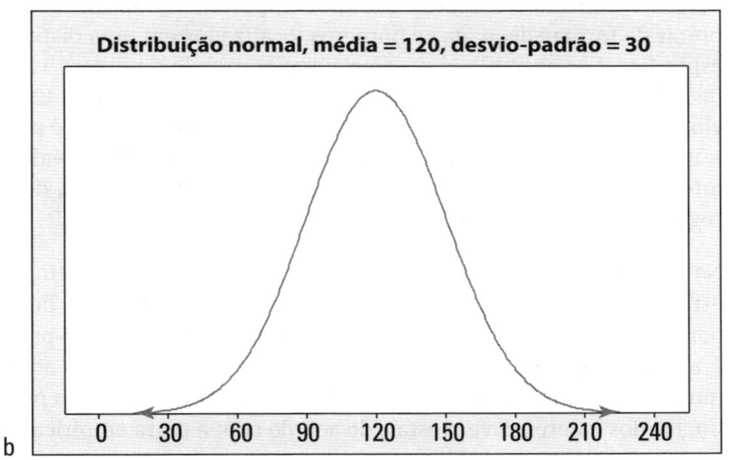

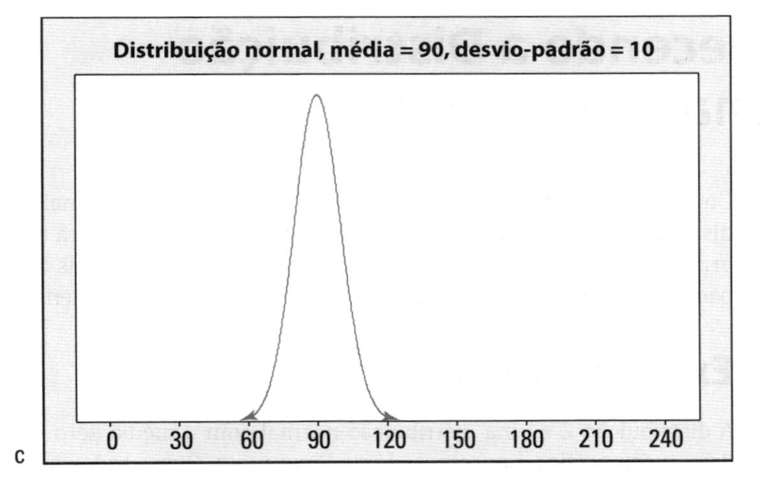

FIGURA 9-1: Três distribuições normais, com médias e desvios-padrão de a) 90 e 30; b) 120 e 30; e c) 90 e 10, respectivamente.

Dê mais uma olhada na Figura 9-1. Para comparar e contrastar as distribuições apresentadas nas Figuras 9-1a, b e c, verifique, primeiramente, se todas são simétricas com sua assinatura, a curva em forma de sino. Os exemplos nas Figuras 9-1a e 9-1b possuem o mesmo desvio-padrão, porém as médias são diferentes; a Figura 9-1b está localizada 30 unidades à direita da Figura 9-1a porque sua média é de 120, comparada a 90. As Figuras 9-1a e c têm a mesma média (90), porém a Figura 9-1a tem mais variabilidade que a Figura 9-1c devido ao seu desvio-padrão mais alto (30 comparado a 10). Por causa da variabilidade aumentada, os valores na Figura 9-1a são esticados de 0 a 180 (aproximadamente), enquanto os valores na Figura 9-1c vão apenas de 60 a 120.

Finalmente, as Figuras 9-1b e c possuem médias e desvios-padrão inteiramente diferentes; a Figura 9-1b tem uma média mais alta, o que a faz mover-se à direita, e a Figura 9-1c tem um desvio-padrão menor; seus valores são os mais concentrados ao redor da média.

LEMBRE-SE

Perceber a média e o desvio-padrão é importante para que você possa interpretar de forma adequada os números localizados em uma distribuição normal específica. Por exemplo, é possível comparar onde o número 120 fica em cada distribuição normal na Figura 9-1. Na Figura 9-1a, o número 120 está um desvio-padrão acima da média (como o desvio-padrão é 30, você pega 90 + 1 x 30 - 120). Então, nessa primeira distribuição, o número 120 é o valor mais alto do intervalo, no qual cerca de 68% dos dados estão localizados, de acordo com a regra empírica (veja o Capítulo 5).

Na Figura 9-1b, o número 120 está diretamente na média, em que os valores estão mais concentrados. Na Figura 9-1c, o número 120 está bem à direita, na borda, três desvios-padrão acima da média (como o desvio-padrão desta vez é 10, você pega 90 +3[10] = 120). Na Figura 9-1c, os valores acima de 120 são muito improváveis de ocorrer porque estão além do intervalo no qual cerca de 99,7% dos valores devem estar, de acordo com a regra empírica.

Conhecendo a Distribuição Normal Padrão (*Z*)

Um membro muito especial da família da distribuição normal é chamado de distribuição normal padrão ou distribuição Z. Ela é usada para ajudar a descobrir as probabilidades e os percentis das distribuições normais (X). Serve como padrão pelo qual todas as outras distribuições normais são mensuradas.

Examinando *Z*

A distribuição Z é uma distribuição normal com a média zero e o desvio-padrão 1; seu gráfico é apresentado na Figura 9-2. Quase todos os valores (cerca de 99,7%) ficam entre -3 e +3, de acordo com a regra empírica. Os valores na distribuição Z são chamados de valores z, escores z ou escores-padrão. Um *valor z* representa o número de desvios-padrão acima ou abaixo da média na qual um determinado valor fica. Por exemplo, z = 1 na distribuição Z representa um valor que está 1 desvio-padrão acima da média. De forma similar, z = -1 representa um valor que está 1 desvio-padrão abaixo da média (indicado pelo sinal de menos no valor x). E um valor z 0 fica (adivinhou) bem em cima da média. Todos os valores z são universalmente entendidos.

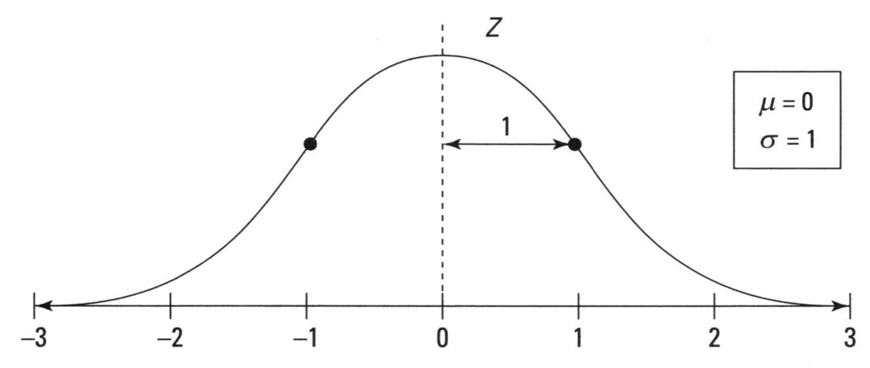

FIGURA 9-2: A distribuição Z tem uma média 0 e desvio-padrão 1.

Se você voltar à Figura 9-1 e à análise sobre onde o número 120 fica na distribuição normal em "Explorando os Fundamentos da Distribuição Normal", agora conseguirá calcular os valores z para ter uma ideia muito mais clara. Na Figura 9-1a, o número 120 está localizado 1 desvio-padrão acima da média, portanto, seu valor z é 1. Na Figura 9-1b, 120 é igual à média, portanto, seu valor z é 0. A Figura 9-1c mostra que 120 está 3 desvios-padrão acima da média, então seu valor z é 3.

CUIDADO

Os escores-padrão altos (valores z) nem sempre são os melhores. Por exemplo, se você estiver medindo quanto tempo é necessário para correr em volta do quarteirão, um escore-padrão +2 será algo ruim, porque o tempo estará 2 desvios-padrão acima (mais que) do tempo médio geral. Nesse caso, um escore-padrão -2 seria muito melhor, indicando que o tempo está dois desvios--padrão abaixo (menos que) do tempo médio geral.

Padronizando de *X* para *Z*

As probabilidades para qualquer distribuição contínua são descobertas encontrando a área sob uma curva (se você entende de cálculo, sabe que isso significa integração; do contrário, não se preocupe). Embora uma curva em forma de sino da distribuição normal pareça fácil de ser trabalhada, calcular as áreas sob a curva acaba sendo um pesadelo que exige procedimentos matemáticos de alto nível (acredite, não vou falar sobre esse assunto neste livro!). Além disso, as distribuições normais são diferentes, o que faz com que você tenha que repetir o processo várias vezes sempre que precisar descobrir uma nova probabilidade.

Para ajudar a superar esse obstáculo, os estatísticos formularam toda a matemática de uma distribuição normal em particular, criaram uma tabela de probabilidades e disponibilizaram tudo para podermos nos divertir. Você consegue adivinhar para qual distribuição normal eles escolheram fazer a tabela?

Sim, todos os resultados básicos necessários para descobrir as probabilidades de qualquer distribuição normal (X) resumem-se a uma tabela baseada na distribuição normal padrão (Z). Ela é chamada de tabela Z e está no apêndice. Agora, tudo que você precisa está em uma fórmula que transforma os valores de sua distribuição normal (X) na distribuição Z; partindo dela, é possível usar a tabela Z para descobrir qualquer probabilidade.

Mudar um valor x para um valor z chama-se *padronização*. A chamada "fórmula z" para padronizar um valor x em um valor z é:

$$z = \frac{x - \mu}{\sigma}$$

Você pega o valor x, subtrai a média de X e divide pelo desvio-padrão de X. Isso resulta o escore-padrão correspondente (valor z ou escore z).

CUIDADO

Padronizar é como a mudar as unidades (por exemplo de Fahrenheit para Celsius). Não afeta as probabilidades de X e é por isso que você pode usar a tabela Z para descobri-las!

DICA

Você pode padronizar um valor x de qualquer distribuição (não apenas a normal) usando a fórmula z. De forma similar, nem todos os escores-padrão vêm de uma distribuição normal.

PAPO DE ESPECIALISTA

Uma vez que ao padronizar você subtrai a média dos valores x e divide tudo pelo desvio-padrão, você está literalmente extraindo a média e o desvio-padrão X da equação. É isso que permite comparar tudo na escala de -3 a +3 (a distribuição Z), em que os valores negativos indicam estar abaixo da média, os valores positivos indicam estar acima da média e um valor zero indica que você está exatamente na média.

Padronizar também permite comparar os números de distribuições diferentes. Por exemplo, imagine que Bob tire 80 na prova de Matemática (que tem uma média 70 e um desvio-padrão 10) e na prova de Inglês (que tem uma média 85 e um desvio-padrão 5). Em qual prova ele se saiu melhor, considerando sua posição relativa na turma?

O resultado 80 na prova de Matemática de Bob se padroniza para um valor z de $\frac{80-70}{10} = \frac{10}{10} = 1$. Isso mostra que o resultado dele em Matemática está um desvio-padrão acima da média da turma. O resultado 80 em Inglês se padroniza com um valor z de $\frac{80-85}{5}=\frac{-5}{5}=-1$, colocando-o um desvio-padrão abaixo da média da turma. Mesmo que Bob tenha tirado 80 nas duas provas, na realidade, ele se saiu melhor em Matemática, relativamente falando.

LEMBRE-SE

Para interpretar um escore-padrão, você não precisa saber o escore original, a média, nem o desvio-padrão. O escore-padrão mostra a posição relativa de um valor que, na maioria dos casos, é o que mais importa. De fato, na maioria dos testes nacionais de desempenho nos EUA, eles nem mesmo informam qual é a média e o desvio-padrão quando anunciam os resultados; apenas indicam onde você está na distribuição ao apresentar seu escore z.

Descobrindo as probabilidades de *Z* com a tabela *Z*

Um conjunto inteiro de probabilidades "menores que" para muitos valores z está na tabela Z (Tabela A-1 no apêndice). Para usar essa tabela e descobrir as probabilidades da distribuição normal padrão (Z), faça o seguinte:

1. **Encontre a linha que representa o primeiro dígito de seu valor *z* e o primeiro dígito após a vírgula decimal.**
2. **Encontre a coluna que representa o segundo dígito após a vírgula decimal do valor *z*.**
3. **Faça a interseção da linha com a coluna.**

   Esse resultado representa $p(Z < z)$, a probabilidade de que a variável aleatória Z seja menor que o número z (também conhecida como a porcentagem dos valores z menores que o seu).

Por exemplo, suponha que você queira descobrir $p(Z < 2{,}13)$. Usando a tabela Z, encontre a linha para 2,1 e a coluna para 0,03. Faça a interseção da linha com a coluna para descobrir a probabilidade: 0,9834. Você descobre que $p(Z < 2{,}13) = 0{,}9834$.

Suponha que esteja procurando $p(Z < -2{,}13)$. Encontre a linha para −2,1 e a coluna para 0,03. Faça a interseção da linha com a coluna para encontrar 0,0166; isso significa que $p(Z < -2{,}13)$ é igual a 0,0166. (Ocorre que esse valor é 1 menos a probabilidade de que Z seja menor que 2,13, porque $p(Z < +2{,}13)$ é igual a 0,9834. É verdadeiro porque a distribuição normal é simétrica; veremos mais sobre isso na próxima seção.)

Descobrindo as Probabilidades de uma Distribuição Normal

Veja os passos para descobrir a probabilidade quando *X* possui qualquer distribuição normal:

1. **Faça um desenho da distribuição.**
2. **Traduza o problema em: $p(X < a)$, $p(X > b)$ ou $p(a < X < b)$. Escureça a área em seu desenho.**
3. **Padronize *a* (e/ou *b*) para um escore-padrão usando a fórmula *z*:**

$$z = \frac{x - \mu}{\sigma}$$

4. **Verifique o escore *z* na tabela *Z* (Tabela A-1 no apêndice) e descubra a probabilidade correspondente.**

   (Veja a seção "Padronizando de *X* para *Z*" para ter mais informações sobre a tabela Z.)

5a. **Se você precisa de uma probabilidade "menor que", isso é, $p(X < a)$, você terminou.**

5b. **Se quiser uma probabilidade "maior que", isso é, $p(X > b)$, pegue 1 menos o resultado do Passo 4.**

5c. **Se precisar de uma probabilidade "entre dois valores", isso é, $p(a < X < b)$, faça os Passos 1-4 para *b* (o maior entre os dois valores) e novamente para *a* (o menor entre os dois valores), e subtraia os resultados.**

CUIDADO

A probabilidade de que X seja igual a qualquer valor é zero para qualquer variável aleatória contínua (como a normal). Isso acontece porque as variáveis aleatórias contínuas consideram a probabilidade como sendo a área sob a curva e não existe tal área em nenhum ponto. Isso não se aplica às variáveis aleatórias discretas.

Imagine, por exemplo, que você vai participar de um campeonato de pescaria. O campeonato acontece em um lago onde o comprimento dos peixes tem uma distribuição normal com média μ = 16 polegadas (40,64cm) e um desvio-padrão de σ = 4 polegadas (10,16cm).

» Problema 1: Qual é a chance de pegar um peixe pequeno, digamos, com menos de 8 polegadas, ou 20,32cm?

» Problema 2: Imagine que um prêmio seja oferecido para qualquer peixe com mais de 24 polegadas, ou 60,96cm. Qual é a chance de ganhar o prêmio?

» Problema 3: Qual é a chance de pegar um peixe que tenha entre 16 e 24 polegadas (40,64 e 60,96cm)?

Para resolver esses problemas usando os passos que acabei de listar, em primeiro lugar, faça um desenho da distribuição normal em questão. A Figura 9-3 mostra um desenho da distribuição de *X* para o comprimento dos peixes. Você pode ver onde os números de interesse (8, 16 e 24) estão.

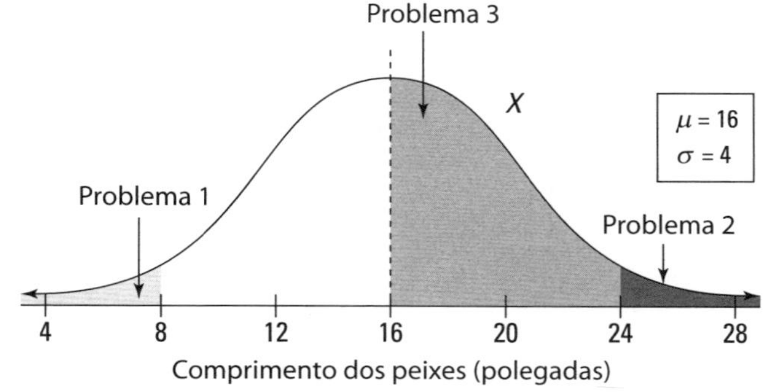

FIGURA 9-3: A distribuição dos comprimentos dos peixes em um lago.

Em seguida, coloque cada problema na notação de probabilidade. O Problema 1 pede para encontrar $p(X < 8)$. Para o Problema 2, você quer $p(X > 24)$. E o Problema 3 está procurando $p(16 < X < 24)$.

O Passo 3 informa para mudar os valores *x* para os valores *z* usando a fórmula *z*:

$$z = \frac{x - \mu}{\sigma}$$

Para o Problema 1 do exemplo do peixe, temos o seguinte:

$$p(X < 8) = p\left(Z < \frac{8-16}{4}\right) = p(Z < -2)$$

De forma similar ao Problema 2, $p(X > 24)$ se torna:

$$p(X > 24) = p\left(Z > \frac{24-16}{4}\right) = p(Z > 2)$$

E o Problema 3 é traduzido de $p(16 < X < 24)$ em:

$$p(16 < X < 24) = p\left(\frac{16-16}{4} < Z < \frac{24-16}{4}\right) = p(0 < Z < 2)$$

A Figura 9-4 apresenta uma comparação entre a distribuição *X* e a distribuição *Z* dos valores $x = 8$, 16 e 24, padronizados como $z = -2$, 0 e +2, respectivamente.

Agora que você mudou os valores *x* para os valores *z*, continue no Passo 4 e descubra (ou calcule) as probabilidades desses valores *z* usando a tabela *Z* (no apêndice). No Problema 1 do exemplo, você quer $p(Z < -2)$; na tabela Z, procure a linha para −2,0 e a coluna para 0,00, faça a interseção e encontrará 0,0228; de acordo com o Passo 5a, você terminou. A chance de um peixe ter menos de 8 polegadas (20,32cm) é igual a 0,0228.

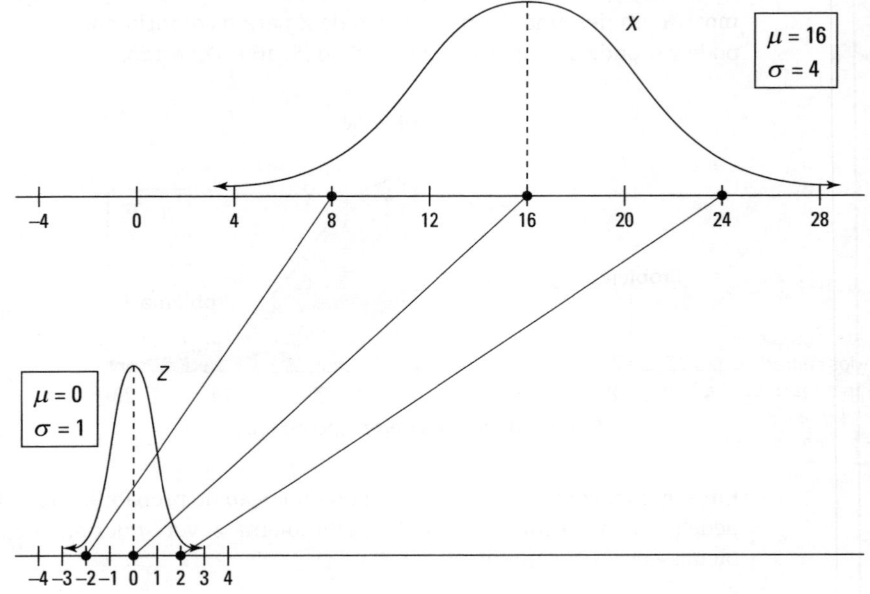

FIGURA 9-4: Padronizando os números de uma distribuição normal (*X*) para os números na distribuição *Z*.

Para o Problema 2, encontre $p(Z > 2{,}00)$. Como é um problema de "maior que", precisamos do Passo 5b. Para podermos usar a tabela Z, precisamos reescrever isso em termos de "menor que". Como a probabilidade inteira da distribuição Z é igual a 1, sabemos que $p(Z > 2{,}00) = 1 - p(Z < 2{,}00) = 1 - 0{,}9772 = 0{,}0228$ (usando a tabela Z). Portanto, a chance de que um peixe tenha mais que 24 polegadas (60,96cm) também é de 0,0228. (Nota: As respostas para os Problemas 1 e 2 são iguais porque a distribuição Z é simétrica; verifique a Figura 9-3.)

No Problema 3, você encontra $p(0 < Z < 2{,}00)$; isso exige o Passo 5c. Primeiro, descubra $p(Z < 2{,}00)$, que é 0,9772 na tabela Z. Depois, encontre $p(Z < 0)$, que é 0,5000 na tabela Z. Subtraia-os para obter 0,9772 − 0,5000 = 0,4772. A chance de pegar um peixe que tenha entre 16 e 24 polegadas (40,64 e 60,96cm) é de 0,4772.

LEMBRE-SE

A tabela Z não lista todos os valores possíveis de Z; apenas os leva até dois dígitos após a vírgula decimal. Use o valor mais próximo do que você precisa. E assim como em um avião, onde a saída mais próxima pode estar atrás da pessoa, o valor *z* mais próximo pode ser aquele que é menor do que você precisa.

Descobrindo *X* Quando Você Sabe a Porcentagem

Outro problema conhecido da distribuição normal envolve descobrir os percentis para *X* (veja o Capítulo 5 para ter uma explicação detalhada sobre os percentis). Ou seja, você tem a porcentagem ou a probabilidade de estar em certo valor *x* ou abaixo dele, e precisa descobrir o valor x correspondente. Por exemplo, se você sabe que as pessoas cujas pontuações de golfe estão nos valores 10% mais baixos obtidos para ir ao campeonato, pode imaginar o que seja o ponto de corte; essa pontuação representa o 10º percentil.

Um percentil não é uma porcentagem, é um número entre 0 e 100; ele é um valor de *X* (altura, QI, resultado de prova e assim por diante).

Descobrindo um percentil de uma distribuição normal

Alguns percentis são tão populares que possuem seus próprios nomes e notações. Os três percentis "com nomes" são Q_1, o primeiro quartil ou 25º percentil; Q_2, o 2º quartil (também conhecido como *mediana* ou 50º percentil), e Q_3, o 3º quartil ou 75º percentil (veja o Capítulo 5 para ter mais informações sobre quartis).

Aqui estão os passos para descobrir qualquer percentil para uma distribuição *X* normal:

1a. Caso você tenha a probabilidade (porcentagem) menor que *x* e precise encontrar *x*, traduza isso como: encontre *a* no que $p(X < a) = p$ (e *p* é a probabilidade que você tem). Ou seja, encontre o *p*º percentil para *X*. Vá para o Passo 2.

1b. Caso tenha a probabilidade (porcentagem) maior que *x* e precise encontrar *x*, traduza isso como: encontre *b* no que $p(X > b) = p$ (e você tem *p*). Reescreva isso como um problema de percentil (menor que): encontre *b* no que $p(X < b) = 1 - p$. Isso significa encontrar o $(1 - p)$º percentil para *X*.

2. Encontre o percentil correspondente para *Z* vendo a tabela *Z* (no apêndice) e encontre a probabilidade mais próxima de *p* (do Passo 1a) ou $1 - p$ (do Passo 1b). Encontre a linha e a coluna nas quais essa probabilidade está (usando a tabela de trás para frente). Este é o valor *z* desejado.

3. **Mude o valor z de volta para um valor x (unidades originais) usando $x = \mu + z\sigma$. Você (finalmente!) encontrou o percentil desejado para X.**

A fórmula nesse passo é apenas uma reformulação da fórmula Z, $z = \frac{x - \mu}{\sigma}$, portanto x está solucionado.

Resolvendo um problema de percentil baixo

Veja o exemplo do peixe usado anteriormente na seção "Descobrindo as Probabilidades de uma Distribuição Normal", em que os comprimentos (X) dos peixes em um lago possuem uma distribuição normal com uma média de 16 polegadas (40,64cm) e um desvio-padrão de 4 polegadas (10,16cm). Suponha que você queira saber qual comprimento marca os 10% mais baixos de todos os comprimentos dos peixes no lago. Qual percentil é buscado?

DICA

Estar nos 10% mais baixos significa que você possui uma probabilidade "menor que" igual a 10% e está no 10º percentil.

Agora, vá para o Passo 1a na seção anterior e traduza o problema. Nesse caso, como você está trabalhando com uma situação "menor que", busque o valor de x que seja $p(X < x) = 0{,}10$. Isso representa o 10º percentil para X. A Figura 9-5 apresenta essa situação.

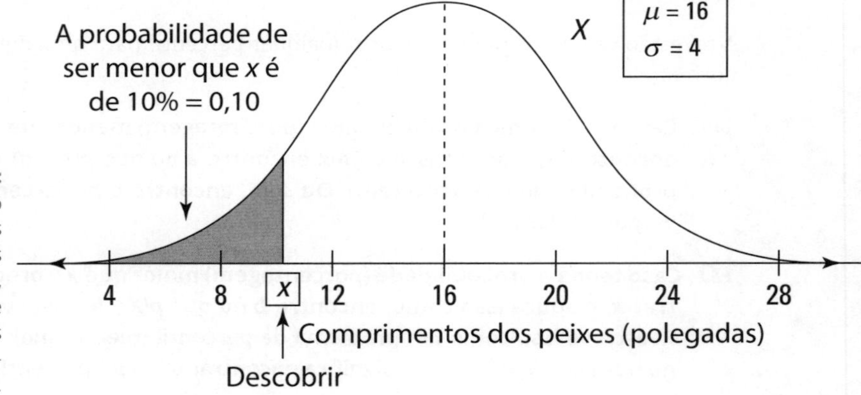

FIGURA 9-5: Os 10% mais baixos dos peixes no lago, conforme seus comprimentos.

Agora vá para o Passo 2, que pede para encontrar o 10º percentil para Z. Observando a tabela Z (no apêndice), a probabilidade mais próxima a 0,10 é 0,1003, que está na linha para $z = -1{,}2$ e na coluna para 0.08. Isso quer dizer que o 10º percentil para Z é $-1{,}28$. Portanto um peixe cujo comprimento está 1,28 desvio-padrão abaixo da média marca os 10% mais baixos de todos os comprimentos dos peixes no lago.

Mas quantas polegadas, exatamente, esse peixe possui? No Passo 3, você muda o valor z de volta para um valor x (comprimento do peixe em polegadas) usando a fórmula z resolvida para x; você obtém $x = 16 + -1{,}28 \times 4 = 10{,}88$ polegadas ou 27,63cm. Assim, 10,88 polegadas marcam os 10% mais baixos dos comprimentos dos peixes. Dez por cento dos peixes são menores que esse comprimento.

Trabalhando com um percentil mais alto

Agora suponha que você queira descobrir o comprimento que marca os 25% mais altos de todos os peixes no lago. Precisamos seguir o Passo 1b para esse problema (em "Descobrindo um percentil de uma distribuição normal") porque estar no topo da distribuição significa que você está trabalhando com uma probabilidade "maior que". O número buscado está em algum lugar da cauda direita (área superior) da distribuição X, com $1 - p = 75$ à esquerda. Pensando em termos da tabela Z e como ela apenas usa probabilidades "menores que", é preciso descobrir o 75º percentil para Z e depois mudá-lo para um valor x.

Passo 2: o 75º percentil de Z é o valor z no qual $p(Z < z) = 0{,}75$. Usando a tabela z (no apêndice), você descobre que a probabilidade mais próxima a 0,7500 é 0,7486 e seu valor z correspondente está na linha para 0,6 e na coluna para 0,07. Faça o cruzamento e obterá um valor z de 0,67. Esse é o 75º percentil para Z. No Passo 3, mude o valor z de volta para um valor x (comprimento em polegadas) usando a fórmula z resolvida para x e obtenha $x = 16 + 0{,}67 \times 4 =$ 18,68 polegadas, ou 47,44cm. Portanto, 75% dos peixes são menores que 18,66 polegadas. E para responder à pergunta original, os 25% maiores peixes no lago têm mais de 18,68 polegadas.

Transformando frases complicadas em problemas de percentil

CUIDADO

Alguns problemas de percentil são especialmente difíceis de resolver. Por exemplo, imagine que o tempo necessário para um cavalo dar uma volta na pista em uma corrida nas preliminares possua uma distribuição normal com uma média de 120 segundos e desvio-padrão de 5 segundos. Dez por cento dos melhores tempos passam para a próxima fase, o resto não. Qual é o tempo de corte nessa eliminação?

Como, nesse caso, "melhores tempos" significam "menores tempos", a porcentagem que fica abaixo do tempo de corte deve ser 10 e a porcentagem acima deve ser 90. (É fácil se enganar e pensar que é ao contrário.) O percentil de interesse é, portanto, o 10º, que está na parte de baixo da cauda esquerda da distribuição. Agora você pode desenvolver o problema da mesma forma como desenvolvi o Problema 1 sobre os comprimentos dos peixes (veja a seção "Descobrindo as

Probabilidades de uma Distribuição Normal"). O escore-padrão do 10º percentil é $z = -1{,}28$ analisando a tabela Z (no apêndice). Convertendo de volta nas unidades originais, você obtém $x = \mu + z\sigma = 120 + (-1{,}28)(5) = 113{,}6$ segundos. Portanto, o tempo de corte necessário para que um cavalo passe para a próxima fase (isso é, que esteja entre os 10% mais rápidos) é de 113,6 segundos. (Perceba que esse número é menor que o tempo médio de 120 segundos, o que faz sentido; um valor z negativo é que faz isso acontecer.)

O 50º percentil da distribuição normal é a média (por causa da simetria) e seu escore z é zero. Percentis menores, como o 10º, ficam abaixo da média e têm escores z negativos. Percentis maiores, como o 75º, ficam acima da média e têm escores z positivos.

Veja outro estilo de frase um pouco complicado: suponha que o tempo para terminar uma prova de Estatística tenha uma distribuição normal com média de 40 minutos e desvio-padrão de 6 minutos. O tempo de Deshawn aparece no 90º percentil. Qual porcentagem de alunos ainda estão fazendo a prova quando Deshawn vai embora? Como ele está no 90º percentil, 90% dos alunos possuem tempos menores que o dele. Isso significa que 90% dos alunos saem antes, portanto, 100 - 90 = 10% dos alunos ainda estão fazendo a prova quando Deshawn vai embora.

Para conseguir decifrar a linguagem usada para um problema de percentil, procure pistas como os 10% menores (também conhecidos como o 10º percentil) e os 10% maiores (também conhecidos como o 90º percentil). Para os *10% melhores*, você deve determinar se os números baixos ou altos se qualificam como "melhores".

Aproximação Normal da Distribuição Binomial

Imagine que você jogue uma moeda não viciada 100 vezes e considera X igual ao número de caras obtidas. Qual é a probabilidade de X ser maior que 60? No Capítulo 8, há problemas resolvidos como esse (envolvendo menos jogadas) usando a distribuição binomial. Para os problemas binomiais nos quais n (o número de tentativas) é pequeno, você pode usar a fórmula direta (disponível no Capítulo 8), a tabela binomial (disponível no apêndice) ou a tecnologia que estiver disponível (como uma calculadora gráfica ou o Microsoft Excel).

Porém, se n for grande, os cálculos ficarão difíceis e faltarão números para a tabela binomial. Caso não haja tecnologia disponível (como em uma prova), o que você pode fazer para encontrar uma probabilidade binomial? O que acontece é que, se n é for grande o bastante, você poderá usar a distribuição normal para descobrir uma resposta bem aproximada com muito menos trabalho.

Mas o que quero dizer com *n* sendo "grande o bastante"? Para determinar se *n* é grande o bastante para usar o que os estatísticos chamam de *aproximação normal da distribuição binomial*, as duas condições a seguir devem estar presentes:

» $n \times p \geq 10$ (pelo menos 10), em que *p* é a probabilidade de sucesso.

» $n \times (1 - p) \geq 10$ (pelo menos 10), em que $1 - p$ é a probabilidade de fracasso.

Para descobrir a aproximação normal da distribuição binomial quando *n* for grande, siga estes passos:

1. **Verifique se *n* é grande o bastante para usar a aproximação normal verificando as duas condições adequadas.**

   Para a questão das jogadas da moeda, as condições são atendidas, porque $n \times p = 100 \times 0{,}50 = 50$ e $n \times (1 - p) = 100 \times (1 - 0{,}50) = 50$, sendo que os dois são pelo menos 10. Portanto, siga com a aproximação normal.

2. **Transforme o problema em uma frase de probabilidade sobre *X*.**

   Para o exemplo da jogada da moeda, você precisa descobrir $p(X > 60)$.

3. **Padronize o valor *x* para um valor *z*, usando a fórmula *z*:**

   $$z = \frac{x - \mu}{\sigma}$$

   Para a média da distribuição normal, use $\mu = np$ (a média do binômio) e, para o desvio-padrão σ, use $\sqrt{np(1-p)}$ (o desvio-padrão do binômio; veja o Capítulo 8).

   Neste exemplo da jogada da moeda, use $\mu = np = (100)(0{,}50) = 50$ e $\sigma = \sqrt{np(1-p)} = \sqrt{100(0.50)(1-0{,}50)} = 5$. Depois, coloque esses valores na fórmula *z* para obter $z = \frac{x - \mu}{\sigma} = \frac{60 - 50}{5} = 2$. Para resolver o problema, você precisa encontrar $p(Z > 2)$.

Em uma prova, você não verá μ e σ no problema quando tiver uma distribuição binomial. No entanto, você conhece as fórmulas que permitem calcular os dois usando *n* e *p* (os dois serão dados no problema). Apenas lembre-se de que é preciso dar um passo extra para calcular μ e σ necessários para a fórmula *z*.

4. **Prossiga como faria normalmente para qualquer distribuição normal. Isso é, siga os Passos 4 e 5 descritos na seção anterior, "Descobrindo as Probabilidades de uma Distribuição Normal".**

   Continuando com o exemplo $p(Z > 2{,}00) = 1 - 0{,}9772 = 0{,}0228$ da tabela *Z* (apêndice). Portanto, a chance de obter mais de 60 caras em 100 jogadas de uma moeda é de apenas 2,28%, mais ou menos. (Eu não faria uma aposta nesse caso.)

Ao utilizar a aproximação normal para descobrir uma probabilidade binomial, sua resposta é uma *aproximação* (não exata); lembre-se de dizer isso. Também demonstre que verificou as duas condições necessárias para usar a aproximação normal.

NESTE CAPÍTULO

» **Características da distribuição *t***

» **Relação entre as distribuições *Z* e *t***

» **Entendendo e usando a tabela *t***

Capítulo 10
Distribuição *t*

A distribuição *t* é uma das bases principais da análise de dados. Talvez você tenha ouvido falar sobre o "teste *t*", por exemplo, que é usado com frequência para comparar dois grupos em estudos médicos e experimentos científicos.

Este pequeno capítulo apresenta as características e os usos básicos da distribuição *t*. Você descobrirá como ela se assemelha à distribuição normal (mais sobre isso no Capítulo 9) e como usar a tabela *t* para descobrir probabilidades e percentis.

Fundamentos da Distribuição *t*

Nesta seção, você tem uma visão geral sobre a distribuição t, suas características principais, quando é usada e como está relacionada à distribuição Z (veja o Capítulo 9).

Comparando as distribuições *t* e *Z*

A distribuição normal é bem conhecida, em forma de sino, cuja média é μ e o desvio-padrão é σ (veja o Capítulo 9 para ter mais informações sobre a distribuição normal). A distribuição normal mais comum é a normal padrão (também chamada de distribuição *Z*), cuja média é 0 e o desvio-padrão é 1.

Você pode considerar a distribuição *t* como uma prima da distribuição normal padrão; a distribuição *t* é parecida no sentido de que está centralizada em zero e possui uma forma básica de sino, mas é mais curta e mais achatada do que a distribuição *Z*. Seu desvio-padrão é proporcionalmente maior quando comparado com a *Z*, e é por isso que você pode perceber caudas mais grossas em cada lado.

A Figura 10-1 compara as distribuições *t* e normal padrão (*Z*) em suas formas mais gerais.

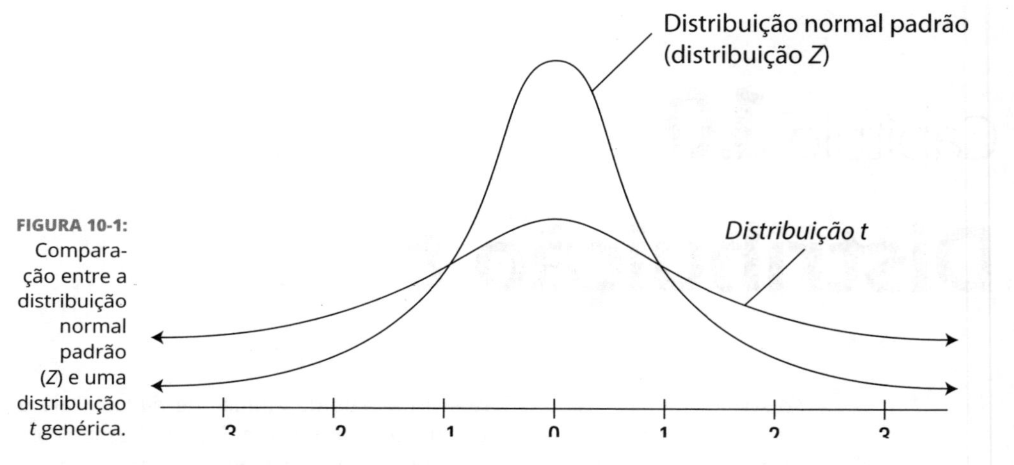

FIGURA 10-1: Comparação entre a distribuição normal padrão (*Z*) e uma distribuição *t* genérica.

A distribuição *t* é normalmente usada para estudar a média de uma população, em vez dos indivíduos dentro de uma população. Em particular, é empregada em muitos casos quando você utiliza dados para estimar a média da população; por exemplo, para estimar o preço médio de todas as casas novas na Califórnia. Ou quando utiliza dados para testar a afirmação de alguém sobre a média da população; por exemplo, é verdade que o preço médio de todas as casas novas na Califórnia é de $500.000?

DICA

Esses procedimentos são chamados de *intervalos de confiança* e *testes de hipóteses*, e são analisados nos Capítulos 13 e 14, respectivamente.

A conexão entre a distribuição normal e a distribuição *t* é que a segunda é geralmente usada para analisar a média de uma população caso ela tenha uma distribuição normal (ou bem perto disso). Seu papel será especialmente importante se seu conjunto de dados for pequeno ou se você não souber o desvio-padrão da população (que é geralmente o caso).

Quando os estatísticos usam o termo *distribuição t*, eles não se referem apenas a uma distribuição individual. Há uma família inteira de distribuições *t* específicas, dependendo de qual tamanho de amostra está sendo usado para estudar a média da população. Cada distribuição *t* é diferenciada através do que os estatísticos chamam de *graus de liberdade*. Em situações nas quais você tem uma população e seu tamanho de amostra é *n*, os graus de liberdade para a distribuição *t* correspondente são $n - 1$. Por exemplo, um tamanho de amostra 10 usa uma distribuição *t* com 10 - 1 ou 9 graus de liberdade, indicado t_9 (pronunciado como *nove sob t*). As situações envolvendo duas populações usam graus de liberdade diferentes e são analisadas no Capítulo 15.

Descobrindo o efeito da variabilidade nas distribuições *t*

As distribuições *t* baseadas em tamanhos de amostras menores possuem desvios-padrão maiores do que as baseadas em tamanhos de amostras maiores. Suas formas são mais achatadas e seus valores são mais espalhados. Isso ocorre porque os resultados baseados em conjunto de dados menores são mais variáveis do que os baseados em conjuntos de dados maiores.

LEMBRE-SE

Quanto maior o tamanho da amostra, maior serão os graus de liberdade e as distribuições *t* se parecerão com a distribuição normal padrão (distribuição *Z*). Um ponto de corte aproximado no qual as distribuições *t* e *Z* ficam semelhantes (satisfatoriamente) é ao redor de $n = 30$.

A Figura 10-2 apresenta as diferenças entre as distribuições *t*, considerando tamanhos diferentes de amostra e como todas se comparam com a distribuição normal padrão (*Z*).

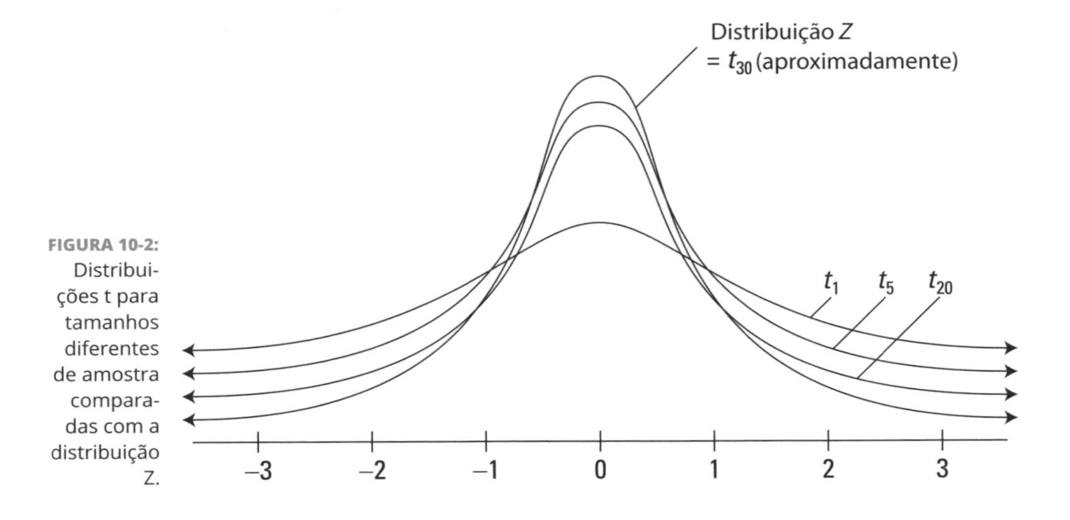

FIGURA 10-2: Distribuições t para tamanhos diferentes de amostra comparadas com a distribuição Z.

Usando a Tabela *t*

Cada distribuição normal tem sua própria média e desvio-padrão que a classificam, então, descobrir as probabilidades de cada distribuição normal individualmente não é o melhor caminho a seguir. Ainda bem, você pode padronizar os valores de qualquer distribuição normal para se tornarem valores em uma distribuição normal padrão (Z) (cuja média é 0 e desvio-padrão é 1) e usar uma tabela Z (no apêndice) para descobrir as probabilidades. (O Capítulo 9 apresenta informações sobre as distribuições normais.)

Por outro lado, uma distribuição *t* não é classificada por sua média e desvio-padrão, mas pelo tamanho da amostra do conjunto de dados usado (*n*). Infelizmente, não há uma "distribuição *t* padrão" que você possa usar para transformar os números e descobrir as probabilidades em uma tabela. Como seria humanamente impossível criar uma tabela de probabilidades e valores *t* correspondentes para cada distribuição *t* possível, os estatísticos criaram uma tabela mostrando certos valores das distribuições *t* para uma seleção de graus de liberdade e probabilidades. Essa tabela é chamada de *tabela t* (ela aparece no apêndice). Nesta seção, você verá como descobrir as probabilidades, percentis e valores críticos (para intervalos de confiança) usando a tabela *t*.

Descobrindo probabilidades com a tabela *t*

Cada linha da tabela *t* (no apêndice) representa uma distribuição *t* diferente, classificada por seus graus de liberdade (*gl*). As colunas representam várias probabilidades "maiores que" comuns, como 0,40, 0,25, 0,10 e 0,05. Os números em uma linha indicam os valores na distribuição *t* (os valores *t*) correspondendo às probabilidades "maiores que" mostradas no topo das colunas. As linhas são organizadas por graus de liberdade.

CUIDADO

Outro termo para a probabilidade "maior que" é *probabilidade da cauda direita*, que indica que tais probabilidades representam áreas na extremidade mais à direita (cauda) da distribuição *t*.

Por exemplo, a segunda linha da tabela *t* é para a distribuição t_2 (dois graus de liberdade, pronunciado como *dois sob t*). Você pode observar que o segundo número, 0,816, é o valor na distribuição t_2 cuja área à direita (sua probabilidade da cauda direita) é 0,25 (veja o cabeçalho da coluna 2). Em outras palavras, a probabilidade de que t_2 seja maior que 0,816 é igual a 0,25. Em notação de probabilidade, isso significa $p(t_2 > 0{,}816) = 0{,}25$.

O próximo número na linha dois da tabela *t* é 1,886, que fica na coluna 0,10. Significa que a probabilidade de ser maior que 1,886 na distribuição *t* é 0,10. Como 1,886 fica à direita de 0,816, sua probabilidade da cauda direita é menor.

Descobrindo os percentis da distribuição *t*

Você também pode usar a tabela *t* (no apêndice) para descobrir os percentis de uma distribuição *t*. *Percentil* é um número em uma distribuição cuja probabilidade "menor que" é a porcentagem dada; por exemplo, o 95º percentil da distribuição *t* com $n - 1$ graus de liberdade é o valor de t_{n-1} cuja probabilidade da cauda esquerda (menor que) é 0,95 (e probabilidade da cauda direita é 0,05). (Veja o Capítulo 5 para obter detalhes sobre os percentis.)

Suponha que você tenha um tamanho de amostra 10 e queira encontrar o 95º percentil de sua distribuição *t* correspondente. Você tem $n - 1 = 9$ graus de liberdade; veja a linha para $gl = 9$. O 95º percentil é o número em que 95% dos valores ficam abaixo e 5% ficam acima, então a área da cauda direita deve ser 0,05. Percorra a linha e encontre a coluna para 0,05, obtendo $t_9 = 1{,}833$. Esse é o 95º percentil da distribuição *t* com 9 graus de liberdade.

Mas se você aumentar o tamanho da amostra para $n = 20$, o valor do 95º percentil diminuirá. Veja a coluna para $20 - 1 = 19$ graus de liberdade, e na coluna para 0,05 (uma probabilidade de cauda direita de 0,05) você encontra $t_{19} = 1{,}729$. Perceba que o 95º percentil da distribuição t_{19} é menor que o 95º percentil da distribuição t_9 (1,833). Isso acontece porque os graus de liberdade maiores indicam um desvio-padrão menor e os valores *t* estão mais concentrados ao redor da média, portanto você alcança o 95º percentil com um valor menor de *t*. (Veja a seção "Descobrindo o efeito da variabilidade nas distribuições *t*", anteriormente neste capítulo.)

Escolhendo valores *t** para os intervalos de confiança

Os *intervalos de confiança* estimam os parâmetros da população, como a média da população, usando uma estatística (por exemplo, a média da amostra) mais ou menos com uma margem de erro. (Veja no Capítulo 13 todas as informações necessárias sobre os intervalos de confiança e mais.) Para calcular a margem de erro de um intervalo de confiança, você precisa de um *valor crítico* (o número de erros-padrão que você adiciona e subtrai para obter a margem de erro pretendida; veja o Capítulo 13). Quando o tamanho da amostra é grande (pelo menos 30), você usa os valores críticos na distribuição *Z* (apresentados no Capítulo 13) para criar a margem de erro. Quando o tamanho da amostra é pequeno (menor que 30) e/ou o desvio-padrão da população é desconhecido, usa a distribuição *t* para descobrir os valores críticos.

É possível usar a última linha da tabela *t* para ajudar a encontrar os valores críticos da distribuição *t*, que lista os níveis de confiança comuns, como 80%, 90% e 95%. Para encontrar um valor crítico, veja seu nível de confiança na última linha da tabela; isso informa de qual coluna da tabela *t* você precisa. Faça a interseção dessa coluna com a linha de seu *gl* (veja as fórmulas dos graus de liberdade no Capítulo 13). O número que você encontra é o valor crítico (ou o valor *t**) do intervalo de confiança. Por exemplo, se você quer um valor *t** para um intervalo de confiança de 90% quando tem 9 graus de liberdade, veja a parte de baixo da tabela, encontre a coluna para 90% e faça a interseção com a linha para $gl = 9$. Isso resultará no valor *t** de 1,833 (arredondado).

PAPO DE ESPECIALISTA

Na primeira linha da tabela *t*, você tem as probabilidades da cauda direita para a distribuição *t*. Mas os intervalos de confiança envolvem as probabilidades das caudas esquerda e direita (porque você adiciona e subtrai a margem de erro). Então, cada metade das probabilidades deixadas pelo intervalo de confiança vai para uma cauda. É preciso levar isso em consideração. Por exemplo, um valor *t** para um intervalo de confiança de 90% tem 5% de sua probabilidade "maior que" e 5% de sua probabilidade "menor que" (pegando 100% menos 90% e dividindo por 2). Usando a primeira linha da tabela *t*, você teria que procurar 0,05 (em vez de 10%, como tem vontade de fazer). Porém, usando a última linha da tabela, basta procurar os 90%. (O resultado que você obtém usando qualquer um desses métodos acaba ficando na mesma coluna.)

DICA

Ao procurar os valores *t** para os intervalos de confiança, use a última linha da tabela *t* como guia, em vez dos cabeçalhos da tabela.

Estudando o Comportamento com a Tabela *t*

Você pode usar programas de computador para calcular qualquer probabilidade, percentil ou valores críticos necessários para qualquer distribuição *t* (ou outra distribuição), caso tenha essa disponibilidade. (Nas provas, isso pode não ser possível.) No entanto, uma das coisas boas a respeito de usar uma tabela para descobrir as probabilidades (em vez do computador) é que ela pode dar informações sobre o comportamento da própria distribuição, ou seja, pode informar um panorama geral. Aqui estão algumas informações gerais preciosas sobre a distribuição *t* que você pode conseguir vendo a tabela *t* (no apêndice).

Na Figura 10-2, à medida que os graus de liberdade aumentam, os valores em cada distribuição *t* se tornam mais concentrados ao redor da média que, por fim, lembram a distribuição Z. A tabela *t* confirma esse padrão também. Por causa da forma como a tabela *t* está configurada, se você escolher qualquer coluna e descer percorrendo os números, estará aumentando os graus de liberdade (e o tamanho da amostra) e mantendo igual a probabilidade da cauda direita. Ao fazer isso, observe os valores *t* ficando cada vez menores, indicando que estão mais próximos (e mais concentrados ao redor) da média.

Eu rotulei a penúltima linha da tabela *t* com um *z* na coluna *gl*. Isso indica o "limite" dos valores *t* à medida que o tamanho da amostra (*n*) vai ao infinito. Os valores *t* nessa linha são mais ou menos iguais aos valores *z* na tabela *Z* (no apêndice) que correspondem às mesmas probabilidades "maiores que". Isso confirma o que você já sabe: à medida que o tamanho da amostra aumenta, as distribuições *t* e *Z* se parecem cada vez mais. Por exemplo, o valor *t* na linha 30 da tabela *t* correspondente à probabilidade da cauda direita 0,05 (coluna 0,05) é 1,697. Isso fica perto de $z = 1{,}645$, o valor correspondente a uma área de cauda direita de 0,05 na distribuição *Z*. (Veja a linha *Z* da tabela t.)

LEMBRE-SE

Não é necessário termos um tamanho de amostra enorme para que os valores na distribuição *t* fiquem perto dos valores em uma distribuição *Z*. Por exemplo, quando $n = 31$ e $gl = 30$, os valores na tabela *t* já são bem próximos aos valores correspondentes na tabela *Z*.

NESTE CAPÍTULO

» Entendendo o conceito de uma distribuição amostral

» Colocando o Teorema Central do Limite para trabalhar

» Determinando os fatores que afetam a precisão

Capítulo 11

Distribuições Amostrais e Teorema Central do Limite

Quando você obtém uma amostra de dados, é importante perceber que os resultados variam de amostra para amostra. Os resultados estatísticos baseados em amostras deveriam incluir uma medida de quanto se espera que eles variem. Quando a mídia apresenta estatísticas, como o preço médio do litro de gasolina ou a porcentagem de casas que foram vendidas no último mês, você sabe que eles não amostraram cada um dos postos de combustível nem cada uma das casas vendidas. A pergunta é: a que ponto esses resultados mudariam, caso outra amostra fosse selecionada?

Este capítulo trata dessa questão ao estudar o comportamento das médias e das proporções de todas as amostras possíveis. Estudando o comportamento de todas as amostras possíveis, você pode estimar onde os resultados de sua amostra se enquadram e entender o que significa quando os resultados da amostra não atingem certas expectativas.

Definindo uma Distribuição Amostral

Uma *variável aleatória* é uma característica interessante que considera certos valores de uma forma aleatória. Por exemplo, o número de sinais vermelhos que você pega para ir ao trabalho ou à escola é uma variável aleatória; o número de filhos que uma família selecionada de forma aleatória possui é uma variável aleatória. Usamos letras maiúsculas como X ou Y para indicar as variáveis aleatórias e letras minúsculas x ou y para os resultados reais das variáveis aleatórias. Uma *distribuição* é uma lista, um gráfico ou uma função de todos os resultados possíveis de uma variável aleatória (como X) e com qual frequência cada resultado real (x), ou conjunto de resultados, ocorre (veja o Capítulo 8 para obter mais detalhes sobre variáveis aleatórias e distribuições).

Por exemplo, suponha que um milhão de seus amigos mais próximos joguem um único dado cada e registrem cada resultado real (x). Uma tabela ou um gráfico de todos esses resultados possíveis (um a seis) e com qual frequência eles ocorreram representa a distribuição da variável aleatória X. Um gráfico da distribuição de X nesse caso é apresentado na Figura 11-1a. Ela mostra os números 1-6 aparecendo com uma frequência igual (cada um ocorrendo 1/6 das vezes), o que se espera que aconteça ao longo de muitas jogadas se o dado não estiver viciado.

Agora suponha que cada um de seus amigos jogue esse único dado 50 vezes ($n = 50$) e registre a média, $\bar{x}$. O gráfico de todas suas médias de todas as amostras representa a distribuição da variável aleatória $\overline{X}$. Como essa distribuição é baseada em médias amostrais, em vez de em resultados individuais, ela possui um nome especial. É chamada *distribuição amostral* da média da amostra, $\overline{X}$. A Figura 11-1b apresenta a distribuição amostral de $\overline{X}$, a média de 50 jogadas de um dado.

A Figura 11-b (a média de 50 jogadas) mostra o mesmo intervalo (1 a 6) de resultados da Figura 11-1a (jogadas individuais), porém a Figura 11-1b possui mais resultados possíveis. Você poderia obter uma média de 3,3, 2,8 ou 3,9 para 50 jogadas, por exemplo, ao passo que alguém jogando um único dado pode obter apenas números inteiros de 1 a 6. Além disso, a forma dos gráficos é diferente; a Figura 11-1a tem uma forma achatada, na qual cada resultado é igualmente possível, e a Figura 11-1b tem a forma de uma colina, ou seja, os resultados perto do centro (3,5) ocorrem com alta frequência e os resultados perto das extremidades (1 e 6) ocorrem com uma frequência muito baixa. Um olhar cuidadoso nas diferenças e semelhanças da forma, centro e dispersão para os indivíduos versus as médias, e as razões por trás disso, é o tópico das seções seguintes (veja o Capítulo 8, caso precise de informações de apoio sobre a forma, o centro e a dispersão das variáveis aleatórias antes de entrar nesse assunto).

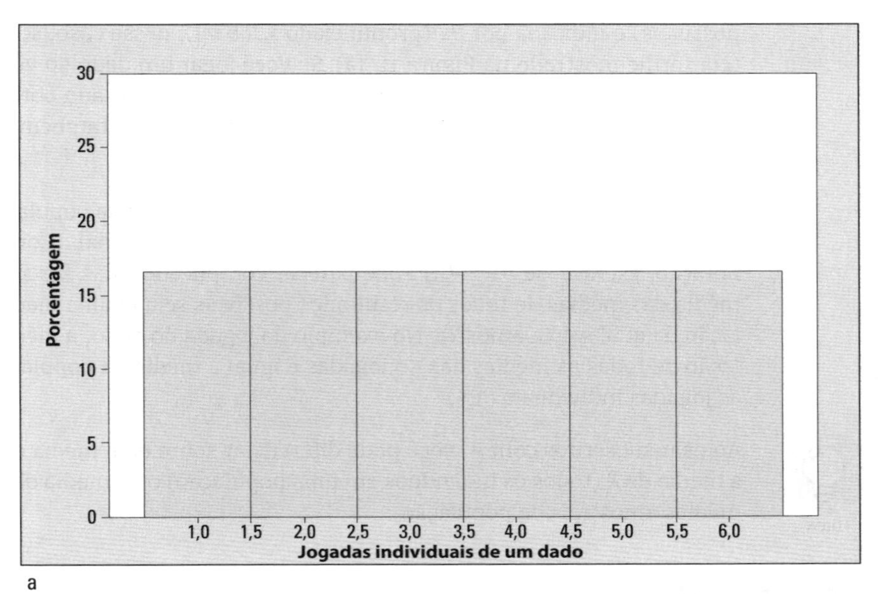

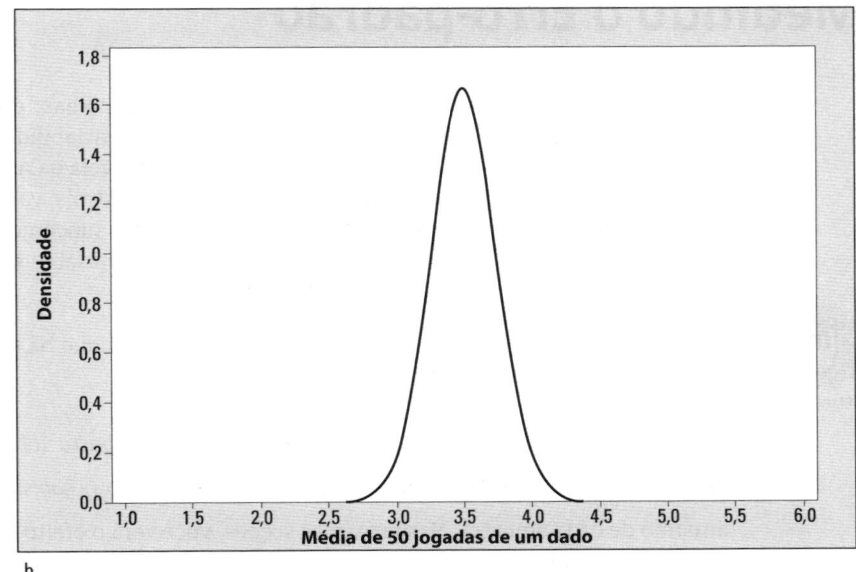

FIGURA 11-1: Distribuições a) das jogadas individuais de um dado; e b) da média de 50 jogadas de um dado.

Média de uma Distribuição Amostral

Usando o exemplo da jogada do dado da seção anterior, X é uma variável aleatória indicando o resultado que você pode obter a partir de um único dado (presumindo que o dado não esteja viciado). A média de X (para todos os resultados possíveis) é indicada por μ_x (pronunciado *x sob mi*); nesse caso, seu valor é 3,5 (conforme mostrado na Figura 11-1a). Se você jogar um dado 50 vezes e tirar a média, a variável aleatória $\overline{X}$ representará qualquer resultado obtido. A média de $\overline{X}$, indicada por $\mu_{\bar{x}}$ (pronunciada *x barra sob mi*), é 3,5 também. (Você pode observar o resultado na Figura 11-1b.)

Esse resultado não é uma coincidência! Em geral, a média da população de todas as amostras possíveis é igual à média da população original. (Considerando a notação, escreve-se $\mu_{\bar{x}} = \mu_x$.) Pode parecer complicado, mas faz sentido que a média das médias de todos os resultados possíveis seja igual à média da população da qual saiu a amostra. No exemplo da jogada do dado, a média da população de todas as médias das 50 jogadas é igual à média da população de todas as jogadas individuais (3,5).

Ao usar subscritos com μ, você pode diferenciar sobre qual média está falando: a média de X (todos os indivíduos em uma população) ou a média de $\overline{X}$ (todas as médias amostrais da população).

Medindo o Erro-padrão

Os valores em qualquer população desviam-se de suas médias; por exemplo, as alturas das pessoas diferem da altura média geral. A variabilidade em uma população de indivíduos (X) é medida em *desvios-padrão* (veja o Capítulo 5 para obter detalhes sobre o desvio-padrão). As médias amostrais variam porque você não está amostrando a população inteira, apenas um subconjunto, e como as amostras variam, suas médias também vão variar. A variabilidade em uma média amostral ($\overline{X}$) é medida em termos de *erros-padrão.*

Erro, nesse caso, não significa que houve um engano, mas que há um intervalo entre a população e os resultados amostrais.

O erro-padrão da média amostral é indicado por $\sigma_{\bar{x}}$ *(x barra sob sigma)*. Sua fórmula é $\frac{\sigma_x}{\sqrt{n}}$, em que σ_x é o desvio-padrão da população *(x sob sigma)* e *n* é o tamanho de cada amostra. Nas próximas seções, você verá o efeito que cada um desses dois componentes possui sobre o erro-padrão.

Tamanho amostral e erro-padrão

O primeiro componente do erro-padrão é o tamanho amostral, *n*. Uma vez que *n* está no denominador da fórmula de erro-padrão, o erro-padrão diminui conforme *n* aumenta. Faz sentido o fato de que, com mais dados, há menos variação (e mais precisão) em seus resultados.

Suponha que X seja o tempo necessário para o funcionário de um escritório digitar e enviar uma carta de recomendação, e digamos que X possua uma distribuição normal com uma média de 10,5 minutos e um desvio-padrão de 3 minutos. A curva na parte de baixo da Figura 11-2 mostra a distribuição de X, os tempos individuais de todos os funcionários do escritório na população. De acordo com a regra empírica (veja o Capítulo 9), a maioria dos valores está dentro de três desvios-padrão da média (10,5), ou seja, entre 1,5 e 19,5.

Agora, pegue uma amostra aleatória de dez funcionários do escritório, meça seus tempos, e descubra a média, $\bar{x}$, a cada vez. Repita o processo várias vezes e faça um gráfico de todos os resultados possíveis para todas as amostras possíveis. A curva do meio na Figura 11-2 mostra a distribuição amostral de $\bar{X}$. Perceba que ela ainda está centralizada em 10,5 (o que era esperado), porém sua variabilidade é menor; o erro-padrão, nesse caso, é $\frac{\sigma_x}{\sqrt{n}} = \frac{3}{\sqrt{10}} = 0{,}95$ minutos (um resultado bem menor do que 3 minutos, o desvio-padrão dos tempos individuais).

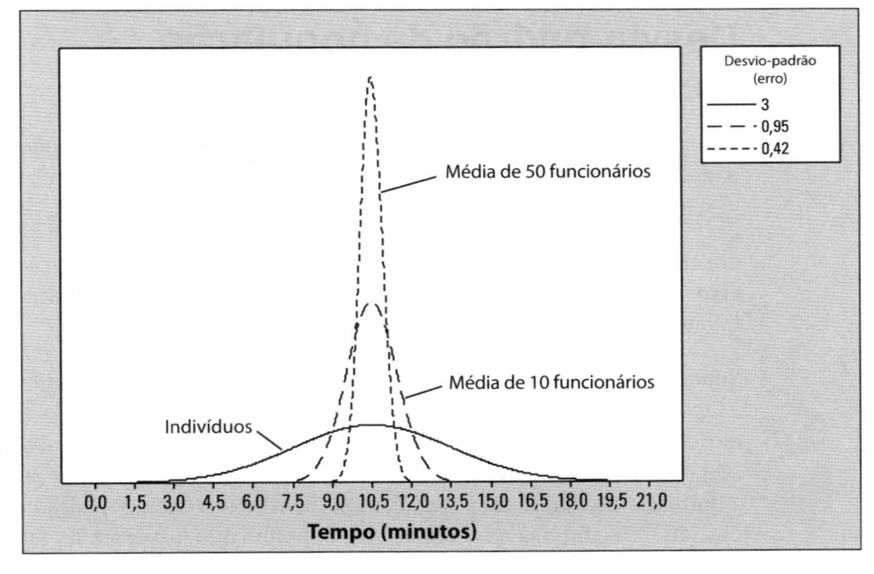

FIGURA 11-2: Distribuições de tempos para 1, 10 e 50 funcionários.

Observando a Figura 11-2, os tempos médios das amostras de dez funcionários do escritório estão mais próximos da média (10,5) do que os tempos individuais. Isso ocorre porque os tempos médios não mudam tanto entre as amostras como os tempos individuais de pessoa para pessoa.

Agora pegue todas as amostras aleatórias possíveis de 50 funcionários e descubra suas médias; a distribuição amostral é apresentada na curva mais alta na Figura 11-2. O erro-padrão de $\overline{X}$ diminui para $\frac{\sigma_x}{\sqrt{n}} = \frac{3}{\sqrt{50}} = 0{,}42$ minutos. Você pode ver que os tempos médios para 50 funcionários estão ainda mais próximos de 10,5 do que os tempos para 10 funcionários. Pela regra empírica, a maioria dos valores fica entre 10,5 – 3(0,42) = 9,24 e 10,5 + 3(0,42) = 11,76. As amostras maiores têm uma precisão ainda maior ao redor da média porque elas mudam muito menos entre as amostras.

PAPO DE ESPECIALISTA

Por que é importante ter mais precisão ao redor da média? Algumas vezes você não sabe qual é a média, mas quer determiná-la ou, pelo menos, chegar o mais próximo possível. Como faz isso? Pegando uma amostra aleatória grande da população e descobrindo sua média. Você sabe que a média amostral estará próxima à média real da população se sua amostra for grande, como a Figura 11-2 mostra (presumindo que seus dados sejam coletados corretamente; veja os detalhes sobre a coleta de bons dados no Capítulo 16).

Desvio-padrão da população e erro-padrão

O segundo componente do desvio-padrão envolve a quantidade de diversidade na população (medida pelo desvio-padrão). Na fórmula do erro-padrão $\frac{\sigma_x}{\sqrt{n}}$, para $\overline{X}$, você observa que o desvio-padrão da população, σ_x, está no numerador. Isso significa que à medida que o desvio-padrão da população aumenta, o erro-padrão das médias amostrais também. Isso faz sentido matematicamente falando; e em estatística?

Suponha que você tenha dois lagos cheios de peixes (vamos chamá-los de lago 1 e lago 2) e esteja interessado no comprimento dos peixes em cada lago. Presuma que os comprimentos dos peixes em cada lago tenham uma distribuição-padrão (veja o Capítulo 9). Disseram a você que os comprimentos dos peixes no lago 1 têm uma média de 20 polegadas (50,8cm) e um desvio-padrão de 2 polegadas, ou 5,08cm (veja a Figura 11-3a). Suponha que os peixes no lago 2 também tenham uma média de 20 polegadas, mas um desvio-padrão maior, de 5 polegadas, ou 12,7cm (veja a Figura 11-3b).

Ao comparar as Figuras 11-3a e 11-3b, é possível observar que os comprimentos das duas populações de peixes possuem a mesma forma e média, mas a distribuição na Figura 11-3b (do lago 2) tem mais dispersão, ou variabilidade, do que a distribuição apresentada na Figura 11-3a (do lago 1). Essa dispersão confirma que os peixes no lago 2 variam mais em comprimento do que os no lago 1.

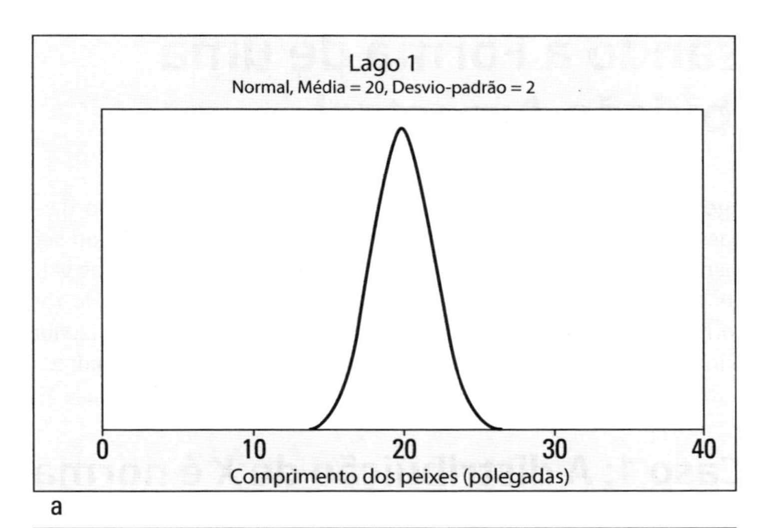

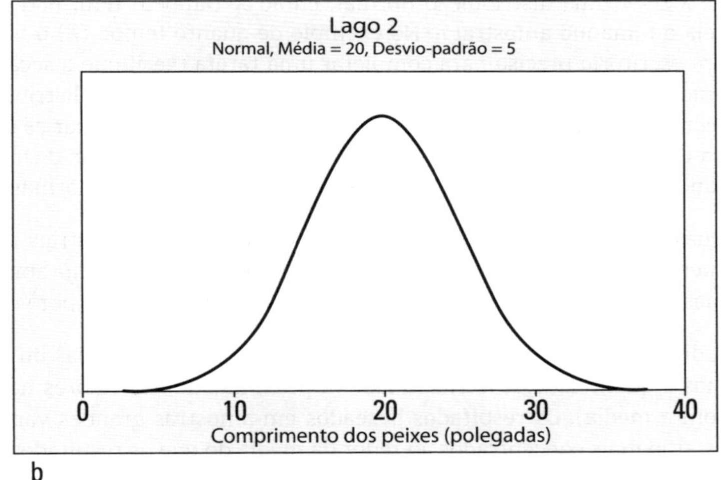

FIGURA 11-3: Distribuição dos comprimentos dos peixes a) no lago 1; b) no lago 2.

Agora imagine que você pegue uma amostra aleatória de 100 peixes do lago 1, descubra o comprimento médio deles e repita o processo várias vezes. Depois, faça o mesmo com o lago 2. Como os comprimentos individuais dos peixes no lago 2 têm mais variabilidade do que os comprimentos individuais dos peixes no lago 1, você sabe que os comprimentos médios das amostras do lago 2 terão mais variabilidade do que os comprimentos médios das amostras do lago 1 também. (Na verdade, é possível calcular seus erros-padrão usando a fórmula apresentada anteriormente nesta seção como 0,20 e 0,50, respectivamente.)

LEMBRE-SE

Estimar a média populacional é mais difícil quando a população varia muito, para começar; estimar a média populacional é muito mais fácil quando os valores populacionais são mais consistentes. O mais importante é que o erro-padrão da média amostral é maior quando o desvio-padrão populacional é maior.

Analisando a Forma de uma Distribuição Amostral

Agora que você sabe a respeito da média e do erro-padrão de $\overline{X}$, o próximo passo é determinar a forma da distribuição amostral de $\overline{X}$, ou seja, a forma da distribuição de todas as médias amostrais possíveis (todos os valores possíveis de $\bar{x}$) de todas as amostras possíveis. Você deve proceder de forma diferente conforme as condições, que eu divido em dois casos: 1) a distribuição original para X (a população) é normal ou tem uma distribuição normal; 2) a distribuição normal para X (a população) *não* é normal ou é desconhecida.

Caso 1: A distribuição de *X* é normal

Se X tiver uma distribuição normal, então $\overline{X}$ também terá, não importa qual seja o tamanho amostral n. No exemplo de quanto tempo (X) o funcionário de um escritório precisa para completar uma tarefa (verifique a seção "Tamanho amostral e erro-padrão"), você sabia que X possuía uma distribuição normal (consulte a curva mais baixa na Figura 11-2). Se você verificar as outras curvas na Figura 11-2, verá que os tempos médios para as amostras de $n = 10$ e $n = 50$ funcionários, respectivamente, também têm distribuições normais.

LEMBRE-SE

Quando X possui uma distribuição normal, as médias amostrais também possuem uma distribuição normal, não importando o tamanho amostral usado, mesmo se você pegar amostras de apenas dois funcionários por vez.

A diferença entre as curvas na Figura 11-2 não é suas médias ou suas formas, mas a quantidade de variabilidade (a proximidade dos valores na distribuição com a média). Os resultados baseados em amostras grandes variam menos e estarão mais concentrados ao redor da média do que os resultados de amostras pequenas ou resultados de indivíduos na população.

Caso 2: A distribuição de *X* não é normal; que entre o Teorema Central do Limite

Se X tem qualquer distribuição que *não* é normal ou sua distribuição é desconhecida, não se pode dizer automaticamente que a média amostral ($\overline{X}$) possui uma distribuição normal. Mas, por incrível que pareça, você poderá usar uma distribuição normal para *aproximar* a distribuição de $\overline{X}$ se o tamanho amostral for grande o suficiente. Esse resultado importante se deve ao que os estatísticos amam e conhecem como Teorema Central do Limite.

LEMBRE-SE

O *Teorema Central do Limite* (abreviado como *TCL*) diz que se X *não* tem uma distribuição normal (ou sua distribuição é desconhecida, portanto, não pode ser considerada normal), a forma da distribuição amostral de $\overline{X}$ é *aproximadamente* normal, desde que o tamanho amostral, *n*, seja grande o suficiente. Ou seja, você obterá uma distribuição normal *aproximada* das médias de amostras grandes, mesmo se a distribuição dos valores originais (*X*) não for normal.

A maioria dos estatísticos concorda que caso *n* seja pelo menos 30, essa aproximação será bem próxima na maioria dos casos, embora formas diferentes de distribuições para *X* tenham valores diferentes de *n* que são necessários. Quanto maior for o tamanho amostral (*n*), mais perto a distribuição das médias amostrais estará de uma distribuição normal.

A média de um dado não viciado é aproximadamente normal

Considere o exemplo da jogada do dado da seção anterior "Definindo uma Distribuição Amostral". Perceba que, na Figura 11-1a, a distribuição de *X* (população dos resultado baseados em milhões de jogadas individuais) é achatada; os resultados individuais de cada jogada vão de 1 a 6, e cada resultado é igualmente possível.

As coisas ficam diferentes quando você observa as médias. Ao jogar um dado muitas vezes (digamos, uma amostra de 50 vezes) e observar os resultados, você provavelmente terá o mesmo número de 6s e 1s (perceba que a média de 6 e 1 é 3,5); de 5s e 2s (5 e 2 também têm uma média de 3,5); e de 4s e 3s (que também têm a média de 3,5; viu um padrão aqui?). Portanto, se você jogar um dado 50 vezes, terá uma alta probabilidade de obter uma média geral que seja próxima a 3,5. Algumas vezes, por acaso, as coisas não ficam iguais, mas isso não acontecerá muitas vezes com 50 jogadas.

Conseguir uma média nos extremos com 50 jogadas é muito raro. Para obter uma média de 1 em 50 jogadas, você precisa que todas as 50 jogadas sejam 1. Qual é a chance de isso acontecer? (Caso ocorra com você, compre um bilhete da loteria logo em seguida, este é o dia mais sortudo de sua vida!) O mesmo ocorre para conseguir uma média próxima a 6.

Portanto, a chance de que sua média de 50 jogadas esteja próxima ao meio (3,5) é maior, e a chance de que esteja nos extremos (1 ou 6), ou próxima a eles, é muito baixa. Quanto às médias entre 1 e 6, as probabilidades ficam menores à medida que você se afasta de 3,5 e as probabilidades ficam maiores à medida que se aproxima de 3,5; particularmente, os estatísticos mostram que a forma da distribuição amostral das médias amostrais na Figura 11-1b é *aproximadamente* normal desde que o tamanho amostral seja grande o suficiente. (Veja o Capítulo 9 para entender as particularidades da forma da distribuição normal.)

Note que caso você jogue o dado ainda mais vezes, a chance de a média ser próxima a 3,5 aumenta e a distribuição amostral das médias amostrais se parece cada vez mais com uma distribuição normal.

A média de um dado viciado ainda é aproximadamente normal

No entanto, algumas vezes, os valores de X não ocorrem com uma probabilidade igual como quando você joga um dado não viciado. O que acontece, então? Por exemplo, digamos que o dado esteja viciado e que o valor médio para muitas jogadas individuais seja 2, em vez de 3,5. Isso quer dizer que a distribuição de X está inclinada para a direita (mais valores baixos como 1, 2 e 3, e menos valores altos como 4, 5 e 6). Mas caso a distribuição de X (milhões de jogadas de indivíduos com o dado viciado) esteja inclinada para direita, como a distribuição de $\overline{X}$ (média de 50 jogadas deste dado viciado) acaba com uma distribuição aproximadamente normal?

Digamos que alguém, Bob, faça 50 jogadas. Como será a distribuição dos resultados dele? É mais provável que Bob obtenha resultados baixos (como 1 e 2) e menos provável que obtenha resultados altos (como 5 e 6); a distribuição dos resultados de Bob será inclinada para a direita também.

Na realidade, como Bob jogou seu dado um número grande de vezes (50), a distribuição de seus resultados individuais tem uma boa chance de ficar parecida com a distribuição de X (os resultados de milhões de jogadas). Contudo, caso ele tivesse jogado o dado poucas vezes (digamos, 6 vezes), seria pouco provável até que conseguisse número altos como 5 e 6, assim, sua distribuição não se pareceria com a distribuição de X.

Se você revisar cada resultado de um milhão de pessoas que, como Bob, jogaram o dado viciado 50 vezes, cada uma dessas distribuições será muito semelhante entre si e à distribuição de X. Quanto mais jogadas elas fazem a cada vez, mais próximas suas distribuições são da distribuição de X e entre si. Eis o segredo: se suas distribuições de resultados têm uma forma similar, não importa a forma, suas médias são similares também. Algumas pessoas terão médias maiores que 2 por acaso e outras terão menores por acaso, mas esses tipos de médias ficam cada vez mais improváveis quanto mais distantes ficam de 2. Isso significa que você está obtendo uma distribuição normal aproximada centralizada em 2.

O mais importante é que não importa se você começou com uma distribuição inclinada ou uma distribuição bem diferente para X. Como cada uma delas teve um tamanho amostral grande (número de jogadas), as distribuições dos resultados amostrais de cada pessoa acabam ficando parecidas, então suas médias são similares, próximas entre si e da distribuição normal. Para dizer isso de forma chique, a distribuição $\overline{X}$ é *aproximadamente* normal desde que n seja grande o suficiente. Isso tudo por causa do Teorema Central do Limite.

Para que o TCL funcione quando X *não* tem uma distribuição normal, cada pessoa precisa jogar o dado um número suficiente de vezes (isso é, n precisa ser grande o suficiente) para que tenha uma boa chance de obter todos os valores possíveis de X, especialmente os resultados que não ocorrerão com frequência.

Caso *n* seja pequeno demais, algumas pessoas não obterão os resultados que têm poucas probabilidades de acontecer e suas médias serão mais diferentes do restante do que deveriam. Como consequência, quando você juntar todas as médias, elas poderão não se reunir ao redor de um único valor. No fim, a distribuição normal aproximada pode não aparecer.

Esclarecendo os três pontos principais sobre o TCL

Quero alertar sobre alguns motivos de confusão sobre o Teorema Central do Limite, antes que aconteçam com você:

» O TCL é necessário apenas quando a distribuição de X não é normal ou é desconhecida. Ele *não* é necessário caso X tenha começado com uma distribuição normal.

» As fórmulas para a média e o erro-padrão de $\overline{X}$ *não* existem por causa do TCL. São apenas resultados matemáticos sempre verdadeiros. Para ver essas fórmulas, verifique as seções "Média de uma Distribuição Amostral" e "Medindo o Erro-padrão", anteriormente neste capitulo.

» O *n* apresentado no TCL se refere ao tamanho da amostra que você tem a cada vez, e *não* ao número de amostras. Bob jogando um dado 50 vezes é uma amostra de tamanho 50, portanto $n = 50$. Se 10 pessoas fazem isso, você tem 10 amostras, cada uma de tamanho 50 e *n* ainda é 50.

Descobrindo as Probabilidades para a Média Amostral

Após ter definido, através das condições apresentadas no Caso 1 ou Caso 2 (veja as seções anteriores), que $\overline{X}$ tem uma distribuição normal ou aproximadamente normal, você tem sorte. A distribuição normal é uma distribuição muito conveniente que tem uma tabela para você encontrar as probabilidades e qualquer outra coisa de que precisar. Por exemplo, é possível descobrir as probabilidades de $\overline{X}$ ao converter o valor $\bar{x}$ em um valor z e descobrir as probabilidades utilizando a tabela Z (disponível no apêndice). (Veja todos os detalhes sobre as distribuições normal e Z no Capítulo 9.)

A fórmula de conversão geral dos valores $\bar{x}$ em valores z é:

$$z = \frac{\bar{x} - \mu_{\bar{x}}}{\sigma_{\bar{x}}}$$

Pela substituição dos valores adequados da média e do erro-padrão de $\overline{X}$, a fórmula de conversão fica assim:

$$z = \frac{\bar{x} - \mu_x}{\sigma_x / \sqrt{n}}$$

DICA

Não se esqueça de dividir pela raiz quadrada de n no denominador de z. Sempre divida pela raiz quadrada de n quando a questão se referir à média dos valores x.

Revendo o exemplo do funcionário do escritório da seção anterior, "Tamanho amostral e erro-padrão", suponha que X seja o tempo que um funcionário escolhido aleatoriamente leva para digitar e enviar uma carta de recomendação. Suponha que X tenha uma distribuição normal, a média seja de 10,5 minutos e o desvio-padrão de 3 minutos. Pegue uma amostra aleatória de 50 funcionários do escritório e meça seus tempos. Qual é a chance de que seus tempos médios sejam menores que 9,5 minutos?

Essa questão é representada como $P(\overline{X} < 9{,}5)$. Como X tem uma distribuição normal, para começar, você sabe que $\overline{X}$ também tem uma distribuição normal exata (e não aproximada). Ao converter em z, obtém-se:

$$z = \frac{\bar{x} - \mu_x}{\sigma_x / \sqrt{n}} = \frac{9{,}5 - 10{,}5}{3 / \sqrt{50}} = -2{,}36$$

Portanto, você quer P(Z < −2,36), que é igual a 0,0091 (na tabela Z do apêndice). Então, a chance de que uma amostra aleatória de 50 funcionários tenha uma média menor que 9,5 minutos para completar a tarefa é de 0,91% (muito pequena).

Como podemos descobrir as probabilidades para $\overline{X}$ se X *não* for normal ou for desconhecido? Como resultado do TCL, a distribuição de X pode ser não normal ou até mesmo desconhecida e desde que n seja grande o suficiente, ainda é possível descobrir probabilidades *aproximadas* para $\overline{X}$ usando a distribuição normal padrão (Z) e o processo descrito anteriormente. Ou seja, converta em valores z e descubra as probabilidades aproximadas usando a tabela Z (no apêndice).

LEMBRE-SE

Quando você usa o TCL para descobrir uma probabilidade para $\overline{X}$ (isso é, quando a distribuição de X não é normal ou é desconhecida), informe que sua resposta é uma *aproximação*. Também é importante informar que a resposta aproximada deve estar perto, pois você tem um n grande o suficiente para usar o TCL. (Caso o n não seja grande o suficiente, você poderá usar a distribuição t em muitos casos; veja o Capítulo 10.)

PAPO DE ESPECIALISTA

Além dos cálculos reais, as probabilidades sobre $\overline{X}$ podem ajudá-lo a decidir se uma suposição ou afirmação sobre uma média populacional está certa com base em seus dados. No exemplo dos funcionários do escritório, presumiu-se que o tempo médio para todos eles digitarem uma carta de recomendação era de 10,5 minutos. Sua amostra teve 9,5 minutos de média. Como descobrimos que a probabilidade de que eles teriam uma média menor que 9,5 minutos foi muito pequena (0,0091), você obteve um número excepcionalmente alto de funcionários rápidos em sua mostra, ao acaso, ou a hipótese de que o tempo médio de 10,5 minutos para todos os funcionários foi alta demais. (Aposto na segunda opção.) O processo de verificar as hipóteses ou desafiar afirmações sobre uma população é chamado de teste de hipóteses; os detalhes estão no Capítulo 14.

Distribuição Amostral da Proporção da Amostra

O Teorema Central do Limite (TCL) não se aplica apenas às médias amostrais de dados numéricos. Você também pode usá-lo com outras estatísticas, incluindo as proporções amostrais de dados categóricos (veja o Capítulo 6). *A proporção amostral*, p, é a proporção de indivíduos na população que têm certas características de interesse (por exemplo, a proporção de todos os norte-americanos que são eleitores registrados ou a proporção de todos os adolescentes que possuem celulares). A *proporção amostral* indicada por $\hat{p}$ (pronunciado *pê circunflexo*) é a proporção de indivíduos na amostra que possuem uma característica particular; em outras palavras, o número de indivíduos na amostra que têm uma característica de interesse dividida pelo tamanho amostral total (n).

Por exemplo, caso você pegue uma amostra de 100 adolescentes e descubra que 60 deles possuem celulares, a proporção amostral de adolescentes que possuem celular é $p = \frac{60}{100} = 0{,}60$. Esta seção examina a distribuição amostral de todas as proporções amostrais possíveis, $\hat{p}$, a partir de amostras de tamanho n de uma população.

A distribuição amostral de $\hat{p}$ tem as seguintes propriedades:

- Sua média, indicada por $\mu_{\hat{p}}$ (pronuncia-se *pê circunflexo sob mi*), é igual à proporção populacional, p.
- Seu erro-padrão, denotado por $\sigma_{\hat{p}}$ (*pê circunflexo sob sigma*), é igual a:

  $$\sqrt{\frac{p(1-p)}{n}}$$

  (Note que, como n está no denominador, o erro-padrão diminui à medida que n aumenta.)

» Devido ao TCL, sua forma é *aproximadamente* normal, contanto que o tamanho amostral seja grande o suficiente. Portanto, você pode usar a distribuição normal para descobrir as probabilidades aproximadas de $\hat{p}$.

» Quanto maior for o tamanho amostral (n), mais perto a distribuição da proporção amostral estará de uma distribuição normal.

DICA

Se você estiver interessado no número (em vez de na proporção) de indivíduos em sua amostra com características de interesse, use a distribuição binomial para descobrir as probabilidades de seus resultados (veja o Capítulo 8).

LEMBRE-SE

Qual é o tamanho suficiente para que o TCL funcione nas proporções amostrais? A maioria dos estatísticos concorda que tanto np como $n(1 - p)$ deveriam ser maiores ou iguais a 10. Ou seja, o número médio de sucessos (np) e o número médio de fracassos $n(1 - p)$ precisa ser pelo menos 10.

Para ajudar a ilustrar a distribuição amostral da proporção da amostra, considere uma pesquisa com alunos que acompanha a prova do ACT todos os anos, perguntando se os alunos gostariam de ter ajuda para melhorar suas habilidades em Matemática. Presuma (através de pesquisas anteriores) que 38% de todos os alunos respondem sim. Isso significa que p, a proporção populacional, é igual a 0,38 nesse caso. A distribuição das respostas (sim, não) dessa população está ilustrada na Figura 11-4, em forma de um gráfico de barras (veja o Capítulo 6 para ter mais informações sobre os gráficos de barras).

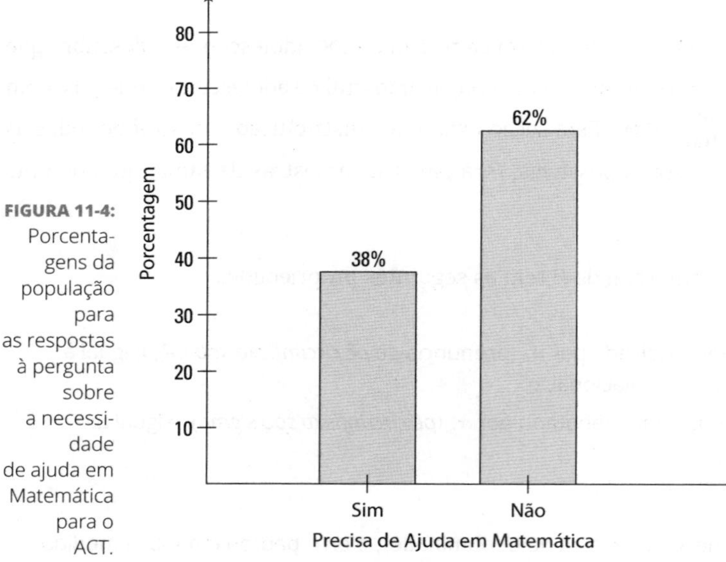

FIGURA 11-4: Porcentagens da população para as respostas à pergunta sobre a necessidade de ajuda em Matemática para o ACT.

Como 38% se aplicam a todos os alunos que fazem a prova, uso p para representar a proporção populacional, em vez de $\hat{p}$, que indica as proporções da amostra. Normalmente, p é desconhecido, mas estou dando um valor a ele aqui para indicar como as proporções amostrais da amostra obtidas da população se comportam em relação à proporção populacional.

Agora pegue todas as amostras possíveis de n = 1.000 alunos dessa população e encontre a proporção em cada amostra que disse que precisa de ajuda em Matemática. A distribuição dessas proporções amostrais é mostrada na Figura 11-5. Ela possui uma distribuição normal *aproximada* com média p = 0,38 erro-padrão igual a:

$$\sqrt{\frac{p(1-p)}{n}} = \sqrt{\frac{0{,}38(1-0{,}38)}{1.000}} = 0{,}015$$

(ou cerca de 1,5%).

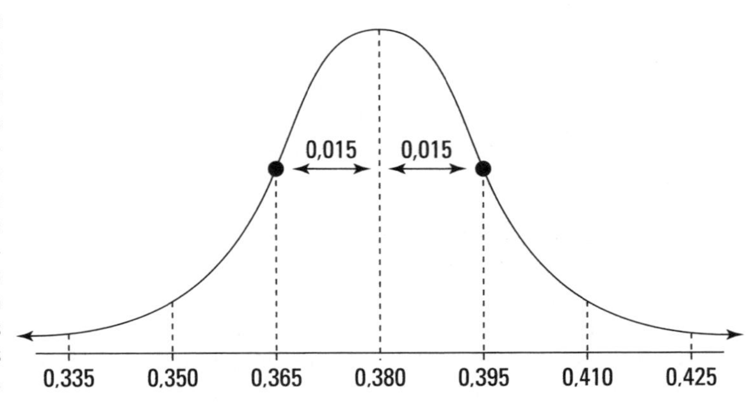

FIGURA 11-5: Distribuição amostral da proporção de alunos que responderam sim à pergunta sobre ajuda em Matemática para o ACT, para tamanhos amostrais de 1.000.

LEMBRE-SE

A distribuição normal aproximada funciona, pois as duas condições para o TCL são observadas: 1) np = 1.000(0,38) = 380 (≥ 10); e 2) $n(1 - p)$ = 1.000(0,62) = 620 (também ≥ 10). E como n é muito grande (1.000), a aproximação é excelente.

Descobrindo Probabilidades para a Proporção da Amostra

Você pode descobrir as probabilidades para $\hat{p}$, a proporção da amostra, usando a aproximação normal, desde que as condições sejam observadas (consulte a seção anterior para ver essas condições). Para o exemplo do exame ACT, você presume que 0,38, ou 38%, de todos os alunos que fazem a prova gostariam de ajuda em Matemática. Suponha que você pegue uma amostra aleatória de 100 alunos. Qual é a chance de que mais de 45 alunos digam que precisam de ajuda em Matemática? Considerando a proporção, isso é equivalente à chance de que mais de 45 ÷ 100 = 0,45 dos alunos digam que precisam de ajuda, isso é, $P(\hat{p} > 0{,}45)$.

Para responder a essa pergunta, primeiro verifique as condições: primeira, o np é pelo menos 10? Sim, porque 100 x 0,38 = 38. Segunda, o $n(1 - p)$ é pelo menos 10? Sim, novamente, pois 100 x (1 – 0,38) = 62. Portanto, você pode ir adiante e usar a aproximação normal.

Faça a conversão do valor $\hat{p}$ em um valor z usando a seguinte equação geral:

$$z = \frac{\hat{p} - \mu_{\hat{p}}}{\sigma_{\hat{p}}} = \frac{\hat{p} - p}{\sqrt{\frac{p(1-p)}{n}}}$$

Ao inserir os números do exemplo, obtemos:

$$z = \frac{0,45 - 0,38}{\sqrt{\frac{0,38(1-0,38)}{100}}} = 1,44$$

Então, você descobre que P(Z > 1,44) = 1 – 0,9251 = 0,0749, usando a Tabela A-1 no apêndice. Portanto, caso seja verdade que 0,38% de todos os alunos que fazem a prova querem ajuda em Matemática, a chance de pegar uma amostra aleatória de 100 alunos e descobrir que mais de 45 precisam de ajuda é de *aproximadamente* 0,0749 (pelo TCL).

PAPO DE ESPECIALISTA

Conforme indiquei na seção anterior sobre as médias amostrais, você pode usar as proporções da amostra para verificar uma afirmação sobre uma proporção populacional. (Esse procedimento é um teste de hipóteses para uma proporção populacional; todos os detalhes podem ser encontrados no Capítulo 15.) No exemplo do ACT, a probabilidade de que mais de 45% dos alunos em uma amostra de 100 precisem de ajuda em Matemática (quando você presumiu que 38% da população precisava de ajuda em Matemática) é de 0,0749. Como essa probabilidade é maior que 0,05 (o corte típico para o sinal vermelho sobre uma afirmação do valor populacional), não é possível questionar a afirmação de que apenas 38% naquela população precisam de ajuda em Matemática. Nosso resultado amostral não é um evento raro o suficiente. (Veja o Capítulo 15 para ter mais informações sobre os testes de hipóteses para uma proporção populacional.)

4 Fazendo Estimativas e Hipóteses com Confiança

NESTA PARTE...

Vira e mexe, alguém aparece com uma estatística, mas essa pessoa, na verdade, não lhe conta a história toda. A estatística por si só perde a parte mais importante da história: o quanto se espera que ela varie. Todas as boas estimativas dos parâmetros da população contêm não apenas uma estatística, mas também uma margem de erro. A combinação de uma estatística com uma margem de erro para mais ou para menos é conhecida como intervalo de confiança.

Agora, imagine que você recebeu uma afirmação, uma hipótese ou um valor-alvo para o parâmetro da população, e quer testar essa afirmação. Você faz isso com um teste de hipóteses baseado em estatística amostral. Como a estatística amostral vai variar, você precisa de técnicas para levar isso em consideração.

Esta parte dará uma visão geral e intuitiva a respeito das margens de erro, dos intervalos de confiança e dos testes de hipótese: suas funções, fórmulas, cálculos, fatores influentes e interpretação. Você também terá rápidas referências, exemplos dos intervalos de confiança e testes de hipóteses mais utilizados.

NESTE CAPÍTULO

» **Entendendo e calculando a margem de erro**

» **Explorando o efeito do tamanho amostral**

» **Descobrindo o que a margem de erro não mede**

Capítulo 12

Deixando Espaço para uma Margem de Erro

As boas pesquisas de opinião e os bons estudos científicos sempre incluem uma medida que indica a precisão de seus resultados, para que os consumidores da informação possam colocar esses resultados em perspectiva. Essa medida é chamada de *margem de erro (MDE)*, ou seja, é uma medida de quanto as estatísticas amostrais (ou números que resumem a amostra) devem se aproximar do parâmetro populacional sendo estudado. (Um parâmetro populacional é um número que resume a população. Veja mais sobre estatísticas e parâmetros no Capítulo 4.) Felizmente, muitos jornalistas também estão se dando conta da importância da MDE para avaliar a informação e estão começando a aparecer na mídia cada vez mais reportagens que incluem a margem de erro. Mas o que isso realmente significa? E será que realmente conta a história toda?

Este capítulo mostrará a margem de erro e o que ela pode e não pode fazer para ajudá-lo a avaliar a precisão da informação estatística. O capítulo também examinará a questão relacionada ao tamanho amostral; você se surpreenderá em saber que uma amostra pequena pode ser utilizada para obter um bom perfil de um país ou do mundo, desde que a pesquisa seja executada corretamente.

Explorando a Importância Daquele Mais ou Menos

Provavelmente, o termo margem de erro não é novo para você. Você já deve ter ouvido falar dele antes, especialmente em contextos relacionados aos resultados de pesquisas de opinião. Por exemplo, você já deve ter ouvido alguém falar: "Esta pesquisa tem uma margem de erro de três pontos percentuais para mais ou para menos." E talvez tenha se perguntado o que deveria fazer com essa informação e qual é sua real importância. A verdade é que os resultados das pesquisas por si só (sem nenhuma MDE) são apenas uma medida de como a *amostra* dos indivíduos selecionados sente-se com relação à determinada questão; não refletem como uma *população inteira* se sentiria se *todos* tivessem sido questionados. A margem de erro o ajuda a medir sua proximidade da verdade com relação a toda população com base em dados amostrais.

LEMBRE-SE

Os resultados fundamentados em uma amostra não serão exatamente os mesmos que você encontraria se estudasse toda uma população, pois, quando você retira uma amostra, não obtém informações a respeito de todos em uma dada população. Mas se o estudo for realizado da maneira correta (veja os Capítulos 16 e 17 para saber mais sobre como planejar bons estudos), os resultados obtidos a partir de amostras deverão ficar muito próximos dos reais valores para toda uma população, com um alto nível de confiança.

PAPO DE ESPECIALISTA

A MDE não significa que alguém cometeu um erro; apenas que você não conseguiu obter uma amostra de todos os indivíduos de uma população e, assim, espera que seus resultados amostrais variem um determinado valor a partir dessa população. Em outras palavras, você reconhece que seus resultados podem se alterar nas amostras subsequentes e sua precisão apenas é válida dentro de certo intervalo, que pode ser calculada usando a margem de erro.

Considere um exemplo do tipo de pesquisa de opinião feita por uma das principais organizações em pesquisas, como o Instituto Gallup. Suponha que a última pesquisa realizada pelo Instituto utilizou uma amostra com 1.000 cidadãos norte-americanos, e os resultados mostraram que 520 pessoas (52%) acham que o presidente está fazendo um bom trabalho, comparadas aos 48% que não têm a mesma opinião. Suponha que o Instituo Gallup informe que essa pesquisa possui uma margem de erro de 3% para mais ou para menos. Agora, você sabe que a maioria (mais que 50%) das pessoas dessa *amostra* aprova o presidente, mas sabe dizer se a maioria de *todos os cidadãos norte-americanos* aprova o presidente? Nesse caso, não pode. E por que não?

Você precisa incluir a margem de erro (de 3%) nos resultados. Se 52% dos *indivíduos da amostra* aprovam o presidente, espera-se que a porcentagem de toda a *população norte-americana* que aprova o trabalho do presidente seja igual a 52%, com 3% para mais ou para menos. Assim, é possível dizer que entre 49%

e 55% de todos os norte-americanos aprovam o presidente. Isso é o máximo que você consegue com uma amostra composta por 1.000 pessoas. Mas note que 49%, a extremidade inferior desse intervalo, representa a minoria, pois é menos que 50%. Sendo assim, você realmente não pode afirmar que a maioria da população norte-americana apoia o presidente apenas se baseando nessa amostra. O que pode dizer é que está confiante que de 49% a 55% de toda a população norte-americana apoia o presidente, o que pode ou não representar a maioria.

Pense no tamanho amostral por um momento. Não é interessante o fato de que uma amostra composta por apenas 1.000 norte-americanos retirados de uma população total de mais de 310.000.000 possa levar a uma margem de erro de apenas 3% para mais ou para menos? É incrível! E mostra que para ter uma boa ideia do que está acontecendo com uma população muito grande, basta uma amostra bem pequena de seu total (presumindo, como sempre, que você tenha dados bons). A estatística é, de fato, uma ferramenta muito poderosa para descobrir a opinião das pessoas com relação a vários assuntos. Talvez seja por isso que tantas pessoas realizam pesquisas de opinião e também por que você acaba ficando tão entediado tendo que lhes responder.

Quando estiver trabalhando com variáveis categóricas (aquelas que registram certas características que não envolvem medidas ou somas; veja o Capítulo 6), uma forma rápida para ter uma ideia aproximada da margem de erro das proporções, para qualquer tamanho amostral (n), é dividir o número 1 pela raiz quadrada do tamanho amostral (n). Para o exemplo do Instituto Gallup, n = 1.000, e sua raiz quadrada é aproximadamente 31,62, portanto a margem de erro é igual a 1 dividido por 31,62, ou seja, cerca de 0,03, que é o equivalente a 3%. Ainda neste capítulo, você verá como chegar a um cálculo mais preciso para obter o valor da margem de erro.

Descobrindo a Margem de Erro: Fórmula Geral

A margem de erro é o valor "para mais ou para menos" que fica anexado aos resultados amostrais a partir do momento em que você deixa de pensar na amostra propriamente dita e passa a pensar na população total que ela representa. Sendo assim, você sabe que a fórmula geral para o cálculo da margem de erro tem um sinal de "±" na frente. Portanto, como obterá o valor mais ou menos (além da maneira demonstrada acima)? Esta seção mostrará como fazer isso.

Medindo a variabilidade da amostra

Os resultados amostrais variam, mas quanto? Segundo o Teorema Central do Limite (veja o Capítulo 9), quando os tamanhos amostrais são grandes o bastante, a distribuição das proporções amostrais (ou as médias amostrais) apresenta-se como uma curva em forma de sino (ou distribuição normal aproximada; veja o Capítulo 9). Algumas proporções amostrais (ou médias amostrais) vão superestimar o valor da população e outras vão subestimá-lo, mas a maioria ficará próxima do centro.

E o que está no centro dessa distribuição amostral? Se você fizer a média de todos os resultados a partir de todas as amostras possíveis, essa média será a real *proporção da população*, no caso de dados categorizados, ou a real *média da população*, no caso de dados numéricos. Geralmente, você não sabe todos os valores da população, então não é possível ver todos os resultados amostrais possíveis e fazer a média. Mas saber algo a respeito de todas as outras possibilidades de amostras realmente ajudará a obter o valor esperado para a variação de sua própria proporção (ou média) amostral (veja o Capítulo 11 para ter mais informações sobre médias e proporções amostrais).

LEMBRE-SE

Os erros-padrão são o alicerce da margem de erro. O *erro-padrão* de uma Estatística é basicamente igual ao desvio-padrão da população dividido pela raiz quadrada de n (o tamanho amostral). Isso reflete o fato de que o tamanho amostral exerce uma grande influência sobre o quanto a estatística amostral vai variar de uma amostra para outra (leia o Capítulo 11 para ter mais informações a respeito de erros-padrão).

LEMBRE-SE

O número de erros-padrão que você precisa somar ou subtrair para chegar à MDE depende da margem de confiança que você pretende dar a seus resultados (isso se chama *nível de confiança*). Geralmente, deseja-se ter 95% de precisão, sendo assim, a regra básica é somar ou subtrair aproximadamente dois erros-padrão (1,96, para ser exato) para obter a MDE (obtida com a regra empírica; veja o Capítulo 9). Isso permite levar em consideração cerca de 95% de todos os resultados possíveis que possam ter ocorrido com as novas coletas de amostras. Para mostrar 99% de precisão, some e subtraia 2,58 erros-padrão. (Isso requer uma distribuição normal para um n grande; desvio-padrão conhecido. Veja o Capítulo 11.)

Você pode ser mais exato a respeito do número de erros-padrão que devem ser somados e subtraídos para o cálculo da MDE para qualquer nível de confiança; caso as condições estejam corretas, você poderá usar os valores da distribuição normal (Z) padrão (veja o Capítulo 13 para ter mais detalhes). Para qualquer nível de confiança, um valor correspondente na distribuição normal padrão (chamado ***valor*** z^*) representa o número de erros-padrão a somar ou subtrair, a fim de contabilizar o nível de confiança. Para 95% de confiança, o valor z^* mais preciso é de 1,96 ("aproximadamente" 2) e para 99% de confiança o valor z^* exato é 2,58. Alguns níveis de confiança mais utilizados (também conhecidos como porcentagem de confiança), juntamente com seus valores z^* correspondentes, estão na Tabela 12-1.

TABELA 12-1 **Valores z^* dos Níveis de Confiança Selecionados (Porcentagem)**

Porcentagem de Confiança	Valor z^*
80	1,28
90	1,645
95	1,96
98	2,33
99	2,58

CUIDADO

Para descobrir um valor z^* como esses da Tabela 12-1, adicione ao nível de confiança para torná-lo uma probabilidade "menor que" e descubra seu valor z correspondente na tabela Z. Por exemplo, um nível de confiança de 95% significa que a probabilidade "intermediária" é de 95%, portanto, a probabilidade "menor que" é 95% mais 2,5% (metade do que sobrou) ou 97,5%. Procure 0,975 na tabela Z e encontre $z^* = 1{,}96$ para um nível de confiança de 95%.

Calculando a margem de erro para uma proporção amostral

Quando uma pesquisa pede às pessoas que elas escolham uma alternativa (por exemplo, "Você aprova ou não o trabalho feito pelo presidente?"), a estatística utilizada para relatar os resultados é a proporção de pessoas da amostra que se encaixaram em cada grupo (como o grupo do "aprova"). Isso é conhecido como *proporção amostral*. Você descobre isso pegando o número de pessoas na amostra que se encaixaram no grupo de interesse dividido pelo tamanho amostral, *n*.

Juntamente com a proporção amostral, você precisa apresentar uma margem de erro. A fórmula geral para o cálculo da margem de erro de uma proporção amostral (caso certas condições sejam observadas) é $z^*\sqrt{\frac{\hat{p}(1-\hat{p})}{n}}$, em que $\hat{p}$ é a proporção amostral, *n* é o tamanho amostral e z^* é o valor z^* apropriado para o nível de confiança desejado (na Tabela 10-1). Veja a seguir os passos para o cálculo da margem de erro de uma proporção amostral:

1. **Encontre o tamanho amostral, *n*, e a proporção amostral, $\hat{p}$.**

   A proporção amostral é o número na amostra com as características de interesse dividido por *n*.

2. **Multiplique a proporção amostral por $(1-\hat{p})$.**
3. **Divida o resultado por *n*.**

4. **Obtenha a raiz quadrada do valor calculado.**

   Agora você tem o erro-padrão, $\sqrt{\frac{\hat{p}(1-\hat{p})}{n}}$.

5. **Multiplique o resultado pelo valor *z** apropriado ao nível de confiança desejado.**

   Veja a Tabela 12-1 para encontrar o valor *z** adequado. Se o nível de confiança é de 95%, o valor *z** é 1,96.

Se observarmos o exemplo que envolve a aprovação do presidente pelos cidadãos norte-americanos, podemos encontrar a margem de erro real. Primeiro, considere que o nível de confiança desejado é de 95%, portanto $z^* = 1{,}96$. O número de norte-americanos na amostra que disseram aprovar o presidente foi de 520. Isso significa que a proporção amostral, $\hat{p}$, é 520 ÷ 1.000 = 0,52. (O tamanho amostral, *n*, era 1.000.) A margem de erro dessa pesquisa deve ser calculada da seguinte maneira:

$$z^* \sqrt{\frac{\hat{p}(1-\hat{p})}{n}} = 1{,}96\sqrt{\frac{(0{,}52)(0{,}48)}{1.000}}$$

$$= (1{,}96)(0{,}0158) = 0{,}0310$$

De acordo com os dados, podemos concluir com 95% de confiança que 52% de todos os norte-americanos aprovam o presidente, mais ou menos 3,1%.

Duas condições devem ser atendidas ao usar um valor *z** na fórmula da margem de erro para uma proporção amostral:

1. **É preciso ter certeza de que $n\hat{p}$ é, pelo menos, 10.**
2. **É preciso ter certeza de que $n(1-\hat{p})$ é, pelo menos, 10.**

No exemplo anterior de uma pesquisa sobre o presidente, n = 1.000, $\hat{p}$ = 0,52 e $1-\hat{p}$ é 1 – 0,52 = 0,48. Agora, verifique as condições: $n\hat{p}$ = 1.000 x 0,52 = 520 e $n(1-\hat{p})$ = 1,000 x 0,48 = 480. Esses dois valores são, pelo menos, 10, então está tudo certo.

A maioria das pesquisas com as quais você se depara são baseadas em centenas ou até milhares de pessoas, portanto atender essas duas condições é geralmente muito fácil (a menos que a proporção seja muito grande ou muito pequena, exigindo uma amostra maior para que as condições funcionem).

Uma proporção amostral é a versão decimal da porcentagem amostral. Em outras palavras, se você tem uma porcentagem amostral igual a 5%, na fórmula, deve utilizar a representação 0,05, e não o número 5. Para transformar uma porcentagem em decimal, basta dividi-la por 100. Depois que todos os cálculos estiverem prontos, você pode transformar o resultado final em porcentagem novamente multiplicando a resposta final por 100%.

Relatando os resultados

Incluir a margem de erro permite que você tire conclusões além de sua amostra da população. Após calcular e interpretar a margem de erro, informe-a juntamente com os resultados de sua pesquisa. Para relatar os resultados da pesquisa sobre a aprovação do presidente, na seção anterior, você poderia dizer: "De acordo com minha amostra, 52% dos norte-americanos aprovam o presidente, com uma margem de erro de 3,1% para mais ou para menos. A confiança desses resultados é de 95%."

Mas como uma empresa especializada em pesquisas de opinião informa seus resultados? Veja um exemplo do Instituto Gallup:

> *De acordo com a amostra total de 1.000 adultos na (nesta) pesquisa, temos 95% de certeza de que a margem de erro para nosso procedimento de amostragem e seus resultados não é mais do que ± 3,1 pontos percentuais.*

Isso se parece com aquelas longas listas de exceções que aparecem no final de um comercial de financiamento de veículos. Mas agora você já consegue entender o que aquelas letrinhas querem dizer!

LEMBRE-SE

Nunca aceite os resultados de uma pesquisa ou de um estudo científico sem a margem de erro. A MDE é a única maneira que você possui para medir o quanto a estatística amostral realmente reflete os parâmetros da população nos quais você está interessado. Os resultados amostrais variam e caso uma amostra diferente tenha sido selecionada, podemos obter um resultado amostral diferente; a MDE mede essa diferença.

Da próxima vez que você ouvir falar dos resultados de uma pesquisa de opinião ou enquete, observe com atenção para ver se a margem de erro foi mencionada; caso isso não ocorra, questione o motivo. Alguns meios de comunicação estão melhorando nesse aspecto e começaram a mencionar as margens de erro de suas pesquisas; mas e os outros estudos?

Calculando a margem de erro para uma média amostral

Quando a pergunta em uma pesquisa pede para estimar um parâmetro com base em uma variável numérica (por exemplo, "Qual é a idade média dos professores?"), a estatística usada para ajudar a estimar os resultados é a média de todas as respostas obtidas das pessoas da amostra. Isso é conhecido como *média amostral* (veja o Capítulo 5). E assim como com as proporções amostrais, você precisa apresentar uma MDE para as médias amostrais.

A fórmula geral para o cálculo da margem de erro para sua média amostral (considerando que determinada condição seja observada) é $z^*\frac{\sigma}{\sqrt{n}}$, em que σ é o desvio-padrão da população, n é o tamanho amostral e z^* é o valor z^* apropriado para o nível de confiança desejado (encontrado na Tabela 12-1).

A seguir, veja os passos para o cálculo da margem de erro para uma média amostral:

1. **Encontre o desvio-padrão da amostra, σ, e o tamanho amostral, n.**

   O desvio-padrão da população será apresentado no problema.

2. **Divida o desvio-padrão da amostra pela raiz quadrada do tamanho amostral**

   $\frac{\sigma}{\sqrt{n}}$ fornece o erro-padrão.

3. **Multiplique pelo valor z^* apropriado (consulte a Tabela 12-1).**

   Por exemplo, o valor z^* é 1,96 caso o nível de confiança desejado seja de 95%.

DICA

A condição que você precisa atender para usar um valor z* na fórmula da margem de erro e encontrar uma média amostral é: 1) A população original tem uma distribuição normal para começar ou 2) O tamanho amostral é grande o suficiente para que a distribuição normal possa ser usada (isso é, o Teorema Central do Limite entra em jogo; veja o Capítulo 11). Em geral, o tamanho amostral, n, deve estar acima de 30 para o Teorema. Mas, caso seja 29, não entre em pânico; 30 não é um número mágico, é apenas uma regra geral. (O desvio-padrão da população deve ser conhecido de qualquer forma.)

Suponha que você seja o gerente de uma sorveteria e esteja treinando novos funcionários para que eles sejam capazes de encher as casquinhas grandes com a quantidade correta de sorvete (10 onças, ou 300ml cada). Você quer estimar o peso médio das casquinhas que eles montam no período de um dia, incluindo a margem de erro. Em vez de pesar cada casquinha produzida, você pede a cada um dos funcionários que verifique aleatoriamente o peso das casquinhas grandes montadas por eles e registre os pesos em uma caderneta. Para $n = 50$ casquinhas selecionadas como amostra, a média encontrada foi 10,3 onças (305ml). Suponha que o desvio-padrão da população, de $\sigma = 0{,}6$ onças (18ml), seja conhecido.

Qual é a margem de erro? (Supondo que você queira um nível de confiança de 95%.) Ela pode ser calculada da seguinte forma:

$$z^*\frac{\sigma}{\sqrt{n}} = 1{,}96\frac{0{,}6}{\sqrt{50}} = (1{,}96)(0{,}0849) = 0{,}17$$

Portanto, para informar os resultados, você estima que, segundo uma amostra com 50 casquinhas, o peso médio de todas as casquinhas grandes montadas pelos funcionários novos seja 10,3 onças (305ml), com uma margem de erro de mais ou menos 0,17 onças (5ml). Em outras palavras, o limite de valores possíveis para o peso médio de todas as casquinhas grandes produzidas em um dia é estimado (com 95% de confiança) em 10,30 – 0,17 = 10,13 onças (305ml) e 10,30 + 0,17 = 10.47 onças (310ml). Parece que os novos funcionários estão colocando sorvete demais (mas acredito que os clientes não ficam chateados).

CUIDADO

Observe que no exemplo das casquinhas de sorvete, as unidades são onças (ou mililitros), não porcentagens! Quando você tiver que lidar e informar os resultados sobre os dados, lembre-se sempre das unidades. Também verifique se as estatísticas estão sendo corretamente mencionadas de acordo com suas unidades de medida e, caso isso não esteja acontecendo, pergunte sobre as unidades.

LEMBRE-SE

Nos casos em que n é pequeno demais (em geral, menor que 30) para que o Teorema Central do Limite seja usado, mas você ainda acha que os dados vêm de uma distribuição normal, é possível usar um valor t^*, em vez de um valor z^* nas fórmulas. Um valor t^* vem de uma distribuição t, com n - 1 graus de liberdade (o Capítulo 10 apresenta todos os detalhes sobre a distribuição t). Na realidade, muitos estatísticos preferem usar diretamente os valores t^* no lugar dos valores z^*, pois, caso o tamanho amostral seja grande, os valores t^* e z^* serão aproximados de qualquer forma. Além disso, para os casos em que você não sabe o desvio-padrão da população, σ, pode substituí-lo por s, o desvio-padrão amostral; a partir desse ponto, use um valor t^*, em vez de um valor z^*, nas fórmulas também.

Tendo certeza de que você está certo

Caso você queira ter *mais* de 95% de confiança acerca de seus resultados, será necessário somar e subtrair mais de 1,96 erro-padrão (veja a Tabela 12-1). Por exemplo, para ter 99% de confiança, você deve somar e subtrair 2,58 erros-padrão para obter sua margem de erro. No entanto, isso faz com que a margem de erro fique maior (considerando que o tamanho amostral permaneça o mesmo); portanto é preciso questionar se isso vale a pena. Ao ir de 95% para 99% de confiança, o valor z^* aumenta em 2,58 - 1,96 = 0,62 (veja a Tabela 12-1). A maioria das pessoas não acredita que seja interessante somar ou subtrair mais de uma MDE para conseguir apenas 4% a mais de confiança (99% versus 95%) nos resultados obtidos.

CUIDADO

Não é possível estar completamente certo de que os resultados amostrais realmente refletem a população, mesmo que você inclua uma margem de erro. Mesmo que você tenha 95% de confiança em seus resultados, isso, na verdade, significa que se repetir o processo de amostragem várias e várias vezes, em

5% das vezes a amostra não representará bem a população, simplesmente pelo fato da casualidade (nada relacionado a problemas com o processo de amostragem ou qualquer outra coisa). Nesses casos, você erraria o alvo. Então, todos os resultados devem ser vistos tendo isso em mente.

Determinando o Impacto do Tamanho Amostral

As duas ideias mais importantes relacionadas ao tamanho amostral são as seguintes:

- » O tamanho amostral e a margem de erro possuem uma relação inversa.
- » Após determinado ponto, aumentar *n* além do que você já possui lhe dará um retorno diminuído.

Esta seção mostra ambos os conceitos.

Tamanho amostral e margem de erro

A relação entre a margem de erro e o tamanho amostral é simples: quanto maior for o tamanho amostral, menor será a margem de erro. Essa é uma relação inversa, pois os dois se movem em direções opostas. Se você pensar a respeito, verá que faz sentido, pois quanto mais informações se tem, maior é a precisão dos resultados (em outras palavras, menor é a margem de erro). (Isso se assumirmos que os dados foram coletados e lidados da maneira adequada.)

CUIDADO

Na seção anterior, você pode observar que o impacto de um nível de confiança maior é uma MDE maior. Porém, caso você aumente o tamanho amostral, pode compensar a MDE e diminuí-la para um tamanho razoável! Descubra mais sobre esse conceito no Capítulo 13.

Muito nem sempre é melhor!

No exemplo sobre uma enquete envolvendo a taxa de aprovação do presidente (veja a seção anterior "Calculando a margem de erro para uma proporção amostral"), os resultados de uma amostra composta por apenas 1.000 pessoas de um total de mais de 310.000.000 de cidadãos norte-americanos conseguiram ficar dentro de 3% do que toda a população teria dito, caso todos tivessem sido entrevistados.

Usando a fórmula da margem de erro para a proporção amostral, podemos observar como a margem de erro altera-se drasticamente em amostras de diferentes tamanhos. Suponha que no exemplo da taxa de aprovação do presidente, *n* seja igual a 500, em vez de 1.000. (Lembre-se de que $\hat{p}$ = 0,52 para esse exemplo.) Sendo assim, a margem de erro para o nível de confiança de 95% é $1{,}96\sqrt{\frac{(0{,}52)(0{,}48)}{500}} = (1{,}96)(0{,}0223) = 0{,}0438$, que é o equivalente a 4,38%.

Quando *n* é igual a 1.000 no mesmo exemplo, a margem de erro (para 95% de confiança) é $1{,}96\sqrt{\frac{(0{,}52)(0{,}48)}{1.000}} = (1{,}96)(0{,}0158) = 0{,}0310$, que é equivalente a 3,10%. Se *n* fosse aumentado para 1.500, a margem de erro (para o mesmo nível de confiança) se tornaria $1{,}96\sqrt{\frac{(0{,}52)(0{,}48)}{1.500}} = (1{,}96)(0{,}0129) = 0{,}0253$ ou 2,53%. E por fim, quando *n* = 2.000, a margem de erro é de $1{,}96\sqrt{\frac{(0{,}52)(0{,}48)}{2.000}} = (1{,}96)(0{,}0112) = 0{,}0219$ ou 2,19%.

Observando esses diferentes resultados, podemos perceber que os tamanhos amostrais maiores diminuem a MDE, porém, depois de certo ponto, você começa a ter um retorno diminuído. Cada pessoa a mais aumenta o custo da pesquisa e o aumento do tamanho da amostra de, digamos, 1.500 para 2.000 pessoas reduz a margem de erro em apenas 0,34% (um terço de 1%!) ou de 0,0253 para 0,0219. O custo extra e o trabalho para conseguir essa pequena diminuição na MDE não valem a pena. Muito nem sempre é melhor!

Mas o que realmente o deixará surpreso não é o fato de que muito nem sempre é melhor; na verdade, muito pode ser pior! Explicarei na seção a seguir.

Mantendo a margem de erro em perspectiva

A margem de erro é uma medida de qual proximidade você espera para que seus resultados representem toda a população sendo estudada. (Ou, pelo menos, que ela ofereça um teto para a quantidade de erro que você deve ter.) Como você está baseando suas conclusões sobre a população em uma única amostra, é necessário levar em conta o quanto esses resultados amostrais podem variar simplesmente devido ao acaso.

Outra visão que se tem da margem de erro é que ela representa a distância máxima esperada entre os resultados amostrais e os resultados reais da população (caso tivesse sido capaz de obtê-los por meio de um censo). Mas é claro que se você tivesse a verdade absoluta sobre uma determinada população, não estaria fazendo uma pesquisa, não é?

Tão importante quanto saber o que a margem de erro mede é saber o que ela *não* mede. A margem de erro não mede nada além da variação provocada pela casualidade. Isso é, ela não mede nenhuma parcialidade ou erro ocorrido durante a seleção dos participantes, preparação e realização da pesquisa durante a coleta e o processo de inserção de dados, nem mesmo durante a análise dos dados e o esboço da conclusão final.

CUIDADO

Um bom slogan a ser lembrado no momento em que você analisa qualquer resultado estatístico é "o lixo que entra é igual ao lixo que sai". Independentemente da aparência científica da margem de erro, lembre-se de que a fórmula usada para o cálculo não faz a menor ideia da qualidade dos dados em que a margem de erro se baseia. Se a proporção ou a média amostral for baseada em uma *amostra parcial* (amostra que favorece determinadas pessoas em detrimento de outras), em maus procedimentos de coleta de dados, má organização, perguntas tendenciosas ou erros sistemáticos durante o registro dos dados, então o cálculo da margem de erro será inútil, pois não terá sentido nenhum.

Por exemplo, um total de 50.000 pessoas entrevistadas parece muito bom, mas se todas forem visitantes de um site na internet, a margem de erro para o resultado dessa pesquisa não significará nada, pois todos os cálculos se basearão em resultados parciais! Na realidade, muitas amostras extremamente grandes resultam de procedimentos amostrais parciais. É claro que algumas pessoas vão em frente e relatam seus achados de qualquer maneira, sendo assim, você tem que descobrir o que foi usado na fórmula: boa informação ou lixo? Caso descubra que foi lixo, já sabe o que fazer com a margem de erro. Ignore-a. (Para ter mais informações sobre os erros que podem ocorrer durante uma pesquisa de opinião ou um estudo científico, veja os Capítulos 16 e 17, respectivamente.)

O Instituto Gallup fala sobre o que é ou não medido pela margem de erro, em um termo de responsabilidade utilizado por ele para informar os resultados de suas pesquisas. O Instituto nos informa que, além dos erros de amostragem, as pesquisas podem apresentar outros erros ou tendências em virtude da maneira como as perguntas são feitas e de questões logísticas envolvidas na realização das pesquisas (tais como a perda de informação devido a números de telefones não atualizados).

Isso significa que mesmo tendo as melhores intenções e a maior atenção aos detalhes e ao controle do processo, várias coisas podem acontecer. Nada é perfeito. Mas o que você precisa saber é que a margem de erro não mede a extensão desses outros tipos de erros. E se um instituto de pesquisas altamente confiável como o Gallup admite uma possível parcialidade, imagine o que acontece com o estudo de outras pessoas que não são, nem de perto, bem planejados ou conduzidos.

NESTE CAPÍTULO

» Entendendo as partes do intervalo de confiança e sua interpretação

» Calculando com confiança

» Examinando fatores que influenciam a largura de um intervalo de confiança

» Detectando resultados enganosos

Capítulo 13

Intervalos de Confiança: Fazendo Sua Melhor Estimativa

A maioria dos estatísticos costuma estimar algumas características acerca de uma população de interesse, tais como a média da renda familiar, a porcentagem de pessoas que compram presentes de aniversário pela internet ou a média de sorvete consumida anualmente nos Estados Unidos (e a média de peso ganho... deixa pra lá!). Tais características da população são chamadas de *parâmetros*. Normalmente, as pessoas querem estimar (chutar) o valor de um parâmetro através da coleta de uma amostra da população e do uso da estatística da amostra. A questão aqui é: como definir uma "boa estimativa"?

Desde que o processo seja feito corretamente (e se tratando da mídia, isso quase nunca acontece!), uma estimativa pode chegar bem próxima de um parâmetro. Este capítulo dará uma visão geral dos intervalos de confiança (o tipo de estimativa usado e recomendado pelos estatísticos), do motivo pelo qual eles devem ser usados (em oposição à apresentação de apenas um único número), como preparar, calcular e interpretar os intervalos de confiança mais usados e como detectar as estimativas enganosas.

Nem Todas as Estimativas São Criadas da Mesma Forma

Leia qualquer revista ou jornal, ou assista a qualquer noticiário, e notará um grande número de estatísticas, muitas sendo estimativas de uma quantidade ou outra. Você deve se perguntar como eles conseguem esses números. Em alguns casos, os números são realmente pesquisados; em outros, são apenas tiros no escuro. Veja alguns exemplos de estimativas que encontrei em apenas uma edição de uma revista líder em assuntos de negócios. Eles foram tirados de diversas fontes:

» Embora esteja cada vez mais difícil conseguir empregos, algumas áreas realmente estão recrutando profissionais: durante os próximos oito anos, 13.000 anestesistas serão necessários. Os salários iniciais são de $80.000 a $95.000.

» O número médio de tacos usados por um jogador de beisebol da Liga Principal é de 90 por temporada.

» A Lamborghini Murcielago pode ir de 0 a 100km em 3,7 segundos, com velocidade máxima de aproximadamente 330km/h.

Algumas estimativas são mais fáceis de obter do que outras. Aqui vão algumas observações que eu pude fazer sobre elas:

» Como você estima a quantidade de anestesistas que serão necessários nos próximos oito anos? Pode começar observando quantos estarão se aposentando dentro desse período; mas isso não vai contabilizar o crescimento. Uma previsão para daqui a um ou dois anos seria fácil, mas muito difícil de acertar uma previsão para daqui a oito anos.

» O número médio de tacos usados por um jogador de beisebol na Liga Principal pode ser encontrado por meio de pesquisas feitas com os próprios jogadores, os responsáveis pelos equipamentos ou as empresas que fornecem os tacos.

» A determinação da velocidade de um carro é o mais difícil, mas poderia ser feita por meio de um teste com o uso de cronômetros. Porém deve-se estabelecer a velocidade média de vários carros diferentes (e não apenas de um) da mesma marca e modelo, com as mesmas condições, a cada vez.

Nem todas as estatísticas são criadas da mesma forma. Para determinar se uma estatística é confiável, não confie de olhos fechados. Pense se ela realmente faz sentido e como você faria para formular uma estimativa. Se a estatística realmente for importante para você, descubra que processo foi utilizado para se chegar a ela. (O Capítulo 16 trata de todos os elementos que envolvem as pesquisas e o Capítulo 17 oferece detalhes sobre os experimentos.)

Ligando uma Estatística a um Parâmetro

Um *parâmetro* é um número único que descreve uma população, como a renda mediana de todas as famílias nos EUA. Uma *estatística* é um número único que descreve uma amostra, como a renda mediana familiar de uma amostra de, digamos, 1.200 famílias. Geralmente, não sabemos os valores dos parâmetros das populações, então pegamos amostras e usamos estatísticas para ter as melhores estimativas.

Imagine que você queira saber a porcentagem de veículos nos EUA que são caminhonetes (esse é o parâmetro, nesse caso). Não é possível verificar cada um dos veículos, portanto pegamos uma amostra aleatória de 1.000 veículos em um número de rodovias em horários diferentes do dia. Descobrimos que 7% dos veículos da amostra são caminhonetes. Agora, não podemos dizer que *exatamente* 7% de todos os veículos nas rodovias são caminhonetes, pois sabemos disso apenas com base em 1.000 veículos amostrados. Embora seja possível esperar que 7% seja perto da porcentagem real, não podemos ter certeza, pois estamos baseando nossos resultados em uma amostra de veículos, não em todos os veículos dos EUA.

Então, o que fazer? Pegamos o resultado amostral e adicionamos e subtraímos um número para indicar que estamos dando um intervalo de valores possíveis para o parâmetro da população, em vez de apenas presumir que a estatística amostral é igual ao parâmetro da população (o que não seria bom, embora seja feito pela mídia o tempo todo). Esse número que é adicionado e subtraído de uma estatística é chamado de *margem de erro* (*MDE*). O mais ou menos (indicado por ±) adicionado a qualquer estimativa nos ajuda a colocar os resultados em perspectiva. Quando sabemos qual é a margem de erro, temos uma ideia do quanto os resultados amostrais poderiam mudar caso pegássemos outra amostra.

A palavra *erro* em *margem de erro* não significa que um erro foi cometido ou que a qualidade dos dados foi ruim. Apenas indica que os resultados de uma amostra não são exatamente iguais aos que teríamos obtido caso tivéssemos usado a população inteira. Essa lacuna mede o erro devido ao acaso aleatório, à sorte e ao fruto do acas, e não devido à parcialidade. (É por isso que minimizar a parcialidade é tão importante ao selecionar sua amostra e coletar seus dados; veja os Capítulo 16 e 17.)

Entendendo o Jargão

Uma estatística com margem de erro para mais ou para menos é chamada de *intervalo de confiança*:

» A palavra *intervalo* é usada porque o resultado se torna um intervalo. Por exemplo, digamos que a porcentagem de crianças que gostam de beisebol é de 40%, mais ou menos 3,5%. Isso significa que a porcentagem de crianças que gostam de beisebol fica entre 40% - 3,5% = 36,5% e 40% + 3,5% = 43,5%. Assim, a extremidade inferior de seu intervalo é sua estatística menos a margem de erro e a extremidade superior é sua estatística mais a margem de erro.

» Com todos os intervalos de confiança, você tem certa quantidade de confiança de que está correto (estimando o parâmetro) com sua amostra em longo prazo. Expressa como uma porcentagem, a quantidade de confiança é chamada de *nível de confiança*.

Você pode encontrar fórmulas e exemplos dos intervalos de confiança mais utilizados posteriormente neste capítulo.

A seguir, estão os passos gerais para estimar um parâmetro com um intervalo de confiança. Os detalhes sobre os Passos 1 e 4-6 estão incluídos neste capítulo. Os Passos 2 e 3 envolvem a amostragem e a coleta de dados, que estão detalhadas no Capítulo 16 (amostragem e coleta de dados da pesquisa) e no Capítulo 17 (coleta de dados dos experimentos).

1. **Escolha seu nível de confiança e seu tamanho amostral.**
2. **Selecione uma amostra aleatória de indivíduos da população.**
3. **Colete dados confiáveis e relevantes dos indivíduos da amostra.**
4. **Resuma os dados em estatística, geralmente uma média ou proporção**
5. **Calcule a margem de erro.**
6. **Some ou subtraia a margem de erro da estatística para chegar à sua estimativa final do parâmetro.**

   Esse resultado será o *intervalo de confiança* do parâmetro.

Interpretando os Resultados com Confiança

Suponha que você seja um biólogo pesquisador e esteja tentando pegar um peixe com uma rede de mão; o tamanho de sua rede representa a margem de erro de um intervalo de confiança. Agora digamos que seu nível de confiança é de 95%. O que isso realmente significa? Significa que se você jogar essa rede várias vezes na água, pegará um peixe em 95% das vezes. Pegar um peixe, nessa situação, significa que seu intervalo de confiança estava correto e continha o verdadeiro parâmetro (nesse caso, o parâmetro é representado pelo próprio peixe).

Mas significa que em qualquer tentativa você tem 95% de chances de pegar um peixe? Não. Está ficando confuso? Com certeza. Veja a jogada (sem trocadilhos): em uma única tentativa, digamos que você feche os olhos antes de jogar a rede na água. Nesse ponto, suas chances de pegar um peixe são de 95%. Mas, então, vá em frente e jogue a rede com os olhos ainda fechados. Porém, *depois* de fazer isso, você acaba tendo apenas duas possibilidades: pode ou não pegar um peixe. A probabilidade não está mais envolvida nesse caso.

Da mesma forma, *depois* que os dados são coletados e o intervalo de confiança é calculado, você pode ou não ter capturado o verdadeiro parâmetro populacional. Assim, você não está dizendo que tem 95% de certeza de que o parâmetro está no intervalo. Você tem 95% de certeza no processo pelo qual as amostras aleatórias são selecionadas e os intervalos de confiança são criados. (Ou seja, em 95% das vezes, em longo prazo, você pegará um peixe.)

Você sabe que esse processo resultará em intervalos que capturam a média da população em 95% das vezes. Nos outros 5% das vezes, os dados coletados na amostra, simplesmente devido ao acaso, possuem valores muito altos ou muito baixos e, por isso, não representam a população. Esses 5% medem os erros que ocorrem devido à chance aleatória apenas, e não incluem a parcialidade.

CUIDADO

A margem de erro não significará nada se os dados usados no estudo forem parciais e/ou não confiáveis. Porém não podemos identificar isso apenas olhando os resultados estatísticos de alguém. O melhor conselho é observar a maneira como os dados foram coletados antes de aceitar uma margem de erro como sendo verdadeira (veja os Capítulos 16 e 17 para obter detalhes sobre problemas na coleta de dados). Isso quer dizer que você deve questionar antes de acreditar em um estudo.

Ampliando a Largura

A *largura* de seu intervalo de confiança é duas vezes a margem de erro. Por exemplo, suponha que a margem de erro seja de ± 5%. Um intervalo de confiança de 7%, mais ou menos 5%, vai de 7% – 5% = 2%, subindo até 7% + 5% = 12%. Portanto, o intervalo de confiança tem uma largura de 12% – 2% = 10%. Uma maneira mais simples de calcular isso é dizer que a largura do intervalo de confiança é duas vezes a margem de erro. Nesse caso, a largura do intervalo de confiança é 2 x 5% = 10%.

LEMBRE-SE

A largura de um intervalo de confiança é a distância da extremidade inferior do intervalo (estatística menos margem de erro) até a extremidade superior do intervalo (estatística mais margem de erro). Você sempre pode calcular a largura de um intervalo de confiança rapidamente dobrando a margem de erro.

O objetivo final ao fazer uma estimativa com um intervalo de confiança é ter uma largura estreita, pois isso significa que você estará focando o parâmetro. Ter que somar e subtrair valores altos apenas faz com que seus resultados fiquem muito menos precisos.

LEMBRE-SE

Portanto, se uma margem de erro pequena é boa, uma margem menor seria ainda melhor? Nem sempre. Um intervalo de confiança estreito é bom, até certo ponto. Para conseguir um intervalo de confiança extremamente estreito, é necessário fazer um estudo muito maior e mais caro, e o aumento do custo não justificaria a pequena diferença na precisão. A maioria das pessoas se sente à vontade com uma margem de erro de 2% ou 3% quando a estimativa é uma porcentagem (como a porcentagem de mulheres, republicanos ou fumantes).

Mas o que fazer para garantir que seu intervalo de confiança seja o mais estreito possível? Definitivamente, você deve pensar sobre isso antes de coletar os dados; depois que os dados já estiverem coletados, a largura do intervalo de confiança já estará determinada.

Três fatores afetam a largura do intervalo de confiança:

- » O nível de confiança.
- » O tamanho da amostra.
- » A variabilidade encontrada na população.

Cada um desses três fatores exerce um papel importante ao influenciar a largura de um intervalo de confiança. Nas seções seguintes, você vai explorar os detalhes de cada elemento e como eles afetam a largura.

Escolhendo um Nível de Confiança

Todos os intervalos de confiança (e todas as margens de erro, nesse caso) têm uma porcentagem associada que representa o nível de confiança que você tem de que os resultados vão capturar o verdadeiro parâmetro populacional, dependendo da sorte com sua amostra aleatória. Essa porcentagem é chamada de *nível de confiança.*

Um nível de confiança ajuda a contabilizar os outros possíveis resultados amostrais que você poderia ter conseguido ao fazer a estimativa de um parâmetro usando os dados coletados a partir de uma única amostra. Caso você queira contabilizar 95% dos outros resultados possíveis, seu nível de confiança seria de 95%.

DICA

Qual é o nível de confiança normalmente utilizado pelos pesquisadores? Eu já vi níveis de confiança que variam de 80% a 99%. O nível de confiança mais comum é 95%. De fato, os estatísticos têm um ditado: "Por que os estatísticos gostam de seu trabalho? Porque eles têm que estar certos apenas em 95% das vezes." (Piadinha sem graça, não? Mas vejamos se os meteorologistas têm uma melhor.)

A variabilidade nos resultados amostrais é contabilizada em termos de números de erros-padrão. Um *erro-padrão* é semelhante ao desvio-padrão de um conjunto de dados, a única diferença é que o erro-padrão é aplicado apenas em médias e porcentagens amostrais que poderiam ser obtidas caso diferentes amostras fossem coletadas (veja o Capítulo 11 para ter informações acerca dos erros-padrão).

LEMBRE-SE

Os erros-padrão são o alicerce dos intervalos de confiança. Um intervalo de confiança é uma estatística mais ou menos de uma margem de erro e a margem de erro é o número de erros-padrão que você precisa para obter o nível de confiança desejado.

Todos os níveis de confiança têm um número correspondente de erros-padrão que precisam ser adicionados ou subtraídos. Esse número de erros-padrão é chamado de *valor crítico.* Em uma situação em que uma distribuição Z é usada para descobrir o número de erros-padrão (conforme descrito mais adiante neste capítulo), você considera o valor crítico como o *valor z^** (pronunciado valor *zê asterisco*). Veja, na Tabela 13-1, uma lista de valores z^* para alguns dos níveis de confiança mais comuns.

LEMBRE-SE

À medida que o nível de confiança aumenta, o número de erros-padrão também, portanto a margem de erro diminui.

TABELA 13-1 Valores z^* para Vários Níveis de Confiança

Nível de Confiança	Valor z^*
80%	1,28
90%	1,645 (por convenção)
95%	1,96
98%	2,33
99%	2,58

Caso você queira ter mais de 95% de confiança em seus resultados, será preciso somar e subtrair mais de dois erros-padrão. Por exemplo, para ter 99% de confiança, você deve somar e subtrair cerca de dois erros-padrão e meio, a fim de obter sua margem de erro (2,58 para ser exato). Quanto maior for o nível de confiança, maiores serão o valor z*, a margem de erro e o intervalo de confiança (supondo que tudo continue igual). Tudo tem seu preço.

Observe que eu disse "supondo que tudo continue igual". É possível compensar um aumento na margem de erro com o aumento do tamanho amostral. Veja a próxima seção para saber mais sobre isso.

Ampliando o Tamanho Amostral

A relação entre a margem de erro e o tamanho amostral é simples: conforme o tamanho da amostra aumenta, a margem de erro diminui e o intervalo de confiança fica mais estreito. Isso confirma que o que você espera é verdadeiro: quanto mais informação (dados) você tiver, mais precisos serão os resultados. (Supondo que a informação seja boa e confiável. Veja o Capítulo 3 para saber como as estatísticas erram.)

PAPO DE ESPECIALISTA

Todas as fórmulas para a margem de erro dos intervalos de confiança neste capítulo envolvem o tamanho amostral (n) no denominador. Por exemplo, a fórmula para a margem de erro da média amostral, $\pm z^* \frac{\sigma}{\sqrt{n}}$ (que você verá com mais detalhes adiante no capítulo), possui n no denominador da fração (é o caso para a maioria das fórmulas de margem de erro). Conforme n aumenta, o denominador da fração aumenta, fazendo com que a fração total fique menor. Isso faz com que a margem de erro seja menor e resulte intervalos de confiança mais estreitos.

LEMBRE-SE

Quando um elevado nível de confiança for necessário, você deverá aumentar o valor z* e, consequentemente, a margem de erro, resultando em um intervalo de confiança maior, o que não é algo desejável (veja a seção anterior). No entanto, você pode compensar esse grande intervalo de confiança aumentando o tamanho da amostra, reduzindo a margem de erro e estreitando o intervalo de confiança.

O aumento no tamanho amostral ainda permite ter o nível de confiança desejado, mas também assegura que a largura do intervalo de confiança seja pequena (seu objetivo final). Você pode determinar essa informação antes mesmo de começar o estudo: se souber a margem de erro à qual quer chegar, poderá determinar o tamanho de sua amostra da maneira mais apropriada (veja, adiante, a seção "Descobrindo de Qual Tamanho Amostral Você Precisa", para ter mais informações).

DICA

Quando sua estatística se tornar uma porcentagem (como a porcentagem de pessoas que preferem usar chinelo no verão), uma maneira aproximada de calcular a margem de erro para um intervalo de confiança de 95% é dividir o número 1 pela raiz quadrada de *n* (o tamanho amostral). Você pode experimentar diferentes valores para *n* a fim de ver o como a margem de erro será afetada. Por exemplo, uma pesquisa com 100 pessoas de uma grande população terá uma margem de erro com cerca de $\frac{1}{\sqrt{100}} = 0,10$, ou 10% para mais ou para menos (o que significa que a largura do intervalo de confiança é de 20%; valor que pode ser considerado muito grande).

No entanto, se sua pesquisa tiver 1.000 pessoas, sua margem de erro cairá drasticamente para 3% para mais ou para menos; a largura agora é igual a apenas 6%. Uma pesquisa com 2.500 pessoas resulta em uma margem de erro de 2% para mais ou para menos (portanto, a largura é reduzida a 4%). Essa é uma amostra bastante pequena para ser tão precisa, se pensarmos no tamanho da população (a população norte-americana, por exemplo, com mais de 310 milhões de pessoas!).

Lembre, no entanto, que você não deve ir *tão* longe com o tamanho de sua amostra, pois, a partir de certo ponto, começará a ter um retorno muito pequeno. Por exemplo, se aumentarmos a amostra de 2.500 para 5.000, teremos um estreitamento do intervalo de confiança de aproximadamente 2 × 1,4 = 2,8%. Sempre que você entrevista uma pessoa a mais, o custo de sua pesquisa aumenta, portanto adicionar mais 2.500 pessoas a uma pesquisa só para estreitar o intervalo um pouco mais de 1% pode não valer a pena.

LEMBRE-SE

O primeiro passo em qualquer problema de análise de dados (e ao analisar os resultados de outras pessoas) é garantir que você tenha bons dados. Os resultados estatísticos são tão bons quanto os dados usados neles, então a real precisão depende da qualidade dos dados e do tamanho amostral. Uma amostra grande composta por dados parciais (veja o Capítulo 16) pode ter um intervalo de confiança estreito, mas não significa nada. É como competir em um campeonato de arco e flecha e acertar a maioria de suas flechas no alvo, mas, no final, descobrir que você esteve o tempo todo atirando no alvo de outra pessoa; isso é para você ter uma ideia do quanto está errado. No campo da Estatística, no entanto, não se consegue medir a parcialidade com precisão; é possível apenas tentar minimizá-la ao projetar boas amostras e estudos (veja os Capítulos 16 e 17).

Considerando a Variabilidade da População

Um dos fatores que influenciam a variabilidade nos resultados amostrais é o fato de que a própria população contém variabilidade. Por exemplo, em uma população de casas em uma cidade grande como Columbus, em Ohio, você nota uma grande variedade não apenas nos tipos de casas, mas também nos tamanhos e nos preços. E a variabilidade nos preços das casas em Columbus, Ohio, pode ser maior do que a variabilidade de preços de casas em construção de um determinado conjunto habitacional em Columbus.

Isso significa que se você pegar uma amostra de casas da cidade inteira de Columbus e descobrir o preço médio, a margem de erro deverá ser maior do que no caso em que pega uma amostra apenas daquele conjunto habitacional, mesmo se tiver o mesmo nível de confiança e tamanho amostral.

Por quê? Porque as casas na cidade inteira têm mais variabilidade no preço e sua média amostral mudaria mais entre as amostras do que se você pegasse a amostra apenas do conjunto habitacional, onde há uma tendência dos preços serem muito parecidos, pois as casas tendem a ser comparadas com um único conjunto habitacional. Portanto, você precisará amostrar mais casas se estiver amostrando a cidade inteira de Columbus para ter o mesmo nível de precisão que teria a partir daquele único conjunto habitacional.

O desvio-padrão da população é indicado por σ. Observe que σ aparece no numerador do erro-padrão na fórmula da margem de erro para a média amostral: $\pm z^* \frac{\sigma}{\sqrt{n}}$.

Logo, quando o desvio-padrão (numerador) aumenta, o erro-padrão (toda a fração) também aumenta, resultando em uma margem de erro maior e um intervalo de confiança mais amplo (consulte o Capítulo 11 para ter mais informações sobre o erro-padrão).

Quanto maior é a variabilidade na população original, maior é a margem de erro e mais amplo é o intervalo de confiança. Esses valores podem ser compensados pelo aumento do tamanho amostral.

Calculando o Intervalo de Confiança da Média Populacional

Quando a característica sendo estudada é *numérica* (tais como, QI, preço, altura, quantidade ou peso de algo), a maioria das pessoas prefere estimar o valor médio para a população. A média populacional, μ, é estimada através da média amostral, $\bar{x}$, uma margem de erro para mais ou para menos. O resultado obtido chama-se *intervalo de confiança da média populacional,* μ. Sua fórmula depende de que algumas condições sejam atendidas. Dividi as condições em dois casos, ilustrados nas seções a seguir.

Caso 1: O desvio-padrão populacional é conhecido

No Caso 1, o desvio-padrão populacional é conhecido. A fórmula para um intervalo de confiança (IC) para uma média populacional nesse caso é $\bar{x} \pm z^* \frac{\sigma}{\sqrt{n}}$, em que $\bar{x}$ é a média amostral, σ é o desvio-padrão amostral, n é o tamanho amostral e z^* representa o valor z^* apropriado a partir da distribuição normal padrão para seu nível de confiança desejado (consulte a Tabela 13-1 para ver os valores de z^* dos níveis de confiança oferecidos).

Nesse caso, os dados precisam vir de uma distribuição normal e, caso não venham, n precisa ser grande o suficiente (pelo menos 30 ou mais) para que o Teorema Central do Limite entre em cena (veja o Capítulo 11), permitindo que você use os valores z^* na fórmula.

Para calcular um IC para uma média populacional, sob as condições do Caso 1, faça o seguinte:

1. **Determine o nível de confiança e encontre o valor z^* correspondente.**

   Consulte a Tabela 13-1.

2. **Encontre a média amostral ($\bar{x}$) do tamanho amostral (n).**

   Nota: Presume-se que o desvio-padrão populacional seja um valor conhecido, σ.

3. **Multiplique z^* por σ e divida o resultado pela raiz quadrada de n.**

   Esse cálculo lhe dá a margem de erro.

4. **Some e subtraia a margem de erro de $\bar{x}$ para obter o IC.**

   A extremidade inferior do IC é $\bar{x}$ menos a margem de erro e a extremidade superior do IC é $\bar{x}$ mais a margem de erro.

Por exemplo, suponha que você trabalhe no Departamento de Recursos Naturais e queira estimar, com 95% de confiança, o tamanho médio de dourados em um viveiro de reprodução.

1. **Devido ao fato de que deseja um nível de confiança de 95%, seu valor z^* é igual a 1,96.**

2. **Suponha que você colete aleatoriamente uma amostra de 100 dourados e determine que o tamanho médio dos peixes é de 7,5 polegadas (19,05cm); presuma que o desvio-padrão populacional seja igual a 2,3 polegadas (5,84cm). Isso significa que $\bar{x} = 7{,}5$, $\sigma = 2{,}3$ e $n = 100$.**

3. **Multiplique 1,96 por 2,3 e divida o resultado pela raiz quadrada de 100 (10). A margem de erro, então, será $\pm$ 1,96 $\times$ (2,3 $\div$ 10) = 1,96 $\times$ 0,23 = 0,45 polegadas (aproximadamente 1,15cm).**

4. **Seu intervalo de confiança de 95% para o tamanho médio dos dourados no viveiro de reprodução é 7,5 polegadas (19,05cm) $\pm$ 0,45 polegadas (1,15cm). (A extremidade inferior do intervalo é 7,5 - 0,45 = 7,05 polegadas, ou 17,90cm; a extremidade superior é 7,5 + 0,45 = 7,95 polegadas, ou 20,19cm.)**

LEMBRE-SE

Após calcular um intervalo de confiança, sempre se lembre de interpretá-lo de modo que uma pessoa comum, não um estatístico, possa entender. Ou seja, fale sobre os resultados em termos do que a pessoa no problema está buscando descobrir; os estatísticos chamam essa interpretação dos resultados de "no contexto do problema". Neste exemplo, você pode dizer: "Com 95% de confiança, o comprimento médio dos dourados em todo o viveiro de reprodução é entre 7,05 (17,9cm) e 7,95 polegadas (20,19cm), com base em meus dados de amostra." (Lembre-se sempre de incluir as unidades apropriadas.)

Caso 2: O desvio-padrão populacional é desconhecido e/ou *n* é pequeno

Em muitas situações, não sabemos σ, então o estimamos com o desvio-padrão amostral, s, e/ou o tamanho amostral é pequeno (menor que 30) e não podemos ter certeza de que nossos dados vieram de uma distribuição normal. (No segundo caso, o Teorema Central do Limite não pode ser usado; veja o Capítulo 11.) Em qualquer uma das situações, não podemos mais usar um valor z^* da distribuição normal padrão (Z) como o valor crítico; temos que usar um valor crítico maior, pois não sabemos qual é o σ e/ou temos menos dados.

A fórmula para o intervalo de confiança para a média populacional no Caso 2 é $\bar{x} \pm t^*_{n-1} \frac{s}{\sqrt{n}}$, em que t^*_{n-1} é o valor t^* crítico da distribuição t com $n - 1$ graus de confiança (sendo n o tamanho amostral). Os valores t^* para os níveis de confiança comuns são encontrados usando a última linha da tabela t (no apêndice). O Capítulo 10 mostra detalhes completos sobre a distribuição t e como usar a tabela t.

A distribuição t tem uma forma similar à distribuição Z, com a exceção de que é mais achatada e espalhada. Para os valores pequenos de n e com um nível de confiança específico, os valores críticos na distribuição t são maiores do que na distribuição Z, então, ao usar os valores críticos da distribuição t, a margem de erro para seu intervalo de confiança deve ser mais larga. Conforme os valores de n ficam maiores, os valores t^* ficam mais próximos dos valores z^* (o Capítulo 10 apresenta todos os detalhes sobre as distribuições t e suas relações com a distribuição Z).

No exemplo dos dourados no viveiro do Caso 1, suponha que seu tamanho amostral fosse 10, em vez de 100, e todo o resto fosse igual. O valor t^* nesse caso vem de uma distribuição t com 10 - 1 = 9 graus de liberdade. Esse valor t^* é encontrado na tabela t (no apêndice). Veja a última linha na qual os níveis de confiança estão localizados e encontre o nível de confiança de 95%; ele marca a coluna de que você precisa. Depois, encontre e linha correspondente a $gl = 9$. Faça a interseção da linha com a coluna e encontrará $t^* = 2,262$. Esse é o valor t^* para um intervalo de confiança de 95% da média com um tamanho amostral 10. (Observe que o valor é maior do que o valor z^* 1,96 encontrado na Tabela 13-1.)

Ao calcular o intervalo de confiança, você obtém $7{,}5 \pm 2{,}262\frac{2{,}3}{\sqrt{10}} = 7{,}50 \pm 1{,}645$ ou de 5,86 a 9,15 polegadas, (14,88 a 23,24cm). (O Capítulo 10 apresenta todos os detalhes sobre a distribuição t e como usar a tabela t.)

Observe que esse intervalo de confiança é mais largo do que o encontrado quando $n = 100$. Além de ter um valor crítico maior (t^* versus z^*), o tamanho amostral é muito menor, o que aumenta a margem de erro, pois n está no denominador.

Quando você precisar usar s porque não sabe o σ, o intervalo de confiança será mais largo também. O que também geralmente acontece é que σ é desconhecido e o tamanho amostral é pequeno, assim, o intervalo de confiança também é mais largo.

Descobrindo de Qual Tamanho Amostral Você Precisa

A margem de erro de um intervalo de confiança é afetada pelo tamanho (veja a seção, anteriormente, "Ampliando o Tamanho Amostral"); conforme o tamanho aumenta, a margem de erro diminui. Analisando isso sob outro ponto de vista, caso você queira uma margem de erro menor (e quem não quer?), precisa de um tamanho amostral maior. Suponha que você esteja se preparando para fazer sua própria pesquisa para estimar uma média populacional; não seria bom poder saber com antecedência qual tamanho amostral é preciso para obter a margem de erro desejada? Pensar com antecedência fará com que você economize tempo e dinheiro, e lhe dará resultados aceitáveis, em termos de margem de erro; você não terá surpresas futuras.

A fórmula para o tamanho amostral necessário para obter uma margem de erro (MDE) desejada ao fazer um intervalo de confiança para μ é $n \geq \left(\frac{z^*\sigma}{MDE}\right)^2$; sempre arredonde o tamanho amostral, não importa o valor decimal obtido. (Por exemplo, caso seus cálculos apresentem 126,2 pessoas, você simplesmente não pode ter 0,2 de uma pessoa; precisa da pessoa inteira, então a inclua arredondando para 127.)

Nessa fórmula, MDE é o número que representa a margem de erro desejada e z^* é o valor z^* correspondente ao nível de confiança desejado (na Tabela 13-1; a maioria das pessoas usa 1,96 para um intervalo de confiança de 95%). Caso o desvio-padrão populacional, σ, seja desconhecido, você pode incluir uma estimativa considerando o pior cenário possível ou fazer um estudo-piloto (um pequeno estudo experimental) com antecedência, descobrir o desvio-padrão dos dados amostrais (s) e usar esse número. Pode ser arriscado se o tamanho amostral for muito pequeno, porque é menos possível que ele reflita a população inteira; procure obter o maior estudo experimental possível e/ou faça uma estimativa conservadora de σ.

Geralmente, vale a pena fazer um pequeno estudo experimental. Você não apenas terá uma estimativa de σ para ajudar a determinar um bom tamanho amostral como também descobrirá possíveis problemas em sua coleta de dados.

Eu incluo apenas uma fórmula para calcular o tamanho amostral neste capítulo: a que se refere ao intervalo de confiança para uma média populacional. (No entanto, você pode usar a fórmula prática e rápida da seção "Ampliando o Tamanho Amostral", anteriormente neste capítulo, para lidar com as proporções.)

Veja um exemplo no qual é preciso calcular n para estimar uma média populacional. Suponha que você queira estimar o número médio de músicas que os alunos universitários armazenam em seus dispositivos móveis. Você deseja que a margem de erro *não seja maior que* 20 músicas para mais ou para menos. Você quer um intercalo de confiança de 95%. Quantos alunos devem ser amostrados?

Como você quer um IC de 95%, z^* é 1,96 (encontrado na Tabela 13-1), sua MDE desejada é 20. Agora, precisa de um número para o desvio-padrão populacional, σ. Esse número não é conhecido, então você realiza um estudo-piloto com 35 alunos e descobre que o desvio-padrão (s) para a amostra é de 148 músicas;

use esse número em substituição a σ. Usando a fórmula do tamanho amostral, calcula-se o tamanho amostral necessário, $n \geq \left(\frac{1{,}96(148)}{20}\right)^2 = (14{,}504)^2 = 210{,}37$, e arredonda-se para *cima*, para 211 alunos (sempre arredonde para cima ao calcular n). Assim, você precisa pegar uma amostra aleatória de *pelo menos* 211 alunos universitários para ter uma margem de erro no número de músicas armazenadas que *não seja maior que* 20. É por isso que há um sinal de "maior que ou igual a" na fórmula.

LEMBRE-SE

Sempre arredonde para cima, para o próximo número inteiro, ao calcular o tamanho amostral, não importa o valor decimal do resultado (por exemplo, 0,37). Isso porque você quer que a margem de erro *não seja maior que* o valor informado. Se arredondar para baixo quando o valor decimal for abaixo de 0,50 (como normalmente fazemos em outros cálculos matemáticos), sua MDE será um pouco maior do que pretendia.

PAPO DE ESPECIALISTA

Caso esteja se perguntando de onde veio a fórmula para o tamanho amostral, na realidade, ela foi criada com apenas um pouco de matemática. Pegue a fórmula de margem de erro (que contém n), preencha as variáveis restantes na fórmula com números que você obtém do problema, deixe-a igual à MDE desejada e solucione buscando n.

Determinando o Intervalo de Confiança para uma Proporção Populacional

Quando a característica que está sendo estudada é categórica, por exemplo, a opinião sobre determinada questão (apoio, oposição ou neutra), sexo, partido político ou tipo de comportamento (usa ou não o cinto de segurança enquanto está dirigindo), a maioria das pessoas prefere relatá-la por meio da proporção (ou porcentagem) de pessoas na população que se enquadram em determinada categoria de interesse. Por exemplo, a porcentagem de pessoas a favor de que haja apenas quatro dias úteis por semana, a porcentagem de republicanos que votaram na última eleição ou a proporção de motoristas que não usam o cinto de segurança. Em cada um desses casos, o objetivo é estimar a proporção da população, p, usando uma proporção amostral, $\hat{p}$, uma margem de erro para mais ou para menos. O resultado é chamado de *intervalo de confiança da proporção populacional, p*.

A fórmula para o IC de uma proporção populacional é $\hat{p} \pm z^* \sqrt{\frac{\hat{p}(1-\hat{p})}{n}}$, em que $\hat{p}$ é a proporção amostral, n é o tamanho amostral e z^* é o valor correspondente ao nível de confiança desejado, segundo a distribuição normal padrão. Consulte a Tabela 13-1 para ver os valores de z^* correspondentes a diferentes níveis de confiança).

Para calcular o IC da proporção populacional:

1. **Determine o nível de confiança e encontre o valor z^* correspondente.**

   Consulte a Tabela 13-1 para ver os valores z^*.

2. **Encontre a proporção amostral, $\hat{p}$, dividindo o número de pessoas na amostra que possui a característica a ser estudada pelo tamanho amostral (n).**

   Nota: O resultado deve ser um valor decimal entre 0 e 1.

3. **Multiplique $\hat{p}(1-\hat{p})$ e divida a diferença pelo valor de n.**

4. **Calcule a raiz quadrada do resultado obtido no Passo 3.**

5. **Multiplique sua resposta por z^*.**

   Essa será sua margem de erro.

6. **Some e subtraia a margem de erro do valor de $\hat{p}$ para obter o IC. A extremidade inferior do IC é $\hat{p}$ menos a margem de erro e a extremidade superior é $\hat{p}$ mais a margem de erro.**

PAPO DE ESPECIALISTA

A fórmula apresentada no exemplo anterior para um IC para p é usada sob a condição de que o tamanho amostral seja grande o suficiente para que o Teorema Central do Limite entre em cena e nos permita usar um valor z^* (veja o Capítulo 11), o que acontece nos casos em que você está estimando proporções com base em pesquisas de grande escala (veja o Capítulo 9). Para os tamanhos amostrais pequenos, os intervalos de confiança da proporção ficam normalmente além do escopo de um curso de introdução à Estatística.

Por exemplo, suponha que você queira estimar a porcentagem de vezes que teve que parar em um sinal vermelho em determinado cruzamento:

1. **Como você quer um intervalo de confiança de 95%, seu valor z* é 1,96.**

2. **Ao selecionar uma amostra aleatória de 100 passagens por esse cruzamento, você descobriu que teve que parar no sinal vermelho 53 vezes, portanto** $\hat{p} = 53 \div 100 = 0{,}53$.

3. **Calcule** $\hat{p}(1-\hat{p}) = 0{,}53 * (1-0{,}53) = 0{,}2491 \div 100 = 0{,}002491$.

4. **Ache a raiz quadrada para obter 0,0499.**

   A margem de erro é, portanto, mais ou menos 1,96 x (0,0499) = 0,0978, ou 9,78%.

5. O intervalo de confiança de 95% para a porcentagem de vezes que você para no sinal vermelho daquele cruzamento em particular é igual a 0,53 (ou 53%) mais ou menos 0,0978 (arredondado para 0,10 ou 10%). (A extremidade inferior do intervalo é 0,53 – 0,10 = 0,43 ou 43%; a ponta extremidade é igual a 0,53 + 0,10 = 0,63 ou 63%.)

Para interpretar esses resultados dentro do contexto do problema, você pode dizer com 95% de confiança que a porcentagem de vezes que espera parar no sinal vermelho daquele cruzamento fica em algum ponto entre 43% e 63%, segundo sua amostra.

DICA

Ao fazer qualquer cálculo que envolva porcentagens amostrais, use a forma decimal. Depois que todos os cálculos estiverem prontos, transforme os decimais em porcentagens multiplicando-os por 100. Para evitar erros cometidos por arredondamento, mantenha pelo menos 2 casas decimais durante todo o cálculo.

Criando um Intervalo de Confiança para a Diferença de Duas Médias

O objetivo de muitas pesquisas é comparar duas populações, como homens versus mulheres, rendas familiares altas versus rendas familiares baixas e republicanos versus democratas. Quando a característica a ser estudada for numérica (por exemplo, altura, peso ou renda), o objeto de interesse é a diferença entre as médias de duas populações.

Por exemplo, imagine que você queira comparar a diferença na média de idade de republicanos versus democratas ou a diferença entre a renda média de homens e mulheres. A diferença entre duas médias populacionais, $\mu_1 - \mu_2$, pode ser estimada pegando uma amostra de cada população (digamos, amostra 1 e amostra 2) e usando a diferença das duas médias amostrais, $\bar{x}_1 - \bar{x}_2$, uma margem de erro para mais ou para menos. O resultado é um *intervalo de confiança da diferença de duas médias populacionais*, $\mu_1 - \mu_2$. A fórmula para o IC é diferente dependendo de certas condições, como você poderá ver nas seções seguintes; eu as chamo de Caso 1 e Caso 2.

Caso 1: Os desvios-padrão populacionais são conhecidos

O Caso 1 considera que os dois desvios-padrão populacionais são conhecidos. A fórmula para o IC da diferença entre duas médias populacionais é $\bar{x}_1 - \bar{x}_2 \pm z^* \sqrt{\frac{\sigma_1^2}{n_1} + \frac{\sigma_2^2}{n_2}}$, em que $\bar{x}_1$ e n_1 são a média e o tamanho da primeira amostra, e o desvio-padrão da primeira população, σ_1, é dado (conhecido); $\bar{x}_2$ e n_2 são a média e o tamanho da segunda amostra, e o desvio-padrão da segunda população, σ_2, é dado (conhecido). Aqui, z^* é o valor correspondente ao nível de confiança desejado, segundo a distribuição normal padrão (consulte a Tabela 13-1 para ver os valores de z^* correspondentes a alguns níveis de confiança).

Para calcular um IC da diferença entre duas médias populacionais, faça o seguinte:

1. **Determine o nível de confiança e encontre o valor z^* correspondente.**
   Consulte a Tabela 13-1.
2. **Identifique $\bar{x}_1$, n_1 e σ_1; descubra $\bar{x}_2$, n_2 e σ_2.**
3. **Encontre a diferença, $(\bar{x}_1 - \bar{x}_2)$, entre as médias amostrais.**
4. **Eleve σ_1 ao quadrado e divida-o por n_1; eleve σ_2 ao quadrado e divida-o por n_2. Some os resultados e ache a raiz quadrada.**
5. **Multiplique sua resposta do Passo 4 por z^*.**
   Essa resposta é a margem de erro.
6. **Some e subtraia a margem de erro da diferença $\bar{x}_1 - \bar{x}_2$ para obter o IC.**
   A extremidade inferior do IC é $\bar{x}_1 - \bar{x}_2$ *menos* a margem de erro, enquanto a extremidade superior do IC é $\bar{x}_1 - \bar{x}_2$ *mais* a margem de erro.

Suponha que você queria estimar com 95% de certeza a diferença entre o tamanho médio das espigas de duas variedades diferentes de milho verde (deixando com que elas se desenvolvam durante o mesmo número de dias e sob as mesmas condições). Vamos denominar essas variedades como Milho estatísticum e Doce estatísticum. Considere que, a partir de uma pesquisa anterior, os desvios-padrão populacionais das duas variedades são 0,35 polegadas (0,88cm) e 0,45 polegadas (1,14cm), respectivamente.

1. **Como você quer um intervalo de confiança de 95%, seu z^* é 1,96.**
2. **Suponha que você selecione aleatoriamente 100 espigas do milho da variedade Milho estatísticum com tamanho médio de 8,5 polegadas (21,58cm) e também selecione aleatoriamente 110 espigas da variedade Doce estatísticum, com tamanho médio de 7,5 polegadas (19,05cm). Portanto, tem a seguinte informação: $\bar{x}_1 = 8{,}5$, $\sigma_1 = 0{,}35$, n_1 = 100, $\bar{x}_2 = 7{,}5$, $\sigma_2 = 0{,}45$ e n_2 = 110.**
3. **A diferença entre as médias amostrais, $\bar{x}_1 - \bar{x}_2$, do Passo 3 é 8,5 - 7,5 = + 1 polegada (2,54cm). Isso significa que a média da variedade Milho estatísticum menos a média da variedade Doce estatísticum é positiva, fazendo a variedade Milho estatísticum ser a maior entre as duas, com relação a essa**

amostra. Mas será que essa diferença é o bastante para generalizar uma população inteira? É isso que o intervalo de confiança o ajudará a decidir.

4. **Eleve σ_1 (0,35) ao quadrado para obter 0,1225; divida por 100 para obter 0,0012. Eleve σ_2 (0,45) ao quadrado e divida por 110 para obter 0,2025 ÷ 110 = 0,0018. A soma é 0,0012 + 0,0018 = 0,0030; a raiz quadrada é 0,0554 polegada (0,14cm) (sem arredondamento).**

5. **Multiplique 1,96 por 0,0554 para obter 0,1085 polegada (0,27cm), a margem de erro.**

6. **Seu intervalo de confiança de 95% para a diferença entre os tamanhos médios dessas duas variedades de milho é 1 polegada (2,54cm) mais ou menos 0,1085 polegada (0,27cm). (A extremidade inferior do intervalo é 1 - 0,1085 = 0,8915 polegada, ou 2,26cm; a extremidade superior é 1 + 0,1085 = 1,1085 polegada, ou 2,81cm.) Note que todos os valores nesse intervalo são positivos. Isso significa que a variedade Milho estatísticum deve ser maior do que a variedade Doce estatísticum, segundo seus dados.**

   Para interpretar esses resultados no contexto do problema, você pode dizer com 95% de confiança que a variedade Milho estatísticum é maior, na média, do que a variedade Doce estatísticum, por algo entre 0,8915 e 1,1085 polegada ou 2,26 e 2,81cm, segundo sua amostra.

Observe que é possível encontrar um valor negativo para $\bar{x}_1 - \bar{x}_2$. Por exemplo, se você tivesse trocado a ordem das variedades, teria obtido o valor -1 para a diferença entre as médias. Então diria que Doce estatísticum ficou, em média, uma polegada (2,54cm) menor que Milho estatísticum na amostra (a mesma conclusão apresentada de forma diferente).

Caso você queira evitar valores negativos na diferença das médias amostrais, sempre considere como o primeiro grupo aquele que tiver o maior valor, assim, todas suas diferenças serão positivas (é o que faço).

Caso 2: Os desvios-padrão populacionais são desconhecidos e/ou os tamanhos amostrais são pequenos

Em muitas situações, não conhecemos σ_1 e σ, e fazemos as estimativas deles com os desvios-padrão amostrais, s_1, e s_2; e/ou os tamanhos amostrais são pequenos (menores que 30) e não podemos ter certeza de que os dados vieram de uma distribuição normal.

Um intervalo de confiança da diferença nas duas médias populacionais no Caso 2 é $(\bar{x}_1 - \bar{x}_2) \pm t^*_{n_1+n_2-2}\sqrt{\frac{(n_1-1)s_1^2+(n_2-1)s_2^2}{n_1+n_2-2}}$, em que t^* é o valor crítico da distribuição t com $n_1 + n_2 - 2$ graus de liberdade; n_1 e n_2 são dois tamanhos amostrais, respectivamente; s_1 e s_2 são dois desvios-padrão amostrais. O valor t^* é obtido na tabela t (no apêndice) pela interseção da linha para $gl = n_1 + n_2 - 2$ com a coluna para o nível de confiança que você precisa, conforme indicado ao observar a última linha da tabela (veja o Capítulo 10). Aqui, consideramos que os desvios-padrão populacionais são similares; se não forem, modifique usando o erro-padrão e os graus de liberdade. Veja o fim da seção sobre como comparar duas médias, no Capítulo 15.

No exemplo do milho no Caso 1, suponha que o comprimento médio das espigas das duas variedades de milho, Milho estatísticum (grupo 1) e Doce estatísticum (grupo 2), seja o mesmo que antes: $\bar{x}_1 = 8{,}5$ e $\bar{x}_2 = 7{,}5$ polegadas (19,05cm). Mas, desta vez, você não sabe quais são os desvios-padrão populacionais, então use os desvios-padrão amostrais; imagine que eles sejam $s_1 = 0{,}40$ e $s_2 = 0{,}50$ polegadas (1,01 e 1,27cm), respectivamente. Suponha que os tamanhos amostrais, n_1 e n_2, sejam 15 cada agora.

Para calcular o IC, primeiramente você precisa descobrir o valor t^* *na distribuição t* com $(15 + 15 - 2) = 28$ graus de liberdade. (Considere que o nível de confiança ainda seja de 95%.) Usando a tabela t (no apêndice), veja a linha para 28 graus de liberdade e a coluna representando um nível de confiança de 95% (veja os rótulos na última linha da tabela); faça a interseção e encontrará $t^*_{28} = 2{,}048$. Usando o restante das informações dadas, o intervalo de confiança da diferença na média do comprimento das espigas para as duas variedades é $(8{,}5 - 7{,}5) \pm 2{,}048\sqrt{\frac{(15-1)(0.4)^2 + (15-1)(0{,}5)^2}{15+15-2}}$

$$= 1{,}0 \pm 2{,}048(0{,}45) = 1{,}00 \pm 0{,}9273 \text{ polegadas } (2{,}35\text{cm}).$$

Isso significa que com um IC de 95%, a diferença na média do comprimento das espigas das duas variedades de milho nessa situação é (0,0727; 1,9273) polegadas ou 0,1846, 4,8953cm, com o Milho estatísticum ficando maior. (***Nota:*** O IC é maior do que o encontrado no Caso 1, como era esperado.)

Estimando a Diferença de Duas Proporções

Quando uma característica, como a opinião acerca de determinado assunto (apoia/não apoia), de dois grupos que estão sendo comparados é *categórica*, as pessoas relatam as diferenças entre as duas proporções populacionais; por exemplo, a diferença entre a proporção de mulheres e homens que são a favor de uma semana com apenas quatro dias úteis. Como podemos fazer isso?

Você pode estimar a diferença entre duas proporções da população, $p_1 - p_2$, coletando amostras de cada uma das populações e usando a diferença entre as duas proporções amostrais, $\hat{p}_1 - \hat{p}_2$, com a margem de erro para mais ou para menos. O resultado obtido desse procedimento é conhecido como *intervalo de confiança da diferença de duas proporções populacionais, $p_1 - p_2$.*

A fórmula para um IC da diferença entre duas proporções populacionais é $(\hat{p}_1 - \hat{p}_2) \pm z^* \sqrt{\frac{\hat{p}_1(1-\hat{p}_1)}{n_1} + \frac{\hat{p}_2(1-\hat{p}_2)}{n_2}}$, em que $\hat{p}_1$ e n_1 são a proporção amostral e o tamanho amostral da primeira amostra, $\hat{p}_2$ e n_2 são a proporção amostral e o tamanho amostral da segunda amostra. z^* é o valor correspondente ao nível de confiança desejado, segundo a distribuição normal padrão (consulte a Tabela 13-1 para obter os valores z^*).

Para calcular o IC da diferença entre duas proporções populacionais, faça o seguinte:

1. **Determine o nível de confiança e encontre o valor z* correspondente.**

   Consulte a Tabela 13-1.

2. **Encontre a proporção amostral $\hat{p}_1$ para a primeira amostra dividindo o número total dos indivíduos da primeira amostra que se enquadram na categoria de interesse pelo valor do tamanho amostral, n_1. Da mesma forma, encontre $\hat{p}_2$ para a segunda amostra.**

3. **Faça a diferença entre as proporções amostrais, $\hat{p}_1 - \hat{p}_2$.**

4. **Encontre $\hat{p}_1(1-\hat{p}_1)$ e divida o resultado por n_1. Encontre $\hat{p}_2(1-\hat{p}_2)$ e divida o resultado por n_2. Some os resultados e encontre a raiz quadrada.**

5. **Multiplique z^* pelo resultado do Passo 4.**

   Esse passo lhe dá a margem de erro.

6. **Some e subtraia o resultado da diferença $\hat{p}_1 - \hat{p}_2$ da margem de erro, calculada no Passo 5, para chegar ao IC.**

   A extremidade inferior do IC é $\hat{p}_1 - \hat{p}_2$ menos a margem de erro, e a extremidade superior do IC é $\hat{p}_1 - \hat{p}_2$ mais a margem de erro.

A fórmula apresentada aqui para um IC de $p_1 - p_2$ é usada sob a condição de que os dois tamanhos amostrais sejam grandes o suficiente para que o Teorema Central do Limite funcione e nos permita usar um valor z^* (veja o Capítulo 11); isso vale para quando você estima proporções usando pesquisas de grande escala, por exemplo. Para os tamanhos amostrais pequenos, os intervalos de confiança ficam além do escopo de um curso de introdução à Estatística.

Suponha que você trabalhe para a Câmara de Comércio de Las Vegas e queira estimar com 95% de confiança a diferença entre a porcentagem de mulheres e homens que já viram um sósia do Elvis, para ajudá-lo a decidir como fazer o marketing de seus produtos.

1. **Como você deseja um intervalo de confiança de 95%, seu valor z^* é 1,96.**

2. **Imagine que você tenha selecionado aleatoriamente uma amostra composta por 100 mulheres, em que 53 já viram um sósia do Elvis, portanto $\hat{p}_1$ é 53 ÷ 100 = 0,53. Imagine também que tenha selecionado aleatoriamente uma amostra de 110 homens, em que 37 viram um sósia do Elvis, sendo assim, $\hat{p}_2$ é 37 ÷ 110 = 0,34.**

3. **A diferença entre as proporções amostrais (mulheres – homens) é 0,53 – 0,34 = 0,19.**

4. **Multiplique 0,53 por (1 – 0,53) e divida o resultado por 100 para obter 0,2491 ÷ 100 = 0,0025. Depois multiplique 0,34 por (1 – 0,34) e divida o resultado por 110 para obter 0,2244 ÷ 110 = 0,0020. Some esse dois resultados, 0,0025 + 0,0020 = 0,0045; a raiz quadrada é 0,0671.**

5. **1,96 x 0,0671 dá o resultado 0,13, ou 13%, que é a margem de erro.**

6. **Seu intervalo de confiança de 95% para a diferença entre a porcentagem de homens e mulheres que já assistiram a um show de um sósia do Elvis é 0,19, ou 19% (número obtido no Passo 3), mais ou menos 13%. A extremidade inferior do intervalo é 0,19 – 0,13 = 0,06 ou 6%; a extremidade superior do intervalo é 0,19 + 0,13 = 0,32, ou 32%.**

   Para interpretar esses resultados dentro do contexto do problema, você pode afirmar com 95% de certeza que a porcentagem de mulheres que já assistiram a um sósia do Elvis é mais alta do que a porcentagem de homens e a diferença entre essas porcentagens encontra-se em algum ponto entre 6% e 32%, segundo sua amostra.

Agora, fico pensando que alguns homens não admitiriam ter ido ao show de um sósia do Elvis (embora eles já tenham imitado o Elvis cantando no karaokê algum dia). Isso pode gerar certa parcialidade nos resultados. (A última vez que estive em Las Vegas, eu realmente achei que tivesse visto o Elvis, ele estava dirigindo um táxi para o aeroporto...)

DICA

Observe que é possível ter um número negativo para $\hat{p}_2$. Por exemplo, se você alterasse a ordem de mulheres e homens, teria encontrado o valor −0,19 para essa diferença. Tudo bem, mas você pode evitar as diferenças negativas nas proporções amostrais se sempre considerar o grupo com o valor maior como sendo o primeiro (nesse caso, as mulheres).

Identificando os Intervalos de Confiança Enganosos

Quando uma MDE é pequena, relativamente falando, seria possível pensar que os intervalos de confiança fornecem estimativas precisas e confiáveis para seus parâmetros. Mas nem sempre é assim.

CUIDADO

Nem todas as estimativas são tão precisas e confiáveis como algumas pessoas querem que você acredite. Por exemplo, uma enquete realizada por um site na internet, que se baseia em 20.000 acessos, poderá apresentar uma MDE pequena, de acordo com a fórmula, mas essa MDE não significará nada se a enquete apenas for acessível às pessoas que costumam visitar o site.

Em outras palavras, a amostra nem chega perto de ser uma amostra aleatória (quando a amostra do mesmo tamanho selecionado da população possui a mesma chance de ser escolhida para a pesquisa). Apesar disso, esses resultados são informados juntamente com suas margens de erro, para parecer que o estudo foi verdadeiramente científico. Tome cuidado com esses resultados artificiais! (Leia o Capítulo 12, para obter mais informações sobre os limites da MDE.)

LEMBRE-SE

Antes de tomar qualquer decisão baseada na estimativa de alguém, faça o seguinte:

- » Investigue como a estatística foi criada; ela deve ser o resultado de um processo científico que resulta em dados confiáveis, imparciais e precisos.
- » Procure a margem de erro. Caso ela não tenha sido informada, procure-a na fonte original.
- » Lembre que se a estatística não for confiável e tiver parcialidade, a margem de erro não servirá para nada.

(Veja o Capítulo 16 para ter informações sobre a avaliação de dados e o Capítulo 17 para analisar os critérios de bons dados em experimentos.)

NESTE CAPÍTULO

» **Testando os argumentos produzidos**

» **Usando os testes de hipóteses para avaliar as evidências e tomar decisões**

» **Reconhecendo que suas conclusões podem estar erradas**

Capítulo 14

Hipóteses, Testes e Conclusões

O tempo todo, ouvimos argumentos envolvendo estatísticas; a mídia não faz economia com relação a isso:

» Vinte e cinco por cento de todas as mulheres nos Estados Unidos têm varizes. (Puxa, é melhor não saber certas coisas!)

» O uso de cigarros nos EUA continua a cair, com a porcentagem de todos os fumantes norte-americanos diminuindo cerca de 2% ao longo dos últimos dez anos.

» Um bebê de seis meses dorme em média de 14 a 15 horas em um período de 24 horas. (Isso é verdade!)

» Uma mistura para torta leva apenas cinco minutos para ser preparada.

Nessa era da informação (e muito dinheiro), uma grande questão envolve a capacidade de embasar seus argumentos. As empresas que afirmam que seus produtos são melhores que os da marca líder devem ser capazes de provar o que dizem ou enfrentarão processos judiciais. Os medicamentos que são aprovados pelo FDA (Food and Drug Administration) têm que mostrar evidências sólidas de que funcionam sem efeitos colaterais que possam causar a morte durante o tratamento. Os fabricantes devem garantir que seus produtos sejam produzidos de acordo com especificações, de modo a evitar a necessidade de recalls, queixas dos consumidores e prejuízos.

Enquanto muitos argumentos estão fundamentados em pesquisas científicas sérias (e estatísticas), outros não. Neste capítulo, você descobrirá como usar as estatísticas para determinar se um argumento é realmente válido e ficará por dentro do processo que os pesquisadores *deveriam* utilizar para validar todos os argumentos que eles declaram.

LEMBRE-SE

Um teste de hipóteses é um procedimento estatístico desenvolvido para testar um argumento. Antes de entrar nos detalhes, quero apresentar a ideia geral de um teste de hipótese, mostrando os principais passos envolvidos. Esses passos são analisados nas próximas seções:

1. **Estabeleça as hipóteses nula e alternativa.**
2. **Faça a coleta de bons dados usando um estudo bem desenvolvido (veja os Capítulos 16 e 17).**
3. **Calcule a estatística de seu teste com base em dados.**
4. **Encontre o valor *p* da estatística de seu teste.**
5. **Decida rejeitar ou não H_0 com base no valor *p*.**
6. **Entenda que sua conclusão pode estar errada, mesmo que por acaso.**

Formulando a Hipótese

Normalmente, em um teste de hipótese, o argumento é feito sobre um *parâmetro* populacional (um número que caracteriza toda a população). Devido ao fato de que os parâmetros tendem a ser quantidades desconhecidas, todos querem afirmar quais são seus valores. Por exemplo, o argumento de que 25% (ou 0,25) de todas as mulheres têm varizes é sobre a proporção (*parâmetro*) de todas as mulheres (*população*) que têm varizes (*variável* — ter ou não varizes).

Os pesquisadores geralmente questionam os argumentos sobre os parâmetros populacionais. Você pode estabelecer uma hipótese, por exemplo, de que a real proporção de mulheres que têm varizes é menor que 0,25, segundo suas observações. Ainda pode estabelecer a hipótese de que, em virtude da popularidade dos sapatos de salto alto, a proporção pode ser ainda maior que 0,25. Ou se apenas estiver questionando se a verdadeira proporção é mesmo 0,25, sua hipótese alternativa é: "Não é 0,25."

Definindo a nula

Todos os testes de hipóteses contêm um conjunto de dois argumentos opostos, ou hipóteses a respeito de um parâmetro populacional. A primeira hipótese é chamada de *hipótese nula*, denotada por H_o. A hipótese nula sempre afirma que o parâmetro da população é *igual* ao valor do argumento. Por exemplo, se o argumento é de que o tempo médio de preparo de uma mistura para torta de determinada marca é de cinco minutos, a equação estatística para a hipótese nula é a seguinte: H_o: $\mu = 5$. (Ou seja, a média populacional é de cinco minutos.)

LEMBRE-SE

Todas as hipóteses nulas têm um sinal de igual; não há sinais de $\leq$ ou $\geq$ na H_o. Não estou me esquivando, mas a razão pela qual ela é sempre igual está além do escopo deste livro; digamos apenas que você me não pagaria para explicar isso.

Qual é a alternativa?

Antes mesmo de fazer um teste de hipótese, é necessário estabelecer duas hipóteses possíveis: a hipótese nula é uma delas. Mas, se a hipótese nula for rejeitada (isso é, houve evidências suficientes contra ela), qual será a alternativa? Na verdade, existem três possibilidades para a segunda hipótese (ou hipótese alternativa), indicada como H_a. São elas, juntamente com a equação no contexto do exemplo da torta:

- » O parâmetro da população *é diferente* do valor do argumento (H_a: $\mu \neq 5$).
- » O parâmetro da população é *maior que* o valor do argumento (H_a: $\mu > 5$).
- » O parâmetro da população é menor que o valor do argumento (H_a: $\mu < 5$).

A hipótese alternativa que você deve escolher ao estabelecer seu teste de hipóteses depende do que pretende concluir, caso tenha evidências o suficiente para desmentir a hipótese nula (o argumento).

Por exemplo, se quiser testar se uma empresa está correta ao afirmar que o tempo médio de preparo de sua torta é de cinco minutos, e não importa se o tempo médio real for maior ou menor do que o mencionado, você deve usar a alternativa de desigualdade. Suas hipóteses para esse teste seriam H_o: $\mu = 5$ versus H_a: $\mu \neq 5$.

Se apenas quer ver se o tempo médio de preparo é maior do que a empresa afirma (ou seja, a empresa está fazendo uma propaganda enganosa), use a alternativa de superioridade, e suas duas hipóteses serão H_o: $\mu = 5$ versus H_a: $\mu > 5$.

Por fim, digamos que você trabalhe para a empresa que comercializa a torta e ache que a torta pode ser feita em menos de cinco minutos (e poderia ser vendida assim pela empresa). A alternativa de inferioridade é a apropriada, e suas duas hipóteses seriam H_o: $\mu = 5$ versus H_a: $\mu < 5$.

Como saber qual hipótese pôr em H_0 e qual pôr em H_a? Normalmente, a hipótese nula diz que nada de novo acontecerá; os resultados anteriores são os mesmos agora em relação a antes ou os grupos possuem a mesma média (sua diferença é igual a zero). E geralmente, você supõe que os argumentos das pessoas são verdadeiros até que se prove o contrário. Então, surge a pergunta: É possível provar o contrário? Em outras palavras, você pode apresentar evidências suficientes para rejeitar H_0?

Reunindo Boas Evidências (Dados)

Depois de estabelecer a hipótese, o próximo passo é coletar as evidências e verificar se elas corroboram ou não o argumento feito em H_0. Lembre-se de que o argumento refere-se a uma população, mas testar uma população inteira não é possível; o melhor que você tem a fazer, então, é coletar uma amostra. Assim como em qualquer outra situação em que seja necessário coletar estatísticas, a qualidade dos dados é de extrema importância (veja, no Capítulo 3, as maneiras para identificar as estatísticas que não deram certo).

Bons dados começam com uma boa amostra. As duas principais questões a considerar quando você seleciona sua amostra é evitar a parcialidade e ser preciso. Para evitar a parcialidade, colete uma amostra aleatória (o que significa que todos na população de interesse devem ter as mesmas chances de ser escolhidos) e escolha um tamanho amostral grande o suficiente para que, dessa forma, os resultados sejam precisos (veja o Capítulo 11 para obter mais informações sobre precisão).

Os dados são coletados de várias maneiras diferentes, mas os métodos geralmente se concentram em dois tipos: pesquisas (estudos observacionais) e experimentos (estudos controlados). O Capítulo 16 apresenta todas as informações necessárias para desenvolver e avaliar as pesquisas, assim como informações sobre como selecionar as amostras adequadamente. No Capítulo 17, você examinará os experimentos: o que eles podem fazer além de um estudo observacional, os critérios para um bom experimento, e quando você pode chegar à conclusão de causa e efeito.

Compilando as Evidências: A Estatística do Teste

Depois de ter selecionado a amostra, você deve começar a realizar os cálculos apropriados. Sua hipótese nula (H_0) faz uma declaração sobre o parâmetro populacional; por exemplo: "A proporção de todas as mulheres que têm varizes é de 0,25" (em outras palavras, H_0: p = 0,25); ou uma caminhonete roda, em média, 27 quilômetros por litro (H_0: μ = 27). Os dados que você coleta medem a variável de interesse, e as estatísticas calculadas ajudarão a testar o argumento sobre o parâmetro populacional.

Obtendo estatísticas amostrais

Digamos que você esteja testando um argumento que diz respeito à proporção de mulheres que têm varizes. É preciso calcular essa proporção em sua amostra e o número será sua estatística amostral. Se você estiver testando um argumento que diz respeito ao número de quilômetros que uma caminhonete faz com um litro de combustível, sua estatística deverá ser a média de quilômetros por litro das caminhonetes na amostra. E por ter a intenção de medir a variabilidade na quilometragem média por litro em diversas caminhonetes, você deve calcular o desvio-padrão amostral (veja o Capítulo 5 para obter todas as informações necessárias para o cálculo das estatísticas amostrais).

Medindo a variabilidade usando erros-padrão

Depois de ter calculado todas as estatísticas amostrais, você pode pensar que já terminou com a análise e está pronto para chegar a uma conclusão, mas, na verdade, não está. O problema é que você não tem como colocar seus resultados em perspectiva apenas observando suas unidades. Isso porque sabe que seus resultados fundamentam-se em uma única amostra e os resultados amostrais vão variar. Tal variação precisa ser levada em consideração ou suas conclusões poderão estar completamente equivocadas. (Quanto os resultados amostrais variam? A variação amostral é medida em erros-padrão; veja o Capítulo 11 para saber mais a respeito disso.)

Suponha que o argumento seja de que a porcentagem de todas as mulheres com varizes é de 25% e sua amostra de 100 mulheres apresentou 20% das mulheres com varizes. O erro-padrão para sua porcentagem amostral é de 4% (segundo as fórmulas apresentadas no Capítulo 11) e seus resultados podem variar até duas vezes esse valor ou aproximadamente 8%, segundo a regra empírica (veja o Capítulo 12). Portanto, nesses termos, uma diferença de 5%, por exemplo, entre o argumento e seu resultado amostral (25% - 20% = 5%) não é muito grande, pois representa uma distância menor do que 2 erros-padrão do argumento.

No entanto, suponha que sua porcentagem amostral tenha se baseado em uma amostra composta de 1.000 mulheres, e não de 100. Isso diminui a quantidade pela qual se espera que os resultados variem, pois, nesse caso, você possui mais informações. Usando, mais uma vez, as regras do Capítulo 11, o erro-padrão agora é de 0,013, ou 1,3%, e a margem de erro (MDE) é duas vezes esse valor, ou seja, 2,6% para mais ou para menos. Nessa situação, a diferença de 5% entre os resultados amostrais (20%) e o argumento em H_0 (25%) é uma diferença mais significativa; ela representa muito mais de 2 erros-padrão.

Qual é o grau de significância de seus resultados, exatamente? Nesta seção, você verá mais detalhes específicos sobre como medir a exatidão da distância que seus resultados amostrais têm do argumento com relação ao número de erros-padrão. Isso o levará a uma conclusão específica de quanta evidência você possui contra o argumento em H_0.

Entendendo os escores-padrão

LEMBRE-SE

O número de erros-padrão em que se encontra uma estatística, acima ou abaixo da média, é chamado de *escore-padrão* (por exemplo, um valor z é um tipo de escore-padrão; veja o Capítulo 9). A fim de interpretar sua estatística, você precisa convertê-la de sua unidade original em escores-padrão. Quando encontrar um escore-padrão, pegue a estatística, subtraia a média e divida o resultado pelo erro-padrão.

No caso dos testes de hipótese, você usará o valor de H_0 como sendo a média. (Isso acontece a menos que você tenha/até você ter provas do contrário.) Essa versão padronizada de sua estatística é chamada de *estatística de teste* e é o principal componente de um teste de hipóteses (o Capítulo 15 contém as fórmulas para os testes de hipóteses mais comuns).

Calculando e interpretando a estatística de teste

O procedimento geral para a conversão de uma estatística em uma estatística de teste (escore-padrão) é o seguinte:

1. **Subtraia de sua estatística o valor do argumento (representado por H_0).**
2. **Divida pelo erro-padrão da estatística.** (Há fórmulas diferentes para o erro-padrão que são aplicadas em problemas diferentes; veja no Capítulo 13 as fórmulas detalhadas para o erro-padrão e no Capítulo 15 as fórmulas para várias estatísticas de teste.)

Sua estatística de teste representa a distância entre os resultados amostrais reais e o valor do argumento feito a respeito da população, em termos de números de erros-padrão. No caso de uma única média ou proporção populacional, você sabe que essas distâncias padronizadas deveriam assumir uma distribuição normal padrão se o tamanho de sua amostra fosse grande o suficiente (veja o Capítulo 11). Portanto, para interpretar a estatística de teste, nesses casos, você pode ver onde ela se encontra na distribuição normal padrão (distribuição Z).

Usando os números do exemplo das varizes na seção anterior, a estatística de teste é encontrada pegando a proporção na amostra com varizes, 0,20, subtraindo a proporção de todas as mulheres com varizes apresentada no argumento, 0,25, e dividindo o resultado pelo erro-padrão, 0,04. Esses cálculos nos dão uma estatística de teste (erro-padrão) de $-0{,}05 \div 0{,}04 = -1{,}25$. Com isso, sabemos que os resultados amostrais e o argumento populacional de H_0 estão a 1,25 erro-padrão de distância; nesse caso em particular, os resultados amostrais estão 1,25 erro-padrão abaixo do argumento. Agora, essa evidência é suficiente para rejeitar o argumento? A próxima seção lidará com essa questão.

Pesando as Evidências e Tomando Decisões: Valores *p*

Após você ter encontrado sua estatística de teste, você a utiliza para tomar uma decisão de rejeitar ou não H_0. Para decidir isso, utiliza um número que mede a força da evidência (sua estatística de teste) em relação ao argumento em H_0. Ou seja, qual é a possibilidade de que sua estatística de teste possa ter ocorrido enquanto o argumento ainda era verdadeiro? Esse número é chamado de *valor p*; ele representa a chance de que alguém tenha obtido resultados tão extremos quanto os seus enquanto H_0 ainda era verdadeira. Isso ocorre, de forma semelhante, em um tribunal, onde o júri debate a possibilidade de que todas as evidências apareceram de determinada forma considerando que o réu seja inocente.

Esta seção apresenta todos os detalhes dos valores *p*, incluindo como calculá-los e usá-los para tomar decisões em relação a H_0.

Conectando a estatística de teste com os valores *p*

Para testar se uma hipótese em H_0 deve ser rejeitada (afinal, estamos falando de H_0), observe sua estatística de teste tirada da amostra e veja se você tem evidências suficientes para rejeitar o argumento. Caso a estatística de teste seja grande (na direção positiva ou negativa), seus dados estão longe do argumento; quanto maior a estatística de teste, mais evidências você tem contra o argumento. Você define "quanto é longe demais" verificando onde sua estatística de teste termina na distribuição de onde veio. Ao testar uma média populacional, sob certas condições, a distribuição de comparação é distribuição normal padrão (*Z*) que tem uma média 0 e um desvio-padrão 1; eu a uso nesta seção como exemplo (veja o Capítulo 9 para encontrar mais informações sobre a distribuição *Z*).

LEMBRE-SE

Se sua estatística de teste for próxima a zero ou, pelo menos, ficar dentro da variação na qual a maioria dos resultados se encontra, então você não terá muitas evidências contra o argumento (H_0) com base em sua amostra. Se a estatística de teste estiver fora das extremidades da distribuição normal padrão (veja o Capítulo 9 para ter mais detalhes sobre as extremidades), então suas evidências contra o argumento (H_0) são grandes; esse resultado tem uma chance pequena de ocorrer caso o argumento seja verdadeiro. Em outras palavras, você tem evidências suficientes contra o argumento (H_0) e o rejeita.

Mas que distância pode ser considerada "longe demais" de zero? Desde que você tenha uma distribuição normal ou uma amostra grande o bastante, sabe que sua estatística de teste se encontrará em algum lugar dentro de uma distribuição normal padrão (veja o Capítulo 11). Se a hipótese nula (H_0) for verdadeira, a maioria (cerca de 95%) das amostras resultará em uma estatística de teste que se encontra aproximadamente a dois erros-padrão do argumento. Se H_a for a alternativa de desigualdade, qualquer teste que fique fora dessa variação resultará na rejeição da H_0. Veja a Figura 14-1, que apresenta as localizações de suas estatísticas de teste e as respectivas conclusões. Na próxima seção, você verá como quantificar a evidência que possui contra H_0.

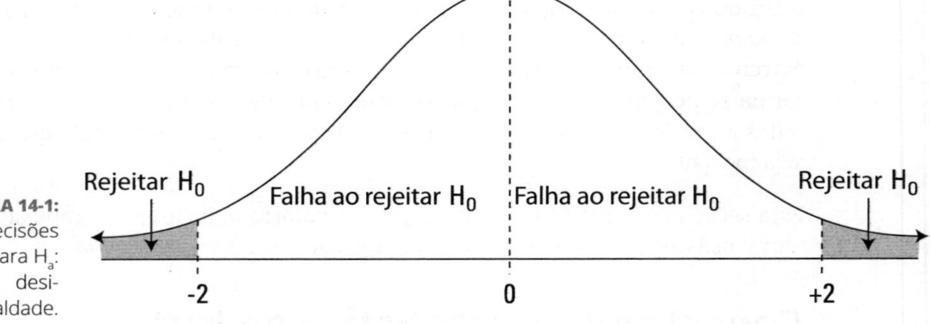

FIGURA 14-1: Decisões para H_a: desigualdade.

DICA

Observe que se a hipótese alternativa for a de inferioridade, você rejeitará H_0 apenas se a estatística de teste ficar na extremidade esquerda da distribuição (abaixo de −1,64). Da mesma forma, se H_a for a alternativa de superioridade, você rejeitará H_0 somente se a estatística de teste se encontrar na extremidade direita (acima de 1,64).

Definindo um valor *p*

LEMBRE-SE

Um valor *p* é uma probabilidade associada à sua estatística de teste. Ele mede as chances de obter resultados que sejam pelo menos tão fortes quanto os seus, caso o argumento (H_0) seja verdadeiro. No caso de testar a média populacional, quanto mais perto das extremidades sua estatística de teste estiver em uma distribuição normal padrão (*Z*), menor será o valor *p*, haverá menos chances de que os resultados tenham ocorrido e você terá mais evidências contra o argumento (H_0).

Calculando um valor *p*

Para encontrar o valor *p* de sua estatística de teste:

1. **Pesquise sua estatística de teste dentro da distribuição adequada; nesse caso, a distribuição normal padrão (*Z*) (veja a tabela *Z* no apêndice).**

2. **Descubra a chance de que *Z* esteja além de sua estatística de teste (mais extremo que ela):**

   - Se H_a contiver uma alternativa de inferioridade, encontre a probabilidade de que *Z* seja menor que sua estatística de teste (ou seja, encontre sua estatística de teste na tabela *Z* e descubra sua probabilidade correspondente). Esse é o valor *p*.

   - Se H_a contiver uma alternativa de superioridade, encontre a probabilidade de que *Z* seja maior que sua estatística de teste (encontre sua estatística de teste na tabela *Z*, descubra sua probabilidade correspondente e subtraia 1). O resultado é seu valor *p*.

   - Se H_a contiver uma alternativa de desigualdade, descubra a probabilidade de que *Z* esteja além da estatística de teste e dobre-a. Há dois casos:

   - Caso sua estatística de teste seja negativa, em primeiro lugar, descubra a probabilidade de que *Z* seja menor que a estatística de teste (encontre a estatística de teste na tabela *Z* e descubra sua probabilidade correspondente). Depois, dobre essa probabilidade para obter o valor *p*.

   - Caso sua estatística de teste seja positiva, em primeiro lugar, encontre a probabilidade de que *Z* seja maior que a estatística de teste (encontre a estatística de teste na tabela *Z*, descubra sua probabilidade correspondente e subtraia 1). Depois, dobre o resultado para obter o valor *p*.

Por que devemos dobrar as probabilidades se H_a contém uma alternativa de desigualdade? Pense nessa alternativa como a combinação das alternativas de superioridade (maior que) e inferioridade (menor que). Caso você obtenha uma estatística de teste positiva, seu valor *p* considera apenas a parte de superioridade da alternativa de desigualdade; dobre-o para considerar a inferioridade. (Dobrar um valor *p* é possível porque a distribuição Z é simétrica.)

Do mesmo modo, caso você obtenha uma estatística de teste negativa, seu valor *p* apenas considera a parte de inferioridade da alternativa de desigualdade; dobre-o para também considerar a superioridade.

Ao testar H_0: $p = 0{,}25$ versus H_a: $p < 0{,}25$ no exemplo da seção anterior a respeito das varizes, o valor *p* é 0,1056. É porque a estatística de teste (calculada na seção anterior) foi de -1,25 e, ao buscar esse número na tabela *Z* (no apêndice), você encontra uma probabilidade de 0,1056 ser menor que esse valor. Caso estivesse testando a alternativa de dois lados, H_a: $p \neq 0{,}25$, o valor *p* seria 2 x 0,1056 ou 0,2112.

CUIDADO

Se os resultados têm a probabilidade de ocorrer abaixo do argumento, então há uma falha em rejeitar H_0 (como no caso do júri decidir pela inocência). O ponto de corte entre rejeitar H_0 e falhar em rejeitar H_0 é outra fonte de problemas, que veremos na próxima seção.

Tirando Conclusões

Para tirar conclusões sobre H_0 (rejeitar ou falhar em rejeitar) com base em um valor *p*, você precisa estabelecer um ponto de corte predeterminado no qual apenas os valores *p* menores que ou iguais ao ponto de corte resultarão em rejeitar H_0. Esse ponto de corte é chamado de *nível alfa* (α) ou *nível de significância* para o teste. Embora 0,05 seja um valor de ponto de corte muito popular para rejeitar H_0, os pontos de corte e as decisões resultantes podem variar; algumas pessoas usam pontos de corte mais restritos, como 0,01, exigindo mais evidências antes de rejeitar H_0; outras podem ter pontos de corte menos restritos, como 0,10, exigindo menos evidências.

Caso H_0 seja rejeitada (ou seja, o valor *p* é menor que ou igual ao nível de significância predeterminado), o pesquisador pode dizer que encontrou um resultado estatisticamente significativo. Um resultado é *estatisticamente significativo* se for muito raro que tenha ocorrido ao acaso considerando que a H_0 seja verdadeira. Caso você obtenha um resultado estatisticamente significativo, possui evidências suficientes para rejeitar o argumento, H_0, e concluir que algo diferente ou novo está em vigor (ou seja, H_a).

LEMBRE-SE

O nível de significância pode ser considerado como o maior valor *p* possível que rejeitaria H_0, declarando que os resultados são estatisticamente significantes. A seguir, veja as regras gerais para tomar uma decisão sobre H_0 com base em um valor *p*:

- » Se o valor *p* for menor que ou igual ao seu nível de significância, então ele atende seus requisitos para possuir evidências suficientes contra H_0; então, rejeite H_0.
- » Se o valor *p* for maior que seu nível de significância, seus dados falharam ao mostrar evidências além de uma dúvida fundamentada; você falha em rejeitar H_0.

Contudo, caso planeje tomar decisões sobre H_0 comparando o valor *p* com seu nível de significância, deve decidir sobre seu nível de significância com antecedência. Não seria justo mudar seu ponto de corte após ter dado uma espiada no que está acontecendo com os dados.

Você pode estar se perguntando se há problemas em dizer "Aceitar H_0", em vez de "Falhar em rejeitar H_0". A resposta é um grande não. Em um teste de hipótese, você *não* está tentando mostrar se H_0 é verdadeira ou não (o que *aceitar* sugere); na realidade, se soubesse que H_0 é verdadeira, não estaria fazendo um teste de hipótese, para começar. Você está tentando mostrar se tem evidências suficientes para dizer que H_0 é falsa, com base nos dados. Você tem evidências suficientes para dizer que é falsa (no caso, você rejeita H_0) ou não tem evidências suficientes para dizer que é falsa (no caso, falha em rejeitar H_0).

Estabelecendo limites para a rejeição de H_0

As diretrizes a seguir o ajudarão a tomar uma decisão (rejeitar ou falhar em rejeitar H_0) com base em um valor *p* quando seu nível de significância for 0,05:

- Se o valor *p* for menor que 0,01 (muito pequeno), os resultados serão considerados altamente significativos estatisticamente; rejeite H_0.
- Se o valor *p* ficar entre 0,05 e 0,01 (mas não muito próximo a 0,05), os resultados serão considerados significativos estatisticamente; rejeite H_0.
- Se o valor *p* for bem próximo a 0,05 (como 0,051 ou 0,049), os resultados serão considerados marginalmente significativos; a decisão pode tomar os dois rumos.
- Se o valor *p* for maior que 0,05 (mas não muito próximo a 0,05), os resultados não serão considerados significativos; falha em rejeitar H_0.

Quando um pesquisador disser que um resultado é estatisticamente significativo, verifique o valor *p* e tome sua própria decisão; o nível de significância predeterminado do pesquisador pode ser diferente do seu. Caso o valor *p* não seja informado, pergunte por ele.

Testando as varizes

No exemplo da última seção sobre varizes, o valor p encontrado foi 0,1056. Esse valor *p* é consideravelmente grande e indica uma evidência muito fraca contra H_0 pelo padrão de praticamente todos, pois é maior que 0,05 e até um pouco maior que 0,10 (considerado um nível de significância muito grande). Nesse caso, você falha em rejeitar H_0. Você não teve evidências suficientes para dizer que a proporção de mulheres com varizes é menor que 0,25 (sua hipótese alternativa). Não é considerado um resultado estatisticamente significativo.

Porém digamos que seu valor *p* tenha sido algo em torno de 0,026. Um leitor com um ponto de corte pessoal de 0,05 rejeitaria H_0 nesse caso, pois o valor *p* (de 0,026) é menor que 0,05. A conclusão dessa pessoa seria que a proporção de mulheres com varizes não é igual a 0,25; de acordo com H_a, conclui-se que é menor que 0,25 e os resultados são estatisticamente significativos. Por outro lado, um leitor, cujo nível de significância seja 0,01, não teria evidência suficientes (com base em sua amostra) para rejeitar H_0, pois o valor *p* de 0,026 é maior que 0,01. Esses resultados não seriam estatisticamente significativos.

Por fim, caso o valor *p* tenha sido 0,049 e seu nível de significância 0,05, é possível seguir a regra à risca e dizer que como ele é menor que 0,05, você rejeita H_0, porém deve mesmo dizer que seus resultados são marginais e deixar que o leitor decida. (Talvez ele jogue na moeda ou algo parecido: "Cara, rejeitamos H_0, coroa, não rejeitamos!")

Avaliando a Possibilidade de uma Decisão Errada

Depois de tomada a decisão com relação a aceitar ou rejeitar H_0, o próximo passo é aguentar as consequências no que se refere a como as pessoas reagirão à sua decisão.

- Se concluir que um argumento não é verdadeiro, quando, na verdade, *é*, isso resultará em um processo judicial, multa, alterações desnecessárias no produto ou boicote dos consumidores que não deveriam ter acontecido? É possível que sim.
- Se concluir que um argumento é verdadeiro, quando, na verdade, não é, o que acontecerá? Os produtos continuarão a ser produzidos da mesma forma que agora? Nenhuma ação será tomada, nem leis serão criadas, porque você mostrou que nada estava errado? Sabemos de oportunidades perdidas de denúncias que poderiam ter sido feitas.

LEMBRE-SE

Independentemente da decisão tomada com um teste de hipótese, você sabe que há uma chance de estar errado; é a vida no mundo da Estatística. Conhecer os tipos de erros que podem acontecer e descobrir como limitar a chance de que ocorram é o caminho.

Alarme falso: Erro tipo 1

Imagine que uma empresa alega que o tempo médio de entrega de encomendas é de dois dias e que um grupo de consumidores testa essa hipótese, obtendo um valor *p* de 0,04 e conclui que a alegação é falsa: eles acreditam que o tempo médio de entrega é, na verdade, superior a dois dias. Temos aqui um grande problema. Caso o grupo possa provar isso com suas estatísticas, ele faria um bem se informasse o público a respeito dessa propaganda enganosa. Mas e se o grupo estiver errado?

CUIDADO

Ainda que o estudo se baseie em um bom planejamento, colete bons dados e faça a análise corretamente, o grupo ainda pode estar errado. Por quê? Porque suas conclusões foram baseadas em uma amostra de encomendas, e não em toda a população de encomendas. E como mostra o Capítulo 11: os resultados amostrais variam de amostra para amostra.

Só porque os resultados de uma amostra são atípicos não significa que são impossíveis. Um valor *p* de 0,04 significa que as chances de obter sua estatística de teste em particular, mesmo se a alegação for verdadeira, são de 4% (menos que 5%). Ou seja, você rejeitaria H_0, nesse caso, porque as chances são muito pequenas. Mas uma chance é sempre uma chance!

Talvez sua amostra, ainda que coletada aleatoriamente, seja uma daquelas amostras atípicas, cujo resultado acaba ficando distante do esperado. Portanto, H_0 pode ser verdadeira, porém seus resultados o levaram a uma conclusão diferente. Mas com que frequência isso acontece? Em 5% das vezes (ou qualquer probabilidade de corte para a rejeição de H_0 que você tenha).

LEMBRE-SE

O erro que cometemos ao rejeitar H_0 quando, na verdade, não deveríamos, é chamado de *erro tipo 1*. Eu particularmente não gosto desse nome, pois me parece muito indefinido. Prefiro chamá-lo de *alarme falso*. No caso das encomendas, se o grupo de consumidores cometeu um erro tipo 1 quando rejeitou a alegação da empresa, o grupo gerou um alarme falso. Qual é o resultado? Uma empresa de entregas de encomendas muito brava, eu garanto!

DICA

Para reduzir a chance de alarmes falsos, defina uma probabilidade baixa de corte (nível de significância) para rejeitar H_0. Definir para 5% ou 1% manterá a chance de um erro tipo 1 distante.

Faltando uma detecção: Erro tipo 2

Por outro lado, suponha que a empresa realmente não entregue as encomendas de acordo com o que alega. Quem vai dizer que a amostra daquele grupo de consumidores vai detectar isso? Se o tempo real para a entrega é de 2,1 dias, em vez de 2 dias, a diferença seria muito difícil de ser identificada. Se o tempo real para a entrega é de 3 dias, uma amostra bastante pequena seria capaz de mostrar que algo está errado e a questão se encontraria nos valores intermediários, como 2,5 dias.

LEMBRE-SE

Se H_0 realmente é falsa, você deve descobrir a verdade e rejeitá-la. O erro que cometemos por não rejeitar H_0 quando deveríamos é chamado de *erro tipo 2*, que eu prefiro chamar de *erro de detecção*.

O tamanho amostral é a chave para conseguir detectar situações em que H_0 é falsa e evitar o erro tipo 2. Quanto mais informação você tiver, menos variabilidade de resultados haverá (veja o Capítulo 11) e mais capacidade você terá para focar e detectar os problemas existentes em um argumento feito por H_0.

A capacidade de detectar quando H_0 é realmente falsa chama-se *poder* de um teste. Poder é um assunto bastante complexo, mas o importante é você saber que quanto maior o tamanho amostral, mais poderoso é o teste. Um teste poderoso tem poucas chances de cometer um erro tipo 2.

DICA

Como medida preventiva para minimizar as chances de um erro tipo 2, os estatísticos recomendam que você selecione um tamanho amostral grande para garantir que quaisquer diferenças ou mudanças que realmente existam não passarão despercebidas.

NESTE CAPÍTULO

» **Desmembrando alguns testes de hipóteses mais comuns**

» **Calculando suas estatísticas de teste**

» **Utilizando os resultados para tomar decisões embasadas**

Capítulo 15

Testes de Hipóteses Mais Usados: Fórmulas e Exemplos

Em propagandas publicitárias ou notícias sobre as mais recentes descobertas da Medicina, você sempre encontrará alegações feitas sobre uma ou mais populações. Por exemplo: "Prometemos entregar suas encomendas em dois dias ou menos" ou "Recentemente, dois estudos mostraram que uma dieta rica em fibras diminui em 20% seu risco de desenvolver câncer de cólon". Sempre que alguém fizer um argumento ou alegação (também chamada de *hipótese nula)* sobre uma população (como todas as encomendas ou todos os adultos), você poderá testá-lo utilizando o que os estatísticos chamam de *teste de hipótese.*

Um teste de hipóteses envolve o estabelecimento de *hipóteses* (uma alegação e sua alternativa), seleção de uma amostra (ou amostras), coleta de dados, cálculo das estatísticas relevantes e uso dessas estatísticas para decidir se a hipótese é ou não verdadeira.

Neste capítulo, resumo as fórmulas usadas para alguns testes de hipóteses mais comuns, também explico os cálculos necessários e mostro alguns exemplos.

Se você precisar de mais informações dentro do contexto de um teste de hipóteses (como estabelecer uma hipótese, entender as estatísticas de teste, valores p, níveis de significância e erros tipo 1 e 2), tudo o que precisa é ler o Capítulo 14. Todos os conceitos gerais sobre os testes de hipóteses são desenvolvidos lá. Este capítulo se concentra na aplicação dos conceitos.

Testando uma Média Populacional

Quando a variável for numérica (por exemplo, idade, renda, tempo e outros) e somente uma população ou grupo estiver sendo estudado (por exemplo, todos os lares norte-americanos ou todos os estudantes universitários), usamos o teste de hipóteses apresentado nesta seção para examinar ou desafiar um argumento sobre a média populacional. Por exemplo, um psicólogo de crianças diz que o tempo médio que as mães que trabalham fora passam conversando com seus filhos é de 11 minutos por dia, em média. (Para os papais, o argumento é de 8 minutos.) A variável, tempo, é numérica e a população é representada por todas as mães que trabalham fora. Usando a notação estatística, μ representa a quantidade média de minutos que todas as mães que trabalham passam conversando com os filhos, em média.

A hipótese nula é que a média populacional, μ, é igual a determinado valor alegado, μ_0. A equação para a hipótese nula é H_0: $\mu = \mu_0$. Portanto, a hipótese nula no nosso exemplo é H_0: $\mu = 11$ minutos e μ_0 é 11. As três possibilidades para as hipóteses alternativas, H_a, são $\mu \neq 11$, $\mu < 11$ ou $\mu > 11$, dependendo do que você pretende apresentar (veja o Capítulo 14 para ter mais informações a respeito das hipóteses alternativas). Se você suspeitar que o tempo médio que as mães que trabalham fora passam conversando com seus filhos é superior a 11 minutos, sua hipótese alternativa deverá ser H_a: $\mu > 11$.

Para testar o argumento, compare a média que obteve da amostra ($\bar{x}$) com a média apresentada em H_0 (μ_0). Para fazer uma comparação adequada, veja a diferença entre elas e divida o resultado pelo erro-padrão para considerar o fato de que os resultados de sua amostra vão variar (veja o Capítulo 12 para encontrar todas as informações necessárias sobre os erros-padrão). Esse resultado é sua *estatística de teste*. No caso de um teste de hipóteses para uma média populacional, a estatística será (sob certas condições) um valor z (um valor da distribuição Z; veja o Capítulo 9).

Assim, é possível verificar sua estatística de teste na tabela adequada (nesse caso, você deve verificar a tabela Z no apêndice) e descobrir qual seria a chance de que a diferença entre a média amostral e a média populacional do argumento realmente tenha ocorrido caso o argumento fosse verdadeiro.

A fórmula da estatística de teste para apenas uma média populacional (sob certas condições) é:

$$z = \frac{\bar{x} - \mu_0}{\sigma / \sqrt{n}}$$

Em que $\bar{x}$ é a média amostral, σ é o desvio-padrão populacional (considere, nesse caso, que o número é desconhecido) e z é um valor da distribuição Z. Para calcular essa estatística de teste, faça o seguinte:

1. **Calcule a média amostral, $\bar{x}$.**
2. **Encontre a diferença entre $\bar{x} - \mu_0$.**
3. **Calcule o erro-padrão: $\sigma / \sqrt{n}$.**
4. **Divida o resultado obtido no Passo 2 pelo erro-padrão encontrado no Passo 3.**

As condições para usar essa estatística de teste são que o desvio-padrão populacional, σ, seja conhecido, e a população tenha uma distribuição normal ou o tamanho amostral seja grande o suficiente para usar o TCL ($n > 30$); veja o Capítulo 11.

Para o nosso exemplo, suponha que uma amostra aleatória, composta por 100 mães que trabalham fora de casa, passe o tempo médio de 11,5 minutos conversando com seus filhos. (Presuma que as pesquisas anteriores sugerem que o desvio-padrão populacional seja de 2,3 minutos.)

1. **Sabemos que $\bar{x}$ é 11,5, n = 100 e σ é 2,3.**
2. **Faça 11,5 - 11 = +0,5.**
3. **Divida 2,3 pela raiz quadrada de 100 (que é 10) e obtenha o erro-padrão igual a 0,23.**
4. **Divida + 0,5 por 0,23 e obtenha o resultado 2,17. Esse valor é a estatística de teste, mostrando que sua média amostral está 2,17 erros-padrão acima da média populacional do argumento.**

A ideia principal de um teste de hipóteses é desafiar a alegação que está sendo feita sobre a população (nesse caso, a média populacional); essa alegação é apresentada na hipótese nula, H_0. Se você tiver evidências suficientes contra a alegação a partir de sua amostra, H_0 será rejeitada.

Para decidir se você possui evidências suficientes para rejeitar H_0, calcule o valor *p* verificando sua estatística de teste (nesse caso, 2,17) na distribuição normal padrão (Z), veja a tabela Z no apêndice, e calcule a probabilidade mostrada menos 1. (Subtraímos 1 porque nossa H_a é uma hipótese "maior que" e a tabela mostra probabilidades "menores que".)

Para este exemplo, verifique a estatística de teste (2,17) na tabela Z e descubra que a probabilidade (menor que) é 0,9850, portanto o valor p é 1 − 0,9850 = 0,015. Ele é bem menor que seu nível de significância (típico) de 0,05, o que significa que seus resultados amostrais seriam incomuns se a alegação (de 11 minutos) fosse verdadeira. Logo, rejeite a alegação (H_o: μ = 11 minutos). Seus resultados dão suporte à hipótese alternativa H_a: $\mu > 11$. De acordo com os dados, a alegação do psicólogo, de 11 minutos por dia, é muito baixa; a média real é maior que 11 minutos.

Veja também o Capítulo 14 para obter informações sobre como calcular os valores p para alternativas "menores que" ou "diferentes de".

Lidando com Amostras Pequenas e Desvios-padrão Desconhecidos: Teste *t*

Há dois casos nos quais não podemos usar a distribuição Z de uma estatística de teste para uma média populacional. O primeiro caso é quando o tamanho amostral é pequeno (e pequeno significa abaixo de 30); o segundo caso é quando o desvio-padrão populacional, σ, não é conhecido e você precisa estimá-lo usando o desvio-padrão amostral, s. Em ambos os casos, há uma informação menos confiável sobre a qual fundamentar nossas conclusões, então devemos pagar caro por fazer isso usando uma distribuição com mais variabilidade na extremidade do que uma distribuição Z. Entra em cena a distribuição t (veja, no Capítulo 10, tudo sobre a distribuição t, incluindo sua relação com Z).

Um teste de hipóteses para uma média populacional que envolve a distribuição t é chamado de teste t. Sua fórmula, neste caso, é:

$$t_{n-1} = \frac{\bar{x} - \mu_o}{s/\sqrt{n}}$$, em que t_{n-1} é um valor da distribuição t com $n-1$ graus de liberdade.

Perceba que é praticamente igual à fórmula da estatística de teste para o caso da distribuição normal e/ou amostra grande (veja a seção "Testando uma Média Populacional"), com a exceção de que σ não é conhecido, então o substituímos pelo desvio-padrão, s, e usamos um valor t, em vez de um valor z.

PAPO DE ESPECIALISTA

Como a distribuição t possui extremidades mais espessas em comparação à distribuição Z, pegamos um valor p maior da distribuição t do que teríamos obtido a partir da distribuição normal padrão (Z) para a mesma estatística de teste. Um valor p maior significa uma chance menor de rejeitar H_o. Ter menos dados e/ou não saber qual é o desvio-padrão populacional deve criar um volume maior de evidências.

Colocando o teste *t* para trabalhar

Suponha que uma empresa de entregas alegue que entrega as encomendas em uma média de dois dias e você suspeita que leve mais tempo. As hipóteses são H_0: $\mu = 2$ versus H_a: $\mu > 2$. Para testar a alegação, pegue uma amostra aleatória de dez encomendas e registre o tempo de entrega. Você descobre que a média amostral é $\bar{x} = 2{,}3$ dias e o desvio-padrão é 0,35 dia. (Como o desvio-padrão populacional, σ, é desconhecido, faça a estimativa dele com s, o desvio-padrão amostral.) É um trabalho para o teste *t*.

LEMBRE-SE

Uma vez que o tamanho amostral é pequeno (n - 10 é muito menor que 30) e o desvio-padrão populacional não é conhecido, sua estatística de teste possui uma distribuição *t*. Seu grau de liberdade é 10-1 = 9. A fórmula para a estatística de teste (denominada valor *t*) é:

$$t_{10-1} = \frac{2{,}3 - 2{,}0}{0{,}35 / \sqrt{10}} = 2{,}71$$

Para calcular o valor *p*, procure *gl* = 9 na linha da tabela *t* (no apêndice). Sua estatística de teste (2,71) fica entre dois valores na linha *gl* = 9 na tabela *t*: 2,26 e 2,82 (arredondando para duas casas decimais). Para calcular o valor *p* de sua estatística de teste, descubra quais colunas correspondem a esses dois números. O número 2,26 aparece na coluna 0,025 e o número 2,82 fica na coluna 0,010; agora você sabe que o valor *p* para sua estatística de teste fica entre 0,025 e 0,010 (isso é, 0,010 < valor *p* < 0,025).

Usando a tabela *t*, não sabemos o número exato do valor *p*, mas, uma vez que 0,010 e 0,025 são menores que o nível de significância 0,05, rejeitamos H_0; temos evidências suficientes na amostra para dizer que as encomendas não são entregues em dois dias e que, na realidade, o tempo médio de entrega é maior que dois dias.

LEMBRE-SE

A tabela *t* (no apêndice) não inclui todos os valores t possíveis; apenas encontre os dois valores mais próximos ao seu de qualquer lado, veja em quais colunas eles estão e relate seu valor *p* em relação a eles. (Caso sua estatística de teste seja maior do que todos os valores *t* na linha correspondente da tabela *t*, basta usar o último valor; seu valor *p* será menor que essa probabilidade.)

DICA

É claro que você pode usar um software estatístico, caso esteja disponível, para calcular os valores *p* de qualquer estatística de teste; ao usar um, você obtém 0,012 para o valor *p* exato.

Relacionando *t* com *Z*

A penúltima linha da tabela *t* apresenta os valores correspondentes da distribuição normal padrão (Z) para as probabilidades listadas no topo de cada coluna. Agora, escolha uma coluna na tabela e desça observando os valores *t*. À medida que os graus de liberdade da distribuição *t* aumentam, os valores *t* ficam cada vez mais próximos da linha da tabela em que estão os valores *z*.

Isso confirma um resultado apresentado no Capítulo 10: conforme o tamanho amostral (e, portanto, os graus de confiança) aumenta, a distribuição *t* se torna cada vez mais semelhante à distribuição *Z*; assim, os valores *p* de seus testes de hipóteses são praticamente iguais para tamanhos amostrais grandes. E as amostras nem precisam ser tão grandes para observar essa relação. Para $gl = 30$, os valores *t* já são muito similares aos valores *z* apresentados na parte inferior da tabela. Esses resultados fazem sentido; quanto mais dados você tiver, menos penalidades terá de pagar. (E obviamente você pode usar a tecnologia dos computadores para calcular valores *p* mais exatos para qualquer valor *t* desejado.)

Lidando com valores *t* negativos

Para uma hipótese alternativa "menor que" (H_a: xx < xx), sua estatística de teste seria um número negativo (à esquerda de zero na distribuição t). Nesse caso, você deve encontrar a porcentagem abaixo ou à esquerda de sua estatística de teste para obter o valor *p*. Contudo, as estatísticas de teste negativas não aparecem na tabela *t* (no apêndice).

Não se preocupe! A porcentagem à esquerda (abaixo) de um valor *t* negativo é a mesma porcentagem à direita (acima) do valor *t* positivo, devido à simetria. Portanto, para descobrir o valor *p* de sua estatística de teste negativa, encontre a versão positiva dela na tabela *t*, encontre probabilidade da extremidade direita correspondente (maior que) e use-a.

Por exemplo, suponha que sua estatística de teste seja −2,7105 com 9 graus de liberdade e H_a seja uma alternativa "menor que". Para descobrir seu valor *p*, primeiro encontre +2,7105 na tabela *t*; pelo cálculo na seção anterior, você sabe que o valor *p* fica entre a coluna com os cabeçalhos 0,025 e 0,010. Como a distribuição *t* é simétrica, o valor *p* para −2,7105 também fica em algum lugar entre 0,025 e 0,010. Novamente, rejeite H_0, porque esses valores são menores que ou iguais a 0,05.

Examinando a alternativa de desigualdade

LEMBRE-SE

Para descobrir o valor *p* quando sua hipótese alternativa (H_a) é de desigualdade, basta dobrar a probabilidade que você obteve na tabela *t* ao verificar sua estatística de teste. Por que dobrar? Porque a tabela *t* apresenta apenas as probabilidades "maiores que", mostrando somente a primeira parte da história. Para descobrir o valor *p* quando tiver uma alternativa de desigualdade, você deve adicionar valores *p* a partir das alternativas de inferioridade e superioridade. Como a distribuição *t* é simétrica, as probabilidades de inferioridade e superioridade são iguais, portanto apenas dobre aquela que você verificou na tabela t e terá o valor p para a alternativa de desigualdade.

Por exemplo, caso sua estatística de teste seja 2,7171 e H_a seja uma alternativa de desigualdade, verifique 2,7171 na tabela t (gl = 9 novamente) e você verá que o valor p fica entre 0,025 e 0,010, como mostrado anteriormente. Esses são os valores p da alternativa de superioridade. Agora, dobre esses valores para incluir a alternativa de inferioridade e verá que o valor p de sua estatística de teste fica entre 0,025 x 2 = 0,05 e 0,010 x 2 = 0,020.

Testando uma Proporção Populacional

Quando a variável for categórica (por exemplo, sexo e apoio/oposição) e quando apenas uma única população ou grupo estiver sendo estudado (por exemplo, todos os eleitores registrados), use o teste de hipóteses apresentado nesta seção para testar uma alegação sobre a proporção populacional. O teste vai verificar a proporção (p) de indivíduos na população que possuem uma determinada característica, por exemplo, a proporção de pessoas que andam com celulares. A hipótese nula é H_0: $p = p_0$, em que p_0 é um valor alegado sobre a proporção populacional, p. Por exemplo, se a alegação é que 70% das pessoas andam com seus celulares, p_0 é 0,70. A hipótese alternativa poderá ser uma das seguintes: $p > p_0$, $p < p_0$ ou $p \neq p_0$ (veja o Capítulo 14 para obter mais detalhes sobre as hipóteses alternativas).

A fórmula da estatística de teste para uma única proporção (sob certas condições) é:

$$z = \frac{\hat{p} - p_0}{\sqrt{\frac{p_0(1-p_0)}{n}}}$$

Em que $\hat{p}$ é a proporção de indivíduos na amostra que possuem a característica e z é um valor na distribuição Z (veja o Capítulo 9). Para calcular a estatística de teste, faça o seguinte:

1. **Calcule a proporção amostral, $\hat{p}$, dividindo o número de pessoas na amostra com a característica de interesse (por exemplo, o número de pessoas que andam com seus celulares) por n, o tamanho amostral.**
2. **Calcule $\hat{p} - p_0$, sendo que p_0 é o valor em H_0.**
3. **Calcule o erro-padrão, $\sqrt{\frac{p_0(1-p_0)}{n}}$.**
4. **Divida o resultado obtido no Passo 2 pelo resultado obtido no Passo 3.**

Para interpretar a estatística de teste, procure-a na distribuição normal padrão (Z) no apêndice e calcule o valor p (veja o Capítulo 14 para obter mais detalhes sobre como calcular o valor p).

LEMBRE-SE

As condições para usar essa estatística de teste são que $np_o \geq 10$ e $n(1-p_o) \geq 10$ (veja o Capítulo 19 para ter mais detalhes).

Por exemplo, suponha que o fabricante da pasta de dente "Cáries Free" alegue que quatro em cinco dentistas recomendam Cáries Free a seus pacientes. Nesse caso, a população é representada por todos os dentistas e p é a proporção de todos os dentistas que recomendaram Cáries Free a seus pacientes. A alegação é que p é igual a "quatro em cinco" ou p_o é $4 \div 5 = 0{,}80$. Porém você suspeita de que essa proporção é, na verdade, menor que 0,80. Então, suas hipóteses serão H_o: $p = 0{,}80$ versus H_a: $p < 0{,}80$.

Imagine que 151 em 200 pacientes da amostra receberam a recomendação de usar Cáries Free. Para encontrar a estatística de teste desses resultados, siga estes passos:

1. **Comece com $\hat{p} = \frac{151}{200} = 0{,}755$ e $n = 200$.**
2. **Como $p_o = 0{,}80$, subtraia $0{,}755 - 0{,}80 = -0{,}045$ (o numerador da estatística de teste).**
3. **A seguir, o erro-padrão é igual a $\sqrt{\frac{0{,}80(1-0{,}80)}{200}} = 0{,}028$ (o denominador da estatística de teste).**
4. **A estatística de teste é $\frac{-0{,}045}{0{,}028} = -1{,}61$.**

CUIDADO

Como a estatística de teste obtida é negativa, significa que seus resultados amostrais estão -1,61 erro-padrão abaixo do valor alegado para a população. Com que frequência você esperaria conseguir resultados como esses se H_o fosse verdadeira? A chance de estar nesse valor ou além de (no caso, menor que) −1,61 é de 0,0537. (Mantenha o número negativo e verifique -1,61 na tabela Z no apêndice.) O resultado é seu valor p porque H_a é uma hipótese de inferioridade (veja o Capítulo 14 para obter mais detalhes).

Já que o valor p é maior que 0,05 (embora não muito), você não possui evidências suficientes para rejeitar H_o. Segundo sua amostra, você conclui que a alegação de que 80% dos dentistas recomendam Cáries Free para seus pacientes não pode ser rejeitada. No entanto, é importante relatar o valor p real também, de modo que outras pessoas possam tomar suas próprias decisões.

DICA

A letra p é usada de duas formas diferentes neste capítulo: valor p e p. A letra p sozinha indica a proporção populacional, não o valor p. Não fique confuso. Sempre que relatar um valor p, lembre-se de adicionar valor para que não seja confundido com p, a proporção populacional.

Comparando Duas Médias Populacionais (Independentes)

Quando a variável for numérica (por exemplo, renda, nível de colesterol ou quilômetros rodados por litro) e duas populações ou grupos forem comparados (por exemplo, homens versus mulheres), use os passos desta seção para testar uma alegação sobre a diferença nas médias. (Por exemplo, a diferença nas médias populacionais é igual a zero, indicando a igualdade delas?) É preciso que se coletem duas amostras aleatórias independentes (totalmente) separadas, uma para cada população, a fim de reunir os dados necessários para o teste.

A hipótese nula é a de que as duas médias populacionais são iguais. Em outras palavras, a diferença é igual a zero. A equação da hipótese nula é H_0: $\mu_1 = \mu_2$, em que μ_1 representa a média da primeira população e μ_2 representa a média da segunda.

Você também pode escrever a hipótese nula como H_0: $\mu_1 - \mu_2 = 0$, enfatizando a ideia de que a diferença entre elas é igual a zero caso as médias sejam iguais.

A fórmula da estatística de teste que compara as duas médias (sob certas condições) é:

$$z = \frac{(\bar{x}_1 - \bar{x}_2) - 0}{\sqrt{\frac{\sigma_1^2}{n_1} + \frac{\sigma_2^2}{n_2}}}$$

Para calculá-la, execute o seguinte procedimento:

1. **Calcule as médias amostrais $\bar{x}_1$ e $\bar{x}_2$. (Considere que os desvios-padrão populacionais σ_1 e σ_2 foram dados.) Use n_1 e n_2 para representar os dois tamanhos amostrais (não precisam ser iguais).**

   Veja o Capítulo 5 para ter informações sobre esses cálculos.

2. **Encontre a diferença entre as duas médias amostrais: $\bar{x}_1 - \bar{x}_2$.**

   Como $\mu_1 - \mu_2$ é igual a 0 caso H_0 seja verdadeira, não é necessário incluí-la no numerador da estatística de teste. Porém, caso a diferença testada seja qualquer valor diferente de 0, subtraia esse valor da estatística de teste no numerador.

3. **Calcule o erro-padrão usando a seguinte equação:**

$$\sqrt{\frac{\sigma_1^2}{n_1} + \frac{\sigma_2^2}{n_2}}$$

4. **Divida o resultado obtido no Passo 2 pelo resultado encontrado no Passo 3.**

LEMBRE-SE

Para interpretar a estatística de teste, adicione os dois passos seguintes à lista.

5. **Consulte sua estatística de teste na distribuição normal padrão (*Z*) (veja a tabela *Z* no apêndice) e calcule o valor *p*.**

(Veja o Capítulo 14 para ter mais informações sobre os cálculos dos valores *p*.)

6. **Compare o valor *p* com seu nível de significância, como 0,05. Caso ele seja menor ou igual a 0,05, rejeite H_o. Caso contrário, não rejeite H_o.**

(Veja o Capítulo 14 para obter detalhes sobre os níveis de significância.)

LEMBRE-SE

As condições para usar esse teste são que os dois desvios-padrão populacionais sejam conhecidos e ambas as populações tenham uma distribuição normal ou tamanhos amostrais grandes o suficiente para o Teorema Central do Limite (veja o Capítulo 11).

Por exemplo, suponha que você queira comparar a absorção de duas marcas de papel toalha (vamos chamá-las de Absorve Rápido e Enxuga Tudo). Você pode fazer essa comparação observando o número médio de onças (mililitros) que cada marca consegue absorver até ficar saturada. H_o diz que a diferença entre a capacidade média de absorção das duas marcas é zero (ou seja, não existe) e H_a diz que a diferença não é zero. Em outras palavras, uma marca absorve mais do que a outra. Usando a notação estatística, temos $H_o = \mu_1 - \mu_2 = 0$ versus $H_a = \mu_1 - \mu_2 \neq 0$. Aqui não temos a indicação de qual papel toalha pode ser o mais absorvente, assim, estabeleceremos uma alternativa de desigualdade (veja o Capítulo 14).

Imagine que você tenha selecionado uma amostra aleatória de 50 papéis toalha de cada uma das marcas e medido a absorção de cada uma. Suponha que a absorção média da marca Absorve Rápido (x_1) seja igual a 3 onças (88,72 ml), com um desvio-padrão de 0,9 onça (26,61ml), e a média para a marca Enxuga Tudo (x_2) seja de 3,5 onças (103,50ml), com um desvio-padrão de 1,2 onça (35,48ml). Desenvolva o teste de hipóteses seguindo os seis passos listados acima:

1. **Dadas essas informações, você tem $\bar{x}_1 = 3$, σ_1 = 0,9, $\bar{x}_2 = 3{,}5$, σ_2 = 1,2, n_1 = 50 e n_2 = 50.**

2. **A diferença entre as médias amostrais para as duas marcas é** $\bar{x}_1 - \bar{x}_2 = (3 - 3{,}5) = -0{,}5$ onças (14,78ml). **(Uma diferença negativa simplesmente significa que a segunda média amostral era maior que a primeira.)**

3. **O erro-padrão é** $\sqrt{\frac{\sigma_1^2}{n_1} + \frac{\sigma_2^2}{n_2}} = \sqrt{\frac{0{,}9^2}{50} + \frac{1{,}2^2}{50}} = \sqrt{\frac{0{,}81}{50} + \frac{1{,}44}{50}} = 0{,}2121.$

4. **Divida a diferença, - 0,5, pelo erro-padrão, 0, 2121, que lhe dará o valor -2,36. Essa é sua estatística de teste.**

5. **Para encontrar o valor p, procure o valor -2,36 na distribuição normal padrão (distribuição Z); veja a Tabela Z no apêndice. A chance de ficar além, nesse caso à esquerda de -2,36, é igual a 0,0091. Por H_a ser uma alternativa de desigualdade, você deve multiplicar a porcentagem por dois: 2 x 0,0091 = 0,0182, seu valor p (veja o Capítulo 14 para ter mais informações sobre a alternativa de desigualdade).**

6. **Esse valor *p* é bem menor do que 0,05. Isso quer dizer que você tem evidências muito fortes para rejeitar H_o.**

Sua conclusão é que existe uma diferença estatisticamente significativa entre os níveis de absorção dessas duas marcas de papel toalha, segundo suas amostras. E parece que a Enxuga Tudo está na frente, pois possui a maior média. (Absorve Rápido menos Enxuga Tudo resultando em negativo significa que a Enxuga Tudo tinha o valor mais alto.)

PAPO DE ESPECIALISTA

Se uma ou mesmo ambas as amostras forem menores que 30 em tamanho, você deverá utilizar a distribuição *t* (com graus de liberdade iguais a $n_1 - 1$ ou $n_2 - 1$, o que for menor) para identificar o valor *p*. Caso os desvios-padrão populacionais σ_1 e σ_2 sejam desconhecidos, use os desvios-padrão amostrais s_1 e s_2, e a distribuição *t* com os graus de liberdade mencionados acima (veja o Capítulo 10 para obter mais detalhes sobre a distribuição t).

Testando uma Diferença Média (Teste *t* Pareado)

Você pode testar uma diferença média usando o teste apresentado nesta seção quando a variável é numérica (por exemplo, renda, nível de colesterol ou quilômetros rodados por litro) e os indivíduos nas amostras estão de alguma forma igualados (pareados) de acordo com variantes relevantes, como idade ou peso, ou quando as mesmas pessoas são usadas duas vezes (por exemplo, no uso de um pré-teste e um pós-teste). Os testes pareados são normalmente usados quando o objetivo é saber se um novo tratamento, técnica ou método funciona melhor que um método já existente, sem se preocupar com outros fatores em relação aos indivíduos que possam influenciar os resultados (veja o Capítulo 17 para obter mais detalhes).

CUIDADO

Diferença média (testada nesta seção) não é a mesma coisa que diferença nas médias (testada na seção anterior):

» Com a diferença nas médias, você compara a diferença nas médias de duas amostras separadas para testar a diferença nas médias de suas populações diferentes.

» Com a diferença média, você combina os sujeitos para que sejam considerados como vindos de uma única população e o conjunto de diferenças medido para cada sujeito (por exemplo, pré-teste versus pós-teste) é considerado como sendo apenas uma amostra. O teste de hipóteses se resume a um teste para uma média populacional (como explico anteriormente neste capítulo).

Por exemplo, suponha que uma pesquisadora queira saber se o ensino de leitura usando um jogo de computador trará mais resultados do que o ensino por meio de um método fonético tradicional. Ela seleciona aleatoriamente 20 alunos e os divide em 10 pares de acordo com seu nível de leitura, idade, QI e outras características. Aleatoriamente, ela também seleciona um aluno de cada par para aprender através do método por computador (abreviado como MC) e os outros aprenderão pelo método fonético tradicional (abreviado como MF). No final do estudo, todos os alunos fazem a mesma prova de leitura. Os dados são mostrados na Tabela 15-1.

Os dados originais estão em pares, mas você realmente está interessado em saber a diferença das notas da prova de leitura (notas do ensino via computador menos notas do ensino via método fonético) de cada par, e não na nota da prova de leitura propriamente dita. Sendo assim, as *diferenças pareadas* (a diferença entre as notas de cada par) serão seu novo conjunto de dados. Veja seus valores na última coluna da Tabela 15-1.

TABELA 15-1 **Notas da Leitura por Método de Jogo no Computador versus Método Fonético**

Par de Alunos	Método do Computador	Método Fonético	Diferença (MC - MF)
1	85	80	+5
2	80	80	0
3	95	88	+7
4	87	90	-3
5	78	72	+6
6	82	79	+3
7	57	50	+7
8	69	73	-4
9	73	78	-5
10	99	95	+4

Examinando as diferenças nos pares de observações, você realmente tem apenas um conjunto de dados e um teste de hipóteses para uma média populacional. Nesse caso, a hipótese nula é que a média (das diferenças pareadas) é igual a 0 e a hipótese alternativa é que a média (das diferenças pareadas) é > 0.

Caso os dois métodos de leitura sejam iguais, a média entre as diferenças pareadas deve ser 0. Se o método por computador for melhor, a média das diferenças pareadas deverá ser positiva; pois as notas do método computacional são maiores do que as do método fonético.

LEMBRE-SE

A equação da hipótese nula é H_0: $\sigma_d = 0$, em que σ_d é a média das diferenças pareadas da população. (A letra *d* subscrita serve apenas para lembrar que você está trabalhando com diferenças pareadas.)

A fórmula da estatística de teste para as diferenças pareadas é $t_{n-1} = \frac{\bar{d} - 0}{s_d / \sqrt{n_d}}$, em que $\bar{d}$ é a média de todas as diferenças pareadas encontradas na amostra e t_{n-1} é um valor na distribuição *t* com $n_d - 1$ graus de liberdade (veja o Capítulo 10).

CUIDADO

Você precisa usar uma distribuição *t* aqui, pois na maioria dos experimentos de pares combinados o tamanho amostral é pequeno e/ou o desvio-padrão populacional σ_d é desconhecido, então é estimado por s_d (veja o Capítulo 10 para ter mais informações sobre a distribuição *t*).

Para calcular a estatística de teste das diferenças pareadas, faça o seguinte:

1. **Para cada par de dados, calcule o primeiro valor no par menos o segundo valor para encontrar a diferença pareada.**

   Veja as diferenças como sendo seu novo conjunto de dados.

2. **Calcule a média, $\bar{d}$, e o desvio-padrão, s_d, de todas as diferenças.**

3. **Designando n_d para representar o número de diferenças pareadas que você tem, calcule o erro-padrão:**

   $$s_d / \sqrt{n_d}$$

4. **Divida $\bar{d}$ pelo erro-padrão do Passo 3.**

DICA

Como μ_d é igual a 0 caso H_0 seja verdadeira, ela não precisa ser incluída na fórmula da estatística de teste. Como resultado, às vezes você vê a estatística de teste escrita da seguinte maneira:

$$\frac{\bar{d} - 0}{s_d / \sqrt{n_d}} = \frac{\bar{d}}{s_d / \sqrt{n_d}}$$

Para o exemplo das notas de leitura, é possível utilizar o procedimento acima mencionado para verificar se o método por computador é uma melhor alternativa para o ensino de leitura.

Para encontrar a estatística, siga os seguintes passos:

1. **Calcule as diferenças para cada par (você pode ver essas diferenças na coluna 4 da Tabela 15-1).**

   Note que o sinal em cada uma das diferenças é importante; ele indica qual método se saiu melhor para o par em particular.

2. **Calcule a média e o desvio-padrão das diferenças do Passo 1.**

   Meus cálculos descobriram que a média das diferenças é $\bar{d} = 2$ e que o desvio-padrão é s_d = 4,64. Observe que n_d = 10 nesse caso.

3. **O erro-padrão é $\frac{4.64}{\sqrt{10}} = 1{,}47$.**

   (Lembre-se de que aqui n_d é o número de pares, ou seja, 10.)

4. **Divida a média das diferenças (Passo 2) pelo erro-padrão 1,47 (Passo 3) e o resultado será 1,36, a estatística de teste.**

O resultado do Passo 4 é suficiente para dizer se a diferença nos resultados das provas encontradas no experimento se aplicam a toda a população em geral? Como o desvio-padrão populacional, σ, é desconhecido e você o estima usando o desvio-padrão amostral (s), é preciso usar a distribuição t, em vez da distribuição Z, para descobrir seu valor p (veja a seção "Lidando com Amostras Pequenas e Desvios-padrão Desconhecidos: Teste t", anteriormente neste capítulo). Usando a tabela t (no apêndice), encontre 1,36 na distribuição t com 10 – 1 = 9 graus de liberdade para calcular o valor p.

O valor p, nesse caso, é maior que 0,05, porque 1,36 é menor que (ou está à esquerda) o valor 1,38 na tabela, portanto seu valor p é maior que 0,10 (o valor p para o cabeçalho da coluna correspondente a 1,38).

Já que o valor p é maior que 0,05, você falha ao rejeitar H_0; não possui evidências suficientes de que a diferença média nos resultados entre os métodos do computador e fonético seja significantemente maior que 0. No entanto, isso não quer dizer, necessariamente, que uma diferença real não exista na população de todos os alunos. Porém a pesquisadora não pode afirmar que o jogo do computador é um método melhor de leitura com base nessa amostra de dez alunos (veja o Capítulo 14 para ter informações a respeito do poder de um teste de hipóteses e sua relação com o tamanho amostral).

Em muitos experimentos pareados, os conjuntos de dados serão pequenos em virtude dos custos e do tempo associados à execução desses tipos de estudos.

Isso significa que a distribuição t (veja a tabela t no apêndice) será frequentemente usada no lugar da distribuição normal padrão (Z) (a tabela Z no apêndice) para determinar o valor p.

Comparando Duas Proporções Populacionais

Este teste é usado quando a variável é categórica (por exemplo, fumantes/não fumantes, partidos políticos, a favor/contra uma opinião e outros) e quando você está interessado na proporção de indivíduos que tenham determinada característica, por exemplo, a proporção de fumantes. Nesse caso, duas populações ou grupos são comparados (como a proporção de mulheres fumantes versus a proporção de homens fumantes).

Para a realização do teste, duas amostras aleatórias independentes (separadas) precisam ser selecionadas, uma de cada população. A hipótese nula é a de que as duas proporções populacionais são iguais; em outras palavras, sua diferença é igual a zero. A notação da hipótese nula é H_o: $p_1 = p_2$, em que p_1 é a proporção da primeira população e p_2 é a proporção da segunda.

LEMBRE-SE

Alegar na H_o que as duas proporções são iguais é o mesmo que dizer que a diferença entre elas é igual a zero. Se você começar com a equação $p_1 = p_2$ e subtrair p_2 de cada lado, obterá $p_1 - p_2 = 0$. Portanto, é possível escrever a hipótese nula de qualquer uma dessas formas.

A fórmula da estatística de teste que compara as duas proporções (sob certas condições) é:

$$z = \frac{(\hat{p}_1 - \hat{p}_2) - 0}{\sqrt{\hat{p}(1-\hat{p})\left(\frac{1}{n_1} + \frac{1}{n_2}\right)}}$$

Em que $\hat{p}_1$ é a proporção na primeira amostra com a característica de interesse, $\hat{p}_2$ é a proporção na segunda amostra com a característica de interesse, $\hat{p}$ é a proporção na amostra combinada (todos os indivíduos na primeira e na segunda amostras juntos) com a característica de interesse e z é um valor na distribuição Z (veja o Capítulo 9). Para calcular a estatística de teste, faça o seguinte:

1. **Calcule as proporções amostrais $\hat{p}_1$ e $\hat{p}_2$ para cada exemplo. Use n_1 e n_2 para representar os dois tamanhos amostrais (não precisam ser iguais).**

2. **Encontre a diferença entre as duas proporções amostrais, $\hat{p}_1 - \hat{p}_2$.**

3. **Calcule a proporção amostral geral, $\hat{p}$, que é o número total de indivíduos das duas amostras que têm a característica de interesse (por**

exemplo, o número total de fumantes, homens e mulheres, da amostra) e divida-o pelo número total de indivíduos das duas amostras ($n_1 + n_2$).

4. **Calcule o erro-padrão:**

$$\sqrt{\hat{p}(1-\hat{p})\left(\frac{1}{n_1}+\frac{1}{n_2}\right)}$$

5. **Divida o resultado obtido no Passo 2 pelo resultado do Passo 4. A resposta é sua estatística de teste.**

Para interpretar a estatística de teste, procure-a na distribuição normal padrão (distribuição *Z*) (a tabela *Z* no apêndice) e calcule o valor *p*, depois, tome as decisões, como de costume (veja o Capítulo 14 para saber mais a respeito dos valores *p*).

Considere os anúncios que as empresas farmacêuticas colocam nas revistas. A primeira página dos anúncios mostra uma paisagem tranquila iluminada pelos raios de sol, com flores e pessoas sorrindo; suas vidas mudaram por causa do remédio. A empresa alega que seu medicamento consegue reduzir os sintomas de alergia, ajudam as pessoas a dormir melhor, diminui a pressão arterial ou melhora qualquer outra coisa para o qual for indicado. A alegação pode parecer muito boa para ser verdade, mas quando você vira a página, vê aquelas letrinhas miúdas que a empresa usa para justificar como conseguiu chegar a essas alegações. (É justamente aí que as estatísticas ficam escondidas!) Em algum lugar, naquela informação escrita em letras minúsculas, você provavelmente encontrará uma tabela mostrando os efeitos colaterais do medicamento em comparação com o *grupo de controle* (indivíduos que recebem uma droga falsa), para fazer uma comparação sem interferências com aqueles que realmente receberam o medicamento (o *grupo de tratamento*; veja o Capítulo 17 para ler mais a esse respeito).

Por exemplo, o Adderall, medicamento para o transtorno do deficit de atenção com hiperatividade (TDAH), relatou que 26 em 374 indivíduos (7%) que tomaram o medicamento apresentaram vômito como efeito colateral, comparados com 8 em 210 (4%) indivíduos que receberam o *placebo* (medicamento falso). Observe que os pacientes não sabiam qual tratamento estavam recebendo. Na amostra, o número de pessoas que apresentaram vômito foi maior entre os indivíduos que receberam o medicamento verdadeiro, mas seria essa porcentagem suficiente para dizer que uma população inteira apresentaria vômito? Podemos testar para ver.

Nesse exemplo, temos H_0: $p_1 - p_2 = 0$ versus H_0: $p_1 - p_2 > 0$, em que p_1 representa a proporção de indivíduos que vomitaram ao usar Adderall e p_2 representa a proporção de indivíduos que vomitaram usando o placebo.

Por que H_a contém um sinal ">", e não "<"? H_a representa a situação em que o número de pacientes que vomitaram tomando Adderall foi maior do que os que usaram o placebo; é o tipo de informação que o FDA (e qualquer candidato ao uso do medicamento) gostaria de saber. Mas a ordem dos grupos também é importante. Você deve estabelecê-la de modo que o grupo do Adderall venha primeiro para que, assim, quando encontrar a diferença entre a proporção do grupo do Adderall e a do grupo do placebo, seu resultado seja um número positivo se H_a for verdadeira. Se você alterar a ordem dos grupos, o sinal será negativo.

Agora, calcule a estatística de teste:

1. **Primeiro, determine que:**

   $$\hat{p}_1 = \frac{26}{374} = 0{,}070 \quad \text{e} \quad \hat{p}_2 = \frac{8}{210} = 0{,}038$$

   Os tamanhos amostrais são $n_1 = 374$ e $n_2 = 210$, respectivamente.

2. **Encontre a diferença entre as proporções amostrais:**
   $\hat{p}_1 - \hat{p}_2 = 0{,}070 - 0{,}038 = 0{,}032$.

3. **Calcule a proporção amostral total:** $\hat{p} = \frac{26+8}{374+210} = 0{,}058$.

4. **O erro-padrão é** $\sqrt{0{,}058(1-0{,}058)\left(\frac{1}{374}+\frac{1}{210}\right)} = 0{,}020$.

5. **Por fim, a estatística de teste é 0,032 ÷ 0,020 = 1,60. Ufa!**

O valor p é a porcentagem de chances de estar em 1,60 ou além (nesse caso, à direita), que é 1 − 0,9452 = 0,0548. Esse valor p é apenas um pouquinho maior que 0,05, portanto, tecnicamente, você não possui evidência suficiente para rejeitar H_0. Isso significa que, de acordo com os dados, as pessoas que tomam o medicamento não têm mais vômito do que as pessoas do placebo.

Um valor p muito próximo do valor de corte mágico, mas de alguma forma arbitrário, com o nível de significância igual a 0,05, é o que os estatísticos costumam chamar de *resultado marginal*. No exemplo anterior, como o valor p 0,0548 está perto do limite entre aceitar e rejeitar H_0, ele é normalmente visto como um resultado marginal e deve ser relatado como tal.

O bom de relatar um valor p é que você o analisa e a partir dele toma sua própria decisão. Quanto menor for o valor p, mais evidências você terá contra H_0, mas quantas evidências podem ser consideradas o suficiente? As pessoas são diferentes. Caso você se depare com um estudo em que alguém alega ter encontrado resultados estatisticamente significativos, e esses resultados forem importantes para você, pergunte pelo valor p para que possa chegar à sua própria conclusão (veja mais no Capítulo 14).

5

Estudos Estatísticos e a Busca por Relações Significativas

NESTA PARTE...

Muitas estatísticas que se vê e ouve diariamente baseiam-se em resultados de pesquisas, experimentos e estudos observacionais. Infelizmente, você não pode acreditar em tudo o que lê ou ouve.

Nesta parte, você ficará por dentro do que realmente acontece nos bastidores desses estudos, como eles são planejados e conduzidos, e como os dados são coletados (ou pelo menos, como deveriam ser coletados), para que consiga identificar os resultados enganosos.

Você também vai analisar dados de bons estudos e buscar relações entre duas variáveis, nas quais ambas são categóricas (usando tabelas de distribuição) ou numéricas (usando correlação e regressão). Além disso, verá como tirar conclusões adequadas e identificar problemas.

NESTE CAPÍTULO

» **Percebendo o impacto das enquetes e pesquisas de opinião**

» **Vendo os bastidores das enquetes e pesquisas de opinião**

» **Identificando os resultados parciais e imprecisos das pesquisas**

Capítulo 16
Pesquisas, Pesquisas e Mais Pesquisas de Opinião

As pesquisas de opinião pública parecem estar na moda dentro dessa explosão de informações que observamos hoje. Todos querem saber o que o público pensa sobre determinados assuntos, que podem variar desde os preços de medicamentos e métodos para criar filhos até a taxa de aprovação do presidente e dos programas de reality show. As enquetes e as pesquisas de opinião realmente fazem parte da vida de todos; elas servem como veículo para a obtenção rápida de informações sobre suas opiniões e o modo como você vive, além de servirem também como meio de difundir rapidamente informações sobre questões importantes. Essas pesquisas são utilizadas para destacar tópicos polêmicos, despertar a consciência, gerar opinião política, enfatizar a importância de um assunto, educar e persuadir o público.

CUIDADO

Os resultados das pesquisas de opinião podem ser poderosos, pois quando muitas pessoas começam a ouvir que "tal e tal porcentagem de pessoas faz isso ou aquilo", aceitam esses resultados como sendo verdades, passam a tomar decisões e formar suas opiniões a partir dessas informações. Mas, na realidade, muitas pesquisas *não* nos fornecem informações corretas, completas ou até mesmo honestas e equilibradas.

Neste capítulo, analiso o impacto dessas pesquisas e como elas são utilizadas, e mostro os bastidores de como as pesquisas são projetadas e conduzidas para que, assim, você possa saber com o que deve ter cuidado na hora que examinar os resultados desses trabalhos. Além disso, também mostro como interpretar os resultados e identificar as informações tendenciosas e imprecisas para que você possa determinar por si só em quais resultados deve ou não acreditar.

Reconhecendo o Impacto das Pesquisas

Uma *pesquisa de opinião* é um instrumento que coleta dados por meio de perguntas e respostas. Ela é utilizada para reunir informações sobre as opiniões, comportamentos, dados demográficos, estilo de vida e outras características da população de interesse. Mas qual é a diferença entre pesquisas de opinião e enquetes? Os estatísticos não fazem uma distinção clara entre as duas, mas notei que o que as pessoas normalmente chamam de *enquete* é uma pesquisa de opinião curta, que contém poucas perguntas (talvez seja assim que os pesquisadores conseguem mais pessoas para entrevistar; eles a chamam de enquete, em vez de pesquisa de opinião!). Mas, para todos os efeitos, pesquisas de opinião e enquetes são a mesma coisa.

Diariamente, você se depara com pesquisas de opinião e seus resultados. Comparadas com outros tipos de estudos, como os experimentos médicos, as enquetes são relativamente fáceis de conduzir. Elas fornecem resultados rápidos que, com frequência, viram manchetes interessantes nos jornais ou matérias chamativas nas revistas. As pessoas se identificam com as enquetes porque sentem que os resultados desses estudos representam a opinião de pessoas como elas (embora talvez nunca tenham sido convidadas a participar de uma enquete). E muitas pessoas também gostam de saber como os outros se sentem, o que fazem e com o que se importam. De alguma forma, observar os resultados das enquetes faz com que as pessoas sintam-se parte de um grupo maior. Os *peritos de sondagem de opinião pública* (as pessoas que realizam as enquetes) dependem disso, o que explica por que passam tanto tempo fazendo pesquisas e enquetes e relatando os resultados desses estudos.

Chegando à fonte

Quem conduz as enquetes atualmente? Praticamente qualquer pessoa que queira fazer uma pergunta. Alguns grupos que realizam enquetes e relatam seus resultados são os seguintes:

- Agências de notícias.
- Partidos políticos e candidatos que vão concorrer na próxima eleição.
- Organizações de pesquisa profissional (como o Instituto Gallup, The Harris Poll, Zogby International e National Opinion Research Center [NORC] ou Centro Nacional de Pesquisa e Opinião, nos EUA).
- Representantes de revistas, programas de TV e rádio.
- Organizações profissionais de pesquisa (como a Associação Médica Norte-Americana, o Instituto Smithsonian e o Centro de Pesquisas Pew para as Pessoas e a Mídia).
- Grupos de interesses especiais (como a National Rifle Association, Greenpeace e American Civil Liberties Union).
- Pesquisadores acadêmicos.
- Governo dos Estados Unidos.
- Público em geral (que pode facilmente conduzir suas próprias enquetes pela internet).

CUIDADO

Algumas pesquisas são apenas para diversão, enquanto outras são mais sérias. Sendo assim, verifique a fonte de qualquer enquete para a qual tenha sido convidado a participar e das quais recebeu resultados. Grupos que possuem interesses especiais nos resultados devem contratar uma organização independente para realizar (ou, pelo menos, para revisar) a pesquisa ou devem disponibilizar ao público as cópias das perguntas feitas na pesquisa. Esses grupos também devem explicar os detalhes de como a pesquisa foi projetada e realizada para que você possa tomar uma decisão embasada a respeito da credibilidade dos resultados.

CLASSIFICAÇÃO DOS PIORES CARROS DO MILÊNIO

Talvez você já tenha ouvido falar de um programa de rádio chamado *Car Talk*, que vai ao ar todos os sábados pela manhã pela National Public Radio e é apresentado pelos irmãos Click e Calck em Cambridge, Massachusetts, que dão conselhos malucos para os ouvintes que ligam para reclamar de problemas estranhos que eles têm com seus carros. O site do programa sempre lança algumas enquetes sobre os mais variados assuntos relacionados a carros, tais como: "Quem tem adesivos nos para-choques e o que eles dizem?" Uma de suas enquetes mais recentes fazia a seguinte pergunta: "Em sua opinião, qual foi o pior carro do milênio?" Milhares de ouvintes responderam à pergunta, mas é claro que essas pessoas não representam todos os proprietários de carros. Apenas representam os proprietários de carros que ouvem o programa, acessam o site na internet e respondem às enquetes.

(continua)

(continuação)

Mas não é por causa disso que você ficará sem saber os resultados da pesquisa (e eu sei que está morrendo de curiosidade para saber). Veja os resultados na tabela a seguir. Talvez esses carros não sejam do seu tempo, mas será fácil achar fotos na internet. (No entanto, lembre-se de que os resultados apenas representam as opiniões dos fãs do *Car Talk* que tiraram um tempo para acessar o site do programa e participar da enquete.) Observe que as porcentagens não somam 100%, pois os resultados apresentados na tabela mostram apenas os dez mais votados.

Classificação	Tipo de Carro	% de Votos
1	Yugo	33,7%
2	Chevy Vega	15,8%
3	Ford Pinto	12,6%
4	AMC Gremlin	8,5%
5	Chevy Chevette	7,0%
6	Renault LeCar	4,3%
7	Dodge Aspen / Plymouth Volare	4,1%
8	Cadillac Cimarron	4,0%
9	Renault Dauphine	3,6%
10	Kombi (VW)	2,7%

Pesquisando o que está em alta

Os tópicos de muitas pesquisas de opinião são direcionados por eventos, assuntos e áreas de interesse da atualidade; afinal de contas, a conveniência e a relevância para o público são os dois principais atrativos de qualquer pesquisa. Veja aqui alguns exemplos de assuntos que estão sendo trazidos à tona pelas pesquisas de hoje, juntamente com alguns resultados:

» O ativismo das celebridades influencia a opinião política do público norte-americano? (Mais de 90% do público norte-americano respondeu que não, de acordo com a CBS News.)

» Qual é a porcentagem de norte-americanos que já namoraram algum colega de trabalho? (Surpreendentemente, 40%, de acordo com um site de relacionamentos profissionais.)

» Quantas pessoas usam a internet para encontrar informações relacionadas à saúde? (De acordo com um jornal médico nacional, 55%.)

Quando você leu os resultados das pesquisas mencionadas acima, você se pegou pensando sobre o que esses resultados significam para você, em vez de se perguntar primeiro se os resultados são mesmo válidos? Alguns dos resultados mencionados são mais válidos e precisos do que outros. Por isso, você deveria pensar se deve acreditar nos resultados antes de aceitá-los sem questionar. Organizações de pesquisas de opinião e pesquisa internacionalmente reconhecidas como as mencionadas nas seções anteriores são fontes confiáveis, assim como os jornais que são *revisados por similares* (ou seja, todos os artigos publicados no jornal foram revisados por outras pessoas da área e passaram por um determinado conjunto de padrões). E o governo dos EUA faz um bom trabalho com sua coleta de dados também. Caso você não esteja familiarizado com o grupo que está conduzindo uma pesquisa de opinião e quando os dados forem importantes para você, verifique a fonte.

Impactando vidas

Enquanto algumas enquetes são divertidas de ver, outras podem ter impactos diretos em sua vida pessoal e profissional. Essas pesquisas de peso decisório precisam ser minuciosamente analisadas antes que uma decisão importante seja tomada. Enquetes desse nível podem fazer com que políticos criem ou modifiquem novas leis, podem motivar cientistas a buscarem soluções para problemas recentes, encorajar fabricantes a inventarem novos produtos ou mudarem políticas e práticas econômicas, além de influenciar o comportamento e a maneira de pensar das pessoas. Veja a seguir alguns resultados de pesquisas que podem influenciá-lo:

- **Saúde infantil está em risco:** Uma pesquisa feita com 400 pediatras pelo Children's National Medical Center, em Washington DC, relatou que os pediatras passam, em média, apenas de 8 a 12 minutos com cada paciente.
- **Adolescentes estão bebendo mais:** De acordo com um estudo de 2009 da Partnership Attitude Tracking, conduzido pela Partnership for a Drug-Free America, o número de adolescentes nos últimos anos do ensino médio que fazem uso de álcool cresceu cerca de 4% (de 35% em 2008 para 39% em 2009), revertendo a tendência contrária que havia sido demonstrada dez anos antes da pesquisa.

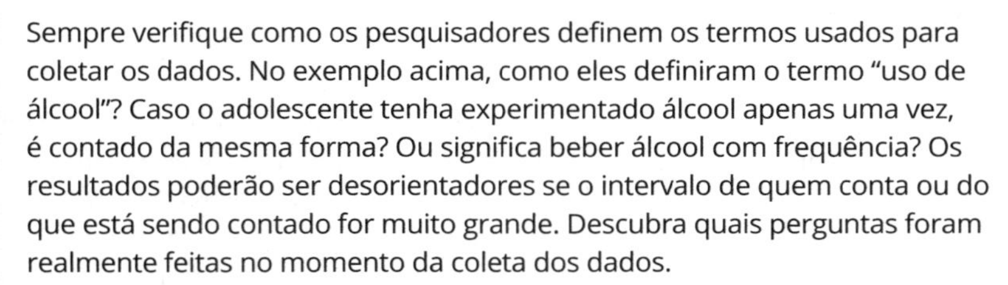
Sempre verifique como os pesquisadores definem os termos usados para coletar os dados. No exemplo acima, como eles definiram o termo "uso de álcool"? Caso o adolescente tenha experimentado álcool apenas uma vez, é contado da mesma forma? Ou significa beber álcool com frequência? Os resultados poderão ser desorientadores se o intervalo de quem conta ou do que está sendo contado for muito grande. Descubra quais perguntas foram realmente feitas no momento da coleta dos dados.

- **Crimes em segredo:** Segundo a Crime Victimization Survey de 2001 do U.S. Bureau of Justice, apenas 49,4% dos crimes violentos são relatados à polícia. As razões que as vítimas alegam para não dar queixa dos crimes à polícia estão listadas na Tabela 16-1.

TABELA 16-1 **Razões pelas Quais as Vítimas Não Relatam Crimes Violentos à Polícia**

Razões para Não Relatar	Porcentagem de Vítimas
Consideram ser uma questão pessoal	19,2%
O criminoso não foi bem-sucedido/não conseguiu completar o crime	15,9%
Relatou o ocorrido a outro oficial	14,7%
Não considerou o crime tão importante	5,5%
Acha que a polícia não gostaria de ser incomodada	5,3%
Falta de provas	5,0%
Medo de represália	4,6%
Muito inconveniente/perda de tempo	3,9%
Pensam que a polícia pode ser parcial/ineficiente	2,7%
A propriedade roubada não tinha número de identificação	0,5%
Não sabia que um crime havia ocorrido até então	0,4%
Outras razões	22,3%

A razão mais frequentemente alegada para não dar queixa de um crime à polícia foi a de que a vítima considerou o crime uma questão pessoal (19,2%). Observe que quase 12% das razões estão relacionadas à percepção do ato da queixa propriamente dita (por exemplo, levaria muito tempo, a polícia não gostaria de ser incomodada ou a polícia é parcial e ineficiente).

CUIDADO

A propósito, você notou o tamanho da categoria "Outras razões"? Essa porcentagem grande e inexplicável indica que a pesquisa pode ser mais específica e/ou que mais pesquisas podem ser feitas sobre por que as vítimas de crimes não os relatam. Talvez nem mesmo as vítimas o saibam dizer.

Nos Bastidores: Os Segredos das Pesquisas

As pesquisas e seus resultados fazem parte de sua experiência diária e você acaba usando essas informações para tomar decisões que podem afetar sua vida. (Algumas decisões podem, até mesmo, transformar radicalmente sua vida.) Por isso, é importante que você examine criticamente as pesquisas. Antes de tomar uma atitude ou uma decisão baseada em uma pesquisa, deve determinar se os resultados são realmente confiáveis, plausíveis e críveis. Uma boa maneira de começar a desenvolver suas habilidades investigativas é conhecer os bastidores e ver como as pesquisas e enquetes são planejadas, desenvolvidas, implantadas e analisadas.

O processo de pesquisa pode ser dividido em dez passos:

1. **Esclarecer o objetivo da pesquisa.**
2. **Definir a população-alvo.**
3. **Escolher o tipo e o momento da pesquisa.**
4. **Desenvolver a introdução, considerando a ética.**
5. **Formular as perguntas.**
6. **Selecionar a amostra.**
7. **Realizar a pesquisa.**
8. **Insistência, insistência e mais insistência.**
9. **Organizar e analisar os dados.**
10. **Tirar conclusões.**

Cada passo apresenta seu próprio conjunto de assuntos e desafios, mas cada procedimento é essencial para a produção de resultados honestos e precisos. Esses passos o ajudarão a projetar, planejar e implantar uma pesquisa, mas também podem ser usados para uma avaliação crítica da pesquisa feita por outras pessoas, caso os resultados sejam relevantes para você.

Planejando e projetando uma pesquisa

O objetivo de uma pesquisa é responder às perguntas a respeito de uma população-alvo. A *população-alvo* é todo grupo de indivíduos sobre os quais você se interessa para chegar a alguma conclusão. Na maioria das situações, pesquisar toda a população-alvo (ou seja, conduzir um *censo* completo) é impossível, pois os pesquisadores necessitariam gastar muito tempo e dinheiro para desempenhar essa tarefa. Em geral, o melhor que você pode fazer é selecionar uma amostra de indivíduos retirados da população-alvo, entrevistá-los e tirar conclusões acerca da população, baseando-se nos dados da amostra.

Parece fácil, certo? Errado. Muitos problemas em potencial surgem depois que você se dá conta de que não pode pesquisar todos os indivíduos de uma população. Então, após uma amostra ter sido selecionada, muitos pesquisadores não sabem ao certo o que fazer para obter os dados necessários. Infelizmente, muitas pesquisas são executadas sem o tempo necessário para se pensar nessas questões, o que acaba gerando erros, resultados enganosos e conclusões equivocadas. Nas próximas seções, apresento os detalhes dos primeiros cinco passos no processo de uma pesquisa.

Esclarecendo o objetivo da pesquisa

Parece óbvio, mas, na realidade, muitas pesquisas foram projetadas e executadas sem nunca cumprirem seu propósito principal ou somente parte de seus objetivos, mas não todos. Ficar perdido com as perguntas e esquecer o que você realmente está tentando descobrir são coisas que realmente podem acontecer. Ao estabelecer o propósito da pesquisa, seja o mais específico possível. Pense nos tipos de conclusões a que gostaria de chegar se tivesse que escrever um relatório e deixe que isso o ajude a determinar as metas de sua pesquisa.

Muitos pesquisadores se concentram tanto nos detalhes que não percebem o todo. Se um gerente de um restaurante quiser verificar e comparar a taxa de satisfação de seus clientes, ele precisa pensar com antecedência sobre os tipos de comparações que quer fazer e quais informações deseja relatar. As perguntas que especificam quando os clientes estiveram no restaurante (dia e hora) ou até mesmo onde se sentaram são relevantes. E caso ele queira comparar as taxas de satisfação entre, digamos, adultos versus famílias, precisará perguntar quantas pessoas foram ao restaurante e quantas eram crianças. Porém, caso ele apenas faça perguntas sobre a satisfação ou inclua todas as perguntas que puder formular, sem considerar previamente por que precisa das informações, poderá acabar com mais perguntas do que respostas.

DICA

Quanto mais específico você puder ser acerca dos propósitos da pesquisa, mais fácil será a formulação das perguntas que atendam seus objetivos e mais prático será o relato dos resultados.

Definindo a população-alvo

Suponha, por exemplo, que você queira conduzir uma pesquisa para determinar até que ponto os funcionários checam seus e-mails pessoais durante o expediente. Você pode pensar que a população-alvo, nessa situação, seria todos os indivíduos que checam seus e-mails no trabalho. Entretanto o que deseja é determinar *até que ponto* os e-mails pessoais são usados durante o expediente, sendo assim, não pode levar em conta apenas os que checam seus e-mails, pois, dessa forma, os resultados seriam parciais em relação àqueles que não os checam durante o expediente. Mas será que você deveria também incluir as pessoas que nem têm acesso a um computador durante o expediente? (Viu o como as pesquisas podem ser cheias de pegadinhas?)

A população-alvo que faria mais sentido seria a de todas as pessoas que usam computadores com acesso à internet durante o expediente. Todos nesse grupo têm acesso às contas de e-mails, embora apenas alguns com acesso realmente façam uso dele e, dos que o usam, apenas alguns chequem seus e-mails pessoais. (E é isso o que você deseja descobrir — quantos funcionários realmente acessam seus e-mails pessoais durante o expediente.)

CUIDADO

Você deve ser muito claro ao definir sua população-alvo. Essa definição é o que vai ajudá-lo a selecionar amostras adequadas, além de guiá-lo até as conclusões finais, para que você não supergeneralize os resultados. Se o pesquisador não definir claramente a população-alvo, ele poderá gerar outros problemas para a pesquisa.

Escolhendo o tipo e o momento da pesquisa

O próximo passo na projeção de sua pesquisa é a escolha do tipo mais apropriado para a situação. Há várias formas de conduzir uma pesquisa, como por telefone, correspondência, visitas às casas dos entrevistados ou pela internet. Por exemplo, suponha que você queira determinar alguns fatores relacionados ao analfabetismo nos Estados Unidos. Para tanto, não poderia enviar o questionário da pesquisa por correspondência, pois as pessoas que não sabem ler não conseguiriam participar do estudo. Nesse caso, a melhor opção seria uma entrevista por telefone.

LEMBRE-SE

Escolha o tipo de pesquisa mais apropriado para a população-alvo, visando obter dados o mais confiáveis e informativos possível. Lembre-se, também, do orçamento para a pesquisa; as entrevistas feitas de porta em porta são mais caras do que as feitas por telefone, por exemplo. Ao examinar os resultados de uma pesquisa, observe se o tipo usado foi o mais apropriado para a situação em mãos, considerando a questão do orçamento.

Na sequência, você precisa decidir quando conduzirá a pesquisa. Na vida, o momento certo é fundamental e o mesmo se aplica às pesquisas. Os acontecimentos atuais formam a opinião pública a todo momento e ao passo que alguns pesquisadores tentam determinar a opinião das pessoas com relação a esses eventos, outros tiram proveito, especialmente dos eventos negativos, e os usam como plataforma política ou base para manchetes e assuntos polêmicos. Por exemplo, as pesquisas sobre o uso de armas pelos cidadãos geralmente aparecem após um tiroteio ter acontecido. Esteja atento também a outros eventos que estavam acontecendo na hora da pesquisa; por exemplo, as pessoas podem não querer responder a uma pesquisa por telefone enquanto assistem a um jogo, no dia das eleições, durante as Olimpíadas ou perto dos feriados. O momento inadequado pode levar a imprecisões.

Além da data, a hora do dia também é importante. Se você conduz uma pesquisa por telefone para obter a opinião das pessoas sobre o estresse no ambiente de trabalho e telefona para suas casas entre 9h e 17h, terá resultados parciais; é nesse período que a maioria das pessoas está no trabalho (ocupadas e se estressando!).

Desenvolvendo a introdução, considerando a ética

Embora essa regra não se aplique às pesquisas pequenas que você vê na internet e nas revistas, as pesquisas sérias precisam oferecer informações com relação a questões éticas importantes. Primeiro, elas devem incluir o que os pesquisadores chamam de *carta de apresentação*, ou seja, uma introdução que explica o propósito da pesquisa, o que será feito com os dados, se a informação oferecida pelo respondente será confidencial ou anônima (veja o box "Anonimato versus Confidencialidade" mais adiante neste capítulo) e que a participação da pessoa será apreciada, porém não exigida. A carta de apresentação também deve mostrar as informações de contato do pesquisador para que os respondentes se comuniquem caso tenham perguntas ou alguma preocupação.

LEMBRE-SE

No caso de a pesquisa ser conduzida por qualquer instituição com regulação federal, como uma universidade, um instituto de pesquisas ou um hospital, ela precisa ser aprovada previamente por uma comissão que foi designada para revisar, regular e/ou monitorar essa pesquisa para garantir que seja ética, científica e siga os regulamentos. Essas comissões são chamadas de conselho de avaliação institucional, comitês independentes de ética ou comissões de avaliação ética. A carta de apresentação da pesquisa deve explicar quem a aprovou. Caso não veja essas informações, pergunte por elas.

Formulando as questões

Depois que o propósito, o tipo, o momento e as questões éticas de sua pesquisa forem devidamente definidos, o próximo passo é formular as questões. A maneira como as perguntas são feitas pode fazer uma grande diferença na qualidade dos dados coletados. Uma das fontes mais comuns de parcialidade nas pesquisas de opinião é a maneira como as perguntas são escritas. As pesquisas mostram que as palavras usadas nas perguntas podem afetar diretamente o resultado de uma pesquisa. As *questões indutivas*, também chamadas de *questões desorientadoras*, são formuladas para favorecer determinadas respostas em detrimento de outras. Elas podem influenciar muito a resposta das pessoas, fazendo com que não reflitam a verdadeira opinião acerca do assunto questionado.

Por exemplo, veja duas formas que já vi usadas para formular uma pergunta em uma pesquisa sobre investimentos na educação (ambas são questões indutivas):

> *Você não concorda que um pequeno aumento dos impostos sobre as operações comerciais seria um investimento que valeria a pena para a melhoria da qualidade educacional de nossas crianças?*
>
> *Você não acha que deveríamos parar de aumentar a carga tributária dos contribuintes e parar de pedir mais aumentos dos impostos sobre as operações comerciais para financiar nosso dispendioso sistema educacional?*

A partir da escrita de cada uma dessas questões indutivas, é possível perceber o que o entrevistador quer que você responda. Para piorar as coisas, nenhumas das perguntas diz exatamente qual é o aumento de impostos que está sendo proposto, o que também é enganoso.

A melhor maneira de formular uma pergunta é usar uma forma neutra, oferecendo ao leitor as informações necessárias para tomar uma decisão fundamentada. Por exemplo, a questão deveria ter sido escrita desta forma:

> *A Secretaria de Educação está propondo um aumento de 0,01% nas taxas sobre operações comerciais para obter fundos para a construção de uma nova escola de ensino médio em nossa cidade. Qual é a sua opinião sobre a proposta de aumento do imposto? (Possíveis respostas: totalmente a favor, a favor, neutro, contra, totalmente contra.)*

Se o propósito de uma pesquisa é apenas coletar informações, em vez de influenciar ou persuadir o respondente, as perguntas devem ser escritas de forma neutra e informativa para minimizar a parcialidade. A melhor maneira de avaliar a neutralidade de uma pergunta é questionar se é possível perceber como o entrevistador quer que você responda. Se sua resposta for positiva, isso significará que a pesquisa possui questões indutivas, o que pode gerar resultados enganosos.

Se os resultados da pesquisa forem importantes para você, peça ao pesquisador uma cópia das perguntas usadas, para que, assim, possa avaliar melhor a qualidade das questões. Ao conduzir sua própria pesquisa, peça que outras pessoas verifiquem as perguntas para saber se são neutras e informativas.

Selecionando a amostra

Depois que a pesquisa foi projetada, o próximo passo é selecionar as pessoas que participarão dela. Uma vez que normalmente não é possível ter o dinheiro nem o tempo necessário para a realização de um censo (uma pesquisa feita com toda a população-alvo), é preciso selecionar um subconjunto da população, conhecido como *amostra*. A maneira como a amostra é selecionada pode fazer toda a diferença em se tratando de precisão e qualidade dos resultados.

Três critérios são fundamentais para a seleção de uma boa amostra, como você verá nas próximas seções.

Uma boa amostra representa a população-alvo

Para representar a população-alvo, a amostra deve ser selecionada a partir da população-alvo, de toda a população-alvo e nada além da população-alvo. Suponha que você queira descobrir quantas horas por dia, em média, os norte-americanos passam assistindo à televisão. Pedir que alguns estudantes de um alojamento da universidade local registrem seu hábito de assistir à TV não funcionaria. Eles apenas representam uma parte da população alvo.

Infelizmente, muitas pessoas que realizam pesquisas de opinião não gastam tempo nem dinheiro suficientes para selecionar uma amostra representativa de pessoas para participar do estudo. Tal comportamento acaba gerando resultados parciais. Quando você encontrar resultados de pesquisas e enquetes, descubra como a amostra foi selecionada antes de examiná-las e ver como ela se relaciona com a população-alvo.

Uma boa amostra é selecionada aleatoriamente

Uma amostra *aleatória* é aquela em que todas as amostras (do mesmo tamanho) da população-alvo têm chances iguais de ser selecionadas. O jeito mais fácil de visualizar essa situação é imaginando um chapéu (ou uma caixa) contendo pedaços de papel, cada um com o nome de uma pessoa; se os papéis forem bem misturados antes de sorteados, você obterá uma amostra aleatória da população-alvo (nesse caso, a população de pessoas cujos nomes estão na caixa). Uma amostra aleatória elimina a parcialidade no processo amostral.

Organizações de renome, tais como o Instituto Gallup, usam um procedimento de discagem digital para telefonar aos membros de suas amostras. É claro que esse procedimento exclui as pessoas que não possuem telefone, mas como a maioria das famílias norte-americanas possui pelo menos uma linha telefônica, o método mostra-se adequado e os prejuízos causados por essa exclusão são relativamente pequenos.

Tenha cuidado com as pesquisas com amostras grandes, mas não selecionadas aleatoriamente. As pesquisas feitas pela internet são os maiores exemplos. Alguns podem dizer que 50.000 pessoas acessaram o site para responder à enquete e isso significa que o webmaster desse site reuniu muita informação. Mas essa informação é parcial; estudos mostram que as pessoas que responderam à pesquisa possuem uma tendência a ter opiniões mais fortes do que aquelas que não lhe responderam. E se nem mesmo selecionaram os participantes de forma aleatória, para começar, imagine o quanto as opiniões dos respondentes seriam marcantes (e parciais). Se o projetista da pesquisa tivesse selecionado uma amostra menor, mas de maneira aleatória, os resultados seriam mais precisos.

Uma boa amostra é grande o suficiente para que os resultados sejam precisos

Se você possui uma amostra que é grande, representa a população-alvo e foi selecionada aleatoriamente, pode contar que a informação obtida a partir dela é bem precisa. *O nível* de precisão dependente do tamanho da amostra, mas quanto maior for a amostra, mais precisas serão as informações obtidas (desde que a informação seja boa). A precisão da maioria das questões nas pesquisas de opinião é medida em porcentagens. Essa porcentagem é chamada de *margem de erro* e representa o quanto o pesquisador espera que seus resultados variem, caso seja necessário repetir a pesquisa várias vezes usando diferentes amostras com o mesmo tamanho. Leia mais sobre o assunto no Capítulo 12.

Uma forma rápida e prática de estimar a precisão mínima de uma pesquisa envolvendo dados categóricos (como sexo ou afiliação política) é dividir 1 pela raiz quadrada do tamanho amostral. Por exemplo, uma pesquisa com 1.000 pessoas (selecionadas aleatoriamente) tem uma precisão de ±0,032, ou 3,2 pontos percentuais (veja, no Capítulo 12, a fórmula exata para calcular a precisão de uma pesquisa). Nos casos em que nem todos os selecionados participaram da pesquisa, você deve substituir o tamanho amostral pelo número de pessoas que realmente responderam às perguntas (veja a seção "Insistência, insistência e mais insistência", ainda neste capítulo). Lembre-se de que essas estimativas rápidas e práticas de precisão são conservadoras; usar fórmulas exatas fará com que você tenha taxas de precisão muito melhores do que essas (veja o Capítulo 13 para obter mais detalhes).

Com as populações grandes (aos milhares, digamos), é o tamanho da amostra, e não da população, o que importa. Por exemplo, se você amostrar aleatoriamente 1.000 indivíduos de uma população grande, seu nível de precisão será estimado dentro de 3,2 pontos percentuais, não importa se você amostra a partir de uma cidadezinha de 10.000 pessoas, de um estado com 1.000.000 de pessoas ou do país inteiro. Esse fato foi uma das coisas que me deixaram boquiaberto com a estatística quando estava iniciando meus estudos, e ainda me deixa; é impressionante como podemos obter tal nível de precisão com uma amostra comparativamente tão pequena.

No entanto, com as populações pequenas, você precisa aplicar métodos diferentes para determinar a precisão e o tamanho amostral. Uma amostra de 10 a partir de uma população de 100 representa muito mais o todo do que uma amostra de 10 a partir de 10.000, por exemplo. Métodos mais avançados envolvendo a correção de uma população finita lida com as questões que surgem a partir de populações pequenas.

Executando uma pesquisa

A pesquisa já foi projetada e os participantes selecionados. Agora, você deve conhecer o processo de execução da pesquisa, outro passo muito importante, no qual muitos erros e parcialidades podem acontecer.

Coletando os dados

Durante a pesquisa propriamente dita, os participantes podem ter problemas para entender as perguntas, podem dar respostas que não estão entre as opções (no caso de questionários de múltipla escolha) ou podem, ainda, decidir dar respostas imprecisas ou falsas; isso é chamado *viés de resposta*. (Como exemplo disso, pense na dificuldade envolvida em fazer as pessoas dizerem a verdade sobre o preenchimento da declaração de imposto de renda, se mentiram ou não.)

Alguns problemas em potencial no processo de coleta de dados podem ser minimizados ou evitados com o treinamento do pessoal responsável pelas entrevistas. Com treinamento adequado, quaisquer questões que possam surgir durante uma pesquisa serão resolvidas de maneira clara e consistente, e menos erros serão cometidos durante o registro dos dados. Problemas com questões confusas e opções incompletas para as perguntas de múltipla escolha podem ser resolvidos com a realização de um estudo-piloto com poucos participantes antes da realização da pesquisa, depois, de acordo com esse feedback, os problemas com as perguntas deverão ser corrigidos.

Os entrevistadores também podem ser treinados para criar um ambiente em que os respondentes sintam-se seguros o bastante para falar a verdade; a garantia de que a privacidade será protegida também ajuda a encorajar mais pessoas a responderem. Para minimizar a parcialidade do entrevistador, eles devem seguir um script igual para cada assunto.

ANONIMATO VERSUS CONFIDENCIALIDADE

Se você tivesse que realizar uma pesquisa para determinar o número de pessoas que utilizam seus e-mails pessoais durante o expediente, a taxa de resposta provavelmente seria uma questão a ser considerada, pois muitas pessoas se recusariam a falar sobre o assunto ou talvez não falariam a verdade. Você poderia encorajá-las a responder garantindo sua privacidade durante e depois da pesquisa.

Ao relatar os resultados de uma pesquisa, você geralmente não relaciona a informação coletada ao nome dos respondentes, pois, se o fizer, violará a privacidade dos respondentes. Você provavelmente já ouviu os termos *anônimo* e *confidencial* antes, mas o que talvez ainda não saiba é que essas duas palavras são completamente diferentes em se tratando de assuntos relacionados à privacidade. Os resultados *confidenciais* significam que eu posso relacionar sua informação a seu nome, mas há a promessa de que não farei isso. Os resultados *anônimos* significam que eu não tenho como relacionar sua informação a seu nome, mesmo se quisesse.

Quando você for convidado a participar de uma pesquisa, verifique o que os pesquisadores realmente pretendem fazer com suas respostas e se seu nome será ou não relacionado à pesquisa. (As boas pesquisas sempre deixam isso muito claro.) Depois escolha se deseja ou não participar.

Tenha cuidado com os conflitos de interesse que surgem com pesquisas enganosas. Por exemplo, caso estejam perguntando a você sobre a qualidade do serviço que acabaram de prestar, talvez você não queira responder com toda a verdade. Ou se seu fisioterapeuta pedir que responda a uma pesquisa "anônima" de feedback sobre seu último dia de tratamento e diga a ele quando tiver terminado, a pesquisa pode ter muitas parcialidades.

Insistência, insistência e mais insistência

Qualquer um que já tenha jogado fora uma pesquisa recebida por correspondência ou tenha se recusado a "responder a algumas perguntas" por telefone sabe que reunir pessoas para participar de uma pesquisa não é uma tarefa fácil. Se o pesquisador quiser evitar ser parcial, a melhor maneira é conseguir o máximo de respondentes possíveis insistindo por uma, duas, ou até mesmo três vezes. Ofereça dinheiro, cupons, cartas-respostas, chances de concorrer a prêmios e outros incentivos. Qualquer esforço é válido.

Se apenas aqueles que se interessam pelo assunto responderem à pesquisa, isso significa que somente as suas opiniões serão contadas, pois as pessoas que realmente não se interessaram pelo assunto não responderam à pesquisa e o seu voto "eu não ligo" não foi contabilizado. Ou talvez até se importassem, mas não tiveram tempo o suficiente para contar a ninguém. De qualquer maneira, o voto delas não conta.

Por exemplo, suponha que 1.000 pessoas foram selecionadas para participar de uma pesquisa sobre se as regras dos parques deveriam ser alteradas, a fim de permitir a entrada de cães sem coleira. Muito provavelmente, os respondentes seriam as pessoas que são totalmente a favor ou totalmente contrárias às regras propostas. Suponha que apenas 200 pessoas tenham respondido: 100 contra e 100 a favor. Isso significaria que 800 opiniões não foram contabilizadas. Suponha que nenhuma dessas 800 pessoas realmente se importasse com o assunto. Caso fosse possível contar suas opiniões, os resultados seriam 800 ÷ 1.000 = 80% "não opinaram", 100 ÷ 1.000 = 10% foram a favor das novas regras e 100 ÷ 1.000 = 10% foram contra. Mas sem os votos dos 800 não respondentes, os pesquisadores relatariam: "Das pessoas que responderam à pesquisa, 50% foram a favor e 50% foram contra as novas regras." Isso nos dá a impressão de um resultado bastante diferente (e parcial) do resultado que teríamos obtido se todas as 1.000 pessoas tivessem respondido.

A *taxa de resposta* de uma pesquisa é a razão encontrada através da divisão do número de respondentes pelo número de pessoas que foram originalmente selecionadas para participar. Obviamente, você quer ter a maior taxa de resposta possível para sua pesquisa; mas qual é o nível de "maior" que será suficiente para minimizar a parcialidade? O mais puro dos estatísticos acredita que uma boa taxa de resposta deve ficar um pouco acima de 70%, mas acho que precisamos ser um pouco mais realistas. A sociedade acelerada da atualidade está saturada com pesquisas; muitas, se não a maioria, das taxas de resposta ficam bem abaixo de 70%. Na realidade, as taxas para as pesquisas de hoje provavelmente estão em um intervalo de 20 a 30%, com exceção das pesquisas feitas por organizações de renome, como o Instituo Gallup, ou que oferecem um carro por apenas preencher um formulário.

CUIDADO

Procure a taxa de resposta da próxima vez em que examinar um resultado. Caso ela seja muito baixa (muito menor que 50%), os resultados podem ser parciais e devem ser ignorados.

LEMBRE-SE

Não se deixe enganar por pesquisas que alegam ter um grande número de respondentes, mas que, na verdade, possuem uma taxa de resposta bastante baixa; nesses casos, muitas pessoas podem ter participado, mas muitas outras foram selecionadas e não responderam.

Observe que as fórmulas estatísticas nessa altura (incluindo as fórmulas presentes neste livro) presumem que seu tamanho amostral é igual ao número de respondentes, pois os estatísticos querem que você saiba o quanto é importante contatar as pessoas para não acabar com dados parciais por causa da falta de respondentes. Entretanto, na realidade, os estatísticos sabem que nem sempre é possível fazer com que todos respondam, independentemente do quanto você tenha se esforçado; de fato, nem mesmo o censo dos EUA obtém uma taxa de resposta de 100%. Uma maneira pela qual os estatísticos combatem o problema da não resposta após os dados terem sido coletados é desmembrar os dados para ver o nível de combinação com a população-alvo. Se for uma combinação boa, eles poderão ficar tranquilos sobre a questão da parcialidade.

Assim, qual número devemos considerar como *n* em todas as fórmulas estatísticas que vemos com frequência (como as da média amostral, no Capítulo 5)? Você não pode usar o tamanho amostral pretendido (o número de pessoas contatadas). É preciso usar o tamanho final da amostra (o número de pessoas que responderam). Na mídia, o que geralmente vemos é o número de pessoas que responderam, mas também precisamos da taxa de resposta (ou do número total de respondentes) para podermos avaliar os resultados criticamente.

LEMBRE-SE

Em se tratando da qualidade dos resultados, a seleção de uma amostra inicialmente menor com contatos mais insistentes é muito melhor do que a seleção de um grande grupo de respondentes em potencial que acaba apresentando uma baixa taxa de resposta por causa da parcialidade introduzida pela não resposta.

Interpretando resultados e detectando problemas

O propósito de uma pesquisa é reunir informações a respeito de uma população-alvo; tais informações podem incluir opiniões, informação demográfica, tipos de comportamentos e estilos de vida. Se a pesquisa foi projetada e conduzida de maneira correta e precisa, com seus objetivos sempre em mente, os dados poderão fornecer boas informações com relação ao que está se passando com a população-alvo (dentro da margem de erro estabelecida; veja o Capítulo 12). Os próximos passos são organizar os dados para ter uma ideia melhor do que está acontecendo, analisá-los de modo a encontrar ligações, diferenças ou outros tipos de relações de interesse, depois, tirar conclusões baseadas nos resultados.

Organizando e analisando

Depois que a pesquisa estiver pronta, o próximo passo é organizar e analisar os dados (em outras palavras, calcular alguns números e fazer gráficos). Há muitas maneiras diferentes de exibir os dados e sintetizar as estatísticas, dependendo do tipo de informação coletada. (Dados numéricos, tais como renda, possuem características diferentes e geralmente são representados de forma diferente dos dados categorizados, como sexo.) Para ter mais informações sobre a organização e a sintetização dos dados, veja os Capítulos 5 a 7. Dependendo das questões da pesquisa, diferentes tipos de análises podem ser empregadas, incluindo a obtenção de estimativas para a população, o teste de hipóteses ou a observação de relações, apenas para citar algumas. Veja os Capítulos 13, 14, 15, 18 e 19 para obter mais detalhes sobre cada caso, respectivamente.

Preste atenção nos gráficos e nas estatísticas enganosas. Nem todas as pesquisas são conduzidas de maneira honesta e correta. Veja o Capítulo 3 para ter mais informações acerca de como as estatísticas podem dar errado.

Tirando conclusões

As conclusões são a melhor parte de qualquer pesquisa, são o que motiva os pesquisadores a fazer todo o trabalho anterior. Se a pesquisa foi projetada e conduzida adequadamente — a amostra foi selecionada com cuidado e os dados foram corretamente organizados e sintetizados —, os resultados representarão a realidade da população-alvo de maneira justa e precisa. Mas é claro que nem todas as pesquisas são feitas corretamente. E ainda que fossem, os pesquisadores poderiam interpretar mal ou superestimar os resultados, dizendo mais do que realmente deveriam.

Você conhece o ditado "Ver para crer"? Alguns pesquisadores são responsáveis por esse ditado ao contrário: "Crer para ver." Ou seja, eles alegam ver o que querem acreditar sobre os resultados. Mais uma razão para você saber onde fica o limite entre as conclusões racionais e os resultados enganosos, e identificar quando esse limite é ultrapassado.

Eis alguns erros mais comuns cometidos no momento de tirar as conclusões das pesquisas:

- Fazer projeções para uma população maior do que a representada pelo estudo.
- Alegar a existência de uma diferença entre dois grupos que, na verdade, não existe (veja o Capítulo 15).
- Dizer que "esses resultados não são científicos, mas..." e continuar a apresentá-los como se fossem.

Para evitar alguns erros comuns cometidos ao tirar conclusões, faça o seguinte:

1. **Verifique se a amostra foi selecionada de maneira apropriada e se as conclusões não vão além da população apresentada pela amostra.**
2. **Procure o termo de responsabilidade da pesquisa *antes* de ler os resultados.**

   Dessa forma, caso os resultados não sejam baseados em uma pesquisa científica (uma pesquisa precisa e imparcial), haverá menos chances de você ser influenciado pelos resultados lidos. Você poderá julgar por si mesmo se os resultados são confiáveis.
3. **Esteja atento a conclusões estatisticamente incorretas.**

   Se alguém relatar uma diferença entre dois grupos usando os resultados de uma pesquisa, verifique se a diferença é maior do que a margem de erro registrada. Se a diferença ficar dentro da margem de erro, você deve esperar que os resultados variem de acordo com o valor apenas devido à casualidade e a chamada "diferença", na verdade, poderá não existir para toda a população (veja o Capítulo 14 para ler mais sobre o assunto).

Conheça as limitações de qualquer pesquisa e fique atento a quaisquer informações que venham de pesquisas nas quais essas limitações não são respeitadas. Uma pesquisa ruim é barata e fácil de ser executada, mas tudo tem seu preço. Porém não deixe que pesquisas grandes e caras o enganem também; elas podem estar permeadas por parcialidade! Antes de analisar os resultados de qualquer pesquisa, investigue o modo como ela foi projetada e conduzida para que, assim, possa julgar a qualidade dos resultados e se expressar com confiança e corretamente sobre o que está errado.

NESTE CAPÍTULO

» Diferenciando experimentos de estudos observacionais

» Detalhando os critérios para um bom experimento

» Ficando atento a resultados enganosos

Capítulo 17

Experimentos: Avanços Médicos ou Resultados Enganosos?

Os avanços médicos aparecem e somem muito rapidamente. Um dia você ouve sobre um novo tratamento promissor para uma doença e depois descobre que o medicamento não atingiu as expectativas durante o último estágio de testes. As indústrias farmacêuticas bombardeiam os telespectadores com comerciais de remédio, fazendo com que milhões de pessoas recorram a seus médicos para pedir pela inovadora cura de seus males, muitas vezes sem mesmo saber para que o medicamento é indicado. Qualquer um pode usar a internet para pesquisar detalhes sobre tipos de mal-estar, doenças ou sintomas e conseguir toneladas de informações e conselhos. Mas serão essas informações realmente dignas de confiança? E como decidir quais opções são as melhores, caso você fique doente e precise de uma cirurgia ou tenha alguma emergência?

Neste capítulo, você conhecerá os bastidores dos experimentos, a força condutora dos estudos médicos e outras pesquisas investigativas nas quais comparações são feitas — comparações que testam, por exemplo, os melhores materiais para a construção civil, o refrigerante preferido e outros. Você descobrirá a diferença entre os experimentos e os estudos observacionais e saberá o que estes podem fazer por você, a maneira como deveriam ser executados, como podem dar errado e como você pode identificar os resultados enganosos. Com tantas manchetes nos jornais, flashes de notícias na televisão e conselhos que chegam por todas as direções, é necessário que você utilize todas as suas habilidades críticas para avaliar as informações, algumas vezes conflitantes, dadas com frequência.

Determinando o que Diferencia os Experimentos

Embora existam muitos tipos diferentes de estudos, você pode reduzi-los a basicamente dois: experimentos e estudos observacionais. Esta seção examina o que, exatamente, diferencia os experimentos de outros estudos. Mas antes de entrar em detalhes, preciso apresentar um pouco do jargão.

Falando o jargão dos experimentos

Para entender os experimentos, você precisa descobrir o significado dos termos mais comuns:

- **Sujeitos:** Indivíduos que participam do estudo.
- **Estudo observacional:** Um estudo no qual o pesquisador apenas observa os sujeitos e registra as informações. Não há intervenções, mudanças, restrições ou controles.
- **Experimento:** Este estudo não observa apenas os sujeitos em seu estado natural, ele deliberadamente lhes aplica tratamentos em situações controladas e estuda os efeitos com os resultados.
- **Reação:** A reação é a variável cujo resultado é a pergunta de 1 milhão de dólares; é a variável cujo resultado é de interesse. Por exemplo, se os pesquisadores querem saber o que acontece com a pressão arterial quando alguém toma uma grande quantidade de Ibuprofeno diariamente, a variável da reação é a pressão arterial.

- **Fator:** Um fator é a variável cujo efeito na reação está sendo estudado. Por exemplo, se você quer saber se determinado medicamento aumenta a pressão arterial, seu fator é a quantidade de medicamento consumido. Se você quisesse saber qual programa de perda de peso é mais eficaz, seu fator seria o tipo do programa de perda de peso usado.

  É possível ter mais de um fator em um estudo; no entanto, neste livro eu analiso apenas um. Para analisar os estudos com dois fatores, incluindo o uso da Análise de Variância (ANOVA) e as comparações múltiplas para ter combinações de tratamentos, você pode ler meu livro *Estatística II Para Leigos*, também publicado pela Alta Books.
- **Nível:** Um nível é um resultado possível de um fator. Cada fator possui certo número de níveis. No exemplo de perda de peso, o fator é o tipo de programa de perda de peso e os níveis seriam os programas específicos que foram estudados (por exemplo Vigilantes do Peso, South Beach ou a famosa Dieta da Batata). Os níveis não precisam ser ascendentes; porém, em um estudo como no exemplo do medicamento, os níveis seriam as várias dosagens tomadas a cada dia, em quantidades crescentes.
- **Tratamento:** Um tratamento é a combinação dos níveis e fatores que são estudados. Se você tem apenas um fator, níveis e tratamentos são a mesma coisa. Se tiver mais de um fator, cada combinação de níveis dos fatores será considerada um tratamento.

  Por exemplo, se você quiser estudar os efeitos do tipo de programa de perda de peso e a quantidade de água consumida diariamente, há dois fatores: 1) o tipo de programa, com três níveis (Vigilantes do Peso, South Beach, Dieta da Batata); e 2) a quantidade de água consumida com, digamos, três níveis (meio litro, 1 litro e 2 litros por dia). Nesse caso, há 3 x 3 = 9 tratamentos: Vigilantes do Peso e meio litro de água por dia; Vigilantes do Peso e 1 litro de água por dia... até chegar na famosa Dieta da Batata e 2 litros de água por dia. Cada sujeito recebe um tratamento. (Com minha sorte, eu pegaria o último tratamento.)
- **Causa e efeito:** Um fator e uma reação possuem uma relação de causa e efeito se a mudança no fator resulta em uma mudança direta na reação (por exemplo, o aumento do consumo de calorias resulta em ganho de peso).

Nas seções a seguir, você verá as diferenças entre os estudos observacionais e os experimentos, quando cada um é usado e quais são seus pontos fortes e fracos.

Observando os estudos observacionais

Assim como nas ferramentas, é preciso encontrar o tipo certo de estudo para o trabalho certo. Em certas situações, os estudos observacionais são um ótimo caminho a seguir. Os estudos observacionais mais comuns são as *pesquisas de opinião* e as *enquetes* (veja o Capítulo 16). Quando o objetivo é apenas descobrir o que as pessoas pensam e coletar algumas informações demográficas (tais como sexo, idade, renda e outras), as pesquisas de opinião e as enquetes são imbatíveis, desde que projetadas e conduzidas corretamente.

Em outras situações, especialmente naquelas em que se procura uma relação de causa e efeito, os estudos observacionais não são os mais indicados. Por exemplo, suponha que você tenha tomado alguns comprimidos de vitamina C na semana passada, será que foi isso que o ajudou a evitar o resfriado que estava rondando o escritório? Talvez o fato de ter dormido um pouco mais recentemente ou ter lavado melhor as mãos também tenha ajudado a evitar o resfriado. Ou ainda, você apenas teve sorte. Com tantas variáveis possíveis, como dizer qual realmente foi a responsável por você não ter ficado doente? O caminho a seguir é usar um experimento que leve essas outras variáveis em consideração.

DICA

Ao examinar os resultados de quaisquer estudos, determine primeiro o propósito do estudo, depois, se o tipo de estudo usado é adequado para esse propósito. Por exemplo, se um estudo observacional foi usado no lugar de um experimento a fim de estabelecer uma relação de causa e efeito, quaisquer conclusões deveriam ser minuciosamente examinadas.

Examinando os experimentos

O objeto de um experimento é ver se a reação muda como resultado do fator que se está estudando, ou seja, você busca por causa e efeito. Por exemplo, tomar Ibuprofeno causa o aumento da pressão arterial? Se sim, quanto? Mas como os resultados vão variar com qualquer experimento, você deve saber se eles possuem uma chance alta de serem repetidos caso tenha encontrado algo interessante acontecendo. Isso é, você quer saber se seus resultados não foram resultado de sorte; os estatísticos denominam esses resultados de *estatisticamente significativos*. É o objetivo de qualquer estudo, observacional ou experimental.

LEMBRE-SE

Um bom experimento é conduzido com a criação de um ambiente muito controlado, tão controlado que o pesquisador pode identificar se determinado fator ou combinação de fatores causa uma mudança na variável da reação e, em caso positivo, até que ponto esse fator (ou combinação de fatores) influencia a reação. Por exemplo, para ganhar a provação do governo para um medicamento para pressão arterial, os pesquisadores farmacêuticos estabelecem experimentos para determinar se esse medicamento ajuda a diminuir a pressão arterial, qual dosagem é mais apropriada para cada população de pacientes, quais são os efeitos colaterais (se existirem) e qual é a extensão da ocorrência dos efeitos colaterais em cada população.

Projetando um Bom Experimento

A maneira como um experimento é projetado pode significar a diferença entre bons e péssimos resultados. Devido ao fato de que a maioria dos pesquisadores escreverá os comunicados de imprensa mais atraentes o possível a respeito de seus experimentos, você precisa ser capaz de ver além da propaganda, de modo a determinar se pode ou não confiar no que está sendo falado. Para decidir se um experimento é confiável ou não, verifique se ele segue *todos* os critérios a seguir. Um bom experimento:

- **Faz comparações.**
- **Inclui uma amostra grande o suficiente para garantir a precisão dos resultados.**
- **Escolhe os indivíduos que melhor representam a população-alvo.**
- **Seleciona aleatoriamente os indivíduos que farão parte do grupo de tratamento e do grupo de controle.**
- **Evita as possíveis variáveis de confusão.**
- **É ético.**
- **Coleta bons dados.**
- **Faz a análise adequada dos dados.**
- **Tira conclusões adequadas.**

Nesta seção, cada um desses critérios é explicado e ilustrado com exemplos.

Projetando o experimento para fazer comparações

Todos os experimentos precisam fazer comparações genuínas para ser críveis. Parece que nem é necessário dizer isso, mas, por vezes, os pesquisadores ficam tão entusiasmados para provarem seus resultados que se esquecem (ou apenas não se preocupam) de mostrar que seu fator, e não quaisquer outros fatores, incluindo o acaso, foi a real causa para as diferenças encontradas na reação.

Por exemplo, imagine que um pesquisador esteja convencido de que tomar vitamina C previne resfriados e ele designa indivíduos para tomarem um comprimido de vitamina C por dia e os acompanha por seis meses. Suponha que os sujeitos peguem bem poucos resfriados nesse período. Ele pode atribuir esses resultados à vitamina C e a nada mais? Não; não há como saber se os sujeitos teriam sido tão saudáveis também sem a vitamina C, devido a outro(s) fator(es) ou apenas por sorte. Não há nada com o que comparar os resultados.

Para extrair o efeito real (se houver) que seu efeito possui sobre a reação, você precisa de uma base de comparação para os resultados. Essa base é chamada de *controle*. Há métodos diferentes para criar um controle em um experimento; dependendo da situação, um método normalmente se destaca como sendo o mais adequado. Os três métodos comuns para incluir o controle devem administrar: 1) um tratamento falso; 2) um tratamento padrão; ou 3) nenhum tratamento. As próximas seções descreverão cada método.

Ao examinar os resultados de um experimento, verifique se os pesquisadores estabeleceram uma linha de base para criar um grupo de controle. Sem esse grupo, você não tem nada com o que comparar os resultados e nunca saberá se o tratamento aplicado foi a causa real de quaisquer diferenças encontradas na reação.

Tratamentos falsos: Efeito placebo

Um tratamento falso (também chamado de *placebo*) não pode ser distinguido do tratamento "real" pelo sujeito. Por exemplo, quando os medicamentos são administrados, um sujeito que foi alocado para o grupo do placebo receberá um comprimido falso que se parece e tem gosto exatamente igual ao remédio real, só que tem uma substância inerte como açúcar, em vez do remédio. Um placebo estabelece um ponto de referência de medida para quais reações teriam acontecido, no lugar de qualquer tratamento (isso teria ajudado o estudo sobre a vitamina C mencionado na seção "Projetando o experimento para fazer comparações"). Porém um tratamento falso também considera o que os pesquisadores chamam de *efeito placebo*, uma reação que as pessoas têm (ou pensam que estão tendo) porque sabem que estão recebendo algum tipo de "tratamento" (mesmo se o tratamento for falso, como comprimidos de açúcar).

As empresas farmacêuticas devem considerar o efeito placebo ao examinarem os efeitos positivos e negativos de um medicamento. Quando você vê uma propaganda de medicamento em uma revista, vê os resultados positivos se destacando em letras grandes, coloridas e com visual alegre. Depois, procure as letras miúdas no final da página. Em algum lugar ali você verá uma ou mais tabelas minúsculas que listam os efeitos colaterais em número e tipo, relatados para cada *grupo de tratamento* (sujeitos que receberam um tratamento real), assim como pelo *grupo de controle* (sujeitos que receberam um placebo).

Se o grupo de controle estivesse recebendo um placebo, o esperado seria que ele não relatasse nenhum efeito colateral, mas é aí que você se engana. Quando você toma um comprimido, sabe que ele pode ser o medicamento real, e ao perguntarem se está ou não tendo algum efeito colateral, você pode ficar surpreso com sua resposta.

Se você não leva o efeito placebo em consideração, precisa acreditar que qualquer efeito colateral (ou efeito positivo) relatado ocorreu realmente por causa do medicamento. Isso faz com que haja um número artificialmente alto de efeitos colaterais relatados, porque pelo menos parte desses relatos se deve ao efeito placebo, e não ao medicamento em si. Se você tem um grupo de controle para fazer a comparação, pode subtrair a porcentagem de pessoas no grupo de controle que relataram efeitos colaterais da porcentagem de pessoas no grupo de tratamento que relataram efeitos colaterais e examinar a magnitude dos números que sobraram. Em essência, você está olhando o resultado "líquido" dos efeitos colaterais relatados por causa do medicamento, em vez do resultado "bruto" dos efeitos colaterais, alguns dos quais se devem ao efeito placebo.

LEMBRE-SE

O efeito placebo é real. Se você quer ter certeza sobre os efeitos colaterais (ou reações positivas) de um tratamento, também deve levar em consideração os efeitos colaterais (ou reações positivas) do grupo controle, ou seja, os efeitos colaterais apenas causados pelo efeito placebo.

Tratamentos padrão

CUIDADO

Em algumas situações, como quando os indivíduos apresentam doenças graves, oferecer um tratamento falso como uma das opções não é nada ético. Um exemplo famoso dessa falha ética ocorreu em 1997. O governo norte-americano foi extremamente criticado por financiar um estudo sobre HIV que examinava os níveis de dosagem do AZT, um medicamento conhecido até aquele momento por diminuir em dois terços o risco de transmissão do HIV das mães para seus bebês durante a gravidez. Esse estudo em particular, do qual participaram 12.000 mulheres grávidas que tinham o vírus HIV na África, Tailândia e República Dominicana, foi projetado de maneira cruel. Os pesquisadores deram à metade das mulheres várias doses de AZT, mas, para a outra metade, eles apenas ofereceram comprimidos de açúcar. É claro que se o governo norte-americano soubesse que os pesquisadores dariam um placebo à metade dos indivíduos da pesquisa, ele não teria financiado o estudo. Não é ético dar um tratamento falso para qualquer pessoa que seja portadora de uma doença mortal quando um tratamento padrão está disponível (nesse caso, a dose padrão do AZT).

Quando questões éticas barram o uso de tratamentos falsos, o novo tratamento deve ser comparado com, pelo menos, um tratamento padrão já existente e conhecido como sendo um tratamento eficiente. Depois que os pesquisadores reúnem dados suficientes para observar que um dos tratamentos realmente funciona melhor que o outro, então, por questões éticas, o experimento deve ser interrompido e o melhor tratamento deve ser oferecido a todos os indivíduos.

Nenhum tratamento

"Nenhum tratamento" significa que o pesquisador precisa informar em qual grupo o indivíduo está, devido à natureza do experimento. Nesse caso, os sujeitos não estão recebendo nenhum tipo de intervenção, em termos de seu comportamento, mas ainda servem como controle, estabelecendo um ponto de referência para comparar seus resultados com aqueles no(s) grupo(s) de tratamento. Por exemplo, se você deseja determinar se caminhar rapidamente ao redor do quarteirão dez vezes por dia diminui os batimentos cardíacos, em repouso, de uma pessoa após seis meses, os sujeitos em seu grupo de controle sabem que não caminharão rapidamente; obviamente, é impossível fazer uma caminhada rápida falsa (embora exercícios falsos com resultados reais fosse algo ótimo, você não acha?).

Em situações nas quais o grupo de controle não recebe nenhum tratamento, ainda é necessário fazer com que os grupos de sujeitos (aqueles que fazem a caminhada versus os que não fazem) sejam similares das mais variadas formas possíveis e que outros critérios para um bom experimento sejam seguidos (consulte "Projetando um Bom Experimento" para ver a lista de critérios).

Selecionando o tamanho amostral

O tamanho de uma (boa) amostra influencia muito a precisão dos resultados. Quanto maior for o tamanho amostral, mais precisos serão os resultados e mais poderosos os testes estatísticos (em se tratando da capacidade de detectar os resultados reais quando eles existem). Nesta seção, abordo os destaques; o Capítulo 14 apresenta os detalhes.

A palavra *amostra* é geralmente atribuída a pesquisas em que uma amostra aleatória é selecionada a partir da população-alvo (veja o Capítulo 16). No entanto, ao organizar experimentos, uma amostra significa o grupo de sujeitos participantes como voluntários.

Amostras pequenas se limitam a conclusões pequenas

Você poderá se surpreender ao saber o número de pesquisas anunciadas em jornais que foram conduzidas com relação a grandes populações, mas que foram baseadas em amostras muito pequenas. Essas manchetes são uma grande preocupação entre os estatísticos, que sabem que detectar resultados significativos em uma população grande usando uma amostra pequena é difícil, pois os conjuntos pequenos de dados possuem mais variabilidade entre as amostras (veja o Capítulo 12). Quando grandes conclusões são feitas a partir de amostras muito pequenas, os pesquisadores não utilizaram o teste de hipóteses correto durante a análise de seus dados (eles deveriam ter usado a distribuição t, em vez da distribuição Z; veja o Capítulo 10) ou as diferenças existentes eram tão grandes que seria muito difícil não perceber. No entanto, esta última opção não é tão frequente.

Tome cuidado com conclusões que chegam a resultados significativos a partir de amostras pequenas (especialmente os experimentos que envolvem muitos tratamentos, mas apenas alguns sujeitos designados). Os estatísticos querem ver, pelo menos, cinco sujeitos por tratamento, no entanto (muito) mais será (muito) melhor. Você precisa estar muito atento a algumas limitações dos experimentos, como custo, tempo e as questões éticas, e perceber que o número de sujeitos por experimento é geralmente menor do que o número de participantes em uma pesquisa.

Caso os resultados sejam importantes para você, peça uma cópia do relatório da pesquisa e veja que tipo de análise de dados foi empregada. Também veja se os indivíduos que compunham a amostra realmente representavam a população sobre a qual as conclusões foram feitas.

Definindo o tamanho amostral

Ao questionar sobre o *tamanho amostral*, seja específico sobre o que você quer dizer com esse termo. Por exemplo, você pode perguntar quantos indivíduos foram selecionados para participar e também perguntar sobre o número de pessoas que realmente completaram o experimento; esses dois números podem ser muito diferentes. Verifique se os pesquisadores podem explicar as situações em que os indivíduos estudados decidiram abandonar o experimento ou foram considerados inaptos (por alguma razão) a terminá-lo.

Por exemplo, um artigo publicado no *New York Times* e intitulado "Maconha Tem Efeitos Analgésicos no Tratamento do Câncer" informava, em seu primeiro parágrafo, que a maconha era "muito mais eficiente" do que qualquer outro medicamento para a diminuição dos efeitos colaterais causados pela quimioterapia. Quando entramos nos detalhes, descobrimos que os resultados se baseavam em apenas 29 pacientes (15 recebendo tratamento e 14 recebendo placebo). Depois, descobrimos que apenas 12 dos 15 pacientes do grupo de tratamento realmente completaram o estudo. O que aconteceu com os outros três indivíduos?

Às vezes, os pesquisadores chegam a conclusões baseadas apenas nos indivíduos que completaram o estudo. Isso pode levar a erros, uma vez que os dados não incluem informações sobre aqueles que abandonaram o experimento (e o porquê), além de gerar dados parciais. Para ver uma análise sobre o tamanho amostral necessário para a obtenção de certo nível de precisão, consulte o Capítulo 13.

A precisão não é a única questão a ser considerada quando se trata de conseguir "bons" dados. Você ainda precisa se preocupar em eliminar a parcialidade por meio da seleção aleatória (veja o Capítulo 16 para saber mais sobre como as amostras aleatórias são coletadas).

Escolhendo os sujeitos

O primeiro passo na realização de um experimento é a seleção dos sujeitos (participantes). Embora os pesquisadores desejem que seus sujeitos sejam selecionados de maneira aleatória, a partir de suas respectivas populações, na maioria dos casos, isso é simplesmente inviável. Por exemplo, suponha que um grupo de pesquisadores oftalmologistas queira testar uma nova cirurgia a laser em pessoas com hipermetropia. Eles precisam de uma amostra aleatória de sujeitos, então, selecionam aleatoriamente alguns médicos oftalmologistas ao redor do país e escolhem aleatoriamente alguns pacientes desses médicos. Eles ligam para cada uma das pessoas selecionadas e dizem: "Estamos testando uma nova cirurgia a laser para o tratamento de hipermetropia e você foi selecionado para participar de nosso estudo. Quando podemos marcar a cirurgia?" Algo me diz que essa abordagem não vai funcionar com muitas pessoas (embora algumas realmente aceitem a oportunidade, especialmente se não tiverem que pagar nada pela cirurgia).

LEMBRE-SE

A questão aqui é que conseguir uma amostra realmente aleatória de pessoas para participar de um experimento é geralmente mais difícil do que conseguir uma amostra aleatória de pessoas para participar de uma enquete. No entanto, os estatísticos podem desenvolver técnicas na projeção de um experimento que ajudem a minimizar a ocorrência de uma parcialidade em potencial.

Dividindo os sujeitos de maneira aleatória

Uma das formas de minimizar a parcialidade em um experimento é inserir uma aleatoriedade. Depois que a amostra foi selecionada, os sujeitos são divididos aleatoriamente em grupos de tratamento e controle. Os grupos de tratamento recebem vários tratamentos que estão sendo estudados e o grupo de controle recebe o tratamento atual (ou padrão), nenhum tratamento ou um placebo (veja a seção "Projetando o experimento para fazer comparações" anteriormente neste capítulo).

Fazer a divisão dos sujeitos de forma aleatória para os tratamentos é uma questão extremamente crucial para minimizar a parcialidade em um experimento. Suponha que um pesquisador queira determinar os efeitos causados pelos exercícios físicos sobre os batimentos cardíacos. Os indivíduos em seu grupo de tratamento correrão 8km e seus batimentos cardíacos serão medidos antes e depois dos exercícios. Os indivíduos em seu grupo de controle ficarão sentados o tempo todo em um sofá assistindo às reprises de programas de TV. Em que grupo você preferiria ficar? Os apaixonados por exercícios físicos não hesitariam em se candidatar para o grupo de tratamento. Se a ideia de correr 8km não lhe agrada muito, provavelmente você optaria pelo mais fácil e seria um candidato a ficar no sofá. (Ou talvez odeie assistir às reprises e prefira a ideia de correr 8km para evitar isso.)

ENCONTRANDO VOLUNTÁRIOS

Para encontrar indivíduos para seus experimentos, os cientistas geralmente publicam anúncios procurando voluntários e lhes oferecem incentivos, tais como, dinheiro, tratamentos gratuitos e acompanhamento médico por sua participação. A pesquisa médica com seres humanos é complicada e difícil, mas necessária para que se saiba realmente se um tratamento funciona, como funciona, qual dosagem deve ser empregada e quais são os efeitos colaterais. A fim de prescrever e receber os tratamentos corretos em doses corretas na vida real, médicos e pacientes dependem de que esses estudos representem a população em geral. Para recrutar esses indivíduos representativos, cientistas necessitam fazer grandes campanhas publicitárias e selecionar um número suficiente de pacientes, com características diferentes, para representar um cruzamento das populações que poderão futuramente receber o tratamento.

Qual impacto esse voluntariado seletivo teria sobre os resultados do estudo? Se apenas os apaixonados por esportes (que, provavelmente, já têm batimentos cardíacos excelentes) candidatarem-se ao grupo de tratamento, o pesquisador apenas observará o efeito do tratamento (a corrida de 8km) em pessoas saudáveis e ativas. Ele não verá os efeitos da corrida de 8km sobre os batimentos cardíacos de pessoas sedentárias. Essa divisão não aleatória dos sujeitos para os grupos de tratamento e controle poderia causar um grande impacto sobre as conclusões tiradas a partir desse estudo.

LEMBRE-SE

Para evitar a parcialidade nos resultados de um experimento, os sujeitos devem ser atribuídos aleatoriamente aos tratamentos por terceiros e não se deve permitir que escolham o grupo em que querem ficar. O objetivo de uma divisão aleatória é criar grupos homogêneos; quaisquer características anormais ou parcialidades possuem uma chance igual de aparecerem em qualquer grupo. Tenha isso em mente ao avaliar os resultados de um experimento.

Controlando as variáveis de confusão

Suponha que você esteja participando de um estudo cujo objetivo seja observar os fatores que influenciam as causas de um resfriado. Se o pesquisador apenas registrar o período em que você ficou resfriado e lhe fizer perguntas sobre seus hábitos (quantas vezes ao dia você lava suas mãos, quantas horas dorme por noite etc.), ele estará conduzindo um estudo observacional. O problema com esse tipo de estudo é que sem o controle dos outros fatores que podem influenciar as causas do resfriado e sem a regulamentação da ação tomada para evitá-lo, o estudo não será capaz de especificar exatamente quais ações (se é que houve uma) realmente tiveram impacto sobre o resultado.

A grande limitação dos estudos observacionais é que eles não podem realmente mostrar a verdadeira relação de causa e efeito, em virtude do que os estatísticos chamam de variável de confusão. Uma *variável de confusão* é uma variável, ou um fator, que não foi controlada durante o estudo, mas que pode influenciar os resultados.

Por exemplo, uma manchete de jornal informa: "Estudo relaciona mães mais velhas a uma maior expectativa de vida." O parágrafo de introdução mostrava que as mulheres que têm seu primeiro filho aos 40 anos têm muito mais chances de viver até os 100 anos, quando comparadas às mulheres que têm seus primeiros filhos antes dessa idade. Quando entramos nos detalhes do estudo (feito em 1996), descobrimos, primeiramente, que ele se baseou em 78 mulheres que moravam nos subúrbios de Boston, nasceram em 1896 e viveram até 100 anos, comparadas a 54 mulheres que nasceram no mesmo ano (1896), mas morreram em 1969 (o ano em que os pesquisadores conseguiram encontrar os primeiros registros de óbito). Esse denominado "grupo controle" viveu exatamente 73 anos, nada a mais e nada a menos. Das mulheres que viveram até pelo menos 100, 19% deram à luz depois dos 40 anos, enquanto apenas 5,5% das mulheres que morreram aos 73 anos tinham dado à luz depois dessa idade.

Eu realmente tenho problemas com esse tipo de conclusão. O que dizer sobre o fato de que o "grupo de controle" baseava-se apenas nas mulheres que morreram em 1969 aos 73 anos? E todas as outras mães que morreram *antes* de completar 73 ou com idade entre 73 e 100 anos? E quanto às outras variáveis que podem influenciar tanto a idade das mães no nascimento de seus filhos quanto as expectativas de vida mais longas — variáveis como as condições financeiras, a estabilidade do casamento ou outros fatores socioeconômicos? As mulheres nesse estudo estavam na casa dos 30 anos durante o período da Grande Depressão; isso pode ter influenciado sua expectativa de vida e se, ou quando, deveriam ter filhos.

Como os pesquisadores lidam com as variáveis de confusão? Eles as controlam da melhor forma possível, o máximo que puderem prever, tentando minimizar seus possíveis efeitos na reação. Em experimentos envolvendo humanos, os pesquisadores têm que lutar contra muitas variáveis de confusão.

Por exemplo, em um estudo que tenta determinar o efeito que diferentes tipos de música e volume causam sobre o tempo que os compradores passam dentro de um supermercado (sim, eles realmente pensam em coisas desse tipo), os pesquisadores têm que antecipar o máximo de variáveis de confusão possível, para, então, tentar controlá-las. Que outros fatores além do volume e do tipo de música podem influenciar o tempo que você fica dentro de um mercado? Eu consigo pensar em vários fatores: sexo, idade, período do dia, se estou com meus filhos, quanto dinheiro posso gastar, o dia da semana, a limpeza do estabelecimento, a educação dos funcionários e (muito importante) o motivo para eu estar ali; estou fazendo compras para a semana ou, simplesmente, passei para comprar uma barra de chocolate?

Como os pesquisadores começam a controlar tantos fatores de confusão possíveis? Alguns, tais como o período do dia, o dia da semana e a razão para a compra, podem ser controlados durante o projeto do estudo. Porém outros fatores (como a percepção da atmosfera da loja) dependem totalmente do indivíduo participando do estudo. A única forma de controle dessas variáveis de confusão subjetivas é usar pares de pessoas que se combinam segundo variáveis importantes ou também usar a mesma pessoa duas vezes: uma vez com o tratamento e a outra sem o tratamento. Esse tipo de experimento é chamado de *projeto de pares combinados* (veja o Capitulo 15 para obter mais detalhes).

CUIDADO

Antes de acreditar em qualquer manchete médica (ou em qualquer manchete com estatísticas), veja como o estudo foi realizado. Os estudos observacionais não podem controlar as variáveis de confusão, assim seus resultados não possuem um significado tão estatístico (não importa o que os estatísticos digam) como os de um experimento bem projetado. Nos casos em que não é possível realizar um experimento (afinal de contas, ninguém pode obrigá-lo a ter um filho antes ou depois dos 40 anos), verifique se o estudo observacional se baseia em uma amostra grande o bastante para representar um corte transversal da população. E pense sobre as variáveis de confusão possíveis que podem afetar as conclusões que estão sendo tiradas.

Respeitando as questões éticas

O problema dos experimentos é que alguns projetos experimentais nem sempre são éticos. Você não pode forçar os participantes de uma pesquisa a fumarem para que se possa observar se terão câncer no pulmão, por exemplo; a única coisa possível é observar os indivíduos com câncer de pulmão e fazer o caminho inverso para ver quais *fatores* (variáveis estudadas) podem ter causado a doença. Mas como não é possível controlar os vários fatores nos quais você está interessado, ou quaisquer outras variáveis para a questão estudada, escolher uma causa em particular se torna difícil com os estudos observacionais. É por isso que tantas evidências são necessárias para mostrar que o fumo causa câncer de pulmão e por que as indústrias de cigarro apenas recentemente começaram a pagar indenizações gigantescas às vítimas.

Embora as causas do câncer e de outras doenças não possam ser determinadas eticamente por meio de experimentos com humanos, os tratamentos para o câncer podem ser (e são) testados por meio de experimentos. Os estudos médicos que envolvem experimentos são denominados *ensaios clínicos*. O governo dos EUA tem um registro dos ensaios clínicos com apoio federal ou particular, que estão sendo conduzidos no país e ao redor do mundo; o registro também possui informações sobre quem pode participar de vários ensaios clínicos. Visite o site `http://www.clinicaltrials.gov` para mais informações (conteúdo em inglês). No Brasil, a Agência Nacional de Vigilância Sanitária (ANVISA) possui um cadastro nacional envolvendo testes de bioequivalência. Veja mais no site `http://portal.anvisa.gov.br`.

Os experimentos sérios (como os financiados e/ou regulados pelo governo) devem passar por uma série enorme de testes que podem levar anos para acontecer. A aprovação de um novo medicamento, por exemplo, passa por um processo muito lento, abrangente e detalhado, regulado e monitorado por agências federais, como o FDA (Food and Drug Administration), nos EUA. Uma das razões para o custo de alguns medicamentos que necessitam de receita médica para ser obtidos ser tão alto é a quantidade enorme de tempo e dinheiro necessários para conduzir uma pesquisa e o desenvolvimento de novos produtos, com a maioria não passando nos testes, precisando ser descartada.

Qualquer experimento que envolva seres humanos também é regulado pelo governo federal e precisa da aprovação de uma comissão criada para proteger "os direitos e o bem-estar dos participantes". Essas comissões estabelecidas para organizações diferentes possuem nomes variados (como Comissão de Avaliação Internacional [IRB], Comissão Independente de Ética [IEC] ou Comissão de Avaliação Ética [ERB], só para citar algumas), mas todas servem ao mesmo propósito. As pesquisas conduzidas em animais são um pouco mais vagas no que se refere a regulações e continuam a ser um tema de muito debate e controvérsia nos EUA e ao redor do mundo.

LEMBRE-SE

Pesquisas de opinião, enquetes e outros estudos observacionais são indicados para os casos em que você quer saber as opiniões das pessoas, examinar seus estilos de vida sem nenhuma intervenção ou checar algumas variáveis demográficas. Caso você queira determinar a causa de certos resultados ou comportamentos (isso é, a razão pela qual algo aconteceu), um experimento é muito mais indicado. Nos casos em que um experimento não é possível por causa de questões éticas (ou por causa dos custos ou de outros motivos), um grande corpo de estudos observacionais que examinam os mais diferentes fatores e chegam a conclusões semelhantes seria a sua segunda melhor opção (veja o Capítulo 18 para obter mais detalhes sobre as relações de causa e efeito).

Coletando bons dados

O que seriam "bons" dados? Os estatísticos usam três critérios para avaliar a qualidade dos dados; cada um está mais estritamente relacionado à qualidade do instrumento de medição usado no processo de coleta dos dados. Para você saber se está ou não diante de bons dados de um experimento, procure estas características:

» **Os dados são confiáveis; você obtém os mesmos resultados para várias medições subsequentes.** Muitas balanças de banheiro não são confiáveis. Você sobe na balança e ela lhe mostra um número. Você não acredita nesse número, desce, volta a subir e ela lhe dá outro número. (Se o segundo número for menor, provavelmente você vai parar por aí mesmo; mas, se não for, você talvez continue repetindo a operação até ver o número que deseja.)

Ou pode fazer como alguns pesquisadores: pegue três medidas, encontre a média e use-a; pelo menos isso aumentará um pouco a credibilidade.

» Os dados não confiáveis provêm de instrumentos de medição ou de métodos de coleta não confiáveis. Os erros podem ir além das balanças, abrangendo instrumentos de medição mais intangíveis, como as perguntas de uma enquete que podem nos dar resultados irreais se escritas de maneira ambígua (veja o Capítulo 16).
Ao examinar os resultados de um experimento, descubra como os dados foram coletados. Se a medida não for confiável, os dados poderão ser imprecisos.

» **Os dados são válidos; eles medem o que deveriam medir.** Verificar a validade dos dados requer que você volte alguns passos e veja o todo. É necessário que se pergunte: "Será que esses dados realmente medem o que deveriam medir?" Ou os pesquisadores deveriam ter coletado dados diferentes? O uso de um instrumento de medição adequado também é importante. Por exemplo, muitos educadores dizem que o histórico escolar de um aluno não é uma medida válida da habilidade deles para se saírem bem na faculdade. As alternativas incluem uma abordagem mais abrangente, considerando não apenas as notas, mas dando mais peso a elementos como serviço, criatividade, envolvimento social, atividades extracurriculares e outros.

CUIDADO

Antes de aceitar os resultados de um experimento, descubra o que os dados medem e como foram medidos. Verifique se os pesquisadores coletaram dados adequados para o propósito do estudo.

» **Os dados são imparciais; eles não contêm erros sistemáticos que podem aumentar ou diminuir os valores reais.** Os dados parciais são aqueles que, sistematicamente, aumentam ou diminuem o resultado real. A parcialidade pode ocorrer em quase todas as etapas de projeção e implantação de um estudo. Ela pode ser causada por um instrumento de medição ruim (como as balanças de banheiro que "sempre" aumentam uns quilinhos), questões de enquetes que induzem o participante a responder de certa maneira ou pesquisadores que sabem qual tratamento cada indivíduo recebeu e preconceberam as expectativas.

LEMBRE-SE

A parcialidade é provavelmente o problema número um na coleta de bons dados. No entanto, você pode minimizá-la usando métodos similares aos apresentados no Capítulo 16 para as pesquisas, como mostrado na seção "Dividindo os sujeitos de maneira aleatória", anteriormente neste capítulo, e realizando os experimentos com a metodologia duplo-cego sempre que possível.

Duplo-cego significa que nem os indivíduos nem os pesquisadores sabem quem está recebendo o tratamento e quem está no grupo de controle. Os indivíduos de pesquisa precisam estar inconscientes do tratamento que estão recebendo para que os pesquisadores possam medir o efeito placebo. E os pesquisadores devem caminhar no escuro também para que não tratem os indivíduos de maneira diferente pelo fato de esperar ou não certas reações de cada um dos grupos. Por exemplo, se um pesquisador sabe que você está no grupo de tratamento para estudar os efeitos colaterais de um novo remédio, ele poderia esperar que você ficasse doente e, por isso, poderia lhe dar mais atenção do que daria aos indivíduos do grupo de controle. Esse tipo de comportamento pode levar a dados parciais e resultados enganosos.

Quando o pesquisador sabe quem recebeu o tratamento, mas os indivíduos não, a metodologia usada é chamada de estudo *cego* (no lugar de estudo duplo-cego). Os estudos cegos são melhores do que nada, mas os duplo-cegos são melhores. Caso você esteja se perguntando: em um estudo duplo-cego, existe *alguém* que saiba qual tratamento está sendo dado aos indivíduos? Relaxe, geralmente essa parte é realizada por um assistente de laboratório terceirizado.

Em alguns casos, os sujeitos sabem em qual grupo estão, pois não é possível esconder; por exemplo, ao comparar os benefícios de fazer ioga versus corrida. No entanto, a parcialidade pode ser reduzida ao não dizer para os sujeitos a exata proposta do estudo. Esse tipo de plano irregular teria que ser avaliado por uma comissão de avaliação institucional para garantir que o estudo não seja antiético; veja a seção "Respeitando as questões éticas", anteriormente neste capítulo.

Analisando os dados adequadamente

Depois que os dados são coletados, eles são colocados naquela misteriosa caixa chamada *análise estatística* para os cálculos. A escolha da análise é tão importante quanto (em se tratando da qualidade dos resultados) qualquer outro aspecto do estudo. A análise adequada deve ser planejada com antecedência durante a fase de projeção do experimento, pois, dessa forma, depois que os dados forem coletados, você não terá problemas durante a análise.

A seleção de uma análise adequada se resume a, antes de tudo, fazer esta pergunta: "Depois que os dados forem analisados, eu conseguirei, de forma legítima e correta, responder à pergunta que propus?" Se sua resposta for "não", a análise não é a mais adequada.

Os tipos básicos de análises estatísticas incluem os *intervalos de confiança* (usados quando se está tentando estimar um valor populacional ou a diferença entre duas populações); os *testes de hipóteses* (usados quando se quer testar uma alegação a respeito de uma ou duas populações, como a alegação de que um medicamento é mais eficaz que outro); e as *análises de correlação e regressão* (usadas quando você quer mostrar se e/ou como uma variável quantitativa pode prever ou causar alterações em outra variável quantitativa). Veja os Capítulos 13, 15 e 18, respectivamente, para obter mais detalhes sobre cada tipo de análise.

PAPO DE ESPECIALISTA

Ao escolher o modo como a análise de seus dados será feita, você deve verificar se seus dados e sua análise são compatíveis. Por exemplo, caso queira comparar um grupo de tratamento e um grupo de controle com relação à perda de peso obtida graças a um novo programa alimentar (versus um programa já existente), é necessário que se coletem dados sobre o peso que cada pessoa perdeu — não apenas o peso de cada indivíduo ao final do estudo.

Chegando a conclusões apropriadas

Em minha opinião, os maiores erros que os pesquisadores costumam cometer ao chegar a conclusões sobre seus estudos são as seguintes (analisadas nas seções a seguir):

- » Superestimar os resultados.
- » Fazer relações e dar explicações que não são sustentadas pelas estatísticas.
- » Ir além do escopo do estudo no que se refere a quem os resultados se aplicam.

Superestimando os resultados

Muitas vezes, as manchetes publicadas pela mídia superestimam os reais resultados das pesquisas. Ao ler uma manchete ou escutar algo sobre um estudo, procure mais informações para descobrir os detalhes de como o estudo foi realizado e quais são suas reais conclusões.

Com frequência, os comunicados de imprensa também superestimam os resultados. Por exemplo, em um comunicado recentemente emitido pelo National Institute for Drug Abuse, os pesquisadores alegavam que o uso do ecstasy havia diminuído em relação ao ano anterior. Porém, quando olhamos os resultados estatísticos reais no relatório, descobrimos que a porcentagem de adolescentes *da amostra* que disseram ter usado ecstasy foi menor do que no ano anterior, mas a diferença não foi considerada estatisticamente significativa quando tentaram projetá-la na população de *todos* os adolescentes. Essa discrepância significa que, embora menos adolescentes na amostra tenham usado ecstasy naquele ano, a diferença não foi suficiente para descartar as chances de variabilidade entre as amostras (veja o Capítulo 14 para obter mais detalhes sobre a significância estatística).

LEMBRE-SE

Os títulos e os parágrafos de introdução em comunicados de imprensa e artigos de jornais frequentemente superestimam os resultados reais de um estudo. Os grandes resultados, as descobertas surpreendentes e os principais avanços são as notícias de hoje; repórteres e outras pessoas na mídia constantemente controlam o que vale ou não a pena ser publicado. Como separar a verdade do exagero? A melhor coisa a fazer é ler o que está escrito em letras bem miúdas.

Levando os resultados um passo além dos dados reais

Um estudo que relaciona ter filhos com uma idade mais avançada e uma expectativa maior de vida ilustra outra questão a respeito dos resultados de pesquisas. Os resultados desse estudo observacional são mesmo capazes de mostrar que quanto mais tarde você tem um filho, maior é sua expectativa de vida? "Não", dizem os pesquisadores. A explicação para os resultados é que ter um filho com idade mais avançada pode ser consequência de que as mulheres possuem um relógio biológico "mais lento", o que supostamente resulta um processo de envelhecimento desacelerado.

Minha pergunta para esses pesquisadores é: "Por que vocês não estudam *isso*, em vez de apenas observar as idades?" Eu não vejo nenhum dado nesse estudo que me levaria a concluir que as mulheres que tiveram filhos depois dos 40 anos tivessem envelhecido a uma taxa mais lenta do que as outras, portanto, do meu ponto de vista, os pesquisadores não deveriam ter chegado a essa conclusão. Ou eles deveriam ter deixado mais claro que essa visão é apenas uma teoria e ainda necessita de mais estudos. Baseada nos dados desse estudo, a teoria dos pesquisadores me parece mais um ato de fé (embora, como me tornei mãe aos 41 anos, também espero o melhor!).

Regularmente, em comunicados de imprensa e notícias, o pesquisador dará uma explicação sobre *por que* ele acredita que seu estudo demonstrou os presentes resultados e quais seriam suas implicações para toda a sociedade enquanto o "motivo" não foi estudado ainda. Essas explicações podem vir em resposta às perguntas feitas por um jornalista a respeito da pesquisa; perguntas que depois foram cortadas da história, deixando apenas as citações mais interessantes do pesquisador. A maioria dessas explicações não passa de teorias que ainda necessitam ser testadas. Nesses casos, fique atento às conclusões, explicações ou relações feitas pelos pesquisadores e que não se sustentam com seus estudos.

CUIDADO

Saiba que a mídia quer que você leia o artigo (eles são pagos para fazer isso), então haverá manchetes impactantes ou serão feitas declarações não confirmadas de "causa e efeito", porque é o trabalho deles vender a história. É *seu* trabalho ficar atento.

Generalizando os resultados para pessoas além do escopo do estudo

Você só pode tirar conclusões acerca da população representada por sua amostra. Caso tenha selecionado apenas homens, não pode tirar conclusões sobre mulheres. Se somente selecionou pessoas jovens e saudáveis, não pode tirar conclusões a respeito de todos. Mas muitos pesquisadores tentam fazer isso e essa prática pode levar a resultados enganosos.

Eis algumas dicas para que você possa determinar se as conclusões de um pesquisador estão à altura (o Capítulo 16 traz mais detalhes sobre amostras e populações):

1. **Descubra qual é a população-alvo (ou seja, o grupo sobre o qual o pesquisador quer tirar conclusões).**
2. **Descubra como a amostra foi selecionada e se ela realmente representa a população-alvo (e não qualquer outra população mais restrita).**
3. **Verifique as conclusões feitas pelos pesquisadores e verifique se eles não estão tentando aplicar seus resultados em uma população mais ampla do que a realmente estudada.**

Tomando Decisões Fundamentadas

Só porque alguém alega ter conduzido um "experimento científico" ou um "estudo científico" não significa que esse estudo ou experimento foi conduzido corretamente ou que seus resultados são dignos de confiança (não estou dizendo que você tenha que desconsiderar tudo que vê e ouve). Infelizmente, eu encontrei muitos experimentos ruins em meus dias como consultora estatística. A pior parte de um experimento mal feito é que não há nada a ser feito, a não ser ignorar seus resultados; e é exatamente isso o que você deve fazer.

DICA

Aqui vão algumas dicas de como tomar uma decisão fundamentada sobre se você deve ou não confiar nos resultados de um experimento, especialmente se esses resultados são muito importantes para você.

» **Ao ouvir ou ver um resultado pela primeira vez, pegue um lápis e anote o máximo de informações possíveis, tais como o lugar onde você ouviu ou leu, quem fez a pesquisa e quais foram os principais resultados.** (Eu sempre tenho lápis e papel na minha sala de TV e na minha bolsa para situações como essa.)

» **Continue a pesquisar suas fontes até encontrar a pessoa que fez a pesquisa original; depois, peça a ela uma cópia do relatório ou do artigo.**

» **Analise o relatório e avalie o experimento de acordo com os oito passos para um bom experimento, descritos na seção "Projetando um Bom Experimento", neste capítulo.** (Você não necessita entender tudo o que está escrito no relatório para fazer isso.)

- **Analise minuciosamente as conclusões feitas pelo pesquisador com relação a suas descobertas.** Muitos pesquisadores tendem a superestimar seus resultados, tirar conclusões além das evidências estatísticas ou tentar aplicar seus resultados em uma população maior do que a estudada.
- **Nunca tenha receio de fazer perguntas à mídia, aos pesquisadores e até mesmo aos seus próprios especialistas.** Por exemplo, se você tiver alguma dúvida sobre um estudo na área da Medicina, pergunte a seu médico. Ele ficará contente em ter um paciente tão bem informado e empoderado!
- **E finalmente, não seja cético demais só porque agora você está muito mais consciente de todas as más práticas que acontecem por aí.** Nem tudo é ruim. Há muito mais boas pesquisas, resultados confiáveis e repórteres bem informados do que o contrário. Você deve continuar sendo cuidadoso e ficar pronto para identificar problemas sem desconsiderar tudo.

NESTE CAPÍTULO

» **Explorando as relações estatísticas entre variáveis numéricas**

» **Analisando a correlação e a regressão linear**

» **Fazendo previsões baseadas em relações conhecidas**

» **Considerando a correlação versus a causalidade**

Capítulo **18**

Procurando Vínculos: Correlação e Regressão

A mídia de hoje oferece um fluxo constante de informações, incluindo relatórios sobre as últimas relações que foram descobertas pelos pesquisadores. Hoje mesmo ouvi que jogar muito videogame pode afetar negativamente a capacidade de concentração da criança, que a quantidade de determinado hormônio no corpo da mulher pode prever quando ela entrará na menopausa, que quanto mais deprimido você fica, mais chocolate come e quanto mais chocolate come, mais fica deprimido (que deprimente!).

Alguns estudos são verdadeiramente legítimos e ajudam a melhorar nossa qualidade de vida e longevidade. Outros não são tão claros assim. Por exemplo, um deles informa que fazer exercícios físicos por 20 minutos três vezes por semana é melhor do que fazer 60 minutos de exercícios físicos uma vez por semana, enquanto outro estudo mostra o contrário e um terceiro, que não há diferença.

Se você se sente um consumidor de informação confuso ao ouvir sobre relações e correlações, fique tranquilo; este capítulo poderá ajudá-lo. Você ganhará habilidades para dissecar e avaliar as alegações de uma pesquisa, a fim de tomar suas próprias decisões acerca das manchetes e flashes de notícias que o alertam sobre a mais nova correlação. Você descobrirá o que realmente significa a correlação de duas variáveis, quando uma relação de causa e efeito pode ser concluída, quando e como fazer previsões baseando-se nessas relações.

Representando uma Relação com um Gráfico de Dispersão

Um artigo na revista *Garden Gate* chamou minha atenção: "Conte o Cricrilar dos Grilos e Descubra a Temperatura." Segundo o artigo, tudo o que você precisa fazer é encontrar um grilo, contar quantas vezes ele cricrila em 15 segundos, somar 40 e voilà! Acabou de prever a temperatura em Fahrenheit.

O National Weather Service Forecast Office até mesmo publicou seu próprio "Conversor do Cricrilar dos Grilos". Basta digitar o número de vezes que o grilo cricrila em 15 segundos e o conversor mostrará a temperatura estimada em quatro unidades, incluindo Fahrenheit e Celsius.

Várias boas pesquisas dão suporte à alegação de que há uma relação entre a frequência do cricrilar dos grilos e a temperatura. Para ilustrar, peguei um subconjunto de alguns dados e o representei na Tabela 18-1.

TABELA 18-1 **O Cricrilar dos Grilos e a Temperatura (fragmento)**

Número de Cricriladas (em 15 Segundos)	Temperatura (Fahrenheit)
18	57
20	60
21	64
23	65
27	68
30	71
34	74
39	77

Note que cada observação é composta por duas variáveis dependentes: o número de vezes que o grilo cricrila em 15 segundos (a variável *X*) e a temperatura no momento da coleta dos dados (a variável *Y*). Os estatísticos costumam chamar esse tipo de dados bidimensionais de dados *bivariados*. Cada observação contém um par de dados coletado simultaneamente. Por exemplo, a primeira linha da Tabela 18-1 apresenta um par de dados (18, 57).

Os dados bivariados são, normalmente, organizados em um gráfico que os estatísticos chamam de *diagrama de dispersão*. O diagrama de dispersão possui duas dimensões: uma dimensão horizontal (chamada de eixo *X*) e uma dimensão vertical (chamada de eixo *Y*). Ambas são numéricas; cada uma contém uma linha de números. Nas próximas seções, explico como fazer e interpretar um diagrama de dispersão.

Fazendo um diagrama de dispersão

LEMBRE-SE

Marcar as observações (ou pontos) em um diagrama de dispersão é semelhante a jogar batalha naval. Cada observação possui duas coordenadas; a primeira corresponde à primeira parte dos dados de um par (ou seja, a coordenada *X*; o quanto você vai para esquerda ou para a direita). A segunda coordenada corresponde à segunda parte dos dados de um par (ou seja, a coordenada *Y*, o quanto vai para cima ou para baixo). No local onde as duas coordenadas se encontram é que você deverá marcar o ponto que representa a observação.

A Figura 18-1 mostra o diagrama de dispersão para os dados da frequência do cricrilar dos grilos e da temperatura listados na Tabela 18-1. Como coloquei os dados em ordem de acordo com seus valores *X*, os pontos no diagrama da esquerda para a direita correspondem à ordem das observações feitas na Tabela 18-1.

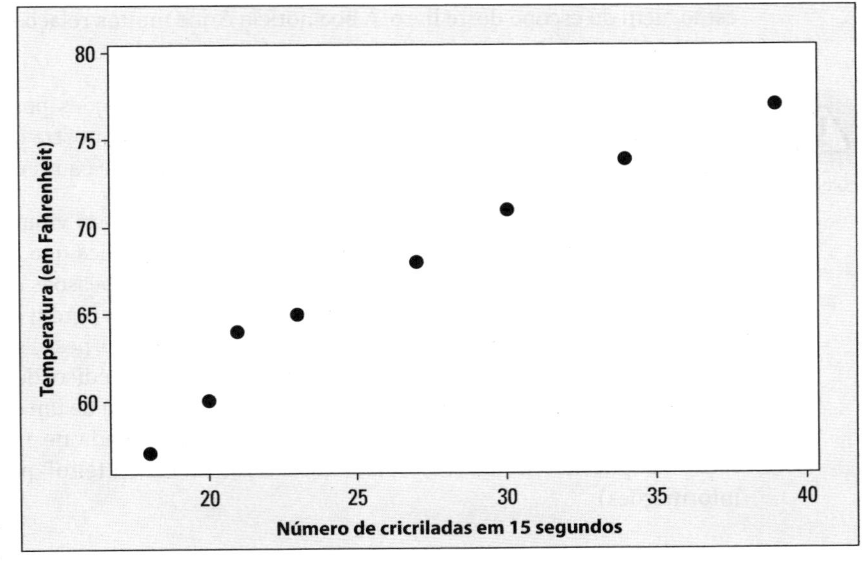

FIGURA 18-1: Diagrama de dispersão do cricrilar dos grilos em relação à temperatura externa.

Interpretando um diagrama de dispersão

LEMBRE-SE

Interpretamos um diagrama de dispersão examinando a tendência nos dados da esquerda para a direita:

- » Se os dados formarem uma linha ascendente conforme você vai da esquerda para a direita, isso indica uma *relação positiva entre X e Y*. Conforme *X* aumenta (movendo-se para direita), *Y* também aumenta (movendo-se para cima) um determinado valor.
- » Se os dados formarem uma linha descendente conforme você vai da esquerda para a direita, isso indica a existência de uma *relação negativa entre X e Y*. Conforme *X* aumenta (movimentando-se para a direita), *Y* diminui (movimentando-se para baixo) uma determinada quantia.
- » Se os dados não se parecerem com nenhum tipo de linha (nem mesmo vagamente), isso indica que não existe nenhum tipo de relação entre *X* e *Y*.

Um padrão de especial interesse é o *linear*, no qual os dados têm uma aparência geral de uma linha subindo ou descendo. Ao observar a Figura 18-1, você pode ver que há uma relação linear positiva que aparece entre o número de cricriladas e a temperatura. Ou seja, quanto mais cricriladas, mais quente a temperatura.

LEMBRE-SE

Neste capítulo, exploro apenas as relações lineares. Uma *relação linear entre X e Y* existe quando o padrão dos valores *X* e *Y* se parece com uma linha, subindo (com uma curva positiva) ou descendo (com uma curva negativa). Outros tipos de tendências podem existir, além das tendências lineares subindo e descendo (por exemplo, curvas ou funções exponenciais); no entanto, essas tendências estão além do escopo deste livro. A boa notícia é que muitas relações podem ser caracterizadas como relações lineares positivas e negativas.

CUIDADO

Os diagramas de dispersão mostram associações ou relações possíveis entre duas variáveis. Porém, só porque seu diagrama ou gráfico mostra que algo está acontecendo, isso não quer dizer que exista uma relação de causa e efeito.

Por exemplo, um médico observa que as pessoas que tomam vitamina C todos os dias parecem ter menos resfriados. Será que isso significa que a vitamina C previne resfriados? Não necessariamente. Pode ser que as pessoas que são mais preocupadas com a saúde tomam vitamina C todos os dias, porém elas também consomem alimentos mais saudáveis, não estão acima do peso, se exercitam todos os dias e lavam as mãos com mais frequência. Se o médico, de fato, quiser saber se é a vitamina C que está causando isso, ele precisará de um experimento bem projetado que deixe outros fatores de fora (veja, ainda neste capítulo, a seção "Explicando a Relação: Correlação versus Causa e Efeito" para ter mais informações).

Quantificando as Relações Lineares com a Correlação

Depois que os dados bivariados tiverem sido organizados com um diagrama (veja a seção anterior) e você observar algum tipo de padrão linear, o próximo passo será obter algumas estatísticas que possam quantificar ou medir a dimensão e a natureza da relação. Nas próximas seções, analiso a *correlação*, uma estatística que mede a força e a direção de uma relação linear entre duas variáveis; em particular, como calcular e interpretar a correlação e entender suas propriedades mais importantes.

Calculando a correlação

Na seção "Interpretando um diagrama de dispersão", anteriormente neste capítulo, mencionei que os dados que se parecem com uma linha subindo possuem uma relação linear positiva e os dados que se parecem com uma linha descendo possuem uma relação linear negativa. Contudo não mencionei se uma relação linear é forte ou fraca. A força da relação depende de quanto os dados se parecem com uma linha e, claro, existem níveis de variação para a "semelhança com essa linha".

Existe uma estatística para medir a força e a direção de uma relação linear entre duas variáveis? Com certeza! Os estatísticos usam o *coeficiente de correlação* para medir a força e a direção das relações lineares entre duas variáveis numéricas *X* e *Y*. O coeficiente de correlação para uma amostra de dados é indicado por *r*.

CUIDADO

Embora a definição corriqueira de *correlação* se aplique a quaisquer dois itens que estejam relacionados (como sexo e afiliação política), os estatísticos usam esse termo apenas no contexto de duas variáveis numéricas. O termo formal para correlação é *coeficiente de correlação*. Muitas medidas diferentes de correlação foram criadas; a que está sendo usada neste caso é chamada de *coeficiente de correlação Pearson* (mas, daqui em diante, vou chamá-la apenas de correlação).

A fórmula para a correlação (*r*) é:

$$r = \frac{1}{n-1}\left(\frac{\sum_x \sum_y (x-\bar{x})(y-\bar{y})}{s_x s_y}\right)$$

Em que *n* é o número de pares de dados; $\bar{x}$ e $\bar{y}$ são as médias amostrais de todos os valores *x* e *y*, respectivamente; s_x e s_y são os desvios-padrão amostrais de todos os valores *x* e *y*, respectivamente.

Use os passos a seguir para calcular a correlação, *r*, a partir de um conjunto de dados:

1. **Encontre a média de todos os valores *x* ($\bar{x}$) e a média de todos os valores *y* ($\bar{y}$).**

   Veja como calcular a média no Capítulo 5.

2. **Encontre o desvio-padrão de todos os valores *x* (s_x) e o desvio-padrão de todos os valores *y* (s_y).**

   Veja o Capítulo 5 para saber como calcular o desvio-padrão.

3. **Para cada par (*x*, *y*) no conjunto de dados, encontre a diferença entre *x* e $\bar{x}$, *y* e $\bar{y}$, depois, multiplique essas diferenças para obter $(x-\bar{x})(y-\bar{y})$.**

4. **Some todos os resultados do Passo 3.**

5. **Divida a soma por s_x x s_y.**

6. **Divida o resultado por *n* – 1, em que *n* é o número de pares (*x*, *y*). (É o mesmo que multiplicar 1 por *n* – 1.)**

   Isso lhe dá a correlação, *r*.

Por exemplo, suponha que você tenha o conjunto de dados (3, 2), (3, 3) e (6, 4). Seguindo os passos mencionados, é possível calcular o coeficiente de correlação, *r*. (Observe que os valores de *x* são 3, 3 e 6, e os valores de *y* são 2, 3 e 4.)

1. **$\bar{x}$ é 12 ÷ 3 = 4 e $\bar{y}$ é 9 ÷ 3 = 3.**

2. **Os desvios-padrão são s_x = 1,73 e s_y = 1,00.**

   Veja o passo a passo dos cálculos no Capítulo 5.

3. **As diferenças encontradas no Passo 3 e multiplicadas são: (3 – 4)(2 – 3) = (– 1)(– 1) = +1; (3 – 4)(3 – 3) = (– 1)(0) = 0; (6 – 4)(4 – 3) = (2)(1) = +2.**

4. **Adicionando os resultados do Passo 3, obtemos 1 + 0 + 2 = 3.**

5. **Ao dividir por s_x x s_y, temos 3 ÷ (1,73 x 1,00) = 3 ÷ 1,73 = 1,73.**

6. **Agora, divida o resultado do Passo 5 por 3 – 1 (que é 2) e obterá a correlação *r* = 0,87.**

Interpretando a correlação

A correlação *r* sempre é um valor entre +1 e –1. Para interpretar diversos valores de *r* (sem regras definidas aqui, apenas minha sugestão prática), veja qual dos valores a seguir fica mais próximo da correlação:

- **Exatamente −1:** Uma relação linear (negativa) perfeita, descendo.
- **−0,70:** Uma relação linear (negativa) forte, descendo.
- **−0,50:** Uma relação linear (negativa) moderada, descendo.
- **−0,30:** Uma relação linear (negativa) fraca, descendo.
- **0:** Nenhuma relação linear.
- **+0,30:** Uma relação linear (positiva) fraca, subindo.
- **+0,50:** Uma relação linear (positiva) moderada, subindo.
- **+0,70:** Uma relação linear (positiva) forte, subindo.
- **Exatamente +1:** Uma relação linear (positiva) perfeita, subindo.

Se o diagrama de dispersão não indicar que há pelo menos algo parecido com uma relação linear, a correlação não significará muito. Por que medir a quantidade de relação linear se quase não há uma? Porém você pode entender a ideia de nenhuma relação linear de duas formas: 1) Se não existir nenhuma relação linear, não fará sentido calcular a correlação, pois ela se aplica apenas a relações lineares; e 2) se existir uma relação forte, mas que não seja linear, a correlação poderá ser enganosa, porque em alguns casos há uma forte relação em forma de curva e a correlação acaba sendo forte. Por isso, é crucial examinar o diagrama de dispersão antes.

A Figura 18-2 apresenta exemplos de várias correlações, em relação à força e à direção da relação. A Figura 18-2a mostra uma correlação de +1, a Figura 18-2b mostra uma correlação de -0,50, a Figura 18-2c mostra uma correlação de +0,85 e a Figura 18-2d mostra uma correlação de +0,15. Ao comparar as Figuras 18-2 a e c, você pode observar que a Figura 18-2a é uma linha perfeita subindo e a Figura 18-2c mostra um padrão linear de uma subida muito íngreme. A Figura 18-2b está descendo, mas os pontos estão um pouco espalhados em uma área maior, mostrando que há uma relação linear presente, mas não tão forte quanto nas Figuras 18-2 a e c. A Figura 18-2d não mostra quase nada acontecendo (e não deveria, uma vez que sua correlação é muito próxima a 0).

Muitas pessoas cometem o erro de pensar que uma correlação -1 é algo ruim, indicando nenhuma relação. Na verdade, é o contrário! Uma correlação -1 significa que os dados estão alinhados em uma reta perfeita; é a relação linear mais forte que se pode ter. O sinal "-" (menos) apenas indica uma relação negativa, uma linha em sentido descendente.

Qual é a distância que você deve ficar de -1 a +1 para indicar uma relação linear forte? Muitos estatísticos gostam de ver correlações acima de, pelo menos, +0,5 ou -0,5 antes de se entusiasmarem. Entretanto não espere que uma correlação sempre fique em 0,99; lembre-se: são dados reais e eles não são perfeitos.

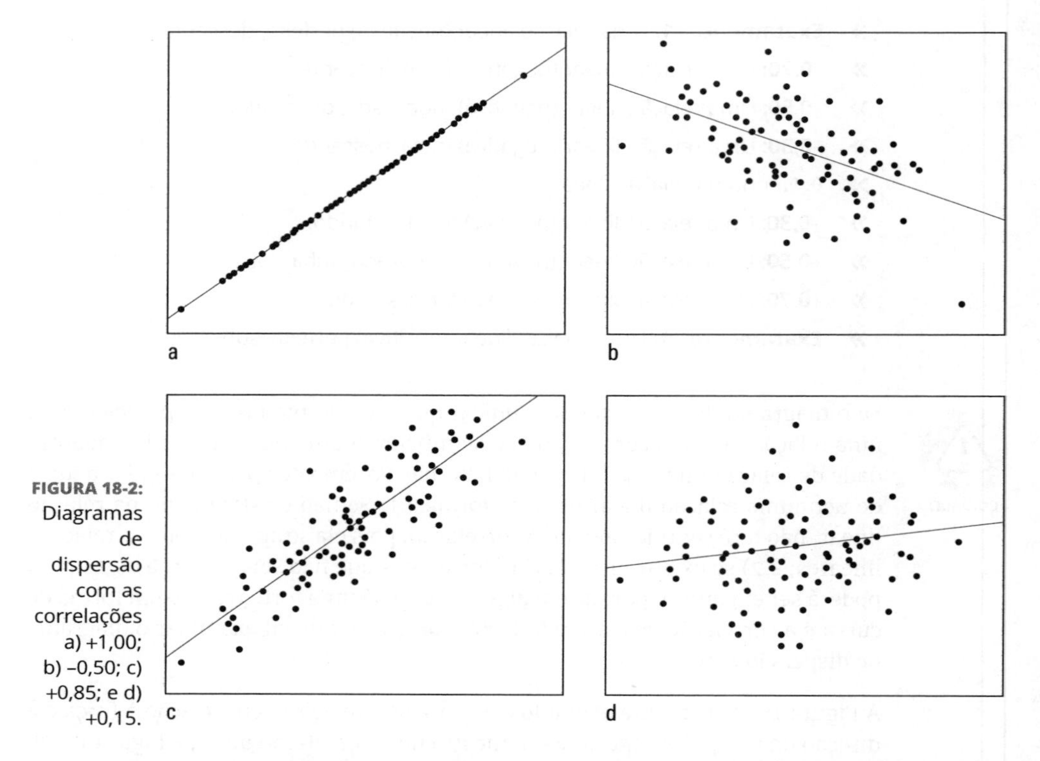

FIGURA 18-2: Diagramas de dispersão com as correlações a) +1,00; b) −0,50; c) +0,85; e d) +0,15.

Para o meu subgrupo de dados do cricrilar dos grilos versus a temperatura, na seção "Representando uma Relação com um Gráfico de Dispersão", eu calculei uma correlação igual a 0,98, um coeficiente quase nunca encontrado no mundo real (esses grilos são realmente *feras*!).

Examinando as propriedades da correlação

Aqui estão várias propriedades importantes do coeficiente de correlação:

- A correlação sempre fica entre −1 e +1, como expliquei na seção anterior.
- A correlação é uma medida sem unidade. Isso significa que se você alterar as unidades de *X* ou *Y*, a correlação continuará a mesma. Por exemplo, mudar a unidade da temperatura de Fahrenheit para Celsius não influenciará a correlação entre o cricrilar dos grilos (*X*) e a temperatura (*Y*).
- As variáveis *X* e *Y* podem mudar dentro do conjunto de dados e a correlação ainda permanecerá a mesma. Por exemplo, se a altura e o peso tiverem uma correlação de 0,53, o peso e a altura terão a mesma correlação.

Desenvolvendo a Regressão Linear

No caso de duas variáveis numéricas *X* e *Y*, se pelo menos uma correlação moderada foi estabelecida pela correlação e pelo diagrama de dispersão, você poderá dizer que há uma relação linear. Os pesquisadores provavelmente usarão essa relação para prever o valor (médio) de *Y* para determinado valor de *X*, usando uma linha reta. Os estatísticos chamam essa linha de *linha de regressão*. Se você souber a inclinação e a intercepção *y* da linha de regressão, poderá dar um valor para *X* e prever o valor médio para *Y*. Ou seja, pode prever (a média) *Y* a partir de *X*. Nas próximas seções, mostro os fundamentos para você compreender e usar a equação da linha de regressão (explico como fazer previsões com a regressão linear mais à frente neste capítulo).

CUIDADO

Nunca faça uma análise de regressão, a menos que já tenha encontrado pelo menos uma correlação moderadamente forte entre as duas variáveis. (Meu conselho prático é que ela deve ser 0,50 positiva ou negativa, mas outros estatísticos podem ter critérios diferentes.) Já vi casos em que os pesquisadores vão em frente, fazendo previsões, mesmo tendo encontrado um correlação menor que 0,20! Isso não faz nenhum sentido. Se os dados não se parecem com uma linha, você não pode tentar usar uma linha para se ajustar aos dados e fazer previsões (mas as pessoas tentam assim mesmo).

Identificando qual variável é *X* e qual é *Y*

Antes de continuar e descobrir a equação para sua linha de regressão, você precisa identificar qual variável é *X* e qual é *Y*. Ao fazer correlações (como expliquei anteriormente neste capítulo), a escolha de qual será a variável *X* ou *Y* não importa, desde que todos os dados sejam consistentes. Mas ao determinar a linha de regressão e fazer previsões, a escolha de *X* e *Y* faz toda a diferença.

LEMBRE-SE

Então, como determinar qual variável é qual? De modo geral, *Y* é a variável que você quer prever e *X* é a variável usada para fazer a previsão. No exemplo do cricrilar dos grilos, usamos o número de vezes que os grilos cricrilam para prever a temperatura. Nesse caso, a variável *Y* é a temperatura e a variável *X* é o número de cricriladas. Assim, *Y* pode ser previsto por *X* usando a equação de uma linha, caso exista uma relação linear forte o suficiente.

DICA

Os estatísticos chamam a variável *X* (as cricriladas dos grilos no exemplo anterior) de *variável explanatória*, pois se *X* mudar, a inclinação informará (ou explicará) quanto se espera que *Y* mude em reação. Portanto, a variável *Y* é chamada de *variável de reação*. Outros nomes para *X* e *Y* incluem variáveis *independentes* e *dependentes*, respectivamente.

Verificando as condições

No caso de duas variáveis numéricas, você pode produzir uma linha que permita fazer a previsão de *Y* a partir de *X* se (e apenas se) as duas condições a seguir da seção anterior são atendidas:

- » O diagrama de dispersão deve formar um padrão linear.
- » A correlação, *r*, é de moderada a forte (geralmente acima de 0,50 ou -0,50).

Alguns pesquisadores, na realidade, não verificam essas condições antes de fazerem previsões. Os argumentos deles não serão válidos a menos que essas duas condições sejam atendidas.

Porém suponha que a correlação seja alta; você ainda precisa verificar o diagrama de dispersão? Sim. Em algumas situações, os dados possuem uma forma meio curvada e a correlação ainda é forte; nesses casos, fazer previsões usando uma linha reta ainda é inválido. As previsões precisam ser feitas com base em uma curva. (O tópico fica fora do escopo deste livro; se você estiver interessado, leia *Estatística II Para Leigos*, no qual resolvo a questão das relações não lineares.)

Calculando a linha de regressão

Para os dados dos grilos e da temperatura, você pode observar que o diagrama de dispersão na Figura 18-1 mostra um padrão linear. A correlação entre as cricriladas dos grilos e a temperatura foi encontrada anteriormente neste capítulo e é muito forte ($r = 0{,}98$). Agora, você pode encontrar uma linha que melhor se ajusta aos dados (em relação a ter a menor distância geral até os pontos). Os estatísticos chamam a técnica de encontrar uma linha que melhor se ajusta de *análise simples de regressão linear usando o método de menos quadrados.*

A fórmula para a *linha que melhor se ajusta* (ou *linha de regressão*) é $y = mx + b$, sendo que *m* é a inclinação da linha e *b* é a intercepção *y*. É a mesma equação usada em Álgebra para encontrar uma linha; mas lembre-se: em Estatística, os pontos não ficam perfeitamente sobre uma linha; a linha é um modelo ao redor do qual os dados ficam, caso exista um padrão linear forte.

- » A *inclinação* de uma linha é a mudança em *Y* em função da mudança em *X*. Por exemplo, uma inclinação 10/3 significa que enquanto o valor *x* aumenta (se move para a direita) em 3 unidades, o valor *y* se move 10 unidades para cima, em média.
- » A *intercepção y* é o lugar no eixo *y* onde o valor de *x* é zero. Por exemplo, na equação $2x - 6$, a linha cruza o eixo *y* no ponto -6. As coordenadas desse ponto são (0, -6); quando uma linha cruza o eixo *y*, o valor *x* é sempre 0.

PAPO DE ESPECIALISTA

Para conseguir a linha que melhor se ajuste, você precisa encontrar os valores de m e b que se ajustam da melhor forma ao padrão dos dados para os critérios que se tem. Critérios diferentes existem e podem levar a outras linhas, mas o critério que uso neste livro (e todos os cursos de introdução à Estatística em geral usam) é encontrar a linha que minimiza o que os estatísticos chamam de *soma de quadrado do erro* (SQE). SQE é a soma de todas as diferenças ao quadrado desde os pontos na linha proposta até pontos reais no conjunto de dados. A linha com o menor SQE possível vence e sua equação é usada como a linha de melhor ajuste. É desse processo que vem o nome *método com menos quadrados.*

Você deve estar pensando que precisará experimentar várias linhas diferentes até encontrar a que se ajusta melhor. Felizmente, não é esse o caso (embora examinar uma linha no diagrama dispersivo realmente ajude a imaginar qual seria a resposta esperada). A linha que melhor se ajusta tem uma inclinação e uma intercepção y diferentes que podem ser calculadas com fórmulas (e além disso, essas fórmulas não são tão difíceis de calcular).

DICA

Para não perder tempo calculando a melhor linha de ajuste, encontre primeiro as "supercinco", as cinco estatísticas de síntese de que você precisa nos cálculos:

1. **A média dos valores x (indicada por $\bar{x}$).**
2. **A média dos valores y (indicada por $\bar{y}$).**
3. **O desvio-padrão dos valores x (indicado por s_x).**
4. **O desvio-padrão dos valores y (indicado por s_y).**
5. **A correlação entre X e Y (indicada por r).**

Encontrando a inclinação

A fórmula da inclinação, m, da linha de melhor ajuste é:

$$m = r\left(\frac{s_y}{s_x}\right)$$

Em que r é a correlação entre X e Y, s_x e s_y são os desvios-padrão dos valores x e y, respectivamente. Apenas divida s_y por s_x e multiplique o resultado por r.

Perceba que a inclinação da linha de melhor ajuste pode ser um número negativo, pois a correlação pode ser negativa. Uma inclinação negativa indica que a linha é descendente. Por exemplo, um aumento do número de policiais está relacionado a uma diminuição do número de crimes de forma linear; a correlação e a inclinação da linha de melhor ajuste são negativas nesse caso.

DICA

Correlação e inclinação da linha de melhor ajuste não são a mesma coisa. A fórmula da inclinação pega a correlação (uma medida sem unidades) e atribui uma unidade a ela. Pense em $s_y \div s_x$ como a variação (lembrando a mudança) em

Y em função da variação em X, em unidades de X e Y. Por exemplo, a variação na temperatura (graus Fahrenheit) em função da variação no número de cricriladas dos grilos (em 15 segundos).

Encontrando a intercepção y

A fórmula da intercepção y, b, da linha de melhor ajuste é $b = \bar{y} - m\bar{x}$, sendo que $\bar{x}$ e $\bar{y}$ são as médias dos valores x e y, respectivamente, e m é a inclinação (a fórmula foi apresentada na seção anterior).

LEMBRE-SE

Portanto, para calcular a intercepção y, b, da linha de melhor ajuste, comece descobrindo a inclinação, m, da linha de melhor ajuste e seguindo os passos listados na seção anterior. Depois, multiplique m por $\bar{x}$ e subtraia esse resultado de $\bar{y}$.

DICA

Sempre calcule a inclinação antes da intercepção y. A fórmula da intercepção y contém a inclinação!

Interpretando a linha de regressão

Ainda mais importante do que conseguir calcular a inclinação e a intercepção y para formar a linha de regressão de melhor ajuste é a habilidade de interpretar seus valores; explico como fazer isso nas seções seguintes.

Interpretando a inclinação

A inclinação é interpretada em Álgebra como a *vertical sobre a horizontal*. Se, por exemplo, a inclinação é 2, você pode escrever isso como $^{2}/_{1}$ e dizer que ao se mover entre os pontos na linha, enquanto o valor da variável X aumenta de 1 em 1, o valor da variável Y aumenta de 2 em 2. Em um contexto de regressão, a inclinação é a alma da equação, pois ela informa o quanto se espera que Y mude à medida que X aumenta.

Em geral, as unidades da inclinação são as unidades da variável Y por unidades da variável X. É uma proporção de mudança em Y por mudança em X. Suponha que ao estudar o efeito do nível de dosagem em miligramas (mg) na pressão sanguínea sistólica (mmHg), um pesquisador descobre que a inclinação da linha de regressão é -2,25. Você pode escrever esse valor como $^{-2.5}/_{1}$ e dizer que se espera que a pressão sanguínea sistólica diminua 2,5mmHg em média a cada aumento de 1mg na dosagem do medicamento.

LEMBRE-SE

É importante que você sempre use unidades adequadas ao interpretar a inclinação. Se você não levar as unidades em consideração, não verá a conexão entre as duas variáveis que possui. Por exemplo, se Y é a nota de uma prova e X = tempo de estudo, e você descobre que a inclinação da equação é 5, o que isso significa? Praticamente nada sem unidades para a interpretação. Ao incluir as unidades, você pode perceber que obtém um aumento de 5 pontos (mudança em Y) para cada aumento de 1 hora de estudos (mudança em X). Lembre-se também de ter cuidado com as variáveis que possuem mais de uma unidade em comum, como as temperaturas em Fahrenheit ou Celsius; saiba qual unidade está sendo usada.

Se utilizar 1 no denominador da inclinação não significar muito para você, multiplique o número de cima e o de baixo por qualquer outro (desde que seja o mesmo número) e faça a interpretação dessa forma. No exemplo da pressão sanguínea sistólica, em vez de escrever a inclinação como $^{-2.5}/_{1}$ e interpretá-la como uma queda de 2,5mmHg a cada aumento de 1mg do remédio, você pode multiplicar os dois números por 10 para obter $^{-25}/_{10}$ e dizer que um aumento de 10mg na dosagem resulta em uma diminuição de 25mmHg da pressão sanguínea sistólica.

Interpretando a intercepção y

A intercepção y é o lugar em que a linha de regressão $y = mx + b$ cruza o eixo y no qual $x = 0$ e é indicada por b (veja a seção "Encontrando a intercepção y"). Algumas vezes, a intercepção y pode ser interpretada de forma significativa, outras não. Essa incerteza é diferente das inclinações, que são sempre interpretáveis. Na realidade, entre os dois elementos de inclinação e intercepção y, a inclinação é a estrela do show, tendo a intercepção y como uma coadjuvante menos famosa, mas ainda percebida.

Em alguns momentos, a intercepção y não faz sentido. Por exemplo, imagine que você use a chuva para prever a quantidade de milho por alqueire. Você sabe que se o conjunto de dados contém um ponto onde a chuva é 0, a quantidade por alqueire também deve ser 0. Em consequência, se a linha de regressão cruzar o eixo y em algum ponto que não seja 0 (e não há garantias de que cruzará em 0, depende dos dados), a intercepção y não fará sentido. Da mesma forma, nesse contexto, um valor negativo de y (produção de milho) não pode ser interpretado.

Outra situação na qual não podemos interpretar a intercepção y é quando os dados não estão presentes perto do ponto no qual $x = 0$. Por exemplo, suponha que você queira usar as notas dos alunos da prova 1 para prever as notas da prova 2. A intercepção y representa uma previsão para a prova 2 quando o resultado na prova 1 é 0. Você não espera que os resultados de uma prova sejam 0 ou perto disso, a menos que alguém não tenha feito a prova e, nesse caso, a nota nem teria sido incluída, para começar.

Porém, muitas vezes, a intercepção y é de interesse, ela tem um significado e você tem dados coletados na área em que $x = 0$. Por exemplo, se você estiver fazendo a previsão de vendas de café nos jogos de futebol em Green Bay, Wisconsin, usando a temperatura, em alguns jogos será muito frio, com a temperatura perto ou abaixo de 0 grau Fahrenheit (-17 Celsius), então, prever as vendas de café nessas temperaturas faz sentido. (Como você pode adivinhar, quanto mais frio, mais café é vendido.)

Juntando tudo em um exemplo: A linha de regressão dos grilos

Na seção "Representando uma Relação com um Gráfico de Dispersão" anteriormente neste capítulo, mostrei o exemplo dos cricrilares dos grilos em relação à temperatura. As cinco "superestatísticas", que expliquei na seção "Calculando a linha de regressão", são apresentadas na Tabela 18-2 para o subconjunto dos dados dos grilos. (***Nota:*** Arredondo apenas para facilitar a explicação.)

TABELA 18-2 As Cinco "Superestatísticas" dos Dados dos Grilos

Variável	Média	Desvio-padrão	Correlação
Nº de cricriladas (x)	$\bar{x}$=26,5	s_x = 7,4	r = +0,98
Temperatura (y)	$\bar{y}$=67	s_y = 6,8	

A inclinação, *m*, da linha de melhor ajuste para o subconjunto de dados de grilos versus temperatura é $m = r\frac{s_y}{s_x} = 0{,}98\left(\frac{6{,}8}{7{,}4}\right) = 0{,}90$. Sendo assim, enquanto o número de cricriladas aumenta em 1 a cada 15 segundos, espera-se que a temperatura aumente 0,90 grau Fahrenheit, em média. Para obter uma interpretação mais significativa, você pode multiplicar o numerador e o denominador da inclinação por 10 e dizer que enquanto as cricriladas aumentam 10 vezes (a cada 15 segundos), a temperatura aumenta 9 graus Fahrenheit.

Agora, para encontrar a intercepção y, *b*, pegue $\bar{y} - m\bar{x}$, ou 67 – (0,90)(26,5) = 43,15. Portanto, a linha de melhor ajuste para prever a temperatura a partir do cricrilar dos grilos com base nos dados é y = 0,90x + 43,15 ou a temperatura (em graus Fahrenheit) = 0,90 x (número de cricriladas em 15 segundos) + 43,2. Mas será você pode usar a intercepção y para prever a temperatura quando não houver nenhuma cricrilada? Como nenhum dado foi coletado nesse ponto ou perto dele, não é possível fazer previsões para a temperatura nessa área. Não se pode prever a temperatura usando os grilos se eles estão em silêncio.

Fazendo Previsões Adequadas

Após ter determinado uma relação linear forte e encontrado a equação da linha de melhor ajuste usando $y = mx + b$, use essa linha para prever (a média) y para determinado valor x. Para fazer previsões, coloque o valor x na equação e descubra y. Por exemplo, se sua equação é $y = 2x + 1$ e você quer fazer a previsão de y, sendo $x = 1$, coloque 1 na equação de x para obter $y = 2(1) + 1 = 3$.

Lembre-se de que você escolhe os valores de *X* (a variável explanatória) usados; você prevê *Y*, a variável de reação, que depende totalmente de *X*. Ao fazer isso, está usando uma variável para a qual pode coletar dados facilmente para prever uma variável *Y* que é difícil ou impossível de ser mensurada. Esse processo funciona bem desde que *X* e *Y* estejam correlacionados. Esse conceito é a grande ideia da regressão.

Usando os exemplos da seção anterior, a linha de melhor ajuste para os grilos é $y = 0{,}90x + 43{,}2$. Digamos que você esteja acampando, ouvindo os grilos, e se lembra de que pode prever a temperatura ao contar as cricriladas. Você conta 35 cricriladas em 15 segundos, usa 35 como *x*, e descobre que $y = 0{,}9(35) + 43{,}2 = 74{,}7$. (Claro, você memorizou a fórmula antes de ir acampar, para caso precisasse.) Portanto, como os grilos cricrilaram 35 vezes em 15 segundos, você estima que a temperatura provavelmente está em torno de 75 graus Fahrenheit (29 graus Celsius).

O fato de você ter uma linha de regressão não significa que possa atribuir *qualquer* valor a *X* e obter uma boa previsão para *Y*. Fazer previsões usando valores *x* fora do intervalo de seus dados é errado. Os estatísticos chamam essa prática de *extrapolação*; fique atento a pesquisadores que tentam fazer alegações além do intervalo de seus resultados.

Por exemplo, nos dados das cricriladas, não há dados coletados para menos de 18 ou mais de 39 cricriladas a cada 15 segundos (consulte a Tabela 18-1). Se você tentar fazer previsões fora desse alcance, estará adentrando em território não mapeado; quanto mais longe seus valores x estiverem desse intervalo, mais duvidosas serão suas previsões de y. Quem pode dizer que a linha ainda funciona fora da área onde os dados foram coletados? Você realmente acha que os grilos vão cricrilar cada vez mais rápido, sem limites? Em algum momento, eles morreriam ou seriam queimados pelo calor! E o que significa um número negativo de cricriladas, na realidade? (Seria a mesma coisa que perguntar qual é o som das palmas batidas com apenas uma mão?)

Saiba que nem todos os pontos de dados vão necessariamente se ajustar bem na linha de regressão, mesmo se a correlação for alta. Um ou dois pontos podem ficar fora do padrão geral do restante dos dados; esses pontos são chamados de *valores atípicos (outliers)*. Um ou dois valores atípicos não afetarão muito o ajuste geral da linha de regressão, mas, no fim, você verá que a linha não se formou bem nesses pontos específicos.

A diferença numérica entre o valor previsto de y a partir da linha e o valor y real que você obteve de seus dados é chamado de *resíduo*. Os valores atípicos possuem resíduos grandes quando comparados com o restante dos pontos; vale a pena investigá-los para ver se houve algum erro nos dados nesses pontos ou se há algo especialmente interessante nos dados para ser acompanhado. (Faço uma análise muito mais detalhada sobre os resíduos no meu livro *Estatística II Para Leigos*.)

Explicando a Relação: Correlação versus Causa e Efeito

Os diagramas de dispersão e as correlações identificam e quantificam as relações entre duas variáveis. No entanto, se um diagrama de dispersão apresenta um padrão definido e se encontra uma forte correlação nos dados, isso não significa, necessariamente, que há uma relação de causa e efeito entre as duas variáveis. Uma *relação de causa e efeito* é aquela na qual uma mudança em uma variável (*X*, nesse caso) causa uma mudança em outra variável (*Y*, aqui). (Ou seja, a mudança em *Y* não está apenas associada a uma mudança em *X*, mas é também diretamente causada por *X*.)

» Por exemplo, suponha que um experimento médico bem controlado seja conduzido para determinar os efeitos da dosagem de determinado medicamento para a pressão sanguínea (veja um detalhamento total sobre experimentos no Capítulo 17). Os pesquisadores analisaram o diagrama de dispersão e encontraram um padrão linear claramente descendente; eles calcularam a correlação e ela é forte. Eles concluíram que o aumento da dosagem desse medicamente causa uma diminuição na pressão sanguínea. Essa conclusão de causa e efeito está certa, pois eles controlaram outras variáveis que poderiam afetar a pressão sanguínea durante o experimento, como outros remédios consumidos, idade, saúde em geral e assim por diante.

No entanto, se você fizesse um diagrama de dispersão e examinasse a correlação entre o consumo de sorvetes versus os assassinatos na cidade de Nova York, também veria uma relação linear forte (nesse caso, ascendente). Contudo, ninguém alegaria que o aumento no consumo de sorvetes causa mais assassinatos.

O que está havendo aqui? No primeiro caso, os dados foram coletados através de um experimento médico bem controlado, o que minimiza a influência de outros fatores que podem afetar a pressão sanguínea. No segundo exemplo, os dados foram baseados apenas na observação, e nenhum outro fator foi examinado. Em seguida, os pesquisadores descobriram que há uma forte correlação porque o aumento nas taxas de assassinatos e as vendas de sorvete estão, ambos, relacionados ao aumento da temperatura. Nesse caso, a temperatura é chamada de *variável de confusão*; ela afeta tanto *X* quanto *Y*, mas não foi incluída no estudo (veja o Capítulo 17).

CUIDADO

O fato de duas variáveis estarem casualmente associadas depende de como o estudo foi conduzido. Já vi muitos casos em que as pessoas alegam relações de causa e efeito apenas olhando os diagramas de dispersão ou as correlações. Por que elas fazem isso? Porque querem acreditar na relação (em outras palavras, precisam “acreditar para ver”, em vez do contrário). Tenha cuidado com essa tática. Para estabelecer uma causa e efeito, você precisa ter um experimento bem projetado ou uma quantidade enorme de estudos observacionais. Caso alguém esteja tentando estabelecer uma relação de causa e efeito ao apresentar uma tabela ou um gráfico, vá mais fundo para descobrir como o estudo foi projetado e os dados foram coletados, e avalie o estudo adequadamente usando os critérios descritos no Capítulo 17.

A necessidade de ter um experimento bem projetado para alegar uma causa e efeito é geralmente ignorada por alguns pesquisadores e membros da mídia, que nos apresentam manchetes como “Médicos podem diminuir o número de processos por erros passando mais tempo com os pacientes”. Na realidade, descobriu-se que os médicos que foram processados menos vezes são aqueles que passam muito tempo com os pacientes. Mas isso não quer dizer que pegar um médico ruim e fazer com que ele passe mais tempo com seus pacientes reduzirá os processos por imperícia; de fato, passar mais tempo com eles pode até criar mais problemas.

NESTE CAPÍTULO

» **Organizando tabelas bidirecionais com variáveis categóricas**

» **Aprofundando o uso das distribuições marginais, conjuntas e condicionais**

» **Verificando a dependência e a independência**

» **Obtendo perspectiva sobre os resultados das tabelas bidirecionais**

Capítulo **19**

Tabelas Bidirecionais e Independência

As *variáveis categóricas* alocam os indivíduos em grupos com base em certas características, comportamentos ou resultados, como se você tomou café da manhã (sim, não) ou afiliação política (democrata, republicano, independente, "outros"). Geralmente, as pessoas buscam relações entre duas variáveis categóricas; é difícil passar um dia sem escutar sobre alguma relação que foi descoberta.

Aqui estão apenas alguns exemplos que encontrei recentemente na internet:

- Os donos de cães levam mais seus pets ao veterinário do que os donos de gatos.
- O uso intenso de redes sociais pelos adolescentes está relacionado à depressão.
- As crianças que jogam mais videogame se saem melhor nas aulas de Ciências.

Com todas essas informações sendo oferecidas a respeito das variáveis que estão relacionadas, como decidir em que acreditar? Por exemplo, o uso intenso de redes sociais causa depressão ou seria o contrário? Ou talvez uma terceira variável esteja relacionada a essas duas, como problemas em casa.

Neste capítulo, você verá como organizar e analisar dados a partir de duas variáveis categóricas. Descobrirá como usar as proporções para fazer comparações e verificar padrões gerais, e como verificar a independência de duas variáveis categóricas. Também verá como descrever relações dependentes de forma adequada e avaliar os resultados que alegam indicar uma relação de causa e efeito, fazendo previsões e/ou projetando resultados para uma população.

Organizando uma Tabela Bidirecional

Para explorar as conexões entre duas variáveis categóricas, primeiro você precisa organizar os dados que foram coletados, e uma tabela é uma ótima ferramenta para isso. Uma *tabela bidirecional* classifica os indivíduos em grupos com base nos resultados de duas variáveis categóricas (por exemplo, sexo e opinião).

Imagine que alguns engenheiros de sua comunidade local estejam construindo um local de acampamento e decidem que os cães serão permitidos lá, desde que estejam em coleiras. Agora, eles estão tentando decidir se o local deve ter uma área separada para os pets. Você tem uma intuição de que as pessoas que não possuem pets e que frequentam o local podem ser mais a favor de haver uma área reservada para os pets, então decide descobrir o que os integrantes da comunidade de acampamento pensam a respeito. Você faz uma seleção aleatória de 100 campistas na área local e conduz uma pesquisa, registrando a opinião de cada pessoa sobre haver uma área para pets (sim, não) e se eles levam os pets quando vão acampar (sim, não). Agora você possui uma planilha com 100 linhas de dados, uma para cada pessoa que pesquisou. Cada linha tem dois dados: uma coluna informando se a pessoa leva o pet quando vai acampar (sim, não) e outra com a opinião da pessoa sobre haver uma área para os pets (apoia, não apoia). Imagine que as primeiras dez linhas do seu conjunto de dados sejam parecidas com os dados apresentados na Tabela 19-1.

TABELA 19-1 **As Primeiras Dez Linhas de Dados da Pesquisa sobre Acampar com os Pets**

Pessoa	Leva o Pet Quando Vai Acampar?	Opinião Sobre Haver uma Área para Pets
1	Sim	Não Apoia
2	Sim	Não Apoia
3	Sim	Apoia
4	Não	Apoia
5	Não	Apoia

Pessoa	Leva o Pet Quando Vai Acampar?	Opinião Sobre Haver uma Área para Pets
6	Sim	Apoia
7	Não	Não Apoia
8	Não	Apoia
9	Sim	Apoia
10	Não	Não Apoia

A partir dessa pequena parte de seu conjunto de dados, você pode começar a ver os detalhes. Por exemplo, observando os resultados da segunda coluna, podemos ver que metade dos respondentes (5 ÷ 10 = 0,50) acampa com seus pets e que a outra não. Dos que acampam com os pets (ou seja, as cinco pessoas com um sim na coluna 2), três (60%) apoiam a existência de uma área separada. E os mesmos resultados ocorrem para os campistas que não levam os pets. Os resultados dos dez campistas provavelmente não se aplicam a todos os 100 pesquisados; no entanto, se você tentasse examinar os dados brutos de todas as 100 linhas desse conjunto de dados à mão, não faria muito progresso no sentido de perceber padrões sem ter muito trabalho.

Para ter uma ideia do que está acontecendo em um conjunto grande de dados ao examinar duas variáveis categóricas, você deve organizar os dados em uma tabela bidirecional. As seções a seguir mostrarão como fazer isso.

Configurando as células

LEMBRE-SE

Uma tabela bidirecional organiza os dados categóricos de duas variáveis usando linhas para representar uma variável (como acampar com os pets — sim ou não) e colunas para representar a outra (como a opinião sobre uma área reservada para os pets — apoia ou não apoia). Cada pessoa aparece apenas uma vez na tabela.

Continuando com o exemplo dos campistas que comecei anteriormente neste capítulo, na Tabela 19-2, sintetizo os resultados de todos os 100 campistas pesquisados.

TABELA 19-2 **Tabela Bidirecional com os Dados de Pesquisa sobre Acampar com os Pets (Todas as 100 Linhas)**

	Apoia uma Área Separada para Pets	Não Apoia uma Área Separada para Pets
Campista com Pet	20	10
Campista sem Pet	55	15

A Tabela 19-2 tem 2 x 2 = 4 números. Eles representam as *células* da tabela bidirecional; cada uma representa uma interseção de uma linha com uma coluna. A célula à esquerda superior da tabela representa as 20 pessoas que são campistas com pets e apoiam uma área para os pets. Na célula à direita superior estão as 10 pessoas que são campistas com pets, mas que não apoiam uma área para os pets. À esquerda inferior estão os 55 campistas sem pets que querem uma área para os pets; as 15 pessoas à direita inferior são campistas sem pets e que não apoiam uma área para os pets.

Calculando os totais

Antes de entrarmos nos detalhes da análise de uma tabela bidirecional na seção mais à frente, "Interpretando as Tabelas Bidirecionais", você deve calcular os totais e adicioná-los à tabela para ter uma referência futura. Faça a síntese de cada variável separadamente ao calcular os *totais marginais*, que representam o número total em cada linha (para a primeira variável) e o número total em cada coluna (para a segunda variável). Os *totais marginais das linhas* formam uma coluna adicional no lado direito da tabela e os *totais marginais das colunas* formam uma linha adicional na parte inferior da tabela.

Por exemplo, na Tabela 19-2 na seção anterior, o total marginal das linhas para a primeira linha, o número de campistas com pets, é 20 + 10 = 30; o total marginal das linhas para os campistas sem pets (segunda linha) é 55 + 15 = 70. O total marginal da coluna 1, aqueles que querem uma área para os pets, é 20 + 55 = 75, e o total marginal da coluna 2, daqueles que não querem uma área separada, é 10 + 15 = 25.

O *total geral* é o total de todas as células da tabela e é igual ao tamanho amostral. (Observe que os totais marginais não são incluídos no total geral, apenas as células.) O total geral fica à direita inferior de uma tabela bidirecional. Nesse exemplo, o total geral é 20 + 10 + 55 + 15 = 100. A Tabela 19-3 apresenta os totais marginais das linhas e colunas, assim como o total geral dos dados da pesquisa dos campistas com pets.

TABELA 19-3 **Tabela Bidirecional com os Dados de Pesquisa sobre Acampar com os Pets, Incluindo os Totais Marginais**

	Apoia uma Área Separada para Pets	Não Apoia uma Área Separada para Pets	Totais Marginais das Linhas
Campista com Pet	20	10	20 + 10 = 30
Campista sem Pet	55	15	55 + 15 = 70
Totais Marginais das Colunas	20 + 55 = 75	10 + 15 = 25	**Total geral = 100** (20 + 10 + 55 + 15)

Os totais marginais das linhas somados sempre são iguais ao total geral, pois todos na pesquisa acampam ou não com pets. Na última coluna da Tabela 19-3, você pode observar que 30 + 70 = 100. Da mesma forma, os totais marginais da coluna somados sempre são iguais ao total geral; todos na pesquisa apoiam ou não uma área para os pets; na última linha da Tabela 19-3, você pode observar 75 + 25 = 100.

LEMBRE-SE

Ao organizar uma tabela bidirecional, sempre inclua os totais marginais e o total geral. Isso faz com que você comece com o pé direito ao analisar os dados.

Interpretando as Tabelas Bidirecionais

Após ter montado a tabela de distribuição (com a ajuda das informações encontradas na seção anterior), você deve calcular as porcentagens para explorar os dados e responder às perguntas de sua pesquisa. Veja algumas perguntas de interesse dos dados dos campistas (cada pergunta será analisada nas seções seguintes, respectivamente).

- » Qual é a porcentagem de campistas a favor de uma área para pets?
- » Qual é a porcentagem de campistas que levam seus pets e são a favor de uma área para pets?
- » Quem apoia mais uma seção para pets: aqueles que levam seus pets ou não?

As respostas a essas (e a quaisquer outras) perguntas sobre os dados surgem a partir da descoberta e da análise das proporções, ou porcentagens, de indivíduos em certas partes da tabela. Esse processo envolve o cálculo e a análise do que os estatísticos chamam de *distribuições*. Uma distribuição, no caso da tabela bidirecional, é uma lista de todos os resultados possíveis para uma variável ou uma combinação de variáveis, junto com suas proporções correspondentes (ou porcentagens).

Por exemplo, a distribuição da variável de campistas com pets lista as porcentagens de pessoas que acampam com e sem pets. A distribuição da combinação da variável dos campistas com pets (sim, não) e a variável da opinião (apoia, não apoia) lista as porcentagens de: 1) campistas com pets que apoiam uma área para os pets; 2) campistas com pets que não apoiam uma área para os pets; 3) campistas sem pets que apoiam uma área para os pets; e 4) campistas sem pets que não apoiam uma área para os pets.

Em qualquer distribuição, todas as porcentagens somadas devem ser iguais a 100%. Caso você esteja usando proporções (decimais), o resultado deve ser 1,00. Cada indivíduo tem que estar em algum lugar e não pode estar em mais de um lugar por vez.

Nas próximas seções, você verá como encontrar os três tipos de distribuições, cada uma ajudando a responder à pergunta correspondente na lista anterior.

Selecionando variáveis com distribuições marginais

Se você quiser examinar uma variável de cada vez em uma tabela bidirecional, não precisará ver as células da tabela, apenas as margens. Como vimos na seção anterior, "Calculando os totais", os totais marginais representam o número total de cada linha (ou coluna) separadamente. Na tabela bidirecional da pesquisa de campistas com pets (verifique a Tabela 19-3), você pode ver os totais marginais da variável dos campistas com pets (sim/não) na coluna à direita e os totais marginais da variável de opinião (apoia/não apoia) na última linha.

Porém, caso queira fazer comparações entre dois grupos (por exemplo, campistas com pets versus campistas sem pets), será mais fácil interpretar os resultados se usar proporções no lugar de totais. Se 350 pessoas foram pesquisadas, será mais fácil visualizar uma comparação se você souber que 60% estão no grupo A e 40% no grupo B, em vez de dizer que 210 pessoas estão no grupo A e 140 no grupo B.

Para examinar os resultados de uma tabela bidirecional com base em uma única variável, você deve encontrar o que os estatísticos chamam de *distribuição marginal* dessa variável. Nas seções seguintes, mostro como calcular e fazer gráficos com as distribuições marginais.

Calculando distribuições marginais

Para descobrir uma distribuição marginal para uma variável em uma tabela bidirecional, pegue o total marginal de cada linha (ou coluna) e divida pelo total geral.

- » Se sua variável é representada pelas linhas (por exemplo, os campistas com pets na Tabela 19-3), use os totais marginais das linhas no numerador e o total geral no denominador. A Tabela 19-4 mostra a distribuição marginal para a variável de campistas com pets (sim/não).
- » Se sua variável é representada pelas colunas (por exemplo, a opinião sobre a área para pets, apresentada na Tabela 19-3), use os totais marginas das colunas no numerador e o total geral no denominador. A Tabela 19-5 apresenta a distribuição marginal para a variável de opinião (apoia, não apoia).

TABELA 19-4 **Distribuição Marginal para a Variável de Campistas com Pets**

Acampa com os pets	Proporção
Sim	30 ÷ 100 = 0,30
Não	70 ÷ 100 = 0,70
Total	1,00

TABELA 19-5 **Distribuição Marginal para a Variável de Opinião**

Opinião	Proporção
Apoia área para pets	75 ÷ 100 = 0,75
Não apoia área para pets	25 ÷ 100 = 0,25
Total	1,00

DICA

Em qualquer caso, a soma das proporções de qualquer distribuição marginal deve ser 1 (sujeita a arredondamento). Todos os resultados em uma tabela bidirecional estão sujeitos a erros de arredondamento; para reduzi-los, use pelo menos dois dígitos após a vírgula decimal em todos os números.

Criando gráficos para a distribuição marginal

Use um gráfico de pizza ou de barras para uma distribuição marginal. Cada gráfico mostra a proporção de indivíduos dentro de cada grupo para uma única variável. A Figura 19-1a é um gráfico de pizza que sintetiza a variável de campistas com pets e a Figura 19-1b é um gráfico de pizza mostrando os detalhes da variável de opinião. Você pode observar que os resultados desses dois gráficos de pizza correspondem às distribuições marginais das Tabelas 19-4 e 19-5, respectivamente.

A partir dos resultados das duas distribuições marginais separadas para as variáveis dos campistas com pets e de opinião, podemos dizer que a maioria dos campistas nessa amostra não leva seus pets (70%) e a maioria (75%) apoia a ideia de haver uma área para os pets.

CUIDADO

Embora as distribuições marginais nos mostrem como cada variável pode ser decomposta, elas não informam sobre as conexões entre as duas variáveis. Para o exemplo dos campistas, você sabe qual é a porcentagem de todos os campistas que apoiam uma nova área para os pets, porém não consegue distinguir as opiniões dos campistas com pets das opiniões dos campistas sem pets. As distribuições para a realização dessas comparações podem ser encontradas na seção "Comparando grupos com distribuições condicionais", ainda neste capítulo.

Examinando todos os grupos: Uma distribuição conjunta

Hora da história: certo fabricante de automóveis conduziu uma pesquisa para descobrir quais características os clientes preferem em suas caminhonetes. Eles descobriram que a cor favorita para o automóvel é vermelha e a opção mais popular é de tração 4x4. Em resposta a esses resultados, a empresa começou a fabricar mais caminhonetes vermelhas com tração 4x4.

Adivinhe o que aconteceu? Eles se deram mal; as pessoas não estavam comprando aquelas caminhonetes. O que acontece é que os clientes que compravam caminhonetes vermelhas eram provavelmente mulheres, e elas não usam a tração 4x4 tanto quanto os homens. Os clientes que compravam caminhonetes 4x4 eram provavelmente homens e eles preferem as pretas em vez das vermelhas. Então, a combinação do resultado mais popular da primeira variável (cor) com o resultado mais popular da segunda variável (opção de tração) não é a melhor para as duas variáveis.

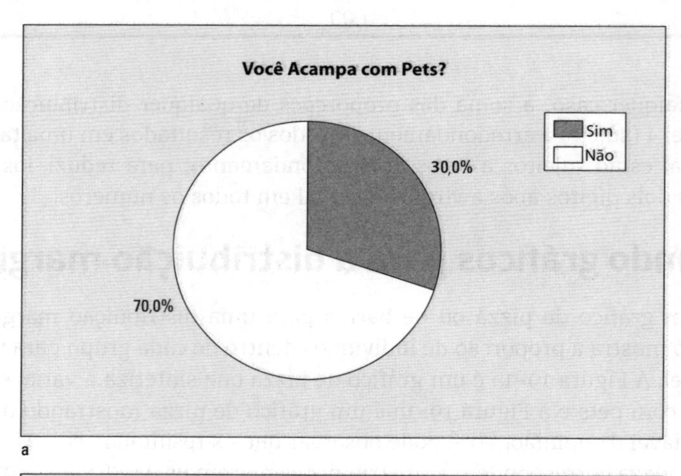

Opinião sobre uma Área Separada para os Pets
Apoia
Não Apoia
25,0%
75,0%
b

FIGURA 19-1: Gráfico de pizza mostrando as distribuições marginais para a) variável de campistas com pets e b) variável de opinião.

LEMBRE-SE

Para descobrir qual combinação das duas variáveis categóricas contém a proporção mais alta, você precisa comparar as proporções das células (por exemplo, as opções de cor e tipo de tração juntas) em vez das proporções marginais (as opções de cor e tipo de tração, separadas). A *distribuição conjunta* das duas variáveis em uma tabela de distribuição é uma listagem de todas as combinações possíveis entre linhas e colunas, e a proporção de indivíduos dentro de cada grupo. Você a utiliza para responder a perguntas que envolvam duas características, como "Qual proporção de eleitores são democratas e mulheres?" ou "Qual é a porcentagem de campistas que levam seus pets e apoiam uma área para eles?". Nas próximas seções, mostro como calcular e fazer gráficos de distribuições conjuntas.

Calculando distribuições conjuntas

Uma distribuição conjunta mostra a proporção de dados que fica em cada célula da tabela bidirecional. Considerando o exemplo dos campistas com pets, as quatro combinações entre linhas e colunas são as seguintes:

- Todos os campistas que levam seus pets e apoiam uma área para eles.
- Todos os campistas que levam seus pets e não apoiam uma área para eles.
- Todos os campistas que não levam seus pets e apoiam uma área para eles.
- Todos os campistas que não levam seus pets e não apoiam uma área para eles.

DICA

As palavras-chave em todas as proporções mencionadas na lista acima são *todos os campistas*. Você está pegando o grupo inteiro de todos os campistas na pesquisa e separando-o em quatro grupos diferentes. Quando você vir a palavra *todos*, pense em distribuição conjunta. A Tabela 19-6 mostra a distribuição conjunta de todos os campistas na pesquisa dos pets.

TABELA 19-6 **Distribuição Conjunta para os Dados da Pesquisa dos Campistas com Pet**

	Apoia Área para Pets	Não Apoia Área para Pets
Acampa com Pets	20 ÷ 100 = 0,20	10 ÷ 100 = 0,10
Não Acampa com Pets	55 ÷ 100 = 0,55	15 ÷ 100 = 0,15

LEMBRE-SE

Para descobrir uma distribuição conjunta de uma tabela bidirecional, pegue a soma das células (o número de indivíduos em uma célula) e divida pelo total geral, para cada célula na tabela. O total de todas essas proporções deve ser 1 (sujeito a erro de arredondamento).

Para obter os números nas células da Tabela 19-6, pegue as células da Tabela 19-3 e divida pelo total geral correspondente (100, nesse caso). Usando os resultados listados na Tabela 19-6, podemos relatar o seguinte:

- 20% de todos os campistas pesquisados levam seus pets e apoiam uma área para eles. (Veja a célula à esquerda superior da tabela.)
- 10% de todos os campistas pesquisados levam seus pets e não apoiam uma área para eles. (Veja a célula à direita superior da tabela.)
- 55% de todos os campistas pesquisados não levam seus pets e apoiam uma área para eles. (Veja a célula à esquerda inferior da tabela.)
- 15% de todos os campistas pesquisados não levam seus pets e não apoiam uma área para eles. (Veja a célula à direita inferior da tabela.)

Somando todas as proporções apresentadas na Tabela 19-6, obtemos 0,20 + 0,10 + 0,55 + 0,15 = 1,00. Cada um dos campistas aparece apenas em uma das células da tabela.

Fazendo gráficos para distribuições conjuntas

Para um gráfico de uma distribuição conjunta a partir de uma tabela bidirecional, faça um gráfico de pizza simples com quatro fatias, representando cada proporção dos dados dentro de uma combinação de linha/coluna. Os grupos que contêm mais indivíduos ficam com uma fatia maior do total da pizza e, assim, ganham mais peso quando todos os votos são considerados. A Figura 19-2 é um gráfico de pizza mostrando a distribuição conjunta para os dados dos campistas com pets.

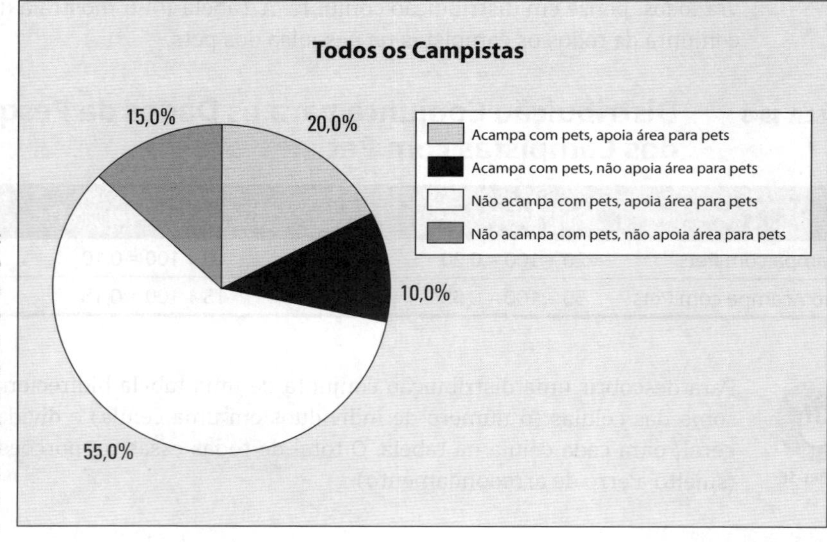

FIGURA 19-2: Gráfico de pizza mostrando a distribuição conjunta das variáveis dos campistas com pets e de opinião.

A partir do gráfico de pizza apresentado na Figura 19-2, podemos observar que alguns resultados se destacam. A maioria dos campistas nessa amostra (0,55 ou 55%) não leva seus pets e apoia a criação de uma área separada para os pets nos locais de acampamento. A menor fatia da pizza representa os campistas que levam seus pets, mas que não apoiam a criação da área separada para eles (0,10 ou 10%).

Uma distribuição conjunta nos dá um detalhamento do grupo inteiro com duas variáveis ao mesmo tempo, permitindo a comparação das células entre si e com o grupo todo. Os resultados na Figura 19-2 mostram que se eles tivessem que votar hoje a respeito de ter ou não uma área para os pets, quando todos os votos fossem somados, grande parte do peso seria colocada nas opiniões dos campistas que não levam os pets, porque eles são a maioria (70%, de acordo com a Tabela 19-4), e os campistas que levam seus pets teriam uma voz menor, pois são o grupo menor (30%).

CUIDADO

Uma limitação da distribuição conjunta é que você não pode comparar dois grupos entre si de forma justa (por exemplo, campistas com pets versus campistas sem pets), pois a distribuição conjunta coloca mais peso nos grupos maiores. A próxima seção mostra como comparar os grupos em uma tabela bidirecional de forma justa.

Comparando grupos com distribuições condicionais

É necessário termos outro tipo de distribuição que não seja a distribuição conjunta para podermos comparar os resultados de dois grupos (por exemplo, comparar as opiniões dos campistas com pets versus campistas sem pets). As *distribuições condicionais* são usadas quando buscamos relações entre duas variáveis categóricas; primeiramente, os indivíduos são divididos nos grupos que queremos comparar (campistas com pets e sem pets); depois, os grupos são comparados com base na opinião deles sobre a área para pets (sim, não). Nas próximas seções, explico como calcular e fazer gráficos para distribuições condicionais.

Calculando distribuições condicionais

LEMBRE-SE

Para descobrir as distribuições condicionais com o propósito de comparação, em primeiro lugar, divida os indivíduos em grupos de acordo com a variável que você deseja comparar. Depois, para cada grupo, pegue o número da célula (o número de indivíduos em uma célula em particular) e divida pelo total marginal desse grupo. Faça isso com todas as células no grupo. Agora, repita o processo no outro grupo, usando o total marginal como denominador e as células em seu grupo como o numerador (veja a seção "Calculando os totais", anteriormente neste capítulo, para obter mais informações sobre os totais marginais). Agora, você possui duas distribuições condicionais, uma para cada grupo, e pode comparar os resultados para os dois grupos de forma justa.

Usando o exemplo dos dados da pesquisa de campistas com pets (anteriormente neste capítulo), compare as opiniões dos dois grupos: campistas com e sem pets; em termos estatísticos, você quer descobrir as distribuições condicionais de opinião com base na variável de acampar com pets. Isso significa que deve dividir os indivíduos nos grupos de campistas com e sem pets, depois, para cada grupo, descobrir as porcentagens daqueles que apoiam e não apoiam a nova área para pets. A Tabela 19-7 mostra essas duas distribuições condicionais (desenvolvendo a Tabela 19-3).

TABELA 19-7 **Distribuições Condicionais de Opinião para Campistas com Pets versus sem Pets**

	Apoia Área para Pets	Não Apoia Área para Pets	Total
Campistas com pets	20 ÷ 30 = 0,67	10 ÷ 30 = 0,33	1,00
Campistas sem pets	55 ÷ 70 = 0,79	15 ÷ 70 = 0,21	1,00

LEMBRE-SE

Observe que a Tabela 19-7 é diferente da Tabela 19-6 na seção anterior "Calculando distribuições conjuntas" em relação a como os valores são somados. Isso representa a principal diferença entre uma distribuição conjunta e uma distribuição condicional, e permite que você faça comparações justas usando a distribuição condicional:

- Na Tabela 19-6, as proporções nas células da tabela inteira totalizam 1 porque o grupo inteiro está dividido em ambas as variáveis de uma só vez em uma distribuição conjunta.
- Na Tabela 19-7, as proporções em cada linha da tabela totalizam 1 porque cada grupo é tratado separadamente em uma distribuição condicional.

Fazendo gráficos de distribuições condicionais

Uma maneira eficiente de fazer gráficos para as distribuições condicionais é criar um gráfico de pizza para cada grupo (por exemplo, um para campistas com pets e outro para campistas sem pets), no qual cada pizza apresenta os resultados da variável sendo estudada (opinião: sim ou não).

Outro método é usar um *gráfico de barras empilhadas*. É um gráfico especial no qual cada barra tem uma altura 1 e representa um grupo inteiro (uma barra para os campistas com pets e outra para os campistas sem pets). Cada barra mostra como o grupo pode ser detalhado em relação à outra variável estudada (opinião: sim ou não).

A Figura 19-3 é um gráfico de barras empilhadas mostrando duas distribuições condicionais. A primeira barra é a distribuição condicional de opinião para o grupo dos campistas com pets (linha 1 da Tabela 19-7) e a segunda barra representa a distribuição condicional de opinião do grupo de campistas sem pets (linha 2 da Tabela 19-7).

Usando a Tabela 19-7 e a Figura 19-3, veja primeiramente as opiniões de cada grupo. Mais de 50% dos campistas com pets apoiam a área para pets (o número exato arredondado é 67%), portanto você pode dizer que a maioria dos campistas com pets apoia a área. Da mesma forma, a maioria dos campistas sem pets (cerca de 79%, muito mais que a metade) apoia uma área para pets.

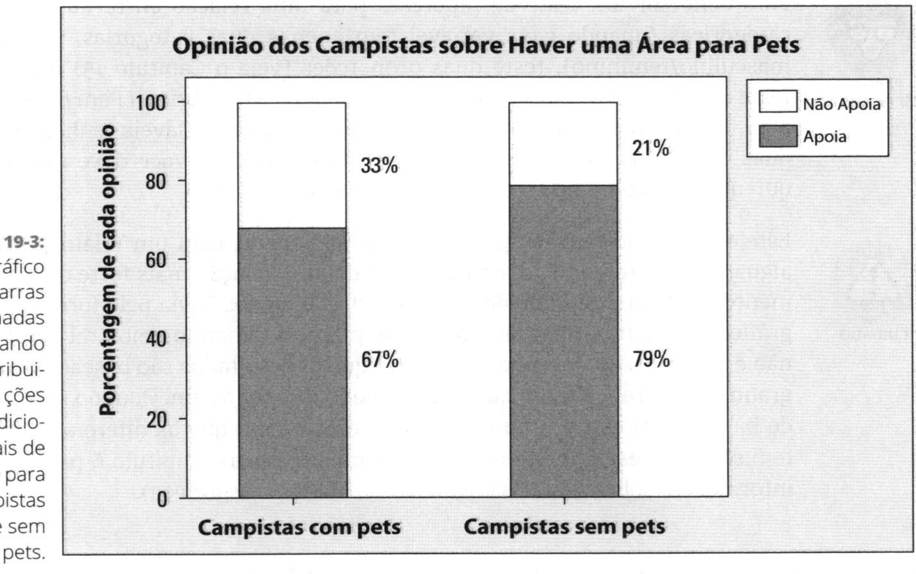

FIGURA 19-3: Gráfico de barras empilhadas mostrando as distribuições condicionais de opinião para campistas com e sem pets.

Agora, compare as opiniões dos dois grupos, comparando a porcentagem de apoiadores no grupo de campistas com pets (67%) com a porcentagem de apoiadores no grupo de campistas sem pets (79%). Embora os dois grupos tenham uma maioria de apoiadores da área para pets, podemos ver que os campistas sem pets apoiam mais essa ideia (porque 79% > 67%). Ao comparar as distribuições condicionais, você descobriu que parece haver uma relação entre opinião e acampar com os pets, e sua intuição de que os campistas sem pets na área podem ser mais a favor de uma área separada para eles do que os campistas com pets está correta, com base nesses dados.

CUIDADO

A diferença nos resultados encontrados na Figura 19-3 não é tão grande como você poderia ter imaginado ao observar a distribuição conjunta na Figura 19-2. A distribuição condicional considera e ajusta o número em cada grupo que está sendo comparado, enquanto a distribuição conjunta coloca todos no mesmo barco. É por isso que você precisa de distribuições condicionais para fazer comparações justas.

Quando apresentei minhas conclusões a respeito dos dados sobre os campistas com pets, as palavras-chave que usei são "*parece* haver uma relação". Os resultados da pesquisa sobre acampar com os pets estão baseados apenas em sua amostra de 100 campistas. Para generalizar esses resultados para a população inteira de campistas com pets e sem pets nessa comunidade (que é o seu objetivo), você precisa levar em conta que esses resultados amostrais vão variar, e quando variarem, será que mostrarão as mesmas diferenças? É a isso que um teste de hipóteses responde (e todos os detalhes estão no Capítulo 14).

Para conduzir um teste de hipóteses para uma relação entre duas variáveis categóricas (quando cada variável tem apenas duas categorias, sim/não ou masculino/feminino), teste duas proporções (veja o Capítulo 15) ou faça um teste qui-quadrado (que é analisado no meu livro *Estatística II Para Leigos*, também publicado pela Alta Books). Caso uma ou mais variáveis tenham mais de duas categorias, como democrata/republicano/outros, você deve usar o teste qui-quadrado para testar a independência na população.

Esteja atento ao fato de que você pode se deparar com um relatório no qual alguém esteja tentando dar a aparência de uma relação mais forte do que realmente existe ou tentando deixar uma relação menos óbvia pela forma como os gráficos são feitos. Com os gráficos de pizza, o tamanho amostral geralmente não é apresentado, levando a acreditar que os resultados são baseados em uma grande amostra, quando, na verdade, pode não ser assim. Quando são gráficos de barras, eles esticam ou encolhem a escala para que as diferenças aparentem ser maiores ou menores, respectivamente (veja o Capítulo 6 para ter mais informações sobre gráficos enganosos de dados categóricos).

Examinando a Independência e Descrevendo a Dependência

O principal motivo pelo qual os pesquisadores coletam dados sobre duas variáveis categóricas é para explorar a possibilidade de relações e conexões entre as variáveis. Por exemplo, se uma pesquisa descobre que mais mulheres votaram para que o presidente fosse reeleito nas últimas eleições, podemos chegar à conclusão de que sexo e votação estão relacionados. Se uma relação entre duas variáveis categóricas foi descoberta (ou seja, os resultados dos dois grupos são diferentes), então os estatísticos dizem que elas são *dependentes*.

No entanto, se você descobrir que a porcentagem de mulheres que votaram para que o presidente fosse reeleito é a mesma dos homens que votaram pela reeleição dele, então as duas variáveis (sexo e voto pela reeleição) não possuem uma relação, e os estatísticos dizem que essas variáveis são *independentes*. Nesta seção, você verá como verificar a independência e descrever relações que são consideradas dependentes.

Examinando se há independência

Duas variáveis categóricas são *independentes* se as porcentagens da segunda variável (geralmente representando os resultados que você quer comparar, como apoia e não apoia) não são diferentes com base na primeira variável (normalmente representando os grupos que você quer comparar, como homens versus mulheres). Você pode verificar a independência com os métodos apresentados nesta seção.

Comparando os resultados de duas distribuições condicionais

LEMBRE-SE

Duas variáveis categóricas são *independentes* quando as distribuições condicionais são iguais para todos os grupos sendo comparados. As variáveis são independentes porque, ao fazermos suas decomposições e compará-las por grupo, os resultados não mudam. No exemplo das eleições apresentado no início da seção "Examinando a Independência e Descrevendo a Dependência", independência significa que a distribuição condicional para a opinião é igual tanto para homens como para mulheres.

Suponha que você queira fazer uma pesquisa com 200 eleitores para ver se o sexo está relacionado ao voto a favor da reeleição do presidente e sintetiza os resultados na Tabela 19-8.

TABELA 19-8 **Resultados da Pesquisa Eleitoral**

	Votou pela Reeleição	Não Votou pela Reeleição	Totais Marginais das Linhas
Homens	44	66	110
Mulheres	36	54	90
Totais Marginais da Coluna	80	120	**Total geral = 200**

Para ver se o sexo e os votos são independentes, descubra as distribuições condicionais do padrão dos votos para os homens e as mulheres. Se forem iguais, há independência; se não, há dependência. Essas duas distribuições condicionais foram calculadas e aparecem nas linhas 1 e 2, respectivamente, na Tabela 19-9 (consulte a seção "Comparando grupos com distribuições condicionais", anteriormente neste capítulo, para ver mais detalhes).

Para chegar aos números na Tabela 19-9, comecei com a Tabela 19-8 e dividi o número de cada célula pelo total marginal da linha para obter uma proporção. Cada linha na Tabela 19-9 totaliza 1 porque cada uma representa sua própria distribuição condicional. (Se você é homem, votou a favor ou contra a reeleição; o mesmo para as mulheres.)

TABELA 19-9 **Resultados da Pesquisa Eleitoral com as Distribuições Condicionais**

	Votou pela Reeleição	Não Votou pela Reeleição	Total
Homens	44 ÷ 110 = 0,40	66 ÷ 110 = 0,60	1,00
Mulheres	36 ÷ 90 = 0,40	54 ÷ 90 = 0,60	1,00

A primeira linha da Tabela 19-9 mostra a distribuição condicional do padrão de votos dos homens. Podemos observar que 40% votaram pela reeleição e 60% não. Da mesma forma, a segunda linha da tabela mostra a distribuição condicional do padrão de votos das mulheres; novamente, 40% votaram pela reeleição e 60% não. Como essas distribuições são iguais, homens e mulheres votaram da mesma forma; o sexo e o padrão de votos são independentes.

A Figura 19-4 apresenta as distribuições condicionais do padrão de votos de homens e mulheres usando um gráfico chamado gráfico de barras empilhadas. Como as barras são exatamente iguais, podemos concluir que o sexo e o padrão de votos são independentes.

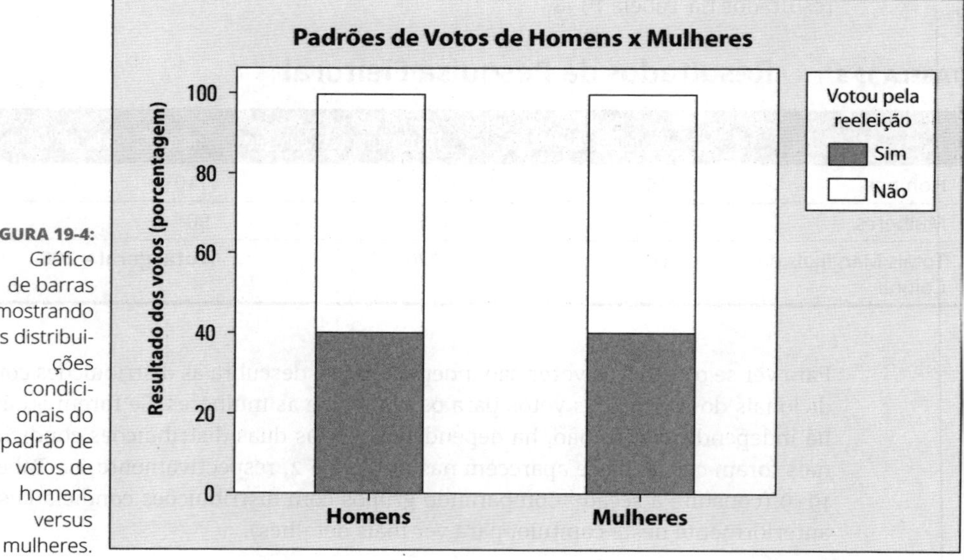

FIGURA 19-4: Gráfico de barras mostrando as distribuições condicionais do padrão de votos de homens versus mulheres.

CUIDADO

Para haver independência, não é necessário que as porcentagens dentro de cada barra sejam 50-50 (por exemplo 50% de homens a favor e 50% contra). Não são as porcentagens dentro de cada barra (grupo) que precisam ser iguais; é a porcentagem em todas as barras (grupos) que precisam se igualar (por exemplo, 60% de homens a favor e 60% de mulheres a favor).

CUIDADO

Em vez de comparar as linhas de uma tabela bidirecional para determinar a independência, você pode comparar as colunas. No exemplo dos votos, você faria a comparação entre a decomposição da coluna dos sexos para o grupo que votou pela reeleição e a decomposição da coluna dos sexos para o grupo que não votou. A conclusão de independência seria a mesma que foi descoberta anteriormente, embora as porcentagens sejam diferentes.

Comparando as distribuições marginais e condicionais para verificar a independência

Outra maneira de verificar a independência é ver se a distribuição marginal do padrão dos votos (geral) é igual à distribuição condicional do padrão dos votos para cada um dos grupos (homens e mulheres). Caso essas distribuições sejam iguais, não fará diferença qual é o sexo. Novamente, sexo e padrão de votos são independentes.

Observando o exemplo do padrão dos votos, descobrimos que a distribuição condicional do padrão de votos dos homens (a primeira barra na Figura 19-4) tem 40% para sim e 60% para não. Para descobrir a distribuição marginal (geral) do padrão dos votos (homens e mulheres juntos), pegue os totais marginais da coluna na última linha da Tabela 19-8 (80 sim e 120 não) e divida por 200 (o total geral). Temos 80 ÷ 200 = 0,40, ou 40%, para sim e 120 ÷ 200 = 0,60, ou 60%, para não (veja a seção "Calculando distribuições marginais", anteriormente neste capítulo, para ter mais explicações). A distribuição marginal do padrão geral de votos corresponde à distribuição condicional do padrão de votos dos homens, portanto, o padrão é independente do sexo dos eleitores.

CUIDADO

Aqui podemos ver como uma tabela pequena com apenas duas linhas e duas colunas quebra um galho. Você precisa comparar apenas uma das condicionais com a marginal, pois tem apenas dois grupos para comparar. Se o padrão de votos dos homens for igual ao padrão geral dos votos, o mesmo será verdadeiro para as mulheres. Para verificar a independência quando se tem mais de dois grupos, use um teste qui-quadrado (analisado no meu livro *Estatística II Para Leigos*, publicado pela Alta Books).

Descrevendo uma relação de dependência

Duas variáveis categóricas serão *dependentes* se as distribuições condicionais forem diferentes para, pelo menos, dois dos grupos comparados. No exemplo das eleições, na seção anterior, os grupos são homens e mulheres, e a variável que está sendo comparada é se a pessoa votou pela reeleição do presidente.

A dependência, nesse caso, significa saber se o resultado da primeira variável afeta o resultado da segunda. No exemplo das eleições, se tivesse havido dependência, significaria que não haveria o mesmo padrão de votos pela reeleição entre homens e mulheres (por exemplo, mais homens votariam pela reeleição do que mulheres). (Os marqueteiros usam esses tipos de dados para ajudar a orientar suas estratégias de campanha.)

LEMBRE-SE

Outra maneira de dizer que duas variáveis são dependentes é declarar que elas estão relacionadas ou associadas. Porém os estatísticos não usam o termo *correlação* para indicar relações entre variáveis categóricas. A palavra *correlação* nesse contexto se aplica à relação linear entre duas variáveis numéricas (como peso e altura), como vimos no Capítulo 18. (Esse erro é cometido o tempo todo pela mídia e deixa todos nós estatísticos doidos!)

Aqui está um exemplo para ajudá-lo a entender melhor o conceito de dependência: um comunicado de imprensa recentemente publicado pelo Departamento Médico da Ohio State University chamou minha atenção. O título dizia que a aspirina podia prevenir pólipos em pacientes com câncer de cólon. Como tive um parente próximo que faleceu por causa dessa doença, fiquei contente em saber que os pesquisadores estavam fazendo progressos nessa área e decidi ver mais de perto.

Os pesquisadores estudaram 635 pacientes com câncer de cólon; eles alocaram, de forma aleatória, praticamente metade deles (317 pessoas) para o grupo que receberia aspirina e a outra metade (318 pessoas) para o grupo que receberia o placebo (falso comprimido). Eles fizeram o acompanhamento dos pacientes para ver quais desenvolveriam pólipos subsequentes e quais não. Os dados do estudo foram sintetizados na Tabela 19-10.

TABELA 19-10 **Síntese dos Resultados do Estudo sobre Aspirina e Pólipos**

	Desenvolveram Pólipos Subsequentes	Não Desenvolveram Pólipos Subsequentes	Total
Aspirina	54 (17%)	263 (83%)	317 (100%)
Placebo	86 (27%)	232 (73%)	318 (100%)
Total	140	495	635

Comparar os resultados nas linhas da Tabela 19-10 para verificar se há independência significa descobrir a distribuição condicional dos resultados (pólipos ou não) para o grupo da aspirina e comparar com a distribuição condicional dos resultados do grupo do placebo. Ao fazer os cálculos, descobrimos que 54 ÷ 317

= 17% dos pacientes no grupo da aspirina desenvolveram pólipos (o restante, 83%, não), comparados com 86 ÷ 318 = 27% do grupo do placebo que desenvolveram pólipos subsequentes (o restante, 73%, não).

Como a porcentagem de pacientes que desenvolveram pólipos é muito menor no grupo da aspirina em comparação com o grupo do placebo (17% versus 27%), parece haver uma relação de dependência entre o consumo de aspirina e o desenvolvimento de pólipos subsequentes entre os pacientes com câncer de cólon nesse estudo. (Mas será que o resultado se aplica a toda a população? Você descobrirá isso na seção "Fazendo projeções para a população a partir da amostra", mais adiante neste capítulo.)

Interpretando Resultados Cuidadosamente

É fácil ficarmos empolgados quando descobrimos uma relação entre duas variáveis; e vemos isso acontecer o tempo todo na mídia. Por exemplo, um estudo relata que o consumo de ovos não afeta o colesterol, como se pensava anteriormente; nos detalhes do relatório, podemos perceber que o estudo foi conduzido com 20 homens no total, todos com uma saúde excelente, fazendo dietas de baixo nível de gordura e que se exercitam várias vezes por semana. Dez desses homens com boa saúde comeram dois ovos por dia e o colesterol deles não mudou muito, em comparação com dez homens que não comeram dois ovos por dia. Podemos aplicar esses resultados em toda a população? Não sei dizer; os sujeitos nesse estudo não representam o restante de nós (veja o Capítulo 17 para obter detalhes sobre a avaliação dos experimentos).

Nesta seção, você verá como colocar os resultados de uma tabela bidimensional em uma perspectiva adequada em relação ao que podemos ou não dizer, e por quê. Essa compreensão básica nos permite avaliar criticamente e tomar decisões sobre os resultados apresentados (sendo que nem todos são corretos).

Examinando se há causa e efeito legítimos

Os pesquisadores que estudam duas variáveis geralmente buscam conexões que indicam uma relação de causa e efeito. Uma *relação de causa e efeito* entre duas variáveis categóricas significa que à medida que você muda o valor de uma variável e tudo mais permanece igual, ela causa uma mudança na segunda variável; por exemplo, se o consumo de aspirina reduz as chances de desenvolver pólipos subsequentes em pacientes com câncer de cólon.

Todavia, só porque se descobre que duas variáveis estão relacionadas (dependentes), não significa que elas tenham uma relação de causa e efeito. Por exemplo, ao observar que as pessoas que moram perto de linhas elétricas têm mais chances de ir ao hospital devido a uma doença, não significa, necessariamente, que as linhas elétricas causaram a doença.

A maneira mais eficaz para se chegar à conclusão de que há uma relação de causa e efeito é conduzindo um experimento bem projetado (quando possível). Todos os detalhes são apresentados no Capítulo 17, mas revejo os pontos principais aqui. Um experimento bem projetado precisa atender os seguintes critérios:

» Ele minimiza a *parcialidade* (favoritismo sistemático de sujeitos ou resultados).

» Ele repete o experimento em sujeitos suficientes para que os resultados sejam confiáveis e possam ser repetidos por outro pesquisador.

» Ele controla outras variáveis que podem afetar o resultado e não foram incluídas no estudo.

Na seção "Descrevendo uma relação de dependência", anteriormente neste capítulo, analiso um estudo que envolve o uso de aspirina para prevenir pólipos em pacientes com câncer. Pela forma como os dados foram coletados para o estudo, você pode confiar nas conclusões às quais os pesquisadores chegaram; o estudo foi um experimento bem projetado, de acordo com os critérios estabelecidos no Capítulo 17. Para evitar problemas, os pesquisadores nesse estudo fizeram o seguinte:

» Escolheram, de forma aleatória, quem tomaria a aspirina e quem receberia o placebo.

» Tinham tamanhos amostrais grandes o suficiente para obterem informações precisas.

» Fizeram o controle de outras variáveis ao conduzirem o experimento com pacientes em situações similares, com condições similares.

Como o experimento foi bem projetado, os pesquisadores concluíram que uma relação de causa e efeito foi descoberta para os pacientes desse estudo. O próximo teste é verificar se eles podem projetar os resultados em toda a população de pacientes com câncer de cólon. Caso consigam, poderão, de fato, escrever um artigo com o título "Aspirina Previne Pólipos em Pacientes com Câncer de Cólon". A próxima seção mostrará o teste.

Para saber se duas variáveis relacionadas estão associadas casualmente, é necessário observar como o estudo foi conduzido. Um experimento bem projetado é a maneira mais convincente de estabelecer uma causa e efeito. Nos casos em que um experimento é considerado antiético (por exemplo, provar que fumar causa câncer de pulmão ao forçar as pessoas a fumarem), seriam necessários muitos estudos observacionais convincentes (nos quais você coleta os dados sobre pessoas que fumam e pessoas que não fumam) para mostrar que uma associação entre duas variáveis passa a ser uma relação de causa e efeito.

Fazendo projeções para a população a partir da amostra

No experimento da aspirina/pólipos que analisei na seção "Descrevendo uma relação de dependência", anteriormente neste capítulo, comparei a porcentagem de pacientes que desenvolveram pólipos subsequentes no grupo da aspirina com o grupo que não tomou aspirina e obtive os resultados de 17% e 27%, respectivamente. Para essa amostra, a diferença é bem grande, então estou cautelosamente otimista de que os resultados se replicariam na população de todos os pacientes com câncer. Mas e se os resultados fossem mais próximos, como 17% e 20%? Ou 17% e 19%? Qual é o nível de diferença entre as proporções para haver indicações de uma associação significativa entre as duas variáveis?

LEMBRE-SE

A comparação de porcentagens com o uso dos dados de sua amostra reflete as relações dentro da amostra. No entanto, sabemos que os resultados variam entre as amostras. Para projetar essas conclusões para a população de todos os pacientes com câncer de cólon (ou qualquer população sendo estudada), é necessário que a diferença entre as porcentagens descobertas pela amostra seja *estatisticamente significativa*. Significância estatística quer dizer que mesmo que você saiba que os resultados vão variar e levando essa variação em consideração, é muito improvável que as diferenças acontecerão por acaso. Dessa forma, a mesma conclusão sobre uma relação pode ser feita a respeito da população inteira, e não apenas para um conjunto de dados em particular.

Analisei os dados do estudo da aspirina/pólipos usando um teste de hipóteses para a diferença de duas proporções (apresentado no Capítulo 15). As proporções comparadas foram as dos pacientes tomando aspirina que desenvolveram pólipos subsequentes e as dos pacientes que não tomaram aspirina e desenvolveram pólipos subsequentes. Observando os resultados, meu valor *p* é menor que 0,0024. (Um ***valor** p* mede as chances de você ter obtido os resultados de sua amostra caso as populações realmente não tivessem diferenças; veja o Capítulo 14 para ler a história completa a respeito dos valores *p*.)

Como esse valor *p* é muito pequeno, a diferença nas proporções entre os grupos da aspirina e do placebo é considerada estatisticamente significativa, e concluo que há uma relação entre tomar aspirina e desenvolver menos pólipos subsequentes.

LEMBRE-SE

Você não pode tirar uma conclusão sobre a relação entre duas variáveis em uma população com base apenas nos resultados amostrais em uma tabela bidirecional. Deve considerar o fato de que os resultados mudam entre as amostras. Um teste de hipóteses estabelece limites para o nível de diferença que os resultados amostrais podem ter para que ainda possamos dizer que as variáveis são independentes. Tome cuidado com as conclusões baseadas apenas nos dados amostrais de uma tabela bidirecional.

Fazendo previsões prudentes

Um objetivo comum das pesquisas (especialmente dos estudos médicos) é fazer previsões, recomendações e tomar decisões após uma relação entre duas variáveis categóricas ter sido descoberta. Porém, como consumidor de informações, você precisa tomar muito cuidado ao interpretar os resultados; alguns estudos são mais bem projetados que outros.

O estudo sobre câncer de cólon da seção anterior mostra que os pacientes que tomaram aspirina diariamente tiveram uma chance menor de desenvolver pólipos subsequentes (17% comparados com 27% que não tomaram aspirina). Como foi um experimento bem projetado e o teste de hipóteses para a generalização da população foi significante, é apropriado fazer previsões e recomendações para a população de pacientes com câncer de cólon com base nos resultados amostrais. Na verdade, eles mereceram a manchete para o estudo que foi publicado na mídia: "Aspirina Previne Pólipos em Pacientes com Câncer de Cólon."

Resistindo ao desejo de tirar conclusões precipitadas

LEMBRE-SE

Tente não tirar conclusões precipitadas quando vir ou ouvir que uma relação entre duas variáveis categóricas está sendo relatada. Tire um tempinho para descobrir o que de fato está acontecendo, mesmo quando a mídia quiser espantá-lo com um resultado impressionante.

Por exemplo, enquanto escrevo isso, uma grande rede de notícias está relatando que há 40% a mais de chances de os homens morrerem de câncer do que as mulheres. Os homens podem pensar que devem entrar em pânico. Porém, ao analisarmos os detalhes, descobrimos algo diferente. Os pesquisadores descobriram que os homens geralmente vão muito menos ao médico do que as mulheres. Como consequência, possuem mais chances de morrer de câncer após seu diagnóstico. (Não é que eles têm mais chances de contrair câncer; isso seria um estudo diferente.) O estudo buscava promover a detecção precoce como a melhor proteção e encorajar os homens a fazerem seus checkups anuais. A mensagem teria sido mais clara se a mídia a tivesse reportado corretamente (mas não seria tão provocativo ou dramático).

A Parte dos Dez

NESTA PARTE...

O que seria de um livro sobre Estatística sem as suas próprias estatísticas? Esta parte apresenta dez métodos para você se tornar um habilidoso detetive estatístico e dez dicas para potencializar suas notas nas provas de Estatística. Você pode usar este guia de referência rápido e conciso para ajudá-lo a avaliar ou projetar uma pesquisa, detectar os abusos estatísticos mais comuns e mandar bem nas aulas de introdução à Estatística.

NESTE CAPÍTULO

» **Reconhecendo os erros estatísticos mais comuns cometidos por pesquisadores e pela mídia**

» **Evitando erros ao fazer suas estatísticas**

Capítulo 20

Dez Dicas para o Detetive Estatístico Habilidoso

Este livro não é apenas sobre como entender as estatísticas que você encontra na mídia e em seu local de trabalho; é muito mais sobre como ir mais a fundo para examinar se essas estatísticas são realmente corretas, racionais e justas. Você tem que ser vigilante, e um pouco cético, para lidar com a explosão de informações do mundo de hoje, pois muitas das estatísticas com as quais você se depara são enganosas e estão incorretas, por acidente ou intencionalmente. Se você não avaliar criticamente a informação que está consumindo, quem fará isso por você? Neste capítulo, mostro alguns erros estatísticos mais comuns cometidos por pesquisadores ou pela mídia, e compartilho as formas de reconhecê-los e evitá-los.

Detectando Gráficos Enganosos

A maioria dos gráficos contém ótimas informações que apresentam uma ideia de forma clara, concisa e justa. No entanto, muitos gráficos mostram informações incorretas, mal rotuladas e/ou enganosas; ou simplesmente omitem informações importantes que os leitores precisam saber para tomar decisões críticas sobre o que está sendo apresentado. Algumas dessas falhas acontecem por engano, outras são incorporadas de propósito na esperança de que você não as notará. Se você conseguir identificar os problemas em um gráfico antes de considerar qualquer conclusão, não será iludido por gráficos enganosos.

A Figura 20-1 apresenta exemplos de quatro tipos importantes de apresentação de dados: gráfico de pizza, gráfico de barras, gráfico de linhas e histogramas. Nesta seção, destaco algumas das maneiras como você pode ser enganado caso esses tipos de gráficos não sejam feitos adequadamente (para ter mais informações sobre a criação correta de gráficos e tabelas, e para identificar aqueles que são enganosos, veja os Capítulos 6 e 7).

Gráficos de pizza

Os gráficos de pizza são exatamente o que seu nome sugere: gráficos no formato de um círculo (ou pizza) divididos em fatias que representam a porcentagem de indivíduos que se encontram em cada grupo. Os grupos representam uma variável categórica, tal como sexo, partido político ou estado empregatício. A Figura 20-1a mostra um gráfico de pizza com os detalhes das opiniões dos eleitores sobre algum assunto (chamaremos de assunto 1).

Veja como provar um gráfico de pizza e atestar sua qualidade:

- Confira se as porcentagens somam 100% ou chegam o mais próximo possível (qualquer erro de arredondamento deve ser pequeno).
- Preste atenção nas fatias denominadas "outros" ; é a categoria genérica. Se a fatia para "outros" for muito grande (maior que as outras), significa que o gráfico de pizza é muito vago. No outro extremo, os gráficos de pizza com muitas fatias pequenas dão um excesso de informações.
- Cuidado com as distorções de ilusão de ótica causadas pelos gráficos de pizza tridimensionais ("explodidos"), nos quais a fatia mais próxima de você parece ser maior do que realmente é em virtude do ângulo em que é apresentada.
- Procure o número total de indivíduos que compõem o gráfico de pizza para que possa determinar o tamanho da pizza antes de ser dividida nas fatias que você está vendo. Caso o tamanho do conjunto de dados (o número de respondentes) seja muito pequeno, a informação não é confiável.

Gráficos de barras

O gráfico de barras é semelhante ao gráfico de pizza, exceto pelo fato de que, em vez de ser em formato de círculo e divido em fatias, ele representa cada grupo com um barra e a altura de suas barras é o que representa o número (frequência) ou a porcentagem (frequência relativa) de indivíduos em cada grupo. A Figura 20-1b mostra um gráfico de barras com as frequências relativas apontando as opiniões dos eleitores sobre um assunto (chamaremos de assunto 1); seus resultados correspondem aos resultados do gráfico de pizza apresentado na Figura 20-1a.

Ao examinar um gráfico de barras:

» Verifique o tamanho amostral. Se as barras representam as frequências, você descobre o tamanho amostral somando-as; se as barras representam as frequências relativas, é preciso saber a quantidade de dados utilizada para a criação do gráfico.

» Preste atenção nas unidades representadas pela altura das barras e no que os resultados representam em termos dessas unidades. Por exemplo, elas mostram o número total de crimes ou a taxa de criminalidade (também conhecida como número total de crimes per capita)?

» Avalie o ponto de partida do eixo no qual os números (ou porcentagens) são mostrados e observe os extremos: se as alturas das barras flutuam de 200 a 300, mas o número no eixo começa em 0, as alturas das barras não são muito diferentes. No entanto, se o ponto de partida começa em 200, você está basicamente cortando a base de todas as barras e as diferenças restantes (de 0 a 100) parecerão muito mais radicais do que deveriam.

» Verifique o intervalo de valores no eixo em que os números (ou porcentagens) são mostrados. Se as alturas das barras variarem entre 6 e 108, mas o eixo mostrar 0 a 500, o gráfico terá um bom espaço em branco e as diferenças nas barras ficarão mais difíceis de distinguir. No entanto, se o eixo for de 5 a 110 com quase nenhum espaço sobrando, as barras serão esticadas ao limite, fazendo as diferenças entre os grupos parecerem maiores do que deveriam.

Gráficos de linhas

Um gráfico de linhas mostra como uma variável numérica muda ao longo do tempo (por exemplo, os preços de ações, a média da renda familiar e a temperatura média). A Figura 20-1c é um exemplo de gráfico de linhas mostrando a porcentagem de eleitores que votaram sim, de 2002 a 2010, de dois em dois anos.

Veja algumas questões com as quais você precisa ter cuidado ao analisar um gráfico de linhas:

» Observe tanto a escala do eixo vertical (quantidade) quanto a do eixo horizontal (linha do tempo); os resultados podem parecer mais ou menos drásticos do que realmente são graças a uma simples alteração dessas escalas.

» Leve em consideração as unidades retratadas pelo gráfico e verifique se foram ajustadas para uma comparação ao longo do tempo; por exemplo, os valores monetários estão sendo ajustados de acordo com a inflação?

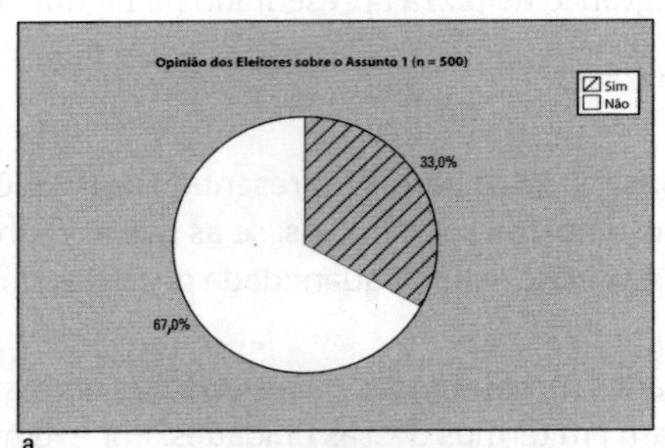

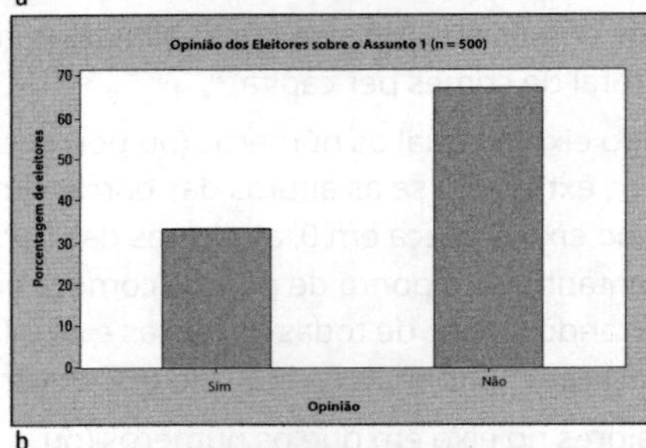

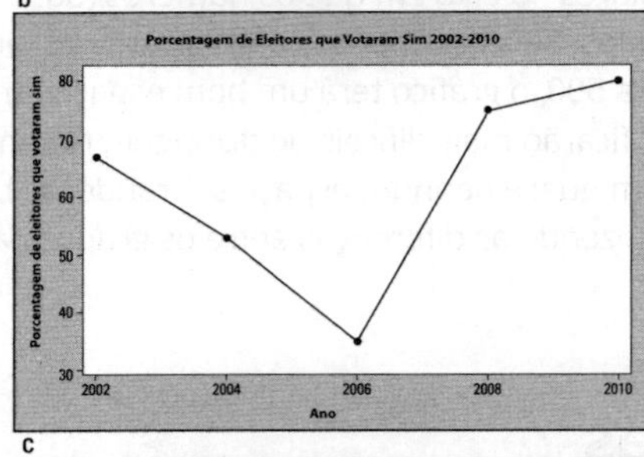

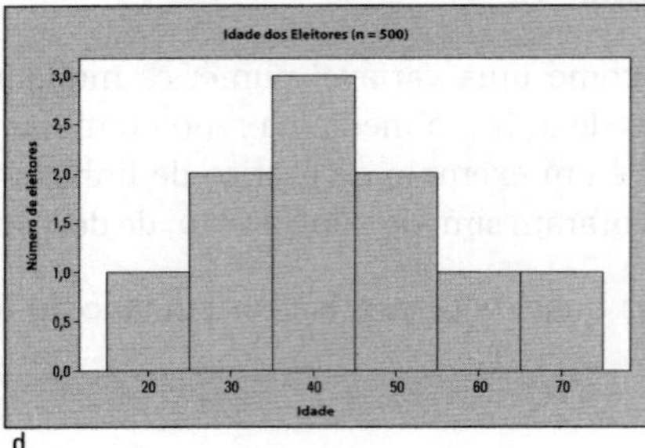

FIGURA 20-1: Quatro tipos de gráfico: a) gráfico de pizza; b) gráfico de barras; c) gráfico de linhas; e d) histograma.

- Tome cuidado com pessoas que tentam explicar uma tendência sem usar estatísticas adicionais que as fundamentem. Um gráfico de linhas geralmente mostra *o que* está acontecendo. O *porquê* de isso acontecer é outra história!
- Fique atento às situações em que o eixo do tempo não esteja marcado com o mesmo espaçamento. Isso geralmente acontece quando faltam dados. Por exemplo, o eixo do tempo talvez tenha espaços iguais entre os anos de 2001, 2002, 2005, 2006, 2008 quando, na verdade, deveria mostrar espaços vazios para os anos em que não há dados disponíveis.

Histogramas

Histograma é um gráfico que divide uma amostra em grupos segundo uma variável numérica (tal como idade, altura, peso ou renda) e mostra o número de indivíduos (frequência) ou a porcentagem de indivíduos (frequência relativa) que se encontra em cada grupo. A Figura 20-1d é um histograma de frequência mostrando as idades dos eleitores em determinada eleição.

Veja alguns itens que devem ser verificados ao examinar um histograma:

- Observe a escala usada no eixo vertical (frequência/frequência relativa), especialmente porque os resultados podem estar exagerados ou diminuídos pelo uso de escalas inadequadas.
- Veja se as unidades no eixo vertical estão mostrando frequência ou frequências relativas; caso sejam frequências relativas, você precisa do tamanho amostral para determinar a quantidade de dados que está analisando.
- Verifique a escala usada para os grupos da variável numérica no eixo horizontal. Se os grupos se expressarem em intervalos pequenos (por exemplo, 0-2, 2-4 e assim por diante), o topo das barras poderá parecer muito inconstante. Se os grupos estiverem expressos por grandes intervalos (por exemplo, 0-100, 100-200 etc.), os dados poderão ter uma aparência mais suave do que a realidade.

Revele os Dados Parciais

A parcialidade, em Estatística, é resultado de um erro sistemático que superestima ou subestima o valor verdadeiro. Por exemplo, se usarmos uma régua para medir plantas e ela estiver alguns centímetros mais curta do que deveria, todos os meus resultados serão parciais, ou seja, todos estarão sistematicamente abaixo de seus valores verdadeiros.

Aqui estão algumas fontes mais comuns de dados parciais:

- » Instrumentos de medição sistematicamente fora dos padrões. Por exemplo, o radar de um policial apontando que sua velocidade era de 120km/h, mas você sabe que estava a apenas 110km/h. Ou então uma balança que sempre aumenta 2kg.
- » A maneira como o estudo é projetado pode criar parcialidade. Por exemplo, um questionário de pesquisa com a pergunta "Você *já* discordou do governo?" vai superestimar a porcentagem de pessoas que não estão satisfeitas com o governo (veja as formas para minimizar a parcialidade nas pesquisas no Capítulo 16).
- » A amostra dos indivíduos pode não representar a população de interesse; por exemplo, examinar os hábitos de estudo em uma universidade ao visitar apenas a biblioteca do campus (veja mais na seção "Identifique as Amostras Não Aleatórias", ainda neste capítulo).
- » Os pesquisadores nem sempre são objetivos. Suponha que um grupo de pacientes esteja recebendo comprimidos de açúcar e outro grupo esteja recebendo o medicamento verdadeiro. Se os pesquisadores souberem quem recebeu o medicamento verdadeiro, eles poderão, inadvertidamente, prestar mais atenção naqueles pacientes para ver se está fazendo efeito; eles podem até projetar os resultados nos pacientes (dizendo, por exemplo, "Aposto que você está se sentido melhor, não é?"). Isso cria uma parcialidade em favor do medicamento (veja o Capítulo 17 para obter mais informações sobre a criação de bons experimentos).

CUIDADO

Para identificar os dados parciais, examine a maneira como eles foram coletados. Pergunte sobre a seleção de participantes, como o estudo foi realizado, quais perguntas foram usadas, quais tratamentos (medicamentos, procedimentos, terapias etc.) foram dados (e se foram dados) e quem sabia sobre eles, quais instrumentos de medição foram usados e como foram calibrados etc. Procure erros sistemáticos ou favoritismo e caso encontre muitos, ignore os resultados.

Busque uma Margem de Erro

A palavra *erro* tem uma conotação negativa, como se um erro fosse algo que pudesse sempre ser evitado. Na estatística, esse nem sempre é o caso. Por exemplo, o que os estatísticos chamam de *erro amostral* sempre ocorrerá quando alguém tenta estimar um valor populacional usando qualquer coisa que não seja a população inteira. O simples ato de selecionar uma amostra a partir de uma população significa que você deixará de fora certos indivíduos e, por sua vez, significa que não conseguirá o valor populacional exato e preciso. No entanto, não é preciso se preocupar. Lembre-se de que a Estatística pressupõe que você nunca precisa dizer que está certo, apenas precisa chegar perto. E se a amostra for grande o bastante, o erro amostral será pequeno (considerando que os dados são bons, claro).

Para avaliar o resultado estatístico, você precisa medir sua precisão, normalmente por meio da margem de erro. A margem de erro mostra quanto o pesquisador espera que seus resultados variem entre as amostras (para ter mais informações acerca da margem de erro, consulte o Capítulo 12). Quando um pesquisador ou a mídia deixa de mencionar a margem de erro, você fica sem saber a precisão dos resultados ou, pior ainda, simplesmente supõe que tudo está correto, quando, em muitos casos, não é o que acontece.

CUIDADO

Ao examinar resultados estatísticos nos quais um número está sendo estimado (por exemplo, a porcentagem de pessoas que acha que o presidente está fazendo um bom trabalho), sempre procure a margem de erro. Caso não tenha sido incluída, peça por ela! (Ou se receber outras informações pertinentes, calcule você mesmo a margem de erro usando as fórmulas apresentadas no Capítulo 13.)

Identifique as Amostras Não Aleatórias

Se você estiver tentando estudar uma população, mas consegue apenas estudar uma amostra de indivíduos dela, como garantir que a amostra representará a população? A melhor maneira é selecionar os indivíduos da população aleatoriamente, ou seja, pegar uma *amostra aleatória*. Uma amostra é aleatória se cada membro da população teve chances iguais de ser selecionado (como em um sorteio).

No entanto, muitas pesquisas e estudos não se baseiam em amostras. Por exemplo, enquetes na TV pedindo que o telespectador "ligue e diga sua opinião" não representam uma amostra aleatória. Na realidade, elas não representam sequer uma amostra; ao obter uma amostra, selecione indivíduos da população; nos casos em que as pessoas ligam para dar suas opiniões, elas selecionam a si mesmas.

Os experimentos (especialmente os estudos médicos) normalmente não podem envolver uma amostra aleatória de indivíduos por motivos éticos. Não seria nada funcional ligar para as pessoas e dizer: "Você foi selecionado aleatoriamente para participar de nosso estudo sobre o sono. Você precisa vir até nosso laboratório e dormir aqui por duas noites." Esses tipos de experimentos são conduzidos usando sujeitos que se voluntariam para participar; eles não são escolhidos aleatoriamente antes.

LEMBRE-SE

Mas mesmo que você não consiga selecionar aleatoriamente os sujeitos (participantes) de seu experimento, ainda conseguirá obter resultados válidos caso incorpore a aleatoriedade de uma forma diferente ao alocar aleatoriamente os sujeitos para os grupos de tratamento e controle. Se isso ocorrer, haverá uma grande chance de que sejam bem similares, exceto pelo tratamento que receberam. Dessa forma, se você descobrir uma diferença grande nos resultados dos grupos, poderá atribuir essas diferenças ao tratamento, em vez de a outros fatores.

CUIDADO

Antes de tomar qualquer decisão a respeito dos resultados estatísticos de uma pesquisa, procure ver como a amostra de indivíduos foi selecionada. Se a amostra não foi selecionada aleatoriamente, considere os resultados com desconfiança (veja o Capítulo 16). Se você estiver analisando os resultados de um experimento, descubra se os sujeitos foram alocados para os grupos de controle e tratamento de forma aleatória; em caso negativo, ignore os resultados (consulte o Capítulo 17).

Fareje a Omissão do Tamanho Amostral

Tanto a qualidade como a quantidade das informações são importantes em se tratando de avaliar a precisão de uma estatística. Quanto mais informações são usadas para obter uma estatística, mais precisa ela será. A questão da qualidade é lidada na seção "Revele os Dados Parciais", anteriormente neste capítulo. Quando a qualidade for estabelecida, você terá que avaliar a precisão das informações e, para isso, precisa saber a quantidade de informações coletadas (isso é, precisa saber o tamanho amostral).

Os tamanhos amostrais pequenos deixam os resultados menos precisos (a menos que sua população tenha sido pequena no início). Muitas manchetes não são exatamente o que parecem ser quando os detalhes de um artigo revelam um tamanho amostral pequeno. Talvez ainda pior, muitos estudos nem mesmo mencionam o tamanho da amostra, o que leva seu ceticismo vir à tona perante os resultados. (Por exemplo, um antigo comercial de chicletes dizia: "Quatro em cinco dentistas pesquisados recomendam [este chiclete] a seus pacientes." Mas e se eles realmente só entrevistaram cinco dentistas?)

CUIDADO

Não pense muito sobre isso, mas, de acordo com os estatísticos (que são muito exigentes com a precisão), 4 em 5 é muito diferente de 4.000 em 5.000, mesmo que as duas frações sejam 80%. O segundo caso representa um resultado muito mais preciso (respeitável), porque está baseado em um tamanho amostral muito maior. (Considerando que sejam bons dados, claro.) Essa é a diferença entre matemáticos e estatísticos, caso você já tenha se perguntado sobre isso! (O Capítulo 12 fala mais sobre a precisão.)

No entanto, mais dados não quer dizer dados melhores; depende de como eles foram coletados (veja o Capítulo 16). Suponha que você queira coletar as opiniões dos habitantes de uma cidade sobre a proposta de um vereador. Uma amostra aleatória pequena com dados bem coletados (como uma pesquisa por correspondência de um pequeno número de casas escolhidas aleatoriamente a partir do mapa da cidade) é muito melhor do que uma amostra grande não aleatória com dados coletados de maneira ruim (por exemplo, publicando uma pesquisa na internet no site da prefeitura e pedindo que as pessoas respondam).

LEMBRE-SE

Sempre procure saber o tamanho amostral antes de tirar conclusões sobre a informação estatística. Quanto menor a amostra, menos confiável será a informação. Se o tamanho amostral não for mencionado, consiga uma cópia do relatório completo do estudo, entre em contato com o pesquisador ou com o jornalista que escreveu o artigo.

Detecte Correlações Mal Interpretadas

Todos querem encontrar conexões entre as variáveis; por exemplo, qual grupo de faixa etária provavelmente votará em determinado partido político? Se eu tomar mais vitamina C, terei menos chances de pegar um resfriado? O quanto minha vista é afetada por trabalhar em frente de um computador o dia todo? Quando você pensa em conexões ou associações entre as variáveis, provavelmente pensa em correlação. Sim, a correlação é uma das estatísticas mais usadas, mas também é uma das mais mal compreendidas e mal usadas, especialmente pela mídia.

A seguir, veja alguns pontos importantes sobre a correlação (veja o Capítulo 18 para obter outras informações):

- **A definição estatística de *correlação* (indicada por *r*) é a medida de força e direção de uma relação linear entre duas variáveis numéricas.** Uma correlação nos diz se as variáveis aumentam juntas ou se seguem direções opostas, e a extensão em que o padrão é consistente ao longo dos dados.
- **O termo estatístico *correlação* é apenas usado no contexto de duas variáveis numéricas (como peso e altura).** Ele não se aplica a duas variáveis categóricas (como partido político e sexo).

  Por exemplo, o padrão de votos e sexo pode estar relacionado, mas usar a palavra correlacionado para descrever sua relação não é estatisticamente correto. Você também pode dizer que duas variáveis categóricas estão *associadas*.

» **Se houver uma correlação forte e um diagrama de dispersão entre duas variáveis numéricas, você deve conseguir desenhar uma linha reta ligando os pontos e os pontos devem ficar perto da linha.** Se uma linha não se ajustar bem aos dados, provavelmente as variáveis não terão uma correlação forte (*r*) e vice-versa (veja, no Capítulo 18, informações sobre o ajuste das linhas, também conhecido como *regressão linear*).

CUIDADO

Uma correlação fraca implica que uma relação linear não existe entre as duas variáveis, mas isso não significa, necessariamente, que as variáveis não tenham algum tipo de relação. Elas podem ter outros tipos de relação além da relação linear. Por exemplo, as bactérias se multiplicam em uma taxa exponencial ao longo do tempo (os números explodem, dobrando-se cada vez mais rápido).

» **Correlação não significa automaticamente que exista uma relação de causa e efeito.** Por exemplo, suponha que Susan relate, com base em suas observações, que as pessoas que bebem refrigerante diet têm mais acne do que as que não bebem. Se você bebe refrigerante diet, não se desespere ainda! Essa correlação pode ser uma coincidência doida que apenas ocorreu com as pessoas que ela observou. No máximo, significa que mais pesquisas precisam ser feitas (além da observação), de modo que qualquer conexão possa ser feita entre refrigerante diet e acne (Susan pode ler o Capítulo 17 para descobrir como projetar um bom experimento).

Revele as Variáveis Confusas

Variável confusa é uma variável que não foi incluída no estudo e que pode influenciar seus resultados, gerando um efeito confuso. Por exemplo, suponha que um pesquisador informe que comer algas ajuda a ter uma vida mais longa e ao examinar o estudo, você descobre que ele utilizou uma amostra de pessoas acima de 100 anos que incluem regularmente alga em sua alimentação. Ao ler as entrevistas dessas pessoas, você descobre alguns de seus outros segredos para uma vida mais longa (além de comer alga): essas pessoas comem alimentos muito saudáveis, dormem pelo menos oito horas por dia, bebem bastante água e praticam exercícios físicos todos os dias. Portanto, é a alga que lhes faz viver mais? Talvez, mas não é possível afirmar, porque as variáveis confusas (exercícios físicos, consumo de água, alimentação e hábitos de sono) também poderiam ser a causa de uma vida mais longa.

LEMBRE-SE

A melhor forma de controlar as variáveis confusas é realizando um experimento bem projetado (veja o Capítulo 17) que envolva o estabelecimento de dois grupos o mais semelhante possível, exceto pelo fato de que um dos grupos receberá um tratamento específico e o outro, um controle (um tratamento falso, nenhum tratamento ou um tratamento padrão não experimental). Você, então, vai comparar os resultados dos dois grupos, atribuindo quaisquer diferenças significativas ao tratamento (e a nada mais, em um mundo ideal).

CUIDADO

O estudo com as algas não foi um experimento projetado, mas observacional. Nos estudos observacionais, não existe nenhuma forma de controle das variáveis; as pessoas são apenas observadas e a informação registrada. Os estudos observacionais são ótimos quando se trata de enquetes e pesquisas de opinião, mas não para mostrar relações de causa e efeito, pois eles não controlam as variáveis confusas. Para essa finalidade, um experimento bem projetado fornecerá muito mais evidências.

Se a realização de um experimento for antiética (por exemplo, demonstrar que fumar causa câncer de pulmão forçando metade dos sujeitos no experimento a fumar 10 maços de cigarro por dia durante 20 anos enquanto a outra metade não fuma nada), então você deve contar com muitas evidências a partir de muitos estudos observacionais em muitas situações diferentes, todas levando ao mesmo resultado (veja o Capítulo 17 para obter todos os detalhes sobre a criação de experimentos).

Inspecione os Números

Só porque uma estatística apareceu na mídia não significa que esteja correta. Na verdade, erros acontecem a todo momento (por acidente ou de propósito), portanto fique atento. Eis algumas dicas para identificar números mal calculados:

- **Verifique se a soma de tudo realmente é o valor mencionado.** Com os gráficos de pizza, veja se todas as porcentagens somam 100% (sujeito a um pequeno erro de arredondamento).
- **Verifique duas vezes até mesmo as operações mais básicas.** Por exemplo, um gráfico informa que 83,33% dos norte-americanos são favoráveis a determinada questão, mas a notícia informa que "7 em cada 8" norte-americanos são a favor da questão. Será que é a mesma coisa? Não, 7 dividido por 8 é 87,5%, ou seja, 83,33% seriam 5 em cada 6).
- **Procure saber a taxa de resposta de uma pesquisa; não se contente apenas com o número de participantes.** (A taxa de resposta é o número de pessoas que responderam à pesquisa dividido pelo numero total de pessoas selecionadas e multiplicado por 100%.) Se a taxa de resposta fica muito abaixo de 50%, os resultados podem ser parciais, pois você não sabe o que as pessoas que não responderam teriam dito (confira todos os detalhes sobre as pesquisas e suas taxas de resposta no Capítulo 16).
- **Questione o tipo de estatística usada para determinar sua adequabilidade.** Por exemplo, suponha que o número de crimes aumentou, mas o tamanho da população também. Em vez do número de crimes, a mídia precisa informar a taxa de criminalidade (o número de crimes per capita).

Os resultados estatísticos se baseiam em fórmulas que pegam os números dados e calculam o que você manda. As fórmulas não sabem se o resultado final está correto ou não. São as pessoas que usam essas fórmulas que deveriam pensar, claro. Aquelas que não pensam, cometem erros; aquelas que pensam, podem manipular os números de alguma forma, com a esperança de que você não perceberá a verdade. Sendo você um consumidor de informação (também conhecido como incrédulo convicto), deve tomar alguma atitude. O melhor a ser feito, nesse caso, é questionar.

Denuncie os Relatos Seletivos

Você não pode dar crédito a estudos em que um pesquisador relata seu único resultado estatisticamente significante, mas deixa de mencionar os relatórios de suas outras 25 análises, sendo que nenhuma delas foi significativa. Se você soubesse dessas outras análises, poderia se perguntar se esse único resultado significativo é verdadeiramente significativo ou se é apenas fruto do acaso (assim como a ideia de que um macaco digitando aleatoriamente em um teclado pudesse, em algum momento, escrever Shakespeare). É uma pergunta válida.

Essa prática enganosa de analisar os dados até achar algo é o que os estatísticos chamam de *data snooping* (vasculhamento de dados) ou *data fishing* (pesca de dados). Vejamos um exemplo: suponha que o pesquisador Bob queira descobrir o que faz com que os alunos do 1º ano briguem tanto entre si (ele não deve ser pai, senão nem ousaria tocar nesse assunto!). Ele organiza um estudo no qual observa uma sala de aula dos alunos do 1º ano todos os dias por um mês e registra tudo o que vê. Ele retorna ao escritório com todos os dados, aperta um botão, ordenando que o computador faça todas as análises conhecidas pelo homem, e relaxa em sua cadeira, aguardando os resultados. Afinal, com todos esses dados, ele deve descobrir *alguma coisa*.

Depois de mergulhar em seus resultados por vários dias, ele vai em busca de sua recompensa. Ele sai correndo do escritório e diz ao chefe que precisa publicar um comunicado de imprensa informando que um estudo inovador descobriu que os alunos do 1º ano brigam mais quando: 1) o dia da semana termina com a letra *a* ou 2) quando o peixinho do aquário da sala de aula entra no túnel do barquinho de pirata. Bom trabalho, pesquisador Bob! Tenho a sensação que um mês de convivência diária com os alunos do 1º ano acabou com suas habilidades de análise de dados.

Resumindo, se você coletar dados suficientes e passar o tempo necessário os analisando, provavelmente descobrirá algo, mas isso pode ser algo totalmente sem sentido ou um golpe de sorte que não poderá ser reproduzido por outros pesquisadores.

Como se proteger dos resultados enganosos ocorrido graças ao data fishing? Descubra mais detalhes sobre o estudo, começando por quantos testes foram feitos no total e quantos desses testes não foram significativos. Em outras palavras, descubra tudo o que conseguir, para que, assim, possa colocar esses resultados significativos em perspectiva.

LEMBRE-SE

Para evitar ser fisgado no *data fishing* de alguém, apenas não acredite no primeiro resultado que você ouvir, especialmente se fizerem muito barulho a respeito e/ou parecer um pouco suspeito. Entre em contato com os pesquisadores e peça mais informações sobre os dados, ou espere para ver se outros pesquisadores conseguem verificar e replicar os resultados.

Exponha o Relato

Ah, o relato, uma das maneiras mais poderosas de influenciar a opinião pública já criada. E uma das menos válidas. *Relato* é uma história baseada em uma experiência ou situação vivida por uma única pessoa. Por exemplo:

- A garçonete que ganhou na loteria duas vezes.
- O gato que aprendeu a andar de bicicleta.
- A mulher que perdeu 45 quilos em dois dias com a milagrosa dieta da batata.
- A celebridade que diz ter usado uma coloração para o cabelo que se compra em qualquer farmácia e para a qual ela é a garota propaganda (com certeza!).

Os relatos dão grandes notícias; quanto mais sensacionalista, melhor. Mas histórias sensacionalistas são exceções à regra. Elas não acontecem com muita gente.

Você pode achar que não está ao alcance dessas histórias sensacionalistas. Mas e todas aquelas vezes em que você se deixou influenciar pela experiência de uma única pessoa? Seu vizinho adora o provedor de internet que ele assina e, por isso, você vai assinar também. Seu amigo não teve sorte com determinada marca de carro, então você nem se dará ao trabalho de fazer um test-drive na concessionária. Seu pai conhece alguém que morreu em um acidente de carro porque ficou preso ao cinto de segurança, então ele decide nunca mais usar o cinto.

Ainda que não haja problema algum em tomar algumas decisões se baseando nesse tipo de histórias, algumas decisões mais importantes deveriam ter o apoio da estatística real e de dados reais, que venham de estudos bem projetados e pesquisas cuidadosas.

Relato é um conjunto de dados com tamanho amostral igual a um. Você não possui informação com a qual poderia comparar a história, não tem estatísticas para analisar, nem possíveis explicações ou informações para continuar, apenas uma única história. Não deixe que os relatos o influenciem. Pelo contrário, confie em estudos científicos e informações estatísticas baseadas em grandes amostras aleatórias de indivíduos que representem suas populações-alvo (não apenas uma única situação). A melhor coisa a fazer quando alguém tenta persuadi-lo contando uma história baseada em fatos reais é responder dizendo: "Mostre-me os dados!"

NESTE CAPÍTULO

» Entrando no clima

» Desenvolvendo estratégias práticas

» Prevenindo erros bobos

Capítulo 21

Dez Dicas Infalíveis para Melhorar Sua Nota

Durante minha carreira como professora, já ensinei mais de 40.000 alunos (não tente adivinhar minha idade, não é educado!) e cada aluno fez, pelo menos, três provas comigo. Isso perfaz um total de 120.000 provas que corrigi ou examinei e, acredite, já vi de tudo. Já vi respostas excelentes, respostas desastrosas, e tudo o que você puder imaginar que fique no meio. Já recebi bilhetes de aluno nas margens da prova pedindo para pegar leve porque seu cãozinho havia sido atropelado e ele não teve tempo de estudar. Já vi algumas respostas que nem consegui decifrar. Já ri, chorei e fiquei cheia de orgulho pelo que meus alunos apresentaram durante as provas.

Neste capítulo, juntei uma lista com dez estratégias mais usadas pelos alunos que se saíram bem nas provas. Esses alunos não são, necessariamente, mais inteligentes que os demais (embora você tenha que conhecer seu material, claro), mas estão muito mais preparados. Como consequência, eles conseguem lidar com novos problemas e situações sem ficarem confusos, cometem menos errinhos que acabam diminuindo a nota e têm menos chances de ficar com aquele olhar desnorteado de quem não sabe nem por onde começar a resolver o problema. Eles têm mais chances de chegar à resposta certa (ou, pelo menos, ganhar um meio certo), pois são bons em classificar as informações e organizar o trabalho. Não tenha dúvidas, a preparação é o segredo do sucesso em uma prova de Estatística.

Você também pode ser um aluno bem-sucedido de Estatística, ou mais bem-sucedido, se já está indo bem, seguindo as estratégias simples apresentadas neste capítulo. Lembre-se de que cada ponto conta e eles se somam, então, vamos começar a dar um gás nas notas de suas provas!

Saiba o que Você Não Sabe e Faça Algo a Respeito Disso

Descobrir o que você sabe e o que não sabe pode ser difícil durante as aulas de Estatística. Você lê o livro e entende todos os exemplos, mas não consegue resolver os problemas da tarefa. Você consegue responder a todas as questões de Estatística de seu colega, mas as suas, não. Você acaba a prova e acha que foi bem, mas fica chocado ao receber a nota.

O que está havendo aqui? Resumindo, você deve estar ciente daquilo que sabe e do que não sabe, caso queira ser bem-sucedido. Essa é uma habilidade muito difícil de ser desenvolvida, mas vale muito a pena. Os alunos geralmente descobrem o que não sabem pela forma mais difícil: ao perder pontos nas questões da prova. Não tem problema errar, todos nós erramos; a questão é quando. Se você comete um erro antes da prova, enquanto ainda tem tempo para descobrir o que fez de errado, não lhe custará nada. Se cometer o mesmo erro durante a prova, lhe custará pontos.

DICA

Aqui está uma estratégia para descobrir o que você sabe e o que não sabe. Veja suas anotações das aulas e faça estrelas ao lado daquelas que não entendeu. Você também pode "testar" a si mesmo, como explico mais adiante em "A armadilha do certo, certo nº 2", e fazer uma lista dos problemas nos quais empacou. Leve suas anotações e sua lista ao professor e peça que ele analise os problemas com você. Suas perguntas serão bem específicas, de modo que ele consiga identificá-las enquanto fala com você, dando mais informações específicas e exemplos; depois, verifique se entendeu todas as ideias antes de ir para o próximo tópico. Essa conversa com o professor não tomará muito tempo; algumas vezes, quando uma de suas perguntas é respondida, é como um efeito dominó que esclarece outras perguntas de sua lista.

CONSELHOS GERAIS PARA SE SAIR BEM NAS AULAS

Veja alguns conselhos gerais que meus alunos acharam úteis:

- **Sei que já ouviu isso antes, mas você realmente estará em vantagem se não faltar nenhuma aula, para que tenha o conjunto completo de anotações para revisar. Isso também garante que você não perderá nenhum detalhe que se transforma em grandes resultados na prova.**
- **Não copie apenas o que o professor apresentou, isso é o que os amadores fazem. Os profissionais também anotam outras coisas que o professor falou e explicou, mas não escreveu. Isso é o que separa uma nota dez de uma nove.**
- **Faça pequenas coisas que o ajudem a permanecer organizado durante o curso; assim, você não ficará sobrecarregado na hora do aperto. Um dos meus melhores dias como aluna foi quando comprei uma boa lapiseira, uma boa borracha, um furador baratinho para organizar minhas anotações e um grampeador pequeno, tudo com $5 dólares. Tudo bem, hoje isso deve custar uns $10 dólares, mas acredite, vale a pena!**

Conheça seu professor e se faça conhecido por ele. Apresentar-se a ele no primeiro dia causa uma boa impressão; passar alguns momentos após a aula tirando alguma dúvida (caso tenha alguma) ou dar uma passada em seu escritório não faz mal a ninguém. Não se preocupe se suas questões forem bobas; o que conta não é o nível em que você está; o seu desejo de passar para o próximo nível e ir bem nas aulas que é importante. É isso que seu professor deseja ver.

LEMBRE-SE

Não deixe nada para trás quando o assunto é estar seguro de que entendeu todos os conceitos, exemplos, fórmulas, notações e problemas das tarefas antes de fazer a prova. Sempre digo aos meus alunos que 30 minutos de conversa comigo têm o potencial de aumentar a nota em 10%, pois sou extremamente boa em explicar coisas e responder a perguntas, e provavelmente faço isso melhor do que qualquer um de seus colegas ou parentes que fizeram o curso quatro anos atrás com outro professor. Uma rápida visita em meu escritório vale muito a pena, especialmente se você trouxer uma lista detalhada com suas perguntas. Se por algum motivo seu professor não estiver disponível, veja se há um monitor para ajudá-lo.

Evite as Armadilhas do "Certo, Certo"

O que é uma armadilha do "certo, certo"? É um termo que uso quando você fica dizendo "Certo, certo, entendi; sei esse assunto, sem problemas", mas chega a prova e, opa, você não tinha entendido, não sabia do assunto e, de fato, tinha um problema. As armadilhas do certo, certo são ruins porque elas o fazem pensar que sabe de tudo, que não tem perguntas e que vai tirar dez na prova, quando a verdade é que você ainda tem algumas questões para serem resolvidas.

Embora existam muitas armadilhas do tipo certo, certo, destaco as duas mais comuns nesta seção e o ajudo a evitá-las. Eu as chamo (bem criativamente) de *armadilha do certo, certo nº 1* e *armadilha do certo, certo nº 2*. As duas são sutis e podem surpreender até os alunos mais atenciosos, então, caso você se identifique com esta seção, não se sinta mal. Apenas pense em quantos pontos da prova vai resgatar quando sair do modo "certo, certo" e entrar no modo "espere um pouco, tenho uma dúvida que precisa ser esclarecida!".

Armadilha do certo, certo nº 1

A armadilha do certo, certo nº 1 acontece quando você estuda suas anotações das aulas várias vezes e diz "certo, certo, entendi", "peguei a ideia" e "tudo bem, consigo fazer isso", mas, na realidade, você não tenta resolver os problemas a partir do zero sozinho. Se você entende um problema que já foi resolvido por outra pessoa, isso significa apenas que entende o que aquela pessoa fez quando *ela* resolveu o problema. Não quer dizer nada sobre se *você* teria conseguido sozinho em uma prova, com toda aquela pressão, e olhando aquele espaço em branco no qual a resposta deveria estar. É uma grande diferença!

Eu também caio nessa armadilha. Eu li o manual inteiro do meu DVD e entendi tudo. Porém, uma semana depois, quando tentei gravar um vídeo, não sabia por onde começar. Por que não? Porque havia entendido a informação enquanto lia, mas não tentei aplicá-la por conta própria, e quando chegou a hora, não conseguia me lembrar de como fazer.

Os alunos sempre me dizem: "Se alguém organizar o problema para mim, sempre consigo fazer o resto." O problema é que quase todo mundo consegue resolver um problema que já foi organizado. Na realidade, o principal é conseguir organizá-lo, e ninguém vai fazer isso para você durante a prova.

LEMBRE-SE

Evite a armadilha do certo, certo nº 1 revendo suas anotações, pegando alguns exemplos que seu professor usou e copiando-os em uma folha à parte (apenas o problema, não a solução). Depois, misture essas folhas e faça uma "prova" com elas. Para cada problema, tente começar escrevendo apenas o primeiro passo. Não se preocupe em terminar os problemas; apenas se concentre em começá-los. Após ter dado esse primeiro passo para todos os problemas, reveja suas anotações das aulas e veja se os começou corretamente. (Na parte de trás de cada problema, escreva de onde o tirou em suas anotações para que consiga verificar as respostas mais rapidamente.)

Armadilha do certo, certo nº 2

A armadilha do certo, certo nº 2 é ainda mais sutil do que a nº 1. Um aluno aparece no meu escritório após a prova e diz: "Bem, resolvi todos os problemas das minhas anotações, refiz todos os problemas das tarefas, resolvi todas as provas anteriores que você disponibilizou e me dei bem em todas elas; quase nunca resolvi um problema de forma errada. Mas quando fiz a prova, bombei."

O que aconteceu? Nove em cada dez vezes, os alunos na armadilha do certo, certo nº 2 de fato resolveram todos os problemas, passaram horas e horas com isso. Mas toda a vez que travavam e não conseguiam terminar um problema, espiavam a resposta (que deixavam bem ao lado), viam o que tinham errado, diziam "certo, certo, foi um errinho bobo, eu sabia!" e continuavam com a solução. No fim, eles achavam que haviam entendido bem os problemas por si sós, mas, na prova, perderam alguns (se não todos) pontos, dependendo de em que travaram na solução.

Portanto, como evitar a armadilha do certo, certo nº 2? Ao fazer um simulado da prova com as condições "reais" de uma prova com toda a pressão. Veja como:

1. **Estude o quanto precisar, da maneira que for necessária, até que esteja pronto para testar seus conhecimentos.**
2. **Sente-se diante de uma prova anterior e, caso não seja possível, faça uma você mesmo escolhendo alguns problemas de sua tarefa, suas anotações ou seu livro, e misture-os.**

   Assim como na prova real, você também precisa de um lápis, uma calculadora e qualquer outro material que possa usar, e nada além disso! Deixar seu livro e suas anotações de lado pode deixá-lo ansioso, frustrado ou exposto quando faz o simulado de uma prova, mas você realmente precisa descobrir o que consegue fazer sozinho antes da prova real.

   CUIDADO

   Alguns professores permitem que você use uma *folha de revisão* (às vezes chamada de *folha de memória* ou, pasme, *folha de cola*), uma folha na qual pode escrever qualquer informação útil que quiser, sujeitas a limitações que seu professor pode colocar. Caso o professor permita o uso dessas folhas nas provas, use uma durante sua prática também.

3. **Prepare o cronômetro com o tempo que você tem para uma prova real e comece.**
4. **Resolva o máximo de problemas que puder usando suas melhores habilidades e quando terminar, (ou quando o tempo acabar), largue o lápis.**

5. Quando sua "prova" acabar, faça a posição de lótus e inspire, segure e expire, por três vezes. Então, veja as respostas e corrija sua prova como o professor faria.

Caso você não tenha conseguido começar um problema, mesmo que tenha esquecido algum detalhe pequeno e que imediatamente percebe quando olhar as respostas, não pode dizer: "Certo, certo, sabia disso; não cometeria esse erro em uma prova real"; você precisa dizer: "Não, não consegui começar sozinho. Teria tirado 0 nesse problema. Preciso resolver isso."

Você não tem uma segunda chance em uma prova real, então, quando estiver estudando, não fique com medo de admitir que não conseguiu resolver um problema corretamente sozinho; apenas fique feliz por ter percebido isso e descubra como resolver o problema para que acerte da próxima vez. Reveja suas anotações, leia sobre o assunto no livro, pergunte ao professor, tente mais problemas parecidos ou peça que algum colega faça um teste com você. Também tente observar um padrão no tipo de problemas que você está errando ou que perderia pontos na prova. Descubra por que errou aquilo. Talvez tenha lido a pergunta rápido demais, fazendo com que respondesse de forma errada? Foi uma questão de vocabulário ou notação? Como seus estudos se alinham com o que caiu na prova? E assim por diante.

É difícil ser autocrítico e é assustador descobrir que você não sabia algo que achava que sabia. Mas ao se posicionar e descobrir seus erros antes que eles lhe custem pontos da prova, você se concentrará em suas fraquezas, vai as transformar em forças, expandir seu conhecimento e tirar uma nota mais alta na prova.

Seja Amigo das Fórmulas

Muitos alunos não se sentem confortáveis com as fórmulas (a menos que seja um nerd da Matemática; nesse caso, elas fazem você pular de alegria). Esse incômodo é compreensível, eu também costumava ficar intimidada (com as fórmulas, não com os nerds). O problema é que você não consegue sobreviver por muito tempo em uma aula de Estatística sem usar uma fórmula em algum momento, então, ficar à vontade com elas logo de início é importante. Uma fórmula informa muito mais do que como calcular algo. Ela mostra o processo de raciocínio por trás dos cálculos. Por exemplo, você pode ter uma visão geral sobre o desvio-padrão ao analisar sua fórmula:

$$s = \sqrt{\frac{\sum_{i=1}^{n}(x_i - \bar{x})^2}{n-1}}$$

Subtrair a média, $\bar{x}$, de um valor no conjunto de dados, x_i, mede o quanto esse valor está acima ou abaixo da média. Como não quer que as diferenças positivas e negativas se cancelem, você as eleva ao quadrado para que fiquem positivas (mas lembre-se de que isso lhe dá unidades ao quadrado). Depois, você as soma e divide por $n - 1$, que é próximo de encontrar uma média, e tira a raiz quadrada para voltar às unidades originais. De uma forma geral, você está descobrindo algo como a distância média a partir da média.

Voltando ainda mais, é possível dizer, a partir da fórmula, que o desvio-padrão não pode ser negativo, pois tudo está ao quadrado. Também podemos dizer que o mínimo que pode ser é zero, o que ocorre quando todos os dados são iguais (ou seja, são iguais à média). E é possível ver como os dados distantes da média vão contribuir com um número maior para o desvio-padrão do que os dados que estão próximos a ela.

E ainda há outro benefício. Como agora você entende a fórmula do desvio-padrão, sabe o que ela está de fato medindo: a dispersão dos dados ao redor da média. Então, quando vir uma questão na prova dizendo "Meça a dispersão ao redor da média", saberá o que fazer. Viva!

DICA

Para você se sentir à vontade com as fórmulas, siga estes passos:

- **Tenha a perspectiva correta.** Pense nas fórmulas como uma representação matemática, nada além disso. Tudo que você precisa fazer é conseguir decifrá-la. Geralmente, é possível levar uma folha de revisão para a prova ou você recebe uma folha com as fórmulas, assim não tem que tornar as coisas mais difíceis tendo que memorizá-las também.
- **Entenda cada parte de todas as fórmulas.** Para que qualquer fórmula seja útil, você precisa entender todos os seus componentes. Por exemplo, antes de usar a fórmula do desvio-padrão, é preciso saber o que x_i e $\bar{x}$ significam e o que $\sum_{i=1}^{n}$ representa. De outro modo, será totalmente inútil.
- **Pratique com as fórmulas desde o primeiro dia.** Use as fórmulas para verificar os cálculos feitos na aula ou no livro. Caso você obtenha uma resposta diferente da apresentada, identifique o que está fazendo de errado. Cometer um erro aqui não tem problema; você percebeu o problema logo no início e isso é o que vale.
- **Sempre que usar uma fórmula para resolver um problema, primeiro a escreva no papel e depois insira os números no segundo passo.** Quanto mais você escreve uma fórmula, mais à vontade se sente para usá-la em uma prova. E se (Deus nos livre) você copiar a fórmula de maneira errada, seu professor conseguirá identificar o erro, o que pode significar alguns pontos parciais para você!

LEMBRE-SE

Provavelmente, se você aprendeu algumas fórmulas durante as aulas, precisará usá-las na prova. Não ache que conseguirá usar as fórmulas com confiança na prova se não as praticou ou as escreveu muitas e muitas vezes antes. Pratique enquanto os problemas são fáceis para que, quando eles ficarem mais difíceis, você não tenha que se preocupar muito.

Faça uma Tabela "Se, Então, Como"

Os zagueiros do futebol americano sempre falam sobre tentar "diminuir o ritmo" do jogo de modo que tenham mais tempo para pensar e reagir. É o mesmo para você, ao fazer uma prova de Estatística. (Veja, você e seu herói da NFL realmente possuem algo em comum!) O ritmo do jogo começa a diminuir para um zagueiro quando ele começa a ver padrões na forma como o ataque se alinha contra ele, em vez de sentir que cada jogada tem um jeito totalmente diferente. Do mesmo modo, na prova, o "ritmo diminui" quando os problemas começam a se encaixar em categorias enquanto você está lendo, em vez de parecerem algo totalmente diferente de tudo que você já viu.

Para tornar isso realidade, muitos dos meus alunos disseram que ajuda muito quando fazem o que eu chamo de *tabela se, então, como*. Essa tabela mapeia os tipos de problemas que você provavelmente verá, estratégias para resolvê-los e exemplos de referência rápida. A ideia básica da tabela "se, então, como" é dizer: "*Se* o problema pede X, *então* eu resolvo encontrando Y e aqui está *como.*" A tabela possui três colunas:

- ***Se:*** Na coluna *se*, escreva uma descrição sucinta do que você precisa descobrir ou fazer. Por exemplo, se o problema pede que você teste um argumento sobre uma média populacional (veja mais sobre argumentos e alegações no Capítulo 14), escreva "Testar um argumento — média populacional". Se ele pede que você forneça sua melhor estimativa da média populacional (o Capítulo 13 tem todos os detalhes sobre as estimativas), escreva "Estime a média populacional".

CUIDADO

Os problemas têm enunciados diferentes porque é assim que funciona no mundo real. Preste atenção nos enunciados diferentes que, basicamente, falam do mesmo problema e adicione-os ao lugar apropriado na coluna *se*, onde o problema real já está listado. Por exemplo, um problema pode pedir que você estime a média populacional; outro pode dizer: "Forneça uma lista de valores possíveis para a média populacional." Essas perguntas pedem a mesma coisa, então inclua as duas em sua coluna *se*.

- ***Então:*** Em sua coluna *então*, escreva o processo estatístico exato, a fórmula ou a técnica de que você precisa para resolver esse tipo de problema usando o jargão estatístico. Por exemplo, quando sua coluna *se* informa: "Teste um argumento — média populacional", sua coluna *então* deve indicar: "Teste de hipóteses para μ." Quando o enunciado da coluna *se* informa: "Estime a média populacional", sua coluna *então* deve ter: "Intervalo de confiança para μ."

DICA

Para alinhar as estratégias com as situações, observe cuidadosamente como os exemplos em suas anotações de aula e no livro foram feitos, e use-os como um guia.

» ***Como:*** Na coluna *como*, escreva um exemplo, uma fórmula e/ou uma nota rápida que despertará sua mente e fará com que você engrene na direção certa. Escreva o que for necessário para se sentir confortável (ninguém, além de você, verá isso, então faça como quiser!). Por exemplo, suponha que sua coluna *se* informe "Estime a média populacional", e sua coluna *então* indique "Intervalo de confiança — média populacional." Na coluna *como*, você pode escrever a fórmula.

Embora eu tenha acabado de passar um tempão explicando o que você precisa fazer, a criação de uma tabela "se, então, como" é muito mais fácil de fazer do que de falar. Veja a seguir um exemplo de tabela com o problema sobre intervalo de confiança que acabei de expor.

Se	Então	Como
Estime a média populacional (também conhecida como lista de valores possíveis)	IC para μ	$\bar{x} \pm z^{*} \frac{\sigma}{\sqrt{n}}$

Usando essas três colunas, preencha a tabela "se, então, como" com cada um dos problemas diferentes que você estudar durante as aulas. Mas não escreva cada um dos exemplos; busque padrões nos problemas e faça uma síntese dos cenários possíveis para que seja uma lista possível de ser feita.

LEMBRE-SE

As tabelas "se, então, como" devem ser customizadas segundo suas necessidades, então elas só funcionarão se você mesmo as fizer. Cada pessoa pensa de forma diferente; o que funciona para seu amigo pode não funcionar para você. No entanto, pode ser útil comparar sua tabela com a de um colega depois que vocês dois já tiverem terminado, para ver se esqueceram de incluir alguma coisa.

DICA

Se você puder levar uma folha de revisão para a prova, sugiro que coloque sua tabela "se, então, como" em parte da folha. Na outra parte, escreva os detalhes que seu professor mencionou em sala, mas que não escreveu no quadro. Caso não possa levar uma folha de revisão para a prova, pode me chamar de doida, mas ainda acho que você deve fazer uma para estudar. Pois, durante o processo, você organizará todas as ideias e assim, quando fizer a prova, sua mente estará muito mais clara sobre o que procurar e como organizar e resolver os problemas. Muitos alunos saem de uma prova dizendo que nem usaram suas folhas de revisão, e é aí que você sabe que fez um bom trabalho ao montar uma: quando colocou as informações no papel, você colocou as informações em sua mente!

Descubra o que a Questão Está Pedindo

Os alunos me dizem que, com frequência, eles não entendem o que está sendo pedido para fazer no problema. É a pergunta de um milhão de dólares, não é? E não é um assunto trivial. Geralmente, a pergunta real está envolvida no linguajar do problema; apenas não está tão clara como: "Descubra a média deste conjunto de dados."

Por exemplo, uma questão pode pedir para você "interpretar" um resultado estatístico. O que "interpretar" significa? Para a maioria dos professores, a palavra "interpretar" significa explicar usando palavras que uma pessoa que não é estatística entenderia.

Suponha que você recebeu um resultado calculado por um computador com a análise do número de crimes e o número de policiais, e deve interpretar a correlação entre eles. Primeiro, pegue o número do resultado que representa a correlação (digamos que seja -0,85); depois, fale sobre as características principais desse resultado usando palavras que serão fáceis para os outros entenderem. A resposta que eu gostaria de ver em uma prova é algo assim: "A correlação entre o número de policiais e o número de crimes é -0,85; eles possuem uma relação linear forte. Conforme o número de policiais aumenta, o número de crime diminui."

Se você souber o que o problema está pedindo, terá mais chances de resolvê-lo. Você ganhará confiança quando souber o que tem de fazer. Por outro lado, se não souber o que o problema está pedindo, será difícil até mesmo começá-lo. Portanto, como é possível resumir um problema para entender exatamente o que ele está pedindo? Veja aqui algumas dicas:

- » **Veja a última frase do problema; é geralmente lá que a pergunta está.** Em vez de ler o problema inteiro uma segunda (terceira e quarta) vez e ficar todo tenso, apenas leia-o uma vez e se concentre na parte final.
- » **Pratique a leitura das perguntas com antecedência.** Veja todos os exemplos de suas anotações das aulas, os problemas das tarefas e do seu livro, e procure descobrir o que cada problema está pedindo. Em algum momento, você começará a ver padrões nas formas como os enunciados são escritos e terá uma compreensão mais clara sobre o que estão realmente pedindo.
- » **Peça ao professor pistas sobre o que se deve procurar e leve exemplos de problemas com você.** Ele ficará impressionado, porque você está tentando entender o quadro geral e, nossa, como os professores adoram essas perguntas! Após ele ter ajudado, adicione as dicas à tabela "se, então, como" (veja "Faça uma Tabela Se, Então, Como").

» **Traduza o enunciado do problema em termos estatísticos.** Isso tem a ver com marcar as definições não apenas sobre o que você já sabe (conforme mostro na próxima seção), mas também sobre o que quer descobrir.

Por exemplo, a professora Barb quer dar nota dez para 20% de seus alunos na prova; sua missão é descobrir a nota de corte para um dez, e isso se traduz em "descubra a nota que representa o 80º percentil".

Rotule Tudo

LEMBRE-SE

Muitos alunos tentam resolver os problemas manipulando os números que são oferecidos. Essa abordagem pode funcionar com problemas fáceis, mas todo mundo acaba encontrando barreiras em algum momento e precisa de mais suporte para resolver os problemas mais difíceis. Você ganhará muito se adquirir o hábito de rotular tudo corretamente, ou seja, identificar é a conexão crucial entre a coluna *se* e a coluna *então* em sua tabela *se, então, como* (descrita neste capítulo). Talvez você leia um problema e saiba o que deve ser feito, mas, sem entender como usar o que é dado, não o conseguirá resolver corretamente. Para realmente entender os números que o problema apresenta, pegue cada um e escreva o que ele representa.

Suponha que você tenha o seguinte problema para resolver: "Você precisa usar o tamanho de uma casa em determinada cidade (em pés quadrados) para prever seu preço (em milhares). Você coleta os dados de 100 casas aleatórias que foram vendidas recentemente. Descobre que o preço médio é $219.100 com um desvio-padrão de $60.100, e sabe que o tamanho médio é 1.993 pés quadrados (607m²), com um desvio-padrão de 349 pés quadrados (106m²). Você descobre que a correlação entre o tamanho e o preço dessas casas é de +0,90. Descubra a linha de regressão de melhor ajuste que se pode usar para prever o preço da casa usando o tamanho."

Seu primeiro passo deve ser rotular tudo. Saber que se deve usar o tamanho para prever o preço indica que o tamanho deve ser a variável x e o preço deve ser a variável y. Então, você rotula as médias $\bar{x} = 1.993$ (pés quadrados) e $\bar{y} = 219{,}1$ (em milhares), respectivamente; os desvios-padrão são $s_x = 349$ (pés quadrados) e $s_y = 60{,}1$ (em milhares), e a correlação é r = 0,90. O tamanho amostral é n = 100. Agora, você pode inserir os números nas fórmulas certas (veja o Capítulo 18, que se refere à correlação e à regressão).

Quando você sabe que vai trabalhar com uma linha de regressão e que há fórmulas envolvidas, ficará muito mais fácil se todas as informações estiverem organizadas e rotuladas, prontas para começar. É uma coisa a menos para pensar. (O problema neste exemplo em especial é resolvido na seção "Faça a Conexão e Resolva o Problema".) Se esse exemplo não o convencer, aqui estão seis motivos a mais para marcar as informações obtidas em um problema:

- **O rótulo permite que você confira seu trabalho de forma mais fácil.** Quando você voltar para revisar o trabalho (como aconselho na seção "Faça os Cálculos, Duas Vezes"), poderá perceber rapidamente sua linha de raciocínio ao resolver o problema pela primeira vez.
- **Seu professor ficará impressionado.** Ele verá os rótulos e perceberá que, pelo menos, você sabe o que as informações apresentadas significam. Dessa forma, se seus cálculos ficarem confusos, você ainda terá chances de obter créditos parciais.
- **O rótulo poupa tempo.** Sei que escrever mais informações pode parecer uma maneira estranha de poupar tempo, mas ao rotular todos os itens, você poderá extrair as informações necessárias em um instante.

  Por exemplo, suponha que você precise fazer um intervalo de confiança de 95% para a média populacional (usando o que aprendeu no Capítulo 13) e saiba que a média populacional é 60, o desvio-padrão populacional é 10 e o tamanho amostral é 200. Você sabe que a fórmula deve envolver $\bar{x}$, σ e n, e observa uma que mostra:

  $$\bar{x} \pm z^* \frac{\sigma}{\sqrt{n}}$$

  Como você já rotulou tudo, pegue apenas o que precisa, coloque na fórmula, insira um valor z* de 1,96 (o valor crucial correspondente a um nível de confiança de 95%) e calcule para obter a resposta:

  $$60 \pm 1{,}96 \frac{10}{\sqrt{100}} = 60 \pm 1{,}39$$

- **O rótulo deixa sua mente organizada.** Haverá menos chances de você ficar imerso nos cálculos e esquecer o que está fazendo, caso seu trabalho tenha símbolos e não apenas números. Ao organizar as informações disponíveis, há menos chances de você ter que ler o problema muitas vezes, aumentando seu nível de ansiedade a cada leitura.
- **Use os rótulos para descobrir qual fórmula ou técnica você precisa usar para resolver um problema.** Por exemplo, se você acredita que precisa de um teste de hipótese, mas não há argumento a respeito da média populacional, espere um pouco. Pode ser que precise de um intervalo de confiança; essa percepção economiza um tempo precioso, pois você não estará caminhando na direção errada. Os rótulos ajudam a identificar suas opções rapidamente.
- **Os rótulos ajudam você a resistir à vontade de apenas escrever os números no papel e fazer os cálculos.** Na maioria das vezes, apenas escrever os números para os cálculos leva a respostas erradas e menos créditos parciais (se receber algum), caso sua resposta esteja errada. Seu professor pode não conseguir entendê-lo, ou apenas não querer passar um tempão tentando descobrir (sinto em dizer, mas isso acontece, às vezes).

O rótulo economiza tempo, ansiedade e pontos ao fazer uma prova. Mas para conseguir um bom resultado na prova, você precisa começar essa prática com antecedência, enquanto os problemas são mais fáceis. Não espere conseguir, de uma hora para outra, organizar todas as informações na prova se nunca fez isso antes; não vai rolar. Adquira esse hábito ainda hoje e não ficará desesperado quando vir um problema. Pelo menos, conseguirá separá-lo em partes menores, o que sempre ajuda.

Faça um Desenho

Você já deve ter ouvido a expressão "Uma imagem vale mais que mil palavras". Como professora de Estatística, eu digo: "Uma imagem vale mais que mil pontos (ou, pelo menos, metade dos pontos, em alguns problemas)." Quando as informações apresentadas e/ou a pergunta feita pode ser expressa com um desenho, faça isso. Veja o porquê:

- **Um desenho pode ajudá-lo a ver o que está acontecendo no problema.** Por exemplo, se você sabe que as notas de prova possuem uma distribuição normal com média 75 e desvio-padrão 5 (veja o Capítulo 9 para obter mais detalhes sobre a distribuição normal), desenhe uma curva em forma de sino, marcando a média no centro e três desvios-padrão de cada lado. Agora, você consegue visualizar o cenário com o qual está trabalhando.
- **Você pode usar o desenho para ajudar a descobrir o que está tentando encontrar.** Por exemplo, se você precisa saber qual é a probabilidade de que Bob tenha feito mais de 70 pontos na prova, escureça a área à direita de 70 em seu desenho, e já terá começado bem.
- **Seu professor saberá que você entendeu o básico do problema, aumentando suas chances de pontos parciais.** Por outro lado, alguém que entendeu o problema de forma errada não terá muita simpatia do professor, quando ele sabe que um simples desenho poderia ter evitado isso.
- **Os alunos que fazem desenhos entendem os problemas mais corretamente do que aqueles que não os fazem.** Sem um desenho, é muito fácil se perder quanto ao que você precisa e errar ao encontrar $P(X < 70)$, ao invés de $P(X > 70)$, por exemplo. E é mais fácil revisar e encontrar erros em sua prova antes de entregá-la, caso tenha um desenho para ver.

Fazer desenhos pode parecer um desperdício de tempo precioso de prova, mas, na realidade, poupa tempo, porque eles ajudam a caminhar na direção correta, mantêm você concentrado ao longo de todo o problema e ajudam a garantir que responderá à pergunta certa. Os desenhos também podem ajudá-lo a analisar sua resposta numérica final e confirmar se acertou, ou conseguir identificar e consertar um erro rapidamente, economizando alguns pontos. (Lembre-se de fazer os desenhos enquanto estuda, para que seja algo natural durante a prova.)

Faça a Conexão e Resolva o Problema

LEMBRE-SE

Quando você entendeu o que o problema está pedindo, rotulou tudo e fez seus desenhos, chega a hora de resolver o problema. Após a preparação inicial, em nove de dez vezes você se lembrará de uma técnica que aprendeu nas aulas, de uma fórmula que contém o item rotulado e/ou de algum exemplo que tenha praticado. Use ou lembre-se de sua tabela "se, então, como" e estará no caminho certo (veja a seção "Faça uma Tabela Se, Então, Como" se precisar de mais informações).

DICA

Organizar um problema em partes menores significa ter menos coisas para pensar a cada passo e durante uma situação estressante de prova, em que você pode acabar esquecendo até o seu próprio nome, a organização é uma vantagem! (Essa estratégia me recorda de um ditado: "Como você come um elefante? Uma mordida de cada vez.")

No exemplo para usar o tamanho de uma casa para prever seu preço (veja a seção "Rotule Tudo", anteriormente neste capítulo), você tem a média e o desvio-padrão do tamanho e do preço, e a correlação entre eles; e rotulou tudo. A pergunta pede para você encontrar a equação da linha de regressão de melhor ajuste para prever o preço com base no tamanho da casa; você sabe que isso significa encontrar a equação $y = a + bx$, em que x = tamanho (em pés quadrados) e y = preço (em milhares), b é a inclinação da linha de regressão e a é a intercepção y (consulte o Capítulo 18 para obter mais informações sobre essa fórmula).

Agora você sabe o que fazer: tem que descobrir a e b. Você se lembra (ou pode consultar) das fórmulas $b = r\frac{s_y}{s_x}$ e $a = \bar{y} - b\bar{x}$. Pegue os números rotulados ($\bar{x} = 1.993$; $s_x = 349$; $\bar{y} = 219{,}1$; $s_y = 60{,}1$; e $r = 0{,}90$), insira-os nas fórmulas e resolva (parece até um comercial de comida congelada, não é?). Você descobre que a inclinação é $b = 0{,}90\frac{60{,}1}{349} = 0{,}155$ e a intercepção y é $a = 219{,}1 - 0{,}155(1{,}993) = -89{,}82$, portanto a equação da linha de regressão de melhor ajuste é $y = -89{,}82 + 0{,}155x$ (veja todos os detalhes sobre regressão no Capítulo 18).

Faça os Cálculos, Duas Vezes

Eu ainda me lembro de algumas dificuldades que tinha com Álgebra no colégio. Na maioria das vezes, 3 vezes 2 era igual a 5 para mim; esse erro (e outros do tipo) fez com que eu perdesse muitos pontos em todas as provas e tarefas, e não conseguia superar isso. Um dia, decidi que não aguentava mais perder pontos por erros bobos e fiz algo a respeito. Daquele dia em diante, escrevi todo o processo, passo a passo, e resisti à vontade de fazer os passos apenas em minha cabeça. Quando chegava à resposta final, ao invés de continuar, voltava e verificava cada passo, e fazia isso pensando que provavelmente havia passado um erro em algum lugar e era meu trabalho descobri-lo antes de qualquer outra pessoa.

Essa abordagem me forçou a verificar cada passo com olhos atentos, como se estivesse corrigindo a prova de outra pessoa. Consegui identificar mais erros, pois nunca passava para o próximo passo sem verificar. Finalmente, parei de achar que 3 x 2 era 5, porque percebi meu erro muitas vezes. Minhas notas subiram só porque comecei a verificar as coisas com mais cuidado. Isso me lembra daquele ditado dos marceneiros: "Meça duas vezes, corte uma." Eles economizam muita madeira dessa forma.

LEMBRE-SE

Todas as vezes que você encontra e conserta um problema antes de entregar sua prova, está resgatando muitos pontos. Descubra seus erros antes que seu professor o faça, e ficará maravilhado ao ver sua nota subir. No entanto, lembre-se de que o tempo não é ilimitado em uma prova, então procure identificar os erros logo na primeira vez. Rotular tudo, fazer desenhos, escrever as fórmulas e demonstrar todo seu raciocínio vai ajudar, com certeza!

Analise Suas Respostas

Um estatístico muito importante que conheço grudou uma folha de papel na parede de seu escritório. É a página de uma prova que ele fez tempos atrás, quando era aluno. Há um grande círculo vermelho ao redor de uma de suas respostas, que, nesse caso, era um número 2. Por que ter escrito o número 2 em uma resposta era um problema? Porque a pergunta pedia que ele encontrasse uma probabilidade e elas são sempre entre 0 e 1. Em consequência, ele não ganhou nenhum ponto pela questão, nem mesmo pontos parciais. Na realidade, aposto que o professor dele queria até dar pontos negativos por ele ter cometido esse erro. (Os professores não gostam nada quando você perde totalmente o rumo.)

LEMBRE-SE

Sempre reserve um tempo para verificar sua resposta final para ver se ela faz sentido. Um desvio-padrão negativo, uma probabilidade maior que 1 ou uma correlação -121,23 não vai pegar bem com seu professor, e isso não será tratado como um simples erro de cálculo. Será tratado como um erro fundamental em não saber (ou talvez não se importar) como deveria ser o resultado.

DICA

Se você sabe que uma resposta em seu exercício deve estar errada, mas não consegue, de jeito nenhum, descobrir o que está errado, não perca mais tempo com ela. Apenas escreva um recado na margem dizendo que você sabe que a resposta deve estar errada, mas que não consegue identificar o erro. Isso ajuda o professor a separar você dos alunos medianos que descobriram uma probabilidade de 10.524,31 (sim, já vi isso) e seguiram felizes.

A propósito, você pode estar se perguntando por que aquele estatístico mundialmente conhecido ainda mantém a prova presa na parede. Ele diz que é para mantê-lo humilde. Aprenda com o exemplo dele e nunca passe para o próximo problema sem antes voltar e perguntar: "Essa resposta faz sentido?"

Apêndice
Tabelas de Referência

Este apêndice inclui tabelas para encontrar probabilidades e/ou valores críticos para as três distribuições usadas neste livro: distribuição Z (normal padrão), distribuição t e distribuição binomial.

Tabela *Z*

A Tabela A-1 apresenta as probabilidades menores que ou iguais a da distribuição Z, ou seja, $p(Z \leq z)$ para um dado valor z (veja o Capítulo 9 para obter informações sobre como calcular os valores z para uma distribuição amostral). Para usar a Tabela A-1, faça o seguinte:

1. **Determine o valor *z* para seu problema específico.**

   O valor z deve ter um dígito à esquerda, antes da vírgula decimal (positivo, negativo ou zero) e dois dígitos após a vírgula decimal; por exemplo z = 1,28, –2,69 ou 0,13.

2. **Encontre a linha correspondente ao dígito à esquerda e ao primeiro dígito após a vírgula decimal na tabela.**

   Por exemplo, caso seu valor z seja 1,28, encontre a linha "1,2" ; se z = –1,28, encontre "–1,2".

3. **Encontre a coluna correspondente ao segundo dígito após a vírgula decimal.**

   Por exemplo, caso seu valor z seja 1,28 ou –1,28, encontre a coluna ",08".

4. **Faça a interseção da linha e da coluna dos Passos 2 e 3.**

   Esse número é a probabilidade de que Z seja menor que ou igual ao seu valor z. Em outras palavras, você descobriu que $p(Z \leq z)$. Por exemplo, se z = 1,28, você observa que $p(Z \leq 1{,}28) = 0{,}8997$. Para z = –1,28, pode observar que $p(Z \leq -1{,}28) = 0{,}1003$.

TABELA A-1 Tabela *Z*

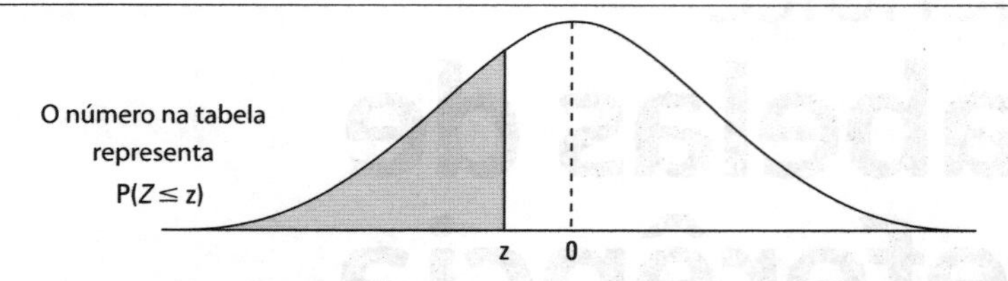

z	0,00	0,01	0,02	0,03	0,04	0,05	0,06	0,07	0,08	0,09
–3,6	,0002	,0002	,0001	,0001	,0001	,0001	,0001	,0001	,0001	,0001
–3,5	,0002	,0002	,0002	,0002	,0002	,0002	,0002	,0002	,0002	,0002
–3,4	,0003	,0003	,0003	,0003	,0003	,0003	,0003	,0003	,0002	,0002
–3,3	,0005	,0005	,0005	,0004	,0004	,0004	,0004	,0004	,0003	,0003
–3,2	,0007	,0007	,0006	,0006	,0006	,0006	,0006	,0005	,0005	,0005
–3,1	,0010	,0009	,0009	,0009	,0008	,0008	,0008	,0008	,0007	,0007
–3,0	,0013	,0013	,0013	,0012	,0012	,0011	,0011	,0011	,0010	,0010
–2,9	,0019	,0018	,0018	,0017	,0016	,0016	,0015	,0015	,0014	,0014
–2,8	,0026	,0025	,0024	,0023	,0023	,0022	,0021	,0021	,0020	,0019
–2,7	,0035	,0034	,0033	,0032	,0031	,0030	,0029	,0028	,0027	,0026
–2,6	,0047	,0045	,0044	,0043	,0041	,0040	,0039	,0038	,0037	,0036
–2,5	,0062	,0060	,0059	,0057	,0055	,0054	,0052	,0051	,0049	,0048
–2,4	,0082	,0080	,0078	,0075	,0073	,0071	,0069	,0068	,0066	,0064
–2,3	,0107	,0104	,0102	,0099	,0096	,0094	,0091	,0089	,0087	,0084
–2,2	,0139	,0136	,0132	,0129	,0125	,0122	,0119	,0116	,0113	,0110
–2,1	,0179	,0174	,0170	,0166	,0162	,0158	,0154	,0150	,0146	,0143
–2,0	,0228	,0222	,0217	,0212	,0207	,0202	,0197	,0192	,0188	,0183
–1,9	,0287	,0281	,0274	,0268	,0262	,0256	,0250	,0244	,0239	,0233
–1,8	,0359	,0351	,0344	,0336	,0329	,0322	,0314	,0307	,0301	,0294
–1,7	,0446	,0436	,0427	,0418	,0409	,0401	,0392	,0384	,0375	,0367
–1,6	,0548	,0537	,0526	,0516	,0505	,0495	,0485	,0475	,0465	,0455
–1,5	,0668	,0655	,0643	,0630	,0618	,0606	,0594	,0582	,0571	,0559
–1,4	,0808	,0793	,0778	,0764	,0749	,0735	,0721	,0708	,0694	,0681
–1,3	,0968	,0951	,0934	,0918	,0901	,0885	,0869	,0853	,0838	,0823
–1,2	,1151	,1131	,1112	,1093	,1075	,1056	,1038	,1020	,1003	,0985
–1,1	,1357	,1335	,1314	,1292	,1271	,1251	,1230	,1210	,1190	,1170
–1,0	,1587	,1562	,1539	,1515	,1492	,1469	,1446	,1423	,1401	,1379
–0,9	,1841	,1814	,1788	,1762	,1736	,1711	,1685	,1660	,1635	,1611
–0,8	,2119	,2090	,2061	,2033	,2005	,1977	,1949	,1922	,1894	,1867
–0,7	,2420	,2389	,2358	,2327	,2296	,2266	,2236	,2206	,2177	,2148
–0,6	,2743	,2709	,2676	,2643	,2611	,2578	,2546	,2514	,2483	,2451
–0,5	,3085	,3050	,3015	,2981	,2946	,2912	,2877	,2843	,2810	,2776
–0,4	,3446	,3409	,3372	,3336	,3300	,3264	,3228	,3192	,3156	,3121
–0,3	,3821	,3783	,3745	,3707	,3669	,3632	,3594	,3557	,3520	,3483
–0,2	,4207	,4168	,4129	,4090	,4052	,4013	,3974	,3936	,3897	,3859
–0,1	,4602	,4562	,4522	,4483	,4443	,4404	,4364	,4325	,4286	,4247
–0,0	,5000	,4960	,4920	,4880	,4840	,4801	,4761	,4721	,4681	,4641

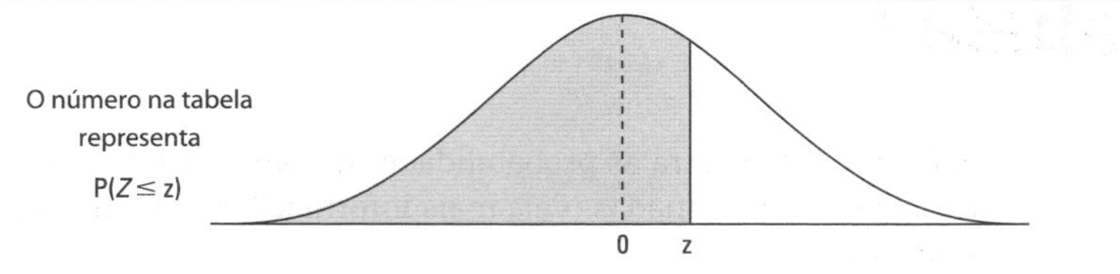

z	0,00	0,01	0,02	0,03	0,04	0,05	0,06	0,07	0,08	0,09
0,0	,5000	,5040	,5080	,5120	,5160	,5199	,5239	,5279	,5319	,5359
0,1	,5398	,5438	,5478	,5517	,5557	,5596	,5636	,5675	,5714	,5753
0,2	,5793	,5832	,5871	,5910	,5948	,5987	,6026	,6064	,6103	,6141
0,3	,6179	,6217	,6255	,6293	,6331	,6368	,6406	,6443	,6480	,6517
0,4	,6554	,6591	,6628	,6664	,6700	,6736	,6772	,6808	,6844	,6879
0,5	,6915	,6950	,6985	,7019	,7054	,7088	,7123	,7157	,7190	,7224
0,6	,7257	,7291	,7324	,7357	,7389	,7422	,7454	,7486	,7517	,7549
0,7	,7580	,7611	,7642	,7673	,7704	,7734	,7764	,7794	,7823	,7852
0,8	,7881	,7910	,7939	,7967	,7995	,8023	,8051	,8078	,8106	,8133
0,9	,8159	,8186	,8212	,8238	,8264	,8289	,8315	,8340	,8365	,8389
1,0	,8413	,8438	,8461	,8485	,8508	,8531	,8554	,8577	,8599	,8621
1,1	,8643	,8665	,8686	,8708	,8729	,8749	,8770	,8790	,8810	,8830
1,2	,8849	,8869	,8888	,8907	,8925	,8944	,8962	,8980	,8997	,9015
1,3	,9032	,9049	,9066	,9082	,9099	,9115	,9131	,9147	,9162	,9177
1,4	,9192	,9207	,9222	,9236	,9251	,9265	,9279	,9292	,9306	,9319
1,5	,9332	,9345	,9357	,9370	,9382	,9394	,9406	,9418	,9429	,9441
1,6	,9452	,9463	,9474	,9484	,9495	,9505	,9515	,9525	,9535	,9545
1,7	,9554	,9564	,9573	,9582	,9591	,9599	,9608	,9616	,9625	,9633
1,8	,9641	,9649	,9656	,9664	,9671	,9678	,9686	,9693	,9699	,9706
1,9	,9713	,9719	,9726	,9732	,9738	,9744	,9750	,9756	,9761	,9767
2,0	,9772	,9778	,9783	,9788	,9793	,9798	,9803	,9808	,9812	,9817
2,1	,9821	,9826	,9830	,9834	,9838	,9842	,9846	,9850	,9854	,9857
2,2	,9861	,9864	,9868	,9871	,9875	,9878	,9881	,9884	,9887	,9890
2,3	,9893	,9896	,9898	,9901	,9904	,9906	,9909	,9911	,9913	,9916
2,4	,9918	,9920	,9922	,9925	,9927	,9929	,9931	,9932	,9934	,9936
2,5	,9938	,9940	,9941	,9943	,9945	,9946	,9948	,9949	,9951	,9952
2,6	,9953	,9955	,9956	,9957	,9959	,9960	,9961	,9962	,9963	,9964
2,7	,9965	,9966	,9967	,9968	,9969	,9970	,9971	,9972	,9973	,9974
2,8	,9974	,9975	,9976	,9977	,9977	,9978	,9979	,9979	,9980	,9981
2,9	,9981	,9982	,9982	,9983	,9984	,9984	,9985	,9985	,9986	,9986
3,0	,9987	,9987	,9987	,9988	,9988	,9989	,9989	,9989	,9990	,9990
3,1	,9990	,9991	,9991	,9991	,9992	,9992	,9992	,9992	,9993	,9993
3,2	,9993	,9993	,9994	,9994	,9994	,9994	,9994	,9995	,9995	,9995
3,3	,9995	,9995	,9995	,9996	,9996	,9996	,9996	,9996	,9996	,9997
3,4	,9997	,9997	,9997	,9997	,9997	,9997	,9997	,9997	,9997	,9998
3,5	,9998	,9998	,9998	,9998	,9998	,9998	,9998	,9998	,9998	,9998
3,6	,9998	,9998	,9999	,9999	,9999	,9999	,9999	,9999	,9999	,9999

Tabela *t*

A Tabela A-2 mostra as probabilidades da cauda (extremidade) direita das distribuições *t* selecionadas (veja mais informações sobre a distribuição *t* no Capítulo 10).

Siga estes passos para usar a Tabela A-2 para encontrar as probabilidades da cauda (extremidade) direita e os valores *p* nos testes de hipóteses envolvendo *t* (veja o Capítulo 15):

1. **Descubra o valor *t* para o qual você quer a probabilidade da cauda (extremidade) direita (denomine-o *t*) e descubra o tamanho amostral (por exemplo, *n*).**

2. **Encontre a coluna correspondente aos graus de liberdade (*gl*) de seu problema (por exemplo, *n* -1). Siga a linha até encontrar os dois valores *t* para que seu valor *t* fique no meio deles.**

   Por exemplo, caso seu *t* seja 1,60 e *n* seja 7, veja a linha para *gl* = 7 - 1 = 6. Nessa linha, observe que seu *t* fica entre os valores *t* 1,44 e 1,94.

3. **Veja o topo das colunas contendo os dois valores *t* do Passo 2.**

   A probabilidade da cauda (extremidade) direita maior que de seu valor *t* está em algum lugar entre os dois valores no topo dessas colunas. Por exemplo, seu *t* = 1,60 está entre os valores *t* 1,44 e 1,94 (*gl* = 6); portanto a probabilidade da cauda direita para seu *t* está entre 0,10 (o topo da coluna para *t* = 1,44) e 0,05 (o topo da coluna para *t* = 1,94).

CUIDADO

A linha próxima à parte de baixo com *Z* na coluna *gl* apresenta as probabilidades da cauda direita (maior que) da distribuição *Z* (o Capítulo 10 mostra a relação de *Z* com *t*).

Use a Tabela A-2 para encontrar os valores *t** (valores críticos) para um intervalo de confiança envolvendo *t* (veja o Capítulo 13):

1. **Determine o nível de confiança necessário (em porcentagem).**

2. **Determine o tamanho amostral (por exemplo, *n*).**

3. **Veja a linha na parte de baixo da tabela, onde as porcentagens são mostradas. Encontre a % de seu nível de confiança lá.**

4. **Faça a interseção dessa coluna com a linha representando seus graus de liberdade (*gl*).** É o valor *t* que você precisa para seu intervalo de confiança.

Por exemplo, um intervalo de confiança de 95% com *gl*=6 tem *t**=2,45. (Encontre 95% na última linha e suba até a coluna 6.)

TABELA A-2 Tabela *t*

Os números em cada linha da tabela são valores em uma distribuição *t* com graus de liberdade (*gl*) para as probabilidades selecionadas da cauda direita (maior que).

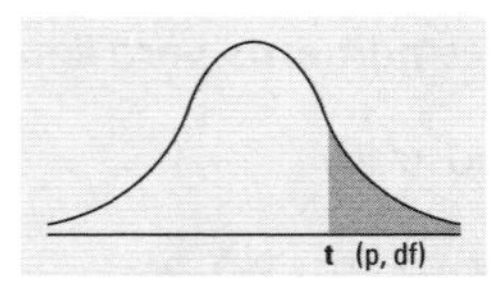

df/p	0,40	0,25	0,10	0,05	0,025	0,01	0,005	0,0005
1	0,324920	1,000000	3,077684	6,313752	12,70620	31,82052	63,65674	636,6192
2	0,288675	0,816497	1,885618	2,919986	4,30265	6,96456	9,92484	31,5991
3	0,276671	0,764892	1,637744	2,353363	3,18245	4,54070	5,84091	12,9240
4	0270722	0,740697	1,533206	2,131847	2,77645	3,74695	4,60409	8,6103
5	0,267181	0,726687	1,475884	2,015048	2,57058	3,36493	4,03214	6,8688
6	0,264835	0,717558	1,439756	1,943180	2,44691	3,14267	3,70743	5,9588
7	0,263167	0,711142	1,414924	1,894579	2,36462	2,99795	3,49948	5,4079
8	0,261921	0,706387	1,396815	1,859548	2,30600	2,89646	3,35539	5,0413
9	0,260955	0,702722	1,383029	1,833113	2,26216	2,82144	3,24984	4,7809
10	0260185	0,699812	1,372184	1,812461	2,22814	2,76377	3,16927	4,5869
11	0259556	0,697445	1,363430	1,795885	2,20099	2,71808	3,10581	4,4370
12	0259033	0,695483	1,356217	1,782288	2,17881	2,68100	3,05454	43178
13	0,258591	0,693829	1,350171	1,770933	2,16037	2,65031	3,01228	4,2208
14	0,258213	0,692417	1,345030	1,761310	2,14479	2,62449	2,97684	4,1405
15	0,257885	0,691197	1,340606	1,753050	2,13145	2,60248	2,94671	4,0728
16	0257599	0,690132	1,336757	1,745884	2,11991	2,58349	2,92078	4,0150
17	0,257347	0,689195	1,333379	1,739607	2,10982	2,56693	2,89823	3,9651
18	0,257123	0,688364	1,330391	1,734064	2,10092	2,55238	2,87844	3,9216
19	0,256923	0,687621	1,327728	1,729133	2,09302	2,53948	2,86093	3,8834
20	0,256743	0,686954	1,325341	1,724718	2,08596	2,52798	2,84534	3,8495
21	0,256580	0,686352	1,323188	1,720743	2,07961	2,51765	2,83136	3,8193
22	0256432	0,685805	1,321237	1,717144	2,07387	2,50832	2,81876	3,7921
23	0256297	0,685306	1,319460	1,713872	2,06866	2,49987	2,80734	3,7676
24	0,256173	0,684850	1,317836	1,710882	2,06390	2,49216	2,79694	3,7454
25	0,256060	0,684430	1,316345	1,708141	2,05954	2,48511	2,78744	3,7251
26	0,255955	0,684043	1,314972	1,705618	2,05553	2,47863	2,77871	3,7066
27	0,255858	0,683685	1,313703	1,703288	2,05183	2,47266	2,77068	3,6896
28	0,255768	0,683353	1,312527	1,701131	2,04841	2,46714	2,76326	3,6739
29	0,255684	0,683044	1,311434	1,699127	2,04523	2,46202	2,75639	3,6594
30	0,255605	0,682756	1,310415	1,697261	2,04227	2,45726	2,75000	3,6460
z	0,253347	0,674490	1,281552	1,644854	1,95996	2,32635	2,57583	3,2905
CI	—	—	80%	90%	95%	98%	99%	99,9%

Tabela Binomial

A Tabela A-3 mostra as probabilidades para a distribuição binomial (veja o Capítulo 8).

Para usar a Tabela A-3, faça o seguinte:

1. **Descubra estes três números para seu problema específico:**
   - O tamanho amostral, n.
   - A probabilidade de sucesso, p.
   - O valor x para o qual você quer $p(X = x)$.
2. **Encontre a seção da Tabela A-3 dedicada a seu *n*.**
3. **Observe a linha para seu valor *x* e a coluna para seu *p*.**
4. **Faça a interseção da linha e da coluna.** Você encontrou $p(X = x)$.
5. **Para obter a probabilidade de ser menor que, maior que, maior ou igual a, menor ou igual a ou entre dois valores de *X*, adicione os valores apropriados da Tabela A-3 usando os passos apresentados no Capítulo 8.**

Por exemplo, se n=10, p=0,6, e você quer $p(X=9)$, vá para a seção n=10, a linha x=9, e para a coluna p=0,6 e encontre 0,04.

TABELA A-3 Tabela Binomial

Os números na tabela representam $p(X=x)$ para uma distribuição binomial com n tentativas e probabilidade de sucesso p.

Probabilidades binomiais: $\binom{n}{x} p^x(1-p)^{n-x}$

		p										
n	***x***	**0,1**	**0,2**	**0,25**	**0,3**	**0,4**	**0,5**	**0,6**	**0,7**	**0,75**	**0,8**	**0,9**
1	*0*	0,900	0,800	0,750	0,700	0,600	0,500	0,400	0,300	0,250	0,200	0,100
	1	0,100	0,200	0,250	0,300	0,400	0,500	0,600	0,700	0,750	0,800	0,900
2	*0*	0,810	0,640	0,563	0,490	0,360	0,250	0,160	0,090	0,063	0,040	0,010
	1	0,180	0,320	0,375	0,420	0,480	0,500	0,480	0,420	0,375	0,320	0,180
	2	0,010	0,040	0,063	0,090	0,160	0,250	0,360	0,490	0,563	0,640	0,810
3	*0*	0,729	0,512	0,422	0,343	0,216	0,125	0,064	0,027	0,016	0,008	0,001
	1	0,243	0,384	0,422	0,441	0,432	0,375	0,288	0,189	0,141	0,096	0,027
	2	0,027	0,096	0,141	0,189	0,288	0,375	0,432	0,441	0,422	0,384	0,243
	3	0,001	0,008	0,016	0,027	0,064	0,125	0,216	0,343	0,422	0,512	0,729
4	*0*	0,656	0,410	0,316	0,240	0,130	0,063	0,026	0,008	0,004	0,002	0,000
	1	0,292	0,410	0,422	0,412	0,346	0,250	0,154	0,076	0,047	0,026	0,004
	2	0,049	0,154	0,211	0,265	0,346	0,375	0,346	0,265	0,211	0,154	0,049
	3	0,004	0,026	0,047	0,076	0,154	0,250	0,346	0,412	0,422	0,410	0,292
	4	0,000	0,002	0,004	0,008	0,026	0,063	0,130	0,240	0,316	0,410	0,656
5	*0*	0,590	0,328	0,237	0,168	0,078	0,031	0,010	0,002	0,001	0,000	0,000
	1	0,328	0,410	0,396	0,360	0,259	0,156	0,077	0,028	0,015	0,006	0,000
	2	0,073	0,205	0,264	0,309	0,346	0,312	0,230	0,132	0,088	0,051	0,008
	3	0,008	0,051	0,088	0,132	0,230	0,312	0,346	0,309	0,264	0,205	0,073
	4	0,000	0,006	0,015	0,028	0,077	0,156	0,259	0,360	0,396	0,410	0,328
	5	0,000	0,000	0,001	0,002	0,010	0,031	0,078	0,168	0,237	0,328	0,590
6	*0*	0,531	0,262	0,178	0,118	0,047	0,016	0,004	0,001	0,000	0,000	0,000
	1	0,354	0,393	0,356	0,303	0,187	0,094	0,037	0,010	0,004	0,002	0,000
	2	0,098	0,246	0,297	0,324	0,311	0,234	0,138	0,060	0,033	0,015	0,001
	3	0,015	0,082	0,132	0,185	0,276	0,313	0,276	0,185	0,132	0,082	0,015
	4	0,001	0,015	0,033	0,060	0,138	0,234	0,311	0,324	0,297	0,246	0,098
	5	0,000	0,002	0,004	0,010	0,037	0,094	0,187	0,303	0,356	0,393	0,354
	6	0,000	0,000	0,000	0,001	0,004	0,016	0,047	0,118	0,178	0,262	0,531
7	*0*	0,478	0,210	0,133	0,082	0,028	0,008	0,002	0,000	0,000	0,000	0,000
	1	0,372	0,367	0,311	0,247	0,131	0,055	0,017	0,004	0,001	0,000	0,000
	2	0,124	0,275	0,311	0,318	0,261	0,164	0,077	0,025	0,012	0,004	0,000
	3	0,023	0,115	0,173	0,227	0,290	0,273	0,194	0,097	0,058	0,029	0,003
	4	0,003	0,029	0,058	0,097	0,194	0,273	0,290	0,227	0,173	0,115	0,023
	5	0,000	0,004	0,012	0,025	0,077	0,164	0,261	0,318	0,311	0,275	0,124
	6	0,000	0,000	0,001	0,004	0,017	0,055	0,131	0,247	0,311	0,367	0,372
	7	0,000	0,000	0,000	0,000	0,002	0,008	0,028	0,082	0,133	0,210	0,478

(continua)

(continuação)

Os números na tabela representam *p(X=x)* para uma distribuição binomial com *n* tentativas e probabilidade de sucesso *p*.

Probabilidades binomiais: $\binom{n}{x} p^x (1-p)^{n-x}$

		p										
n	***x***	**0,1**	**0,2**	**0,25**	**0,3**	**0,4**	**0,5**	**0,6**	**0,7**	**0,75**	**0,8**	**0,9**
8	*0*	0,430	0,168	0,100	0,058	0,017	0,004	0,001	0,000	0,000	0,000	0,000
	1	0,383	0,336	0,267	0,198	0,090	0,031	0,008	0,001	0,000	0,000	0,000
	2	0,149	0,294	0,311	0,296	0,209	0,109	0,041	0,010	0,004	0,001	0,000
	3	0,033	0,147	0,208	0,254	0,279	0,219	0,124	0,047	0,023	0,009	0,000
	4	0,005	0,046	0,087	0,136	0,232	0,273	0,232	0,136	0,087	0,046	0,005
	5	0,000	0,009	0,023	0,047	0,124	0,219	0,279	0,254	0,208	0,147	0,033
	6	0,000	0,001	0,004	0,010	0,041	0,109	0,209	0,296	0,311	0,294	0,149
	7	0,000	0,000	0,000	0,001	0,008	0,031	0,090	0,198	0,267	0,336	0,383
	8	0,000	0,000	0,000	0,000	0,001	0,004	0,017	0,058	0,100	0,168	0,430
9	*0*	0,387	0,134	0,075	0,040	0,010	0,002	0,000	0,000	0,000	0,000	0,000
	1	0,387	0,302	0,225	0,156	0,060	0,018	0,004	0,000	0,000	0,000	0,000
	2	0,172	0,302	0,300	0,267	0,161	0,070	0,021	0,004	0,001	0,000	0,000
	3	0,045	0,176	0,234	0,267	0,251	0,164	0,074	0,021	0,009	0,003	0,000
	4	0,007	0,066	0,117	0,172	0,251	0,246	0,167	0,074	0,039	0,017	0,001
	5	0,001	0,017	0,039	0,074	0,167	0,246	0,251	0,172	0,117	0,066	0,007
	6	0,000	0,003	0,009	0,021	0,074	0,164	0,251	0,267	0,234	0,176	0,045
	7	0,000	0,000	0,001	0,004	0,021	0,070	0,161	0,267	0,300	0,302	0,172
	8	0,000	0,000	0,000	0,000	0,004	0,018	0,060	0,156	0,225	0,302	0,387
	9	0,000	0,000	0,000	0,000	0,000	0,002	0,010	0,040	0,075	0,134	0,387
10	*0*	0,349	0,107	0,056	0,028	0,006	0,001	0,000	0,000	0,000	0,000	0,000
	1	0,387	0,268	0,188	0,121	0,040	0,010	0,002	0,000	0,000	0,000	0,000
	2	0,194	0,302	0,282	0,233	0,121	0,044	0,011	0,001	0,000	0,000	0,000
	3	0,057	0,201	0,250	0,267	0,215	0,117	0,042	0,009	0,003	0,001	0,000
	4	0,011	0,088	0,146	0,200	0,251	0,205	0,111	0,037	0,016	0,006	0,000
	5	0,001	0,026	0,058	0,103	0,201	0,246	0,201	0,103	0,058	0,026	0,001
	6	0,000	0,006	0,016	0,037	0,111	0,205	0,251	0,200	0,146	0,088	0,011
	7	0,000	0,001	0,003	0,009	0,042	0,117	0,215	0,267	0,250	0,201	0,057
	8	0,000	0,000	0,000	0,001	0,011	0,044	0,121	0,233	0,282	0,302	0,194
	9	0,000	0,000	0,000	0,000	0,002	0,010	0,040	0,121	0,188	0,268	0,387
	10	0,000	0,000	0,000	0,000	0,000	0,001	0,006	0,028	0,056	0,107	0,349
11	*0*	0,314	0,086	0,042	0,020	0,004	0,000	0,000	0,000	0,000	0,000	0,000
	1	0,384	0,236	0,155	0,093	0,027	0,005	0,001	0,000	0,000	0,000	0,000
	2	0,213	0,295	0,258	0,200	0,089	0,027	0,005	0,001	0,000	0,000	0,000
	3	0,071	0,221	0,258	0,257	0,177	0,081	0,023	0,004	0,001	0,000	0,000
	4	0,016	0,111	0,172	0,220	0,236	0,161	0,070	0,017	0,006	0,002	0,000
	5	0,002	0,039	0,080	0,132	0,221	0,226	0,147	0,057	0,027	0,010	0,000
	6	0,000	0,010	0,027	0,057	0,147	0,226	0,221	0,132	0,080	0,039	0,002
	7	0,000	0,002	0,006	0,017	0,070	0,161	0,236	0,220	0,172	0,111	0,016
	8	0,000	0,000	0,001	0,004	0,023	0,081	0,177	0,257	0,258	0,221	0,071
	9	0,000	0,000	0,000	0,001	0,005	0,027	0,089	0,200	0,258	0,295	0,213
	10	0,000	0,000	0,000	0,000	0,001	0,005	0,027	0,093	0,155	0,236	0,384
	11	0,000	0,000	0,000	0,000	0,000	0,000	0,004	0,020	0,042	0,086	0,314

Os números na tabela representam $p(X=x)$ para uma distribuição binomial com n tentativas e probabilidade de sucesso p.

Probabilidades binomiais: $\binom{n}{x} p^x (1-p)^{n-x}$

		p										
n	***x***	**0,1**	**0,2**	**0,25**	**0,3**	**0,4**	**0,5**	**0,6**	**0,7**	**0,75**	**0,8**	**0,9**
12	*0*	0,282	0,069	0,032	0,014	0,002	0,000	0,000	0,000	0,000	0,000	0,000
	1	0,377	0,206	0,127	0,071	0,017	0,003	0,000	0,000	0,000	0,000	0,000
	2	0,230	0,283	0,232	0,168	0,064	0,016	0,002	0,000	0,000	0,000	0,000
	3	0,085	0,236	0,258	0,240	0,142	0,054	0,012	0,001	0,000	0,000	0,000
	4	0,021	0,133	0,194	0,231	0,213	0,121	0,042	0,008	0,002	0,001	0,000
	5	0,004	0,053	0,103	0,158	0,227	0,193	0,101	0,029	0,011	0,003	0,000
	6	0,000	0,016	0,040	0,079	0,177	0,226	0,177	0,079	0,040	0,016	0,000
	7	0,000	0,003	0,011	0,029	0,101	0,193	0,227	0,158	0,103	0,053	0,004
	8	0,000	0,001	0,002	0,008	0,042	0,121	0,213	0,231	0,194	0,133	0,021
	9	0,000	0,000	0,000	0,001	0,012	0,054	0,142	0,240	0,258	0,236	0,085
	10	0,000	0,000	0,000	0,000	0,002	0,016	0,064	0,168	0,232	0,283	0,230
	11	0,000	0,000	0,000	0,000	0,000	0,003	0,017	0,071	0,127	0,206	0,377
	12	0,000	0,000	0,000	0,000	0,000	0,000	0,002	0,014	0,032	0,069	0,282
13	*0*	0,254	0,055	0,024	0,010	0,001	0,000	0,000	0,000	0,000	0,000	0,000
	1	0,367	0,179	0,103	0,054	0,011	0,002	0,000	0,000	0,000	0,000	0,000
	2	0,245	0,268	0,206	0,139	0,045	0,010	0,001	0,000	0,000	0,000	0,000
	3	0,100	0,246	0,252	0,218	0,111	0,035	0,006	0,001	0,000	0,000	0,000
	4	0,028	0,154	0,210	0,234	0,184	0,087	0,024	0,003	0,001	0,000	0,000
	5	0,006	0,069	0,126	0,180	0,221	0,157	0,066	0,014	0,005	0,001	0,000
	6	0,001	0,023	0,056	0,103	0,197	0,209	0,131	0,044	0,019	0,006	0,000
	7	0,000	0,006	0,019	0,044	0,131	0,209	0,197	0,103	0,056	0,023	0,001
	8	0,000	0,001	0,005	0,014	0,066	0,157	0,221	0,180	0,126	0,069	0,006
	9	0,000	0,000	0,001	0,003	0,024	0,087	0,184	0,234	0,210	0,154	0,028
	10	0,000	0,000	0,000	0,001	0,006	0,035	0,111	0,218	0,252	0,246	0,100
	11	0,000	0,000	0,000	0,000	0,001	0,010	0,045	0,139	0,206	0,268	0,245
	12	0,000	0,000	0,000	0,000	0,000	0,002	0,011	0,054	0,103	0,179	0,367
	13	0,000	0,000	0,000	0,000	0,000	0,000	0,001	0,010	0,024	0,055	0,254
14	*0*	0,229	0,044	0,018	0,007	0,001	0,000	0,000	0,000	0,000	0,000	0,000
	1	0,356	0,154	0,083	0,041	0,007	0,001	0,000	0,000	0,000	0,000	0,000
	2	0,257	0,250	0,180	0,113	0,032	0,006	0,001	0,000	0,000	0,000	0,000
	3	0,114	0,250	0,240	0,194	0,085	0,022	0,003	0,000	0,000	0,000	0,000
	4	0,035	0,172	0,220	0,229	0,155	0,061	0,014	0,001	0,000	0,000	0,000
	5	0,008	0,086	0,147	0,196	0,207	0,122	0,041	0,007	0,002	0,000	0,000
	6	0,001	0,032	0,073	0,126	0,207	0,183	0,092	0,023	0,008	0,002	0,000
	7	0,000	0,009	0,028	0,062	0,157	0,209	0,157	0,062	0,028	0,009	0,000
	8	0,000	0,002	0,008	0,023	0,092	0,183	0,207	0,126	0,073	0,032	0,001
	9	0,000	0,000	0,002	0,007	0,041	0,122	0,207	0,196	0,147	0,086	0,008
	10	0,000	0,000	0,000	0,001	0,014	0,061	0,155	0,229	0,220	0,172	0,035
	11	0,000	0,000	0,000	0,000	0,003	0,022	0,085	0,194	0,240	0,250	0,114
	12	0,000	0,000	0,000	0,000	0,001	0,006	0,032	0,113	0,180	0,250	0,257
	13	0,000	0,000	0,000	0,000	0,000	0,001	0,007	0,041	0,083	0,154	0,356
	14	0,000	0,000	0,000	0,000	0,000	0,000	0,001	0,007	0,018	0,044	0,229

(continua)

(continuação)

Os números na tabela representam $p(X=x)$ para uma distribuição binomial com n tentativas e probabilidade de sucesso p.

Probabilidades binomiais: $\binom{n}{x} p^x(1-p)^{n-x}$

		p										
n	***x***	**0,1**	**0,2**	**0,25**	**0,3**	**0,4**	**0,5**	**0,6**	**0,7**	**0,75**	**0,8**	**0,9**
15	*0*	0,206	0,035	0,013	0,005	0,000	0,000	0,000	0,000	0,000	0,000	0,000
	1	0,343	0,132	0,067	0,031	0,005	0,000	0,000	0,000	0,000	0,000	0,000
	2	0,267	0,231	0,156	0,092	0,022	0,003	0,000	0,000	0,000	0,000	0,000
	3	0,129	0,250	0,225	0,170	0,063	0,014	0,002	0,000	0,000	0,000	0,000
	4	0,043	0,188	0,225	0,219	0,127	0,042	0,007	0,001	0,000	0,000	0,000
	5	0,010	0,103	0,165	0,206	0,186	0,092	0,024	0,003	0,001	0,000	0,000
	6	0,002	0,043	0,092	0,147	0,207	0,153	0,061	0,012	0,003	0,001	0,000
	7	0,000	0,014	0,039	0,081	0,177	0,196	0,118	0,035	0,013	0,003	0,000
	8	0,000	0,003	0,013	0,035	0,118	0,196	0,177	0,081	0,039	0,014	0,000
	9	0,000	0,001	0,003	0,012	0,061	0,153	0,207	0,147	0,092	0,043	0,002
	10	0,000	0,000	0,001	0,003	0,024	0,092	0,186	0,206	0,165	0,103	0,010
	11	0,000	0,000	0,000	0,001	0,007	0,042	0,127	0,219	0,225	0,188	0,043
	12	0,000	0,000	0,000	0,000	0,002	0,014	0,063	0,170	0,225	0,250	0,129
	13	0,000	0,000	0,000	0,000	0,000	0,003	0,022	0,092	0,156	0,231	0,267
	14	0,000	0,000	0,000	0,000	0,000	0,000	0,005	0,031	0,067	0,132	0,343
	15	0,000	0,000	0,000	0,000	0,000	0,000	0,000	0,005	0,013	0,035	0,206
20	*0*	0,122	0,012	0,003	0,001	0,000	0,000	0,000	0,000	0,000	0,000	0,000
	1	0,270	0,058	0,021	0,007	0,000	0,000	0,000	0,000	0,000	0,000	0,000
	2	0,285	0,137	0,067	0,028	0,003	0,000	0,000	0,000	0,000	0,000	0,000
	3	0,190	0,205	0,134	0,072	0,012	0,001	0,000	0,000	0,000	0,000	0,000
	4	0,090	0,218	0,190	0,130	0,035	0,005	0,000	0,000	0,000	0,000	0,000
	5	0,032	0,175	0,202	0,179	0,075	0,015	0,001	0,000	0,000	0,000	0,000
	6	0,009	0,109	0,169	0,192	0,124	0,037	0,005	0,000	0,000	0,000	0,000
	7	0,002	0,055	0,112	0,164	0,166	0,074	0,015	0,001	0,000	0,000	0,000
	8	0,000	0,022	0,061	0,114	0,180	0,120	0,035	0,004	0,001	0,000	0,000
	9	0,000	0,007	0,027	0,065	0,160	0,160	0,071	0,012	0,003	0,000	0,000
	10	0,000	0,002	0,010	0,031	0,117	0,176	0,117	0,031	0,010	0,002	0,000
	11	0,000	0,000	0,003	0,012	0,071	0,160	0,160	0,065	0,027	0,007	0,007
	12	0,000	0,000	0,001	0,004	0,035	0,120	0,180	0,114	0,061	0,022	0,000
	13	0,000	0,000	0,000	0,001	0,015	0,074	0,166	0,164	0,112	0,055	0,002
	14	0,000	0,000	0,000	0,000	0,005	0,037	0,124	0,192	0,169	0,109	0,009
	15	0,000	0,000	0,000	0,000	0,001	0,015	0,075	0,179	0,202	0,175	0,032
	16	0,000	0,000	0,000	0,000	0,000	0,005	0,035	0,130	0,190	0,218	0,090
	17	0,000	0,000	0,000	0,000	0,000	0,001	0,012	0,072	0,134	0,205	0,190
	18	0,000	0,000	0,000	0,000	0,000	0,000	0,003	0,028	0,067	0,137	0,285
	19	0,000	0,000	0,000	0,000	0,000	0,000	0,000	0,007	0,021	0,058	0,270
	20	0,000	0,000	0,000	0,000	0,000	0,000	0,000	0,001	0,003	0,012	0,122

Índice

A

B

C

D

V

ROTAPLAN
GRÁFICA E EDITORA LTDA
Rua Álvaro Seixas, 165
Engenho Novo - Rio de Janeiro
Tels.: (21) 2201-2089 / 8898
E-mail: rotaplanrio@gmail.com